# 中国气象灾害年鉴

2013

(2013)

中国气象局

## 内容简介

本年鉴是中国气象局主要业务产品之一。全书共分为6章，第1章重点描述和分析2012年重大气象灾害和异常气候事件及其成因；第2章按灾种分析年内对我国国民经济产生较大影响的干旱、暴雨洪涝、热带气旋、冰雹和龙卷风、沙尘暴、低温冷冻害和雪灾、雾、霾、雷电、高温热浪、酸雨、农业气象灾害、森林草原火灾、病虫害等发生的特点、重大事例，并对其影响进行评估；第3、4章分别从月和省(区、市)的角度概述气象灾害的发生情况；第5章分析2012年全球气候特征、重大气象灾害及其成因；第6章介绍2012年中国气象局防灾减灾重大事例。本年鉴附录给出气象灾害灾情统计资料和月、季、年气候特征分布图以及港澳台地区的部分气象灾情。本书比较全面地总结分析了2012年我国气象灾害特点及其影响，可供从事气象、农业、水文、地质、地理、生态、环境、保险、人文、经济、社会其他行业以及灾害风险评估管理等方面的业务、科研、教学和管理决策人员参考。

**图书在版编目(CIP)数据**

中国气象灾害年鉴. 2013/中国气象局编著. —北京：气象出版社，2013.12

ISBN 978-7-5029-5850-3

Ⅰ.①中… Ⅱ.①中… Ⅲ.①气象灾害-中国-2013-年鉴
Ⅳ. ①P429-54

中国版本图书馆CIP数据核字(2013)第281082号

---

**出版发行**：气象出版社
**地　　址**：北京市海淀区中关村南大街46号　　**邮政编码**：100081
**总 编 室**：010-68407112　　**发 行 部**：010-68409198
**网　　址**：http://www.cmp.cma.gov.cn　　**E-mail**：qxcbs@cma.gov.cn
**责任编辑**：张　斌　　**终　　审**：周诗健
**封面设计**：王　伟　　**责任技编**：吴庭芳
**印　　刷**：北京地大天成印务有限公司
**开　　本**：889 mm×1194 mm　1/16　　**印　　张**：15
**字　　数**：400千字
**版　　次**：2013年12月第1版　　**印　　次**：2013年12月第1次印刷
**定　　价**：120.00元

---

# 中国气象灾害年鉴(2013)

2013 年 3 月 7—8 日，2012 年度气象灾情核灾会
在湖南省长沙市召开（国家气候中心提供）

2012 年 2 月 20 日，冬春干旱使云南省安宁市八街镇凤仪水库
蓄水严重不足（云南省安宁市气象局提供）

2012 年 3 月 23 日，河南省扶沟县蔬菜大棚被
大风刮坏（河南省扶沟县气象局提供）

2012 年 5 月 8—14 日，持续降水造成湖南省益阳市沅江县
农田受淹（湖南省气候中心提供）

2012 年 6 月 22 日，新疆昌吉州玛纳斯县冰雹造成
棉花受灾（新疆玛纳斯县气象局提供）

2012 年 7 月 21—22 日，强降水造成北京市房山区
公路损毁（北京市气候中心提供）

2012 年 7 月 29—30 日，青海省民和县遭受暴雨洪涝灾害
（青海省民和县气象局提供）

2012 年 8 月 3 日，热带气旋“达维”袭击山东省青州市
造成农作物受灾（山东省气候中心提供）

2012 年 8 月 6 日，一辆大卡车被洪水冲到河中
（湖北省十堰市气象局提供）

2012 年 8 月 7—10 日，台风“海葵”强降水导致安徽省
九华山道路中断（安徽省气象局提供）

2012 年 10 月 28 日，“山神”带来的强降雨造成海南省
三亚市市郊街道被淹（海南省三亚市气象局提供）

2012 年 11 月 11 日，黑龙江省鹤岗市发生暴雪灾害
（黑龙江省鹤岗市气象局提供）

# 序　言

气象灾害是指由气象原因直接或间接引起的，给人类和社会经济造成损失的灾害现象。20世纪90年代以来，在全球气候变暖背景下，气象灾害呈明显上升趋势，对经济社会发展的影响日益加剧，给国家安全、经济社会、生态环境以及人类健康带来了严重威胁。随着我国社会经济发展进程的加快，气象灾害的风险越来越大，影响范围也越来越广。因此，必须把加强防灾减灾作为重要的战略任务，不断提高气象服务水平和服务手段，加强气象灾害的监测、分析、预警能力和水平，为我国经济社会可持续发展提供科技支撑。

气象灾害信息是气象服务的重要组成部分，也是气象灾害预测与评估的基础资料。中国气象局立足于经济社会发展，为适应提高防灾抗灾能力、保护人民生命财产安全和构建和谐社会的需求，发挥气象部门优势，从2005年开始组织国家气候中心、国家气象中心、中国气象科学研究院、国家卫星气象中心以及各省（区、市）气象局共同编撰出版《中国气象灾害年鉴》。《中国气象灾害年鉴》为研究自然灾害的演变规律、时空分布特征和致灾机理等提供了宝贵的基础信息，为开展灾害风险综合评估、科学预测和预防气象灾害提供了有价值的参考。

2012年，我国气象灾害种类多，局部地区灾情重。其中暴雨过程多，局部洪涝或山洪地质灾害严重，长江、黄河、海河等流域先后出现明显汛情；台风登陆时间集中，强度偏强，影响范围广，灾情重；阶段性气象干旱特征明显，但影响偏轻；区域性、阶段性低温阴雨天气多发；11—12月北方出现3次大范围暴雪天气，部分地区遭受雪灾。2012年全国因气象灾害及其次生、衍生灾害导致受灾人口2.7亿多人次，因灾死亡1445人，失踪

192 人;农作物受灾面积 2496.3 万公顷,绝收面积 182.8 万公顷;直接经济损失 3358.9 亿元。总体来看,2012 年气象灾害直接经济损失超过 1990—2011 年的平均水平,因灾死亡或失踪人数和受灾面积均明显少于 1990—2011 年平均。综合来看,2012 年为气象灾害正常年份。《中国气象灾害年鉴(2013)》系统地收集、整理和分析了 2012 年我国所发生的干旱、暴雨洪涝、台风、冰雹和龙卷风、沙尘暴、低温冷冻害和雪灾等主要气象灾害及其对国民经济和社会发展的影响,还收录了港澳台地区的部分气象灾情及全球重大气象灾害;给出全年主要气象灾害灾情图表、主要气象要素和天气现象特征分布图。希望通过本年鉴对 2012 年气象灾害的总结分析,能为有关部门加强防灾减灾工作和减少气象灾害损失提供帮助。

中国气象局副局长

许小峰

# 编写说明

## 一、资料来源

本年鉴气象资料和灾情数据来自我国各级气象部门的气象观测整编资料、天气气候情报分析、气象灾情报告、气候影响评估报告，以及民政部、水利部、农业部、国土资源部、国家统计局等有关部门提供的信息材料。某区域同一熟农作物多次遭受干旱、洪涝、风雹等灾害，在统计全年受灾面积时，不重复计算；在统计全年人员伤亡、经济损失时，则进行累计统计。

## 二、气象灾害收录标准

### 1. 干旱

干旱指因一段时间内少雨或无雨，降水量较常年同期明显偏少而致灾的一种气象灾害。干旱影响到自然环境和人类社会经济活动的各个方面。干旱导致土壤缺水，影响农作物正常生长发育并造成减产；干旱造成水资源不足，人畜饮水困难，城市供水紧张，制约工农业生产发展；长期干旱还会导致生态环境恶化，甚者还会导致社会不稳定进而引发国家安全等方面的问题。

本年鉴收录整理的干旱标准为一个省（自治区、直辖市）或约5万平方千米以上的某一区域，发生持续时间20天以上，并造成农业受灾面积10万公顷以上，或造成10万以上人口生活、生产用水困难的干旱事件。

### 2. 暴雨洪涝

暴雨洪涝指长时间降水过多或区域性持续的大雨（日降水量25.0～49.9毫米）、暴雨以上强度降水（日降水量大于等于50.0毫米）以及局地短时强降水引起江河洪水泛滥，冲毁堤坝、房屋、道路、桥梁，淹没农田、城镇等，引发地质灾害，造成农业或其他财产损失和人员伤亡的一种灾害。

本年鉴收录整理的暴雨洪涝标准为某一地区发生局地或区域暴雨过程，并造成洪水或引发泥石流、滑坡等地质灾害，使农业受灾面积5万公顷以上，或造成死亡人数10人以上，或造成直接经济损失1亿元以上。

### 3. 热带气旋

热带气旋指生成于热带或副热带海洋上伴有狂风暴雨的大气涡旋，在北半球作逆时针方向旋转，在南半球作顺时针方向旋转。热带气旋主要是依靠水汽凝结时释放的潜热而形成和发展起来的。其强度以中心附近最大平均风力划分为热带低压（中心附近最大平均风力6～7级）、热带风暴（中心附近最大平均风力8～9级）、强热带风暴（中心附近最大平均风力10～11级）、台风（中心附近最大平均风力12～13级）、强台风（中心附近最大平均风力14～15级）、超强台风（中心附近最大平均风力16级或16级以上）。热带气旋尤其是达到台风强度的热带气旋具有很强的破坏力，狂风会掀翻船只、摧毁房屋和其他设施，巨浪能冲破海堤，暴雨能引发山洪。

本年鉴收录整理的热带气旋标准为中心附近最大平均风力大于等于8级，在我国登陆或虽未登陆但对我国有影响，并造成10人以上死亡，或造成直接经济损失1亿元以上的热带气旋。

4. 冰雹和龙卷风

冰雹是指从发展强盛的积雨云中降落到地面的冰球或冰块，其下降时巨大的动量常给农作物和人身安全带来严重危害。冰雹出现的范围虽较小，时间短，但来势猛，强度大，常伴有狂风骤雨，因此往往给局部地区的农牧业、工矿企业、电讯、交通运输以及人民生命财产造成较大损失。龙卷风是一种范围小、生消迅速，一般伴随降雨、雷电或冰雹的猛烈涡旋，是一种破坏力极强的小尺度风暴。

本年鉴收录整理的冰雹和龙卷风标准为在某一地区出现的风雹过程，使农业受灾面积1000公顷以上，或造成2人以上死亡，或造成直接经济损失1000万元以上。

5. 沙尘暴

沙尘暴指由于强风将地面大量尘沙吹起，使空气浑浊，水平能见度小于1000米的天气现象。水平能见度小于500米为强沙尘暴，水平能见度小于50米为特强沙尘暴。沙尘暴是干旱地区特有的一种灾害性天气。强风摧毁建筑物、树木等，甚至造成人畜伤亡；流沙埋没农田、渠道、村舍、草场等，使北方脆弱的生态环境进一步恶化；沙尘中的有害物及沙尘颗粒造成环境污染，危害人们的身体健康；恶劣的能见度影响交通运输，并间接引发交通事故。

本年鉴收录整理的沙尘暴标准是沙尘暴以上等级，并且造成直接经济损失超过10万元以上的沙尘天气过程。

6. 低温冷(冻)害及雪(白)灾

低温冷(冻)害包括低温冷害、霜冻害和冻害。低温冷害是指农作物生长发育期间，因气温低于作物生理下限温度，影响作物正常生长发育，引起农作物生育期延迟，或使生殖器官的生理活动受阻，最终导致减产的一种农业气象灾害。霜冻害指在农作物、果树等生长季节内，地面最低温度降至0℃以下，使作物受到伤害甚至死亡的农业气象灾害。冻害一般指冬作物和果树、林木等在越冬期间遇到0℃以下(甚至－20℃以下)或剧烈变温天气引起植株体冰冻或丧失一切生理活力，造成植株死亡或部分死亡的现象。雪灾指由于降雪量过多，使蔬菜大棚、房屋被压垮，植株、果树被压断，或对交通运输及人们出行造成影响，造成人员伤亡或经济损失的现象。白灾是草原牧区冬春季由于降雪量过多或积雪过厚，加上持续低温，雪层维持时间长，积雪掩埋牧场，影响牲畜放牧采食或不能采食，造成牲畜饿冻或因而染病、甚至发生大量死亡的一种灾害。

本年鉴收录整理的低温冷冻害及雪灾标准为影响范围1万平方千米以上并造成农业受灾面积1000公顷以上，或造成2人以上死亡，或死亡牲畜1万头(只)以上，或造成经济损失100万元以上。

7. 雾和霾

雾是指近地层空气中悬浮的大量水滴或冰晶微粒的乳白色集合体，使水平能见度降到1千米以下的天气现象。雾使能见度降低会造成水、陆、空交通灾难，也会对输电、人们日常生活等造成影响。

霾是指大量极细微的干尘粒等均匀地浮游在空中，使水平能见度小于10千米，造成空气普遍浑浊的一种对视程造成障碍的天气现象。由于霾发生时，气团稳定，污染物不易扩散，严重威胁人们健康。

本年鉴收录整理的雾和霾标准为影响范围1万平方千米以上，持续时间2小时以上；并因雾或霾造成2人以上死亡，或造成经济损失100万元以上。

### 8. 雷电

雷电是在雷暴天气条件下发生于大气中的一种长距离放电现象，具有大电流、高电压、强电磁辐射等特征。雷电多伴随强对流天气产生，常见的积雨云内能够形成正负的荷电中心，当聚集的电量足够大时，形成足够强的空间电场，异性荷电中心之间或云中电荷区与大地之间就会发生击穿放电形成雷电。雷电导致人员伤亡，建筑物、供配电系统、通信设备、民用电器的损坏，引起森林火灾，造成计算机信息系统中断，致使仓储、炼油厂、油田等燃烧甚至爆炸，危害人民财产和人身安全，同时也严重威胁航空航天等运载工具的安全。

本年鉴所收集整理的雷电灾害事件标准为雷击死亡3人及以上，或者死亡和受伤4人及以上，或者直接经济损失超过100万元的雷击事件。

### 9. 高温热浪

本年鉴将日最高气温大于或等于35℃定义为高温日；连续5天以上的高温过程称为持续高温或“热浪”天气。高温热浪对人们日常生活和健康影响极大，使与热有关的疾病发病率和死亡率增加；加剧土壤水分蒸发和作物蒸腾作用，加速旱情发展；导致水电需求量猛增，造成能源供应紧张。

本年鉴收录整理的高温热浪标准为对人体健康、社会经济等产生较大影响的高温热浪过程。

### 10. 酸雨

pH值小于5.6的雨水、冻雨、雪、雹、露等大气降水称为酸雨。酸雨是大气中发生的错综复杂的物理和化学过程的产物，但其最主要因素是二氧化硫和氮氧化物在大气或水滴中转化为硫酸和硝酸所致。酸雨的危害包括森林退化，湖泊酸化，导致鱼类死亡，水生生物种群减少，农田土壤酸化、贫瘠，有毒重金属污染增强，粮食、蔬菜、瓜果大面积减产，建筑物和桥梁遭受损坏，文物遭受侵蚀等。

本年鉴按照大气降水pH值≥5.6为非酸性降水、4.5≤pH值＜5.59为弱酸性降水、pH值＜4.5为强酸性降水的标准对酸雨基本情况进行分析和整理。

### 11. 农业气象灾害

农业气象灾害是指不利的气象条件给农业生产造成的危害。农业气象灾害按气象要素可分为单因子和综合因子两类。由温度要素引起的农业气象灾害，包括低温造成的霜冻害、冬作物越冬冻害、冷害、热带和亚热带作物寒害以及高温造成的热害；由水分因子引起的农业气象灾害有旱害、涝害、雪害和雹害等；由风力异常造成的农业气象灾害，如大风害、台风害、风蚀等；由综合气象要素引起的农业气象灾害，如干热风、冷雨害、冻涝害等。此外，广义的农业气象灾害还包括畜牧气象灾害（如白灾、黑灾、暴风雪等）和渔业气象灾害等。

本年鉴所收集整理的农业气象灾害为对农作物生长发育、产量形成造成不利影响，导致作物减产、品质降低、农田或农业设施损毁等影响较大的灾害过程或事件。

### 12. 森林草原火灾

森林草原火灾指失去人为控制，并在森林内或草原上自由蔓延和扩展，对森林草原生态系统和人类带来一定危害和损失的火灾。

本年鉴收录整理的森林草原火灾标准为造成森林草原受灾面积100公顷以上或造成人员伤亡、或造成经济损失100万元以上的森林草原火灾。

**13. 病虫害**

病虫害是农业生产中的重大灾害之一，指虫害和病害的总称，它直接影响作物产量和品质。虫害指农作物生长发育过程中，遭到有害昆虫的侵害，使作物生长和发育受到阻碍，甚至造成枯萎死亡；病害指植物在生长过程中，遇到不利的环境条件，或者某种寄生物侵害，而不能正常生长发育，或是器官组织遭到破坏，表现为植物器官上出现斑点、植株畸形或颜色不正常，甚至整个器官或全株死亡与腐烂等。

本年鉴收录整理的病虫害标准为与气象条件相关，造成受灾面积100万公顷以上的病虫害。

## 三、港澳台地区灾情

全国气象灾情统计数据未包含香港、澳门和台湾地区，港澳台地区的部分灾情见附录6。

# 目　录

# 概　述

2012 年，中国年平均气温 9.4℃，比常年(1981—2010 年平均，下同)偏低 0.2℃，比 2011 年偏低 0.3℃(图 1)；春季和夏季气温偏高，冬季和秋季偏低，其中冬季气温为 1986 年以来历史同期最低。中国年平均降水量 669.3 毫米，比常年(629.9 毫米)偏多 6.3%，比 2011 年偏多 20.4%(图 2)；冬季降水偏少，春、夏、秋季三季均偏多。

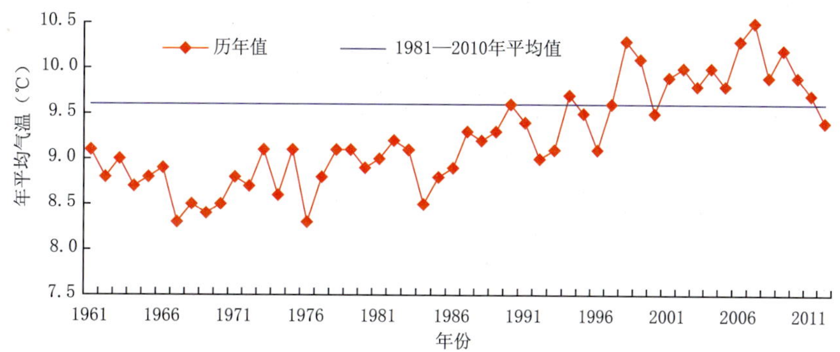


图 1　1961—2012 年全国年平均气温历年变化图(单位：℃)

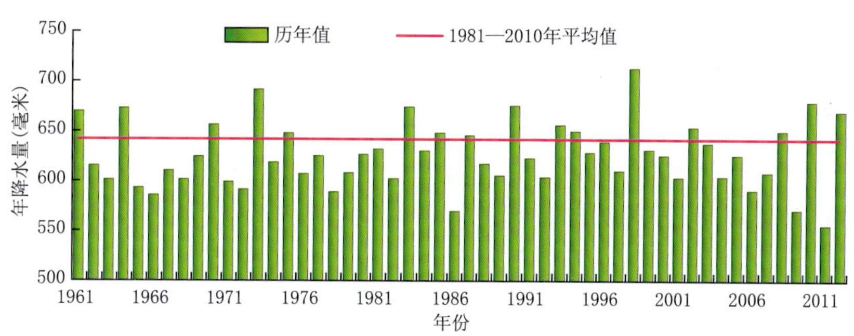


图 2　1961—2012 年全国平均年降水量历年变化图(单位：毫米)

2012 年，我国气象灾害种类多，局部地区灾情重。其中，暴雨过程多，局部洪涝和山洪地质灾害严重，长江、黄河、海河等流域先后出现明显汛情；台风登陆时间集中，强度强，影响范围广，灾情重；阶段性气象干旱特征明显，但影响偏轻；区域性、阶段性低温阴雨天气多发；11—12 月北方出现 3 次大范围暴雪天气，部分地区遭受雪灾。

据统计，2012 年全国因气象灾害及其次生、衍生灾害导致受灾人口 2.7 亿多人次，因灾死亡 1445 人，失踪 192 人，农作物受灾面积 2496.3 万公顷，绝收面积 182.8 万公顷，直接经济损失 3358.9 亿元(图 3)。总体来看，2012 年气象灾害直接经济损失超过 1990—2011 年的平均水平，因灾死亡或失踪人数和受灾面积均明显少于 1990—2011 年平均。综合来看，2012 年为气象灾害正常年份。

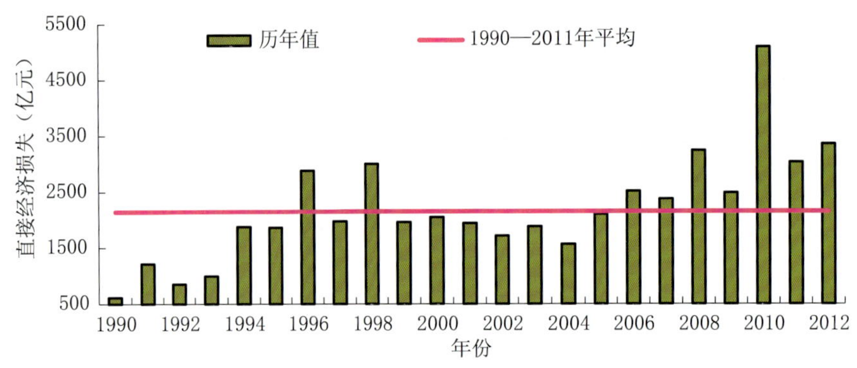


图 3　1990—2012 年全国气象灾害直接经济损失直方图(亿元)

图 4 给出 2012 年全国主要气象灾害在各项损失指标中所占比例。其中，暴雨洪涝在“受灾人口”、“死亡人口”、“绝收面积”、“倒塌房屋”和“直接经济损失”上所占比例最高，分别为 41.5%、61.4%、48.6%、76.0%和 49.5%，干旱在“受灾面积”上所占比例最高，为 37.4%。

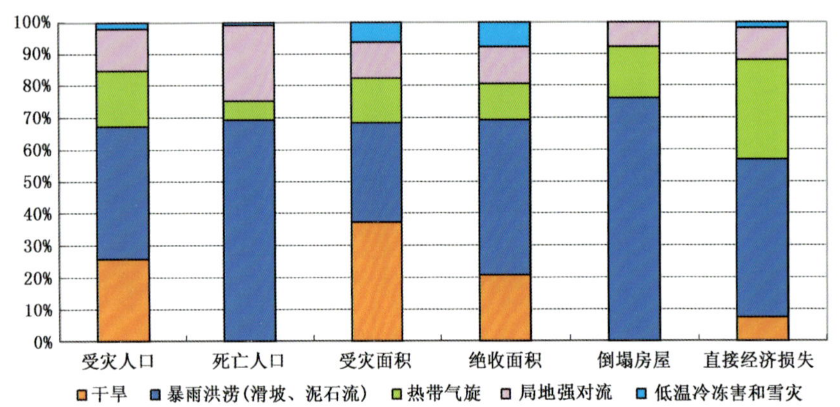


图 4　2012 年全国主要气象灾害各项损失指标比例图

与 2011 年相比，2012 年全国气象灾害造成的受灾人口、农作物受灾面积和绝收面积偏少，但死亡人数、直接经济损失偏多。分灾种比较，2012 年暴雨洪涝(含滑坡、泥石流)和热带气旋直接经济损失较 2011 年显著偏重，干旱、低温冷冻害和雪灾直接经济损失显著偏轻，局地强对流的直接经济损失接近 2011 年(图 5a)；暴雨洪涝(含滑坡、泥石流)和热带气旋造成的死亡人数较 2011 年偏多，局地强对流、低温冷冻害和雪灾造成的死亡人数较 2011 年偏少(图 5b)。

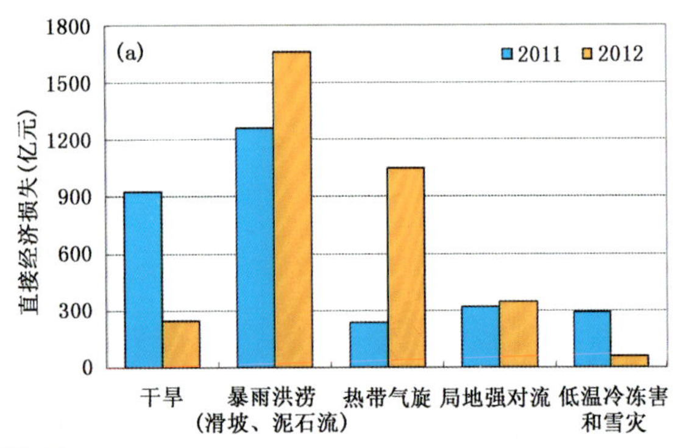


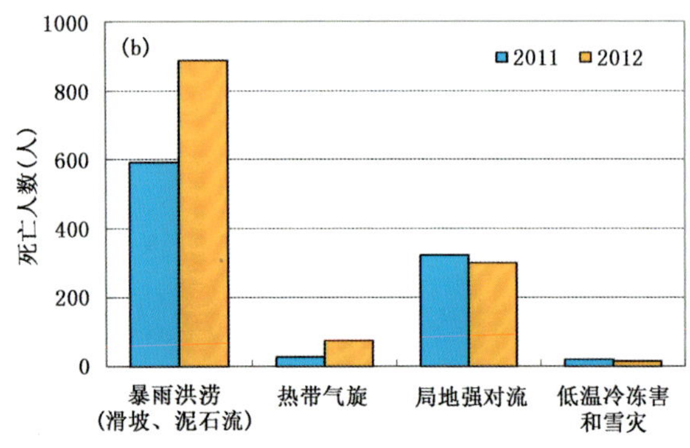


图 5　2012 年全国主要气象灾害直接经济损失(a)和死亡人数(b)与 2011 年比较图

**2012 年主要气象灾害概述：**

**干旱** 2012 年，中国干旱受灾面积 934.4 万公顷，较 1990—2011 年常年值明显偏小，为 1990 年以来最少，属干旱灾害偏轻年份（图 6）。但 2012 年区域性和阶段性干旱明显，西南遭受冬春连旱，黄淮、江淮出现初夏旱，湖北、重庆、河南等地遭受夏旱。

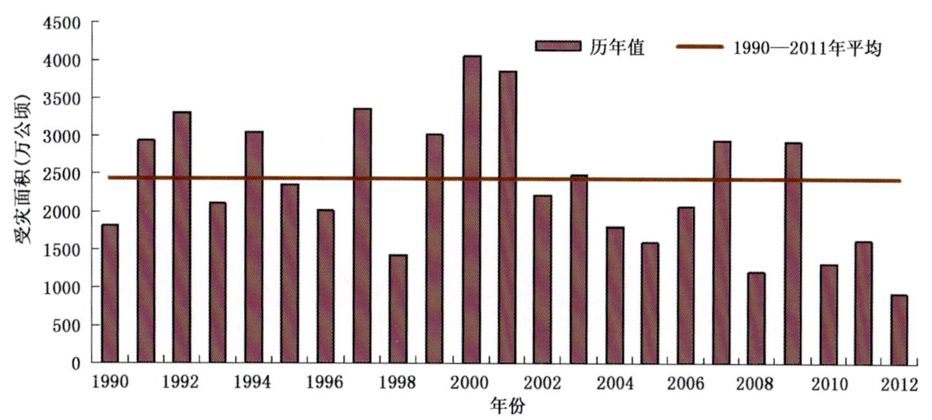


图 6 1990—2012 年全国干旱受灾面积直方图（单位：万公顷）

**暴雨洪涝（及其引发的滑坡和泥石流）** 2012 年，我国未出现流域性严重暴雨洪涝灾害，但暴雨天气过程多，局部洪涝和山洪地质灾害严重。春季，南方部分地区发生暴雨洪涝；7 月中下旬，长江中上游发生暴雨洪涝灾害；7 月下旬，特大暴雨袭击京津冀，海河流域发生局部洪涝；汛期，我国西部地区及华北局部地区山洪地质灾害严重。全国暴雨洪涝受灾面积 772.9 万公顷，死亡 887 人，直接经济损失 1661.2 亿元，与 1990—2011 年平均值相比，受灾面积（图 7）、死亡人数均明显偏少，经济损失略偏重。总体来看，2012 年属暴雨洪涝灾害偏轻年份。

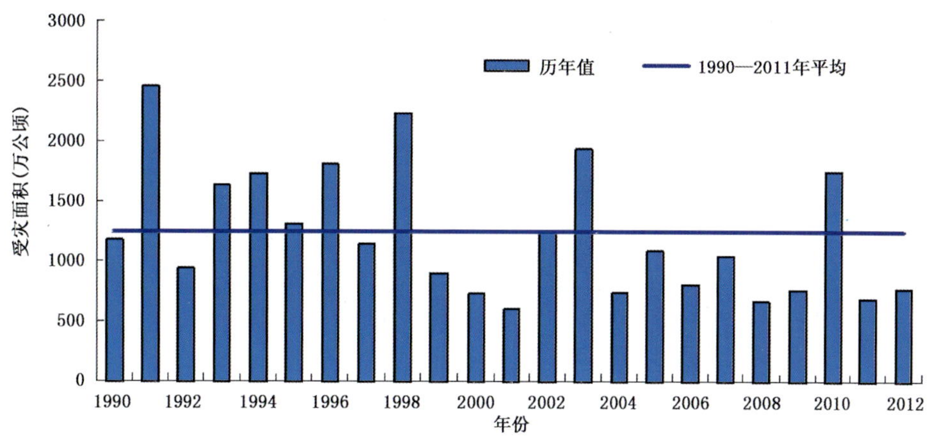


图 7 1990—2012 年全国暴雨洪涝受灾面积直方图（单位：万公顷）

**热带气旋（台风）** 2012 年，在西北太平洋和南海共有 25 个热带气旋（中心附近最大风力≥8 级）生成，接近常年（25.5 个）。其中 7 个登陆中国，登陆个数接近常年（6.9 个）。初台登陆时间接近常年，末台登陆时间偏早。7 个登陆热带气旋中，除“杜苏芮”以外，其余 6 个均达台风或强台风等级，登陆强度总体偏强。登陆时间集中，7 月 24 日至 8 月 24 日，一个月内有 6 个台风相继登陆我国，为 1949 年以来罕见。北上和影响我国东北的台风有 5 个，为历史之最。登陆地点从华南沿海延伸至北方沿海，纬度跨度大。全年热带气旋造成 74 人死亡，直接经济损失 1048.3 亿元，与 1990—

2011 年平均值相比，死亡人数明显偏少，但直接经济损失为 1990 年以来最多。总体而言，2012 年热带气旋灾情偏重（图 8）。

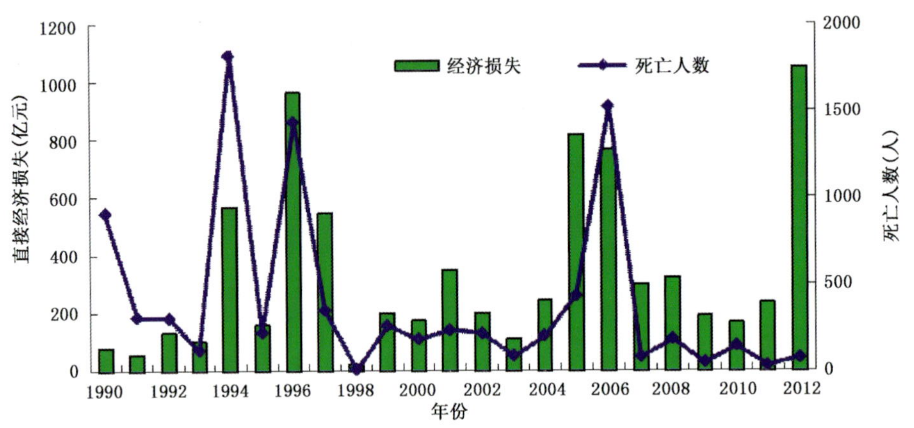


图 8　1990—2012 年全国热带气旋直接经济损失和死亡人数直方图

**局地强对流（大风、冰雹、龙卷及雷电等）**　2012 年，中国平均强对流日数 43.4 天，比常年同期偏少，为 1961 年以来历史同期第三少。全年因风雹灾害共造成 278.4 万公顷农作物受灾，302 人死亡，直接经济损失 344.1 亿元，与 1990—2011 年平均值相比，受灾面积和死亡人数均明显偏少，但经济损失偏重。

**低温冷冻害和雪灾**　2012 年，中国因低温冷冻灾害和雪灾共造成农作物受灾面积 161.5 万公顷，直接经济损失 61.0 亿元，均较 1990—2011 年平均值明显偏小，为低温冷冻灾害及雪灾偏轻年份。年内，我国区域性和阶段性低温阴雨天气多发，对农业生产造成一定影响；2 月上旬，西藏南部出现明显雪灾；11—12 月北方出现 3 次大范围降雪天气，东北、华北及新疆北部的部分地区遭受雪灾。

**沙尘暴**　2012 年春季，我国北方共出现 10 次沙尘天气过程，比常年同期（17 次）偏少 7 次，比 2001—2010 年平均值（12.7 次）偏少 2.7 次；其中沙尘暴和强沙尘暴过程 6 次，较 2001—2010 年平均值偏少 2 次。北方地区平均沙尘日数为 1.3 天，比常年同期偏少 2.7 天，为 1961 年以来最少。首次沙尘天气过程发生在 3 月 20 日，比 2001—2011 年平均沙尘天气首发时间（2 月 4 日）偏晚 1 个多月，为 2001 年以来最晚。全年沙尘天气影响总体偏轻。

# 第1章　重大气象灾害和气候事件及气候异常成因分析

## 1.1　重大气象灾害和异常气候事件

### 1.1.1　西南地区发生冬春连旱

2011/2012年冬季，云南及四川南部降水量普遍在25毫米以下，比常年同期偏少5～8成；2012年3月5日至5月24日，云南大部、四川南部降水量不足100毫米，其中云南北部和四川南部降水量不足50毫米；与常年同期相比，上述大部地区降水量偏少3～8成，部分地区偏少8成以上。长时间降水偏少，致使上述地区出现冬春连旱。加之2009—2011年云南、四川南部连续3年降水量偏少，2012年为西南地区第4年连续遭受干旱。

### 1.1.2　年初南方大范围持续低温阴雨(雪)，农业生产受影响

1月至3月24日，江南、华南、西南地区东部出现大范围持续低温阴雨(雪)寡照天气，气温普遍较常年同期偏低1～4℃，降水日数达40～60天。湘赣浙闽粤桂琼黔沪9省(区、市)区域平均气温较常年同期偏低1.4℃，为1986年来第三低；区域平均降水日数为45.3天，比常年同期偏多11.6天，为1951年以来最多；平均降水量274.3毫米，比常年同期偏多37.5%，为1999年以来最多。大部地区日照时数比常年同期偏少100～200小时，江西、浙江和福建大部日照时数为1951年以来最少。持续低温阴雨寡照天气导致春播进程受到影响，油菜等作物发育迟缓、长势偏弱。强降雨还导致湘水上游、赣江中上游、信江中游及其他支流出现超警戒洪水，江西、浙江、湖南局部地区发生洪涝及滑坡、泥石流灾害，造成一定损失。

### 1.1.3　4—5月，南方暴雨天气频发，多地重复遭受洪涝灾害

4—5月，南方地区共出现13次暴雨天气过程，江南、华南、西南东部降水量普遍在300～500毫米，江西中北部、广东大部、湖南东北部等地超过500毫米。其中，4月5日至5月15日浙闽赣湘桂粤6省(区)平均降水量为358.2毫米，比常年同期(250.0毫米)偏多43.3%，为近32年来最多。暴雨天气过程多、时间集中、强度大，导致江西、湖南、浙江、广东、广西、湖北等省(区)部分地区发生洪涝灾害，一些地方重复受灾，人员伤亡和经济损失严重。

### 1.1.4　5月10日，甘肃岷县特大冰雹山洪泥石流灾害，造成重大人员伤亡

5月，甘肃全省平均降水量为60.5毫米，比常年同期偏多3成，其中岷县降水量达155.7毫米，偏多1.1倍。由于局地降水强度大，陇中、甘南、陇南多地发生山洪泥石流灾害。其中，5月10日岷县特大冰雹山洪泥石流灾害造成72人死亡或失踪，并造成多处交通中断，灾情最为严重。

### 1.1.5　春夏之交，黄淮、江淮高温少雨致干旱发展

5月1日至6月25日，华北南部、黄淮大部、江淮北部地区降水明显偏少，大部地区累计降雨量

不足 50 毫米，较常年同期偏少 5～8 成，其中山东、江苏、河南三省平均降水量 41.9 毫米，较常年同期偏少 67%，为 1951 年以来历史同期最少。与此同时，上述地区平均气温普遍较常年同期偏高 1～2℃，局部出现了 12～15 天 35℃以上的高温天气。持续高温少雨致使华北南部、黄淮、江淮等地普遍出现中度以上气象干旱。

### 1.1.6 夏季，我国中东部地区高温极端性显著

夏季，云南、贵州、四川、广西、河南、湖北等省（区）共有 174 站发生极端高温事件，其中云南巧家（43.5℃）、广西田林（42.2℃）、湖北通城（41.9℃）等 29 站日最高气温突破历史纪录；黄淮西部、江淮西部、江汉东部、川渝、东南沿海等地共有 208 站出现极端连续高温事件，其中 18 站连续高温日数达到或突破历史极值。持续晴热高温天气使南方部分地区早稻遭受轻至中度高温热害，同时加剧了局部地区旱情，造成城市供电、供水紧张。

### 1.1.7 7月中下旬，长江流域多次出现强降水过程

7 月中下旬，长江流域出现 3 次强降水天气过程，其中，7 月 12—14 日，江汉、江淮南部、江南北部以及贵州等地出现暴雨到大暴雨，局部降水量超过 300 毫米；15—19 日，江南及重庆、四川、贵州等地出现暴雨到大暴雨，局部累计降水量超过 300 毫米；下旬初，四川盆地再次出现暴雨到大暴雨，降水量一般在 50 毫米以上。四川、湖南、重庆、江西、云南、湖北、贵州、安徽等省（市）部分地区发生洪涝灾害；长江上游干流和部分支流发生超保证水位洪水，长江上游嘉陵江支流渠江发生超过历史纪录的特大洪水，7 月 24 日长江三峡出现建库以来的最大洪峰。

### 1.1.8 7月21日特大暴雨袭击京津冀，造成重大影响

7 月 21—22 日，北京、天津及河北出现区域性大暴雨到特大暴雨。北京全市平均降水量达 190.3 毫米，日降水强度超百年一遇，11 站的日降水量超过建站以来的历史极值，暴雨中心降雨量达 460.0 毫米。天津平均降雨量为 98.6 毫米，有 106 个乡镇出现大暴雨，4 个乡镇出现特大暴雨，暴雨中心降雨量达 294.7 毫米。河北有 295 个乡镇雨量超过 100 毫米，10 个乡镇超过 300 毫米。受强降水影响，北京、天津及河北涞源、廊坊、涿州等地出现城市内涝，北京、河北、天津出现重大人员伤亡。

### 1.1.9 夏季黄河上游降水偏多，上中游出现较重汛情

2012 年夏季黄河上游降水偏多，宁夏以上大部偏多 1～5 成，宁夏和内蒙古河套大部偏多 5 成至 1 倍，青海段降水量创近 52 年来最多，出现 1990 年来最强汛情。7 月下旬，流域出现 3 次强降雨过程（20—21 日、24—27 日、30—31 日），受强降雨影响，黄河上中游发生了 1989 年以来最大洪水，黄河兰州段河堤三次发生垮塌险情，一度导致主城区的供水系统瘫痪。黄河干流吴堡站出现超警戒水位，山西、陕西区间北部部分支流出现洪水。

### 1.1.10 6个台风一个月内连登我国，登陆频率创历史同期之最

2012 年 7 月 24 日，1208 号台风“韦森特”在广东省台山市沿海登陆，登陆时中心附近最大风力 13 级（40 米/秒）。8 月 1—24 日 1209 号台风“苏拉”、1210 号“达维”、1211 号“海葵”、1213 号“启德”、1214 号“天秤”先后登陆我国，登陆时风力均达 12 级以上，平均登陆强度为 40.4 米/秒（常年同期平均为 33.6 米/秒）。7 月 24 至 8 月 24 日，短短一个月内有 6 个台风登陆我国，为 1949 年以来历史同期罕见。8 月 2—8 日，七天内“苏拉”、“达维”、“海葵”三个台风登陆我国，影响 15 个省（区、市），为 1996 年以来首次。

### 1.1.11 北上台风之多为历史罕见，台风影响严重

2012 年有“卡努”、“达维”、“苏拉”、“天秤”、“布拉万”、“三巴”等 6 个台风北上，影响我国北方，

其中有5个台风对东北地区产生明显影响。台风“达维”和“苏拉”自南向北影响了14个省(区、市),辽宁及河北东北部出现区域性大暴雨,辽宁本溪县日雨量213.3毫米,为有气象记录以来最大值。“达维”是1949年以来登陆我国长江以北地区最强的台风,也是近10年来影响北方地区最严重的一个台风。

#### 1.1.12 11月初,华北遭遇大范围寒潮暴雪

11月2日夜间至4日,受强冷空气影响,华北地区出现大范围雨夹雪或降雪过程,北京、河北相继发布暴雪红色预警。此次过程,雨雪、降温、大风相叠加。北京、河北、内蒙古、山西的部分地区降水达50～144毫米;北京全市平均降水量达到59.2毫米,为1951年以来历史同期最多;天津、河北、内蒙古共有74个国家气象观测站日降水量突破11月历史极值。华北地区积雪面积约57万平方千米,北京延庆最大积雪深度达到47.8厘米,河北丰宁43厘米,内蒙古喀喇沁旗59厘米。强降雪对交通运输及城市供暖、供电等造成严重影响。

#### 1.1.13 11月上中旬,暴雪横扫东北

11月上中旬,东北地区(东北三省及内蒙古东部)平均降水量为34.9毫米,较常年同期偏多2.5倍,为1951年以来最大值。11月9—14日,东北地区大部、内蒙古中东部出现强降雪天气,黑龙江鹤岗市降水量为55.7毫米,最大积雪深度达49厘米,为历史同期第1位。12日鹤岗市全市学生停课,电网出现故障,市区一度全部停电,城市供暖、供水受到影响,部分树木被压断。

## 1.2 主要异常气候事件成因分析

### 1.2.1 2011/2012年冬季全国大部异常偏冷

2011/2012年冬季,全国平均气温－4.8℃,较常年同期(－3.8℃)偏低1.0℃,为1985/1986年以来最低值。从空间分布上看,除青藏高原大部和云南气温偏高外,全国其余地区气温普遍偏低,其中东北地区、华北北部、西北大部、西南地区东部、华中、华南和华东地区西部偏低1℃以上,内蒙古局部地区偏低超过4℃。

环流异常是造成2011/2012年冬季我国大范围气温偏低的最直接原因。500百帕高度距平场上(图1.2.1a),北半球欧亚中高纬地区自北大西洋沿副极地波导,自西向东维持着一只“＋－＋－”异常分布的波列。大西洋地区、乌拉尔山及西伯利亚地区高度场异常偏高,东亚大槽明显偏深,有利于来自中高纬地区的冷空气南下影响东亚东部地区。在对流层低层1000百帕(图1.2.1b),欧亚地区环流异常的结构与500百帕高层十分类似,反映了冬季平均异常环流具有明显的相当正压结构以及稳定性强的特点,这是造成冬季低温持续的重要原因之一。

低层,我国东部地区始终处于来自西伯利亚地区南下的异常偏北风的控制下,计算东亚冬季风指数(即IEAWM,朱艳峰,2008)结果表明,2011/2012年为异常偏强的冬季风年,其强度指数可达2.5个标准差。在强东亚冬季风的影响下,西伯利亚高压前沿的强东北气流向南入侵,从而出现大规模的寒潮暴发和冷涌过程,造成中国东部地面气温的异常偏低。

从外强迫看,2011/2012年冬季赤道中东太平洋大部为低于－0.5℃的负海表温度距平所控制,并且冷海温异常中心位于日界线附近地区,表现出中部型La Nina事件的部分特征。计算Nino3.4区海温指数与1000百帕高度场的相关分布发现:当La Nina事件出现时,北太平洋地区气压异常偏低,而东亚大陆西伯利亚地区上空气压异常偏高,有利于东亚大陆异常北风的出现。此外,进一步计算Nino 3.4海温指数与200百帕纬向风的相关分布发现,La Nina事件的出现有利于东亚急流偏强,而偏强的东亚急流则会造成东亚大槽异常偏深,有利于引导冷空气的频繁南下,从而造成我国

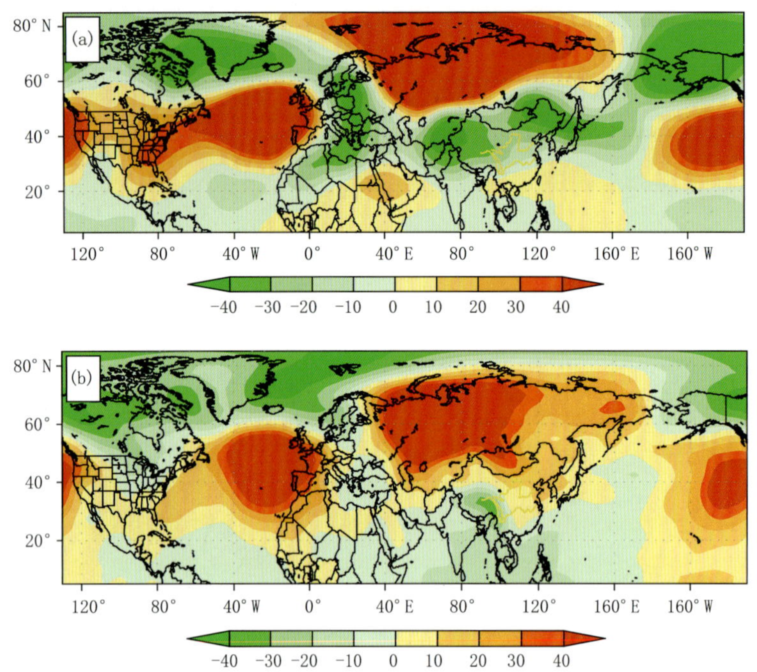


图 1.2.1 2011/2012 年冬季 500 hPa(a)和 1000 hPa(b)高度距平场(单位:位势什米)

Fig. 1.2.1 500 hPa (a) and 1000 hPa (b) geo-potential height anomalies during DJF 2011/2012(unit:dagpm)

东部地区气温异常偏低。

### 1.2.2 夏季北方降水异常偏多

2012 年夏季,全国平均降水量 332.9 毫米,较常年同期(324.9 毫米)偏多 2.5%,其中华北地区平均降水量(275.4 毫米)较常年同期(235.9 毫米)偏多 16.7%,是 1999 年以来最多年;西北地区平均降水量(155.8 毫米)较常年同期(120.8 毫米)偏多 29%,仅次于 1958 年为 1951 年以来第二多年。此外,北方地区过程雨量大,局地极端降水强。

从大气环流异常特征看,在 500 百帕高度场上(图 1.2.2a),欧亚中高纬地区多短波槽活动,欧洲东部至西西伯利亚以及东西伯利亚等地上空为异常正高度距平区,而贝加尔湖附近和巴尔喀什湖地区为低槽区,槽后的偏西北气流有利于北方冷空气影响我国北方地区。另外,2012 年夏季东亚夏季风较常年明显偏强,同时副热带高压脊线位置偏北,这均有利于将南方暖湿水汽向我国北方地区输送。在南海洋面有一异常气旋性环流,其东侧的偏南气流与副热带高压西南侧偏南气流汇合后,将南海和东海的暖湿水汽不断向我国北方地区输送,与来自高纬度的冷空气在北方地区汇合,造成我国北方地区降水异常偏多(图 1.2.2b)。

我国夏季降水量和降水发生的位置与副热带高压的强度、位置等变化密切相关,而副热带高压对海温的演变具有明显的响应关系。2011 年 9 月开始的拉尼娜事件于 2012 年 3 月结束,受其影响,2012 年夏季西太平洋副热带高压脊线位置显著偏北,有利于将西太平洋暖湿水汽向我国北方地区输送,这是造成我国夏季雨带偏北的原因之一。另外,目前太平洋正处于 PDO 的冷位相时期,受海陆温差大的影响,东亚夏季风易偏强,我国季风雨带位置会由南向北推,易造成我国雨带位置偏北。

### 1.2.3 北京发生“7·21”特大暴雨

2012 年 7 月 21—22 日,北京出现了一次持续时间长、雨量大、范围广的特大暴雨过程,此次过程多测站日降水量超历史记录,有 8 个国家基本站超过建站以来历史极值,其中北京霞云岭、房山、

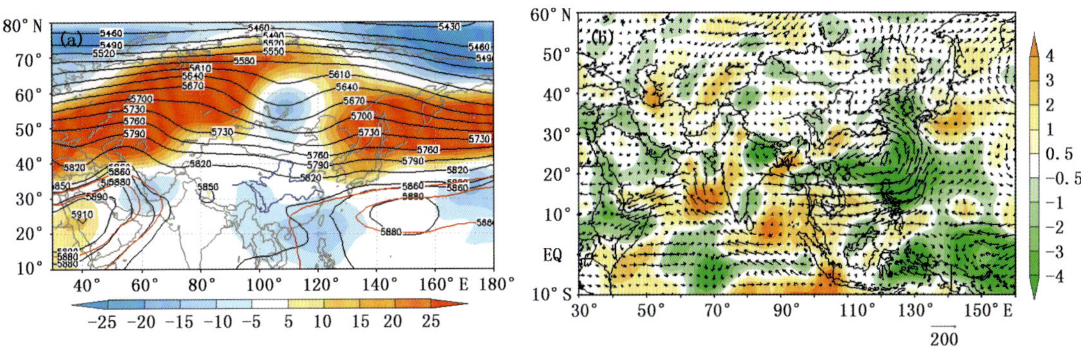

图 1.2.2　2012 年夏季 500 百帕高度场及距平(a，单位：位势米；黑线为 500 百帕等高线、红线为气候态下 5860 位势米和 5880 位势米线，阴影为 500 百帕高度场距平)及整层积分的水汽输送距平(b，箭头矢，单位：千克・米$^{-1}$・秒$^{-1}$)和水汽通量散度距平(b，阴影区，单位：$10^{-6}$千克・米$^{-2}$・秒$^{-1}$)

Fig. 1.2.2　500 hPa geopotential height and anomalies (a, unit: gpm, black lines: 500 hPa geopotential height, red lines: 5860 and 5880gpm of climatology, shaded areas: anomalies), and moisture transport anomalies (b, unit: kg・m$^{-1}$・s$^{-1}$, vector) and divergence of moisture transport anomalies (b, unit: $10^{-6}$kg・m$^{-2}$・s$^{-1}$, shaded areas) vertically integrated from surface to 300 hPa during JJA 2012

海淀、石景山和门头沟 5 站超历史极值。同时，此次暴雨过程北京市 90% 以上的行政区域出现了 100 毫米以上的大暴雨，雨强普遍达 40～80 毫米/小时，持续时间达 3～4 个小时，降水范围大、持续时间长。受此次强降水影响，北京地区出现严重城市内涝，对城市交通造成严重影响，强降水还造成了严重的经济损失和人员伤亡，导致部分农田被淹，暴雨、泥石流、雷电、大风等灾害致使数十人伤亡。

北京 7 月 21—22 日的特大暴雨过程为典型华北暴雨环流形势。200 百帕环流及其异常场上(图 1.2.3a)，高空急流在华北西部分为南北两支，华北地区正好位于 200 百帕急流核的右后侧，为次级环流圈的上升支，且为强烈的风向和风速辐散区，为中尺度对流系统的发生发展提供了有利的上升条件和高层气流辐散条件。500 百帕环流及其异常场上(图 1.2.3b)，华北地区处于从贝加尔湖伸至陕西的低槽槽前和副热带高压西北侧，槽前的正涡度平流也提供了有利于华北暴雨天气发生发展的大尺度上升条件。另外，从 7 月 21—22 日 850 百帕整层积分的水汽输送(图 1.2.4)可以

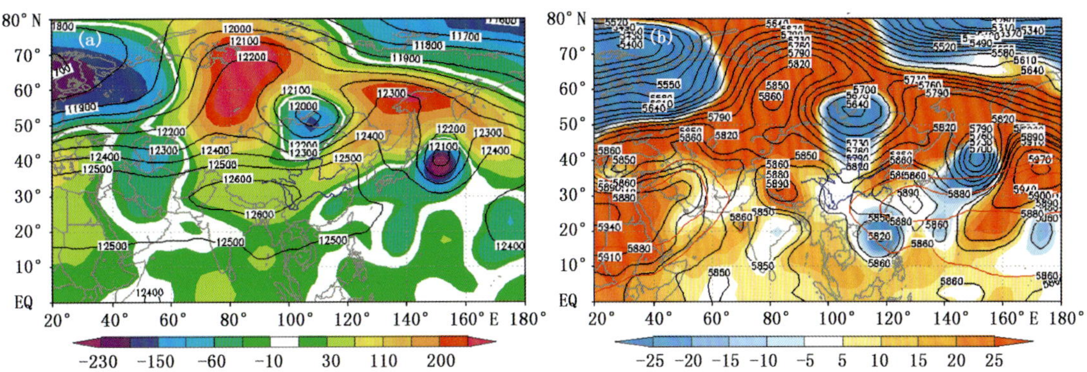

图 1.2.3　2012 年 7 月 21—22 日(a)200 百帕和(b)500 百帕高度场及距平

(单位：位势米；黑线为等高线、红线为气候态下 5860 位势米和 5880 位势米线，阴影为高度场距平)

Fig. 1.2.3　200 hPa (a) and 500 hPa (b) geo-potential height and anomalies during 21 to 22 July, 2012 (unit: gpm, black lines: 500 hPa geo-potential height, red lines: 5860 and 5880 gpm of climatology, shaded areas: anomalies)

看出，在南海洋面有一气旋性环流，其东侧的偏南气流与来自印度洋的偏南气流不断向我国华北地区输送水汽，为华北地区降水提供充沛的水汽条件。由于水汽条件比较充足，加之环流异常提供了较好的水汽辐合抬升的动力条件，造成我国华北特别是北京地区出现了异常偏多的降水。

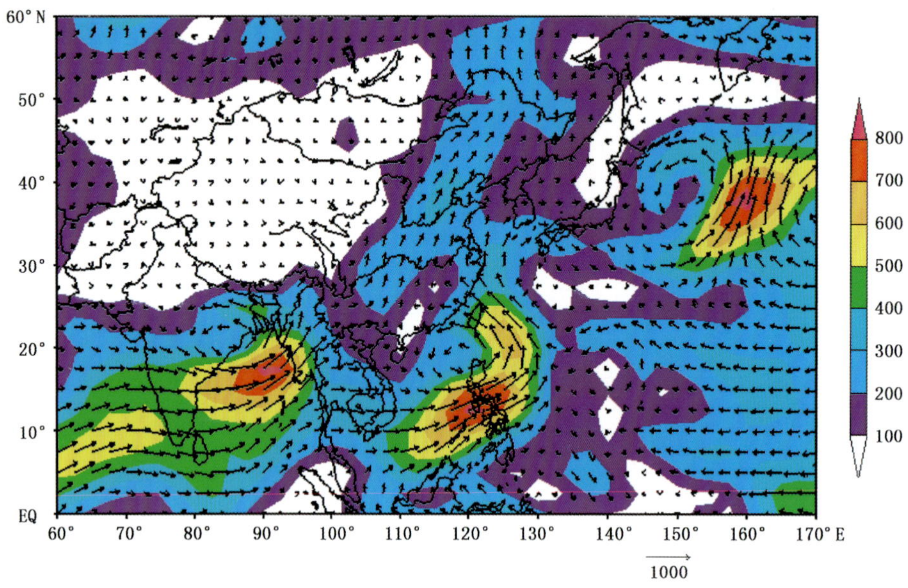


图 1.2.4 2012 年 7 月 21—22 日 850 hPa 整层水汽输送(单位：千克・米$^{-1}$・秒$^{-1}$)

Fig. 1.2.4 Moisture transport anomalies vertically integrated from surface to 300 hPa during 21 to 22 July, 2012 (unit: kg・m$^{-1}$・s$^{-1}$)

### 1.2.4 8月登陆我国的台风异常偏多

2012 年 8 月，西北太平洋和南海地区编号台风 5 个，较历史同期(5.8 个)偏少；但登陆我国的台风个数(5 个)较历史同期(1.9 个)明显偏多，与 1949 年有记录以来 8 月登陆我国台风个数最多的 1994 年和 1995 年并列第一。

从台风生成的热力条件看，2012 年 7 月下旬至 8 月，赤道西太平洋暖池海温较常年同期偏暖，相应地射出长波辐射较常年同期明显偏低，即对流偏强，有利于台风生成加强。从影响台风活动的动力条件看，2012 年 7 月下旬至 8 月，东亚夏季风明显偏强，有利于西北太平洋和南海生成的热带气旋北上和西进影响我国。与此同时，东亚季风槽较常年同期偏强(位置偏东约 5 个经度)，明显偏北约 5～10 个纬距，使得西北太平洋台风生成源地主要位于 150°E 以西和 15°N 以北的海域，而该海域生成的台风在西太平洋副热带高压偏弱偏北的异常形势下更容易登陆我国。从台风的登陆条件看，2012 年 7 月下旬至 8 月，西太平洋 500 百帕副热带高压脊线位置明显且持续偏北。8 月初副热带高压延续 7 月下旬异常偏北态势，台风“达维”沿副热带高压南侧登陆江苏响水县。8 月内，西太平洋副热带高压在上中旬出现两次南落西伸过程，受副热带高压南侧偏东和东南气流引导，台风频繁登陆我国东部和南部沿海。

# 第2章 气象灾害分述

## 2.1 干旱

### 2.1.1 基本概况

2012年，全国平均降水量669.3毫米，较常年(629.9毫米)偏多6.3%，比2011年偏多20.4%。全年除2月、8月和10月降水量较常年同期偏少外，其余各月均偏多。

2012年，河南、云南等10个省(区、市)降水量偏少，河南降水量(567.4毫米)偏少达23.9%，为2002年以来最少。天津、辽宁、北京等21个省(区、市)降水量偏多，其中天津、辽宁和北京3省(市)偏多30%以上；天津偏多达61.6%(图2.1.1)，为近35年最多；北京降水量760.4毫米，较常年偏多39.3%，也为近35年最多。

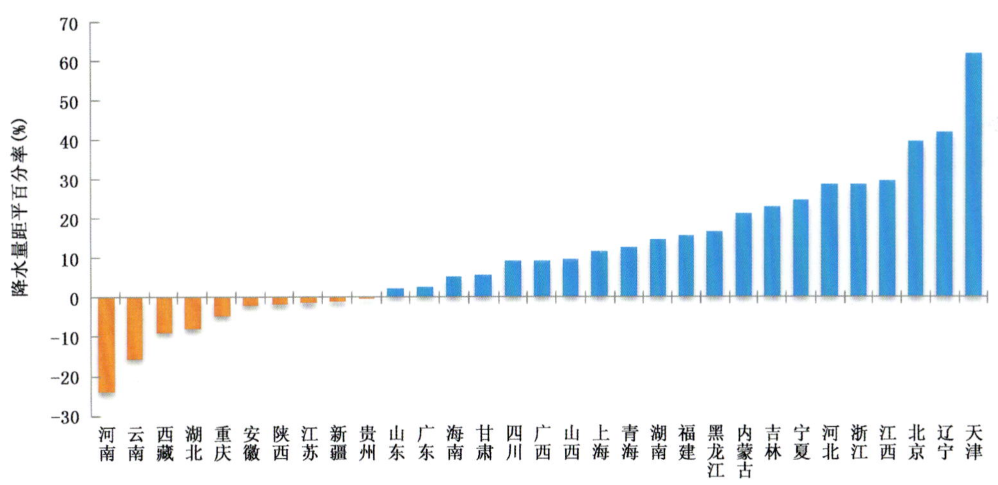


图2.1.1 2012年各省(区、市)平均年降水量距平百分率(%)

Fig. 2.1.1 Percentage of annual precipitation anomalies in different provinces of China in 2012(unit: %)

2012年我国干旱范围较常年偏小，但区域性和阶段性干旱严重。由于粮食主产区农作物生长发育关键时段未发生明显干旱，农作物因旱受灾面积较1990—2010年平均值明显偏小，属干旱灾害偏轻年份。

2012年全国农作物受旱面积934.4万公顷，绝收面积37.7万公顷；受旱面积较常年偏小1508.1万公顷(见图2.1.2)。云南、黑龙江、湖北、新疆、河北和安徽6省(区)因旱绝收面积占全国因旱绝收面积的76%。2012年全国因旱造成7084.3万人次受灾，其中饮水困难人口1356.3万人次；直接经济损失244.3亿元。

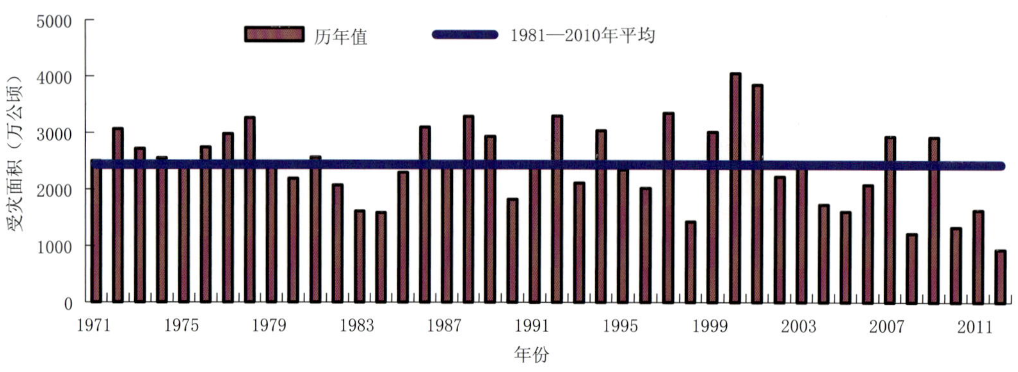


图 2.1.2 1971—2012 年全国干旱受灾面积变化图

Fig. 2.1.2 Drought areas in China during 1971—2012

受旱面积较大或旱情较重的省(区、市)有云南、四川、河南、河北、山东、安徽、江苏、湖北、黑龙江、山西等(图 2.1.3)。年内干旱主要出现在黑龙江西北部和东南部、内蒙古东北部、河北中南部、山东、山西、河南、陕西中南部、安徽中北部、江苏、湖北中北部、重庆、四川东部和南部、云南、贵州南部、广西西部、广东中北部、西藏中部、新疆北部。发生干旱日数达 90 天以上的地区有云南中部和北部、四川南部、河南中部和南部、湖北东北部、西藏中部局部地区(图 2.1.4)。

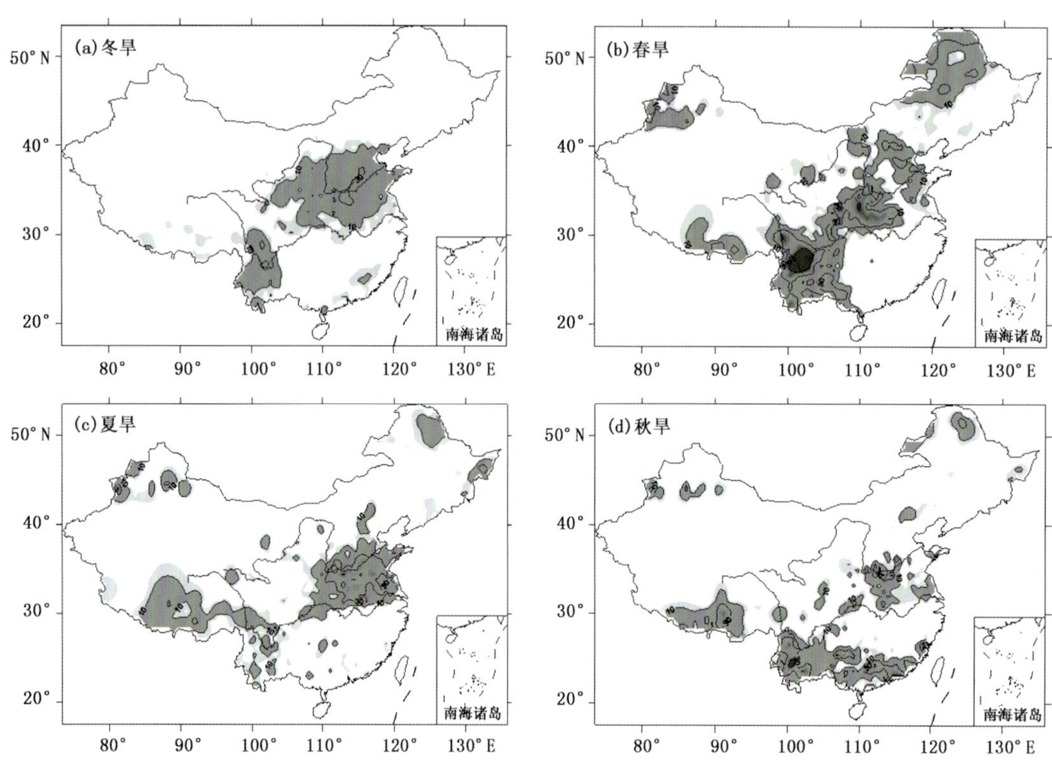


图 2.1.3 2012 年主要干旱示意图(a. 冬旱;b. 春旱;c. 夏旱;d. 秋旱)

Fig. 2.1.3 Sketch of major droughts over China in winter(a), spring(b), summer(c) and autumn(d) of 2012

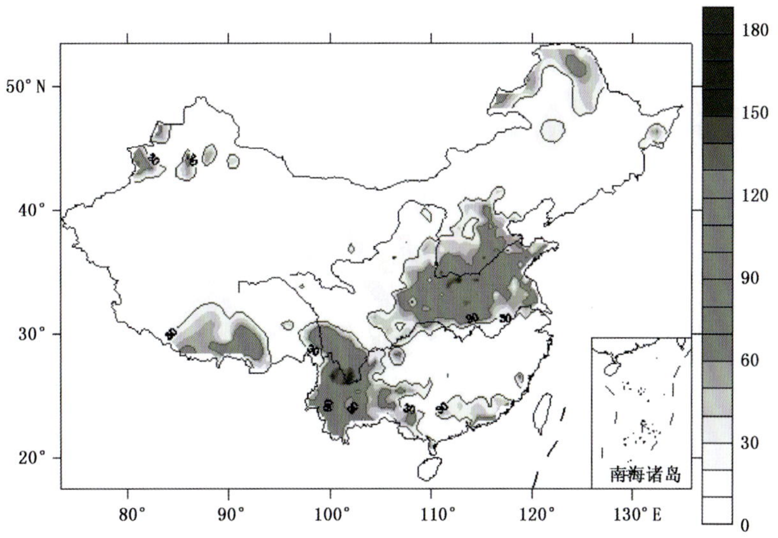


图 2.1.4 2012 年全国中旱以上干旱日数分布图(天)

Fig. 2.1.4 Distribution of drought days with median drought and above over China in 2012 (uint:d)

2012 年我国主要干旱事件见表 2.1.1。

**表 2.1.1 2012 年我国主要干旱事件简表**

**Table 2.1.1 List of major drought events over China in 2012**

| 时间 | 地区 | 程度 | 旱情概况 |
|---|---|---|---|
| 2011 年 12 月 1 日至 2012 年 5 月 24 日 | 西南地区(云南及四川南部) | 2011/2012 年冬季,云南及四川南部降水量普遍在 25 毫米以下,比常年同期偏少 5～8 成;3 月 5 日至 5 月 24 日,云南大部、四川南部降水量不足 100 毫米,其中云南北部和四川南部降水量不足 50 毫米。 | 长期干旱使云南 500 多条中小河流断流、600 多座小型水库干涸;14 个州市的 123 个县(区、市)897.2 万人受到旱灾影响,556 万人、270 万头大牲畜出现不同程度饮水困难;农业受灾面积 80 多万公顷;2011 年以来云南因旱直接经济损失达 166 亿元。贵州安顺、黔西南 2 市(自治州)11 个县遭受旱灾,共有 180.6 万人受灾,40.2 万人需生活救助;农作物受灾面积 9.2 万公顷;直接经济损失 4.2 亿元。广西百色市右江区、靖西县、西林县 3 县(区)遭受不同程度的干旱灾害,受灾人口 14.5 万人,饮水困难人口 5.9 万人;农作物受灾面积 9000 多公顷;经济损失近 3000 万元。 |
| 5 月 1 日至 6 月 25 日 | 华北南部、黄淮大部、江淮北部 | 5 月 1 日至 6 月 25 日,华北南部、黄淮大部、江淮北部降雨量普遍不足 50 毫米,较常年同期偏少 5～8 成,局部偏少 8 成以上。 | 干旱对春播作物生长、夏玉米等夏播作物的播种出苗以及一季稻的栽插等不利,不利于果树果实膨大。 |
| 7 月 1 日至 8 月 17 日 | 湖北北部、河南、安徽西北部 | 安徽北部、湖北中部和西南部、河南中部和南部、重庆东部降水量较常年同期偏少 3～5 成,河南南部和湖北北部局地偏少 5～8 成。 | 持续高温少雨造成旱区农作物减产,森林火险气象等级持续偏高,林区有害生物大量滋生;水资源短缺,部分地区人畜饮水出现困难;城乡用电负荷持续居高不下。持续干旱造成湖北、河南和安徽三省共 1079.6 万人受灾,约 160 万人饮水困难;农作物受灾面积 114.5 万公顷,其中绝收 8.5 万公顷;直接经济损失 35.6 亿元。 |

### 2.1.2 主要旱灾事例

#### 1. 西南地区发生冬春连旱

2011/2012 年冬季，云南及四川南部降水量普遍在 25 毫米以下，比常年同期偏少 5～8 成；3 月 5 日至 5 月 24 日，云南大部、四川南部降水量不足 100 毫米，其中云南北部和四川南部降水量不足 50 毫米；与常年同期相比，上述大部地区降水量偏少 3～8 成，部分地区偏少 8 成以上。2011 年 12 月 1 日至 2012 年 5 月 24 日，云南降水量 114.6 毫米，比常年同期偏少 41%，为 1980 年以来同期最少(图 2.1.5)，长时间少雨导致气象干旱持续发展(图 2.1.6)。受干旱影响，云南、四川南部的部分中小河流断流、小型水库干涸，冬小麦、蚕豆、油菜等农作物受灾；森林、草原火险气象等级居高不下，云南丽江、玉溪和四川西昌、理塘、甘孜一度发生森林火灾。

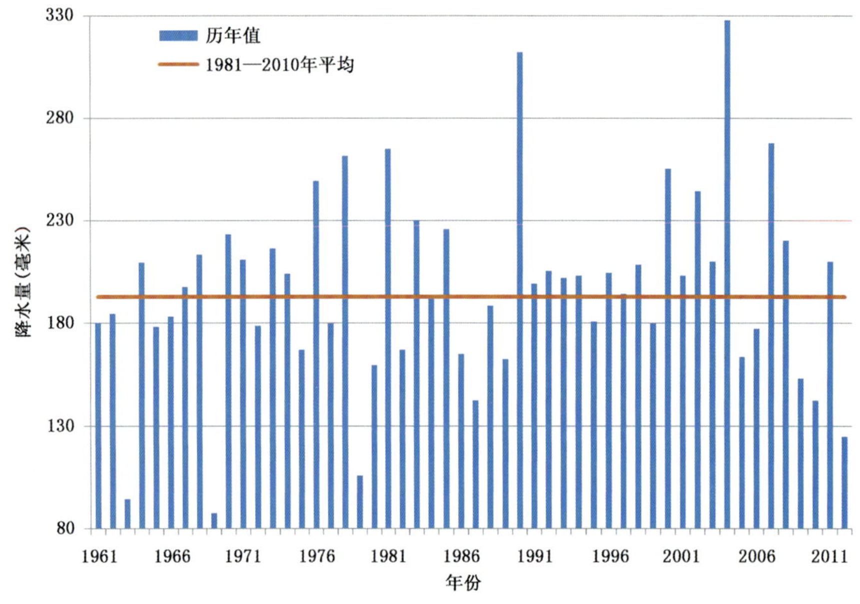


图 2.1.5 12 月 1 日至 5 月 24 日云南平均降水量(毫米)历年变化(1961—2012 年)

Fig. 2.1.5 Annual variations of precipitation from December 1 to May 7 during 1961 to 2012 in Yunnan Province(unit:mm)

#### 2. 黄淮、江淮出现初夏旱

5 月 1 日至 6 月 25 日，华北南部、黄淮大部、江淮北部地区降水明显偏少，大部地区累计降雨量不足 50 毫米，较常年同期偏少 5～8 成，局部偏少 8 成以上。山东、江苏、河南三省区域平均降水量 41.9 毫米，较常年同期(127.7 毫米)偏少 67%，为 1951 年以来历史同期最少值(图 2.1.7)。其中，江苏和山东均为 1951 年以来同期最少值，河南为第三少值。尤其 6 月 1—25 日，河南中北部、山东南部、江苏中北部、安徽东北部等地降水量不足 10 毫米，平均气温较常年同期普遍偏高 1～2℃，局部还出现了 12～15 天 35℃以上的高温天气。持续高温少雨使得华北南部、黄淮、江淮等地普遍出现中度以上气象干旱，其中河南大部、山东南部、江苏大部、安徽中北部等地达重到特旱(图 2.1.8)，干旱导致夏播推迟，夏播作物出苗受到较大影响。

#### 3. 重庆、湖北、河南、安徽等地夏旱

7 月 1 日至 8 月 17 日，安徽北部、湖北中部和西南部、河南中部和南部以及重庆东部的降水量较常年同期偏少 3～5 成，河南南部和湖北北部局地偏少 5～8 成；同时上述地区出现持续高温天气，其中湖北东部、河南南部、安徽、重庆等地高温日数有 15～30 天，较常年同期偏多 3～10 天。温高雨

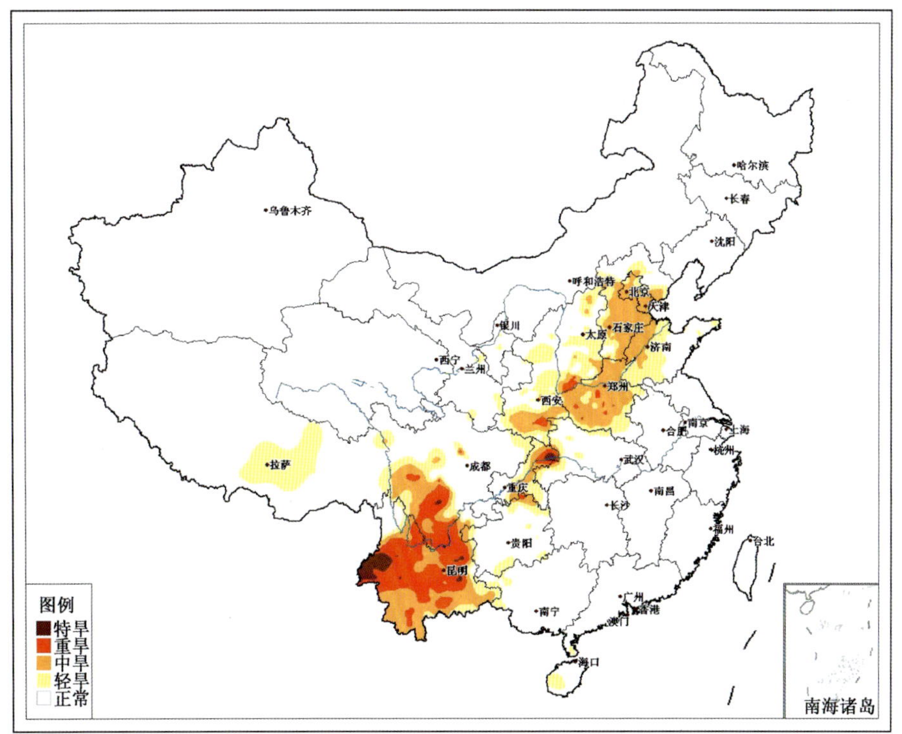


图 2.1.6　2012 年 2 月 29 日全国气象干旱监测图

Fig. 2.1.6　Drought monitoring in China on February 29, 2012

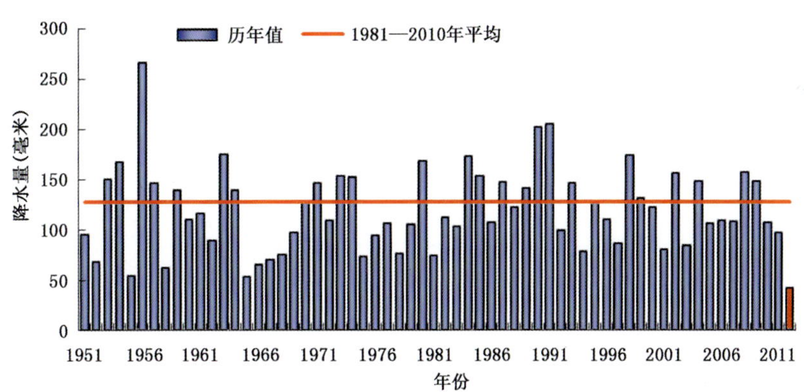


图 2.1.7　5 月 1 日至 6 月 25 日山东、江苏、河南 3 省平均降水量(毫米)历年变化(1961—2012)

Fig. 2.1.7　Annual variations of precipitation from May 1 to June 25 during 1961 to 2012 in Shandong, Jiangsu and Henan provinces (unit: mm)

少,土壤失墒快,导致上述部分地区出现不同程度的干旱(图 2.1.9)。持续高温少雨造成旱区农作物减产,森林火险气象等级持续偏高,林区有害生物大量滋生;水资源短缺,部分地区人畜饮水出现困难;城乡用电负荷持续居高不下。长时间高温干旱致使旱区的玉米出现“卡脖旱”,一季稻出现颖花退化,空壳率增加,正常生长发育受到严重影响。

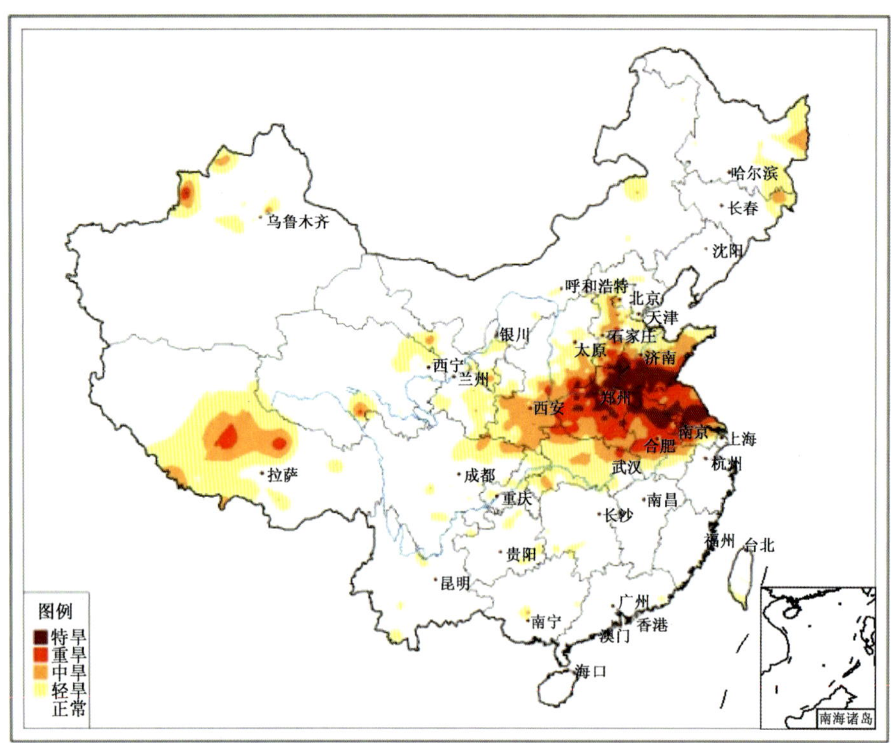


图 2.1.8　2012 年 6 月 25 日全国气象干旱监测
Fig. 2.1.8　Drought monitoring in China on June 25, 2012

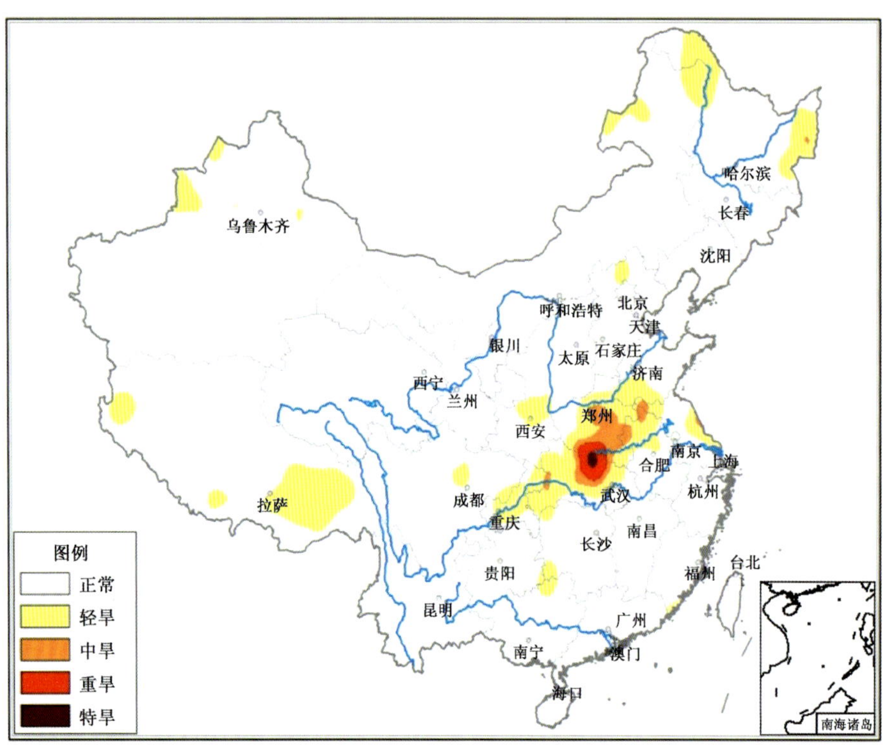


图 2.1.9　2012 年 8 月 17 日全国气象干旱监测图
Fig. 2.1.9　Drought monitoring in China on August 17, 2012

## 2.2 暴雨洪涝

### 2.2.1 基本概况

2012 年，全国平均年降水量及春、夏、秋季降水量均比常年同期偏多，虽未出现流域性严重暴雨洪涝灾害，但暴雨天气过程多，局部洪涝和山洪地质灾害严重(图 2.2.1)。春季，南方部分地区发生暴雨洪涝；7 月中下旬，长江中上游发生暴雨洪涝灾害；7 月下旬，特大暴雨袭击京津冀，海河发生局部洪涝(表 2.2.1)；汛期，我国西部及华北的局部地区山洪地质灾害严重。据统计，2012 年全国因暴雨洪涝及其引发的滑坡、泥石流灾害共造成 1.1 亿人次受灾，因灾死亡 887 人；农作物受灾面积 772.9 万公顷，其中绝收面积 88.9 万公顷；倒塌房屋 61 万间，直接经济损失 1661.2 亿元。

总体上看，2012 年全国暴雨洪涝造成的损失与 1990—2011 年平均值相比，受灾面积、死亡人数均明显偏少，经济损失略偏重，2012 年属暴雨洪涝灾害偏轻年份。2012 年受灾较重的有四川、北京、河北、内蒙古、甘肃、湖南等省(区、市)。

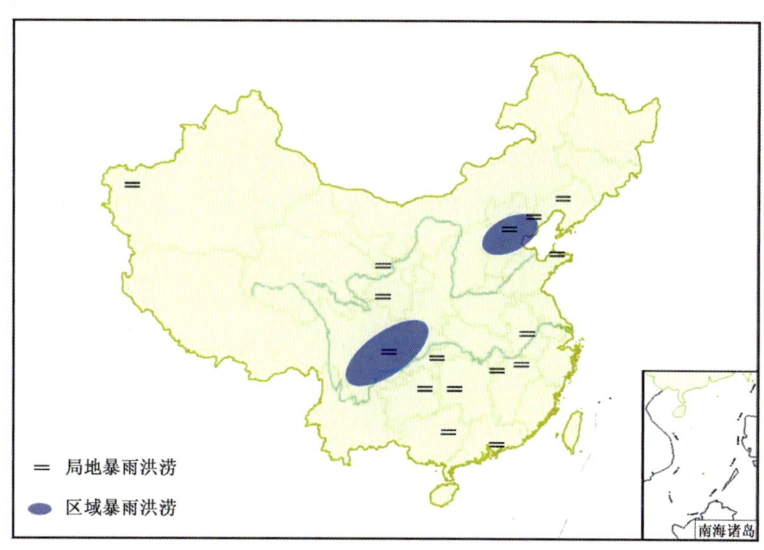


图 2.2.1 2012 年全国主要暴雨洪涝示意图

Fig. 2.2.1 Sketch map of major rainstorm induced floods over China in 2012

**表 2.2.1 2012 年全国主要暴雨洪涝过程简表**

**Table 2.2.1 List of major rainstorm induced floods and associated disasters over China in 2012**

| 时间 | 地区 | 主要过程降水量(毫米) | 死亡(人) | 直接经济损失(亿元) |
|---|---|---|---|---|
| 5 月中旬 | 江西、湖南、湖北、四川、广西、福建、贵州、重庆、广东等省(区、市) | 50～250 | 15 | 26.5 |
| 7 月中下旬 | 长江中上游湖北、贵州、重庆、云南、湖南、江西、四川等省(市) | 100～250 | 73 | 168.9 |
| 7 月下旬 | 北京、天津、河北、山西等省(市) | 50～250 | 145 | 352.5 |
| 7 月下旬 | 黄河上游宁夏、陕西、甘肃、内蒙古等省(区) | 50～100 | 24 | 34.5 |

### 2.2.2 主要暴雨洪涝灾害事例

**1. 春季，新疆西部发生融雪型洪水**

2011/2012 年冬季，新疆西部地区及天山一带降水量普遍有 10～50 毫米，较常年同期偏多 5 成至 3 倍。由于前期积雪较深，入春后特别是 3 月中下旬，新疆大部地区快速回暖，气温比常年同期偏高 1～4℃，积雪加速融化，导致乌鲁木齐、伊犁、喀什、和田等地的部分地区发生融雪型洪水或雪崩灾害。据统计，全疆约有 4.7 万人受灾，倒损房屋 3300 间，直接经济损失 3000 余万元。

**2. 春季，南方暴雨天气频发，部分地区发生暴雨洪涝**

4—5 月，南方地区共出现 13 次暴雨天气过程，其中 4 月 27 日至 5 月 1 日、5 月 11—14 日两次暴雨过程强度较强，范围较广。4—5 月，江南、华南、西南东部降水量普遍在 300～500 毫米，江西中北部、广东大部、湖南东北部等地超过 500 毫米。4 月 5 日至 5 月 15 日，浙闽赣湘桂粤 6 省（区）平均降水量 358.2 毫米，比常年同期（250.0 毫米）偏多 43.3%，为近 32 年最多（图 2.2.2）。其中，5 月 11—15 日的过程影响范围较广，降水强度较强，造成灾害也较严重，期间，江南、华南及贵州、四川等地出现大到暴雨，部分地区出现大暴雨；12 日，江西有 10 个气象观测站、广西有 9 个气象观测站日雨量超过 100 毫米；广西桂平 24 小时降水量达 237 毫米，1 小时降水量达 115 毫米；重庆长寿 5 月 11 日 1 小时降雨 101 毫米。由于降雨强度大，且部分暴雨区域与前期强降雨区域重叠，导致一些地方重复受灾，灾情加重。据统计，江西、湖南、湖北、四川、广西、福建、贵州、重庆、广东等省（区、市）共计受灾人口 450.2 万人，死亡 15 人，失踪 6 人；农作物受灾面积 16.7 万公顷；直接经济损失 26.5 亿元。

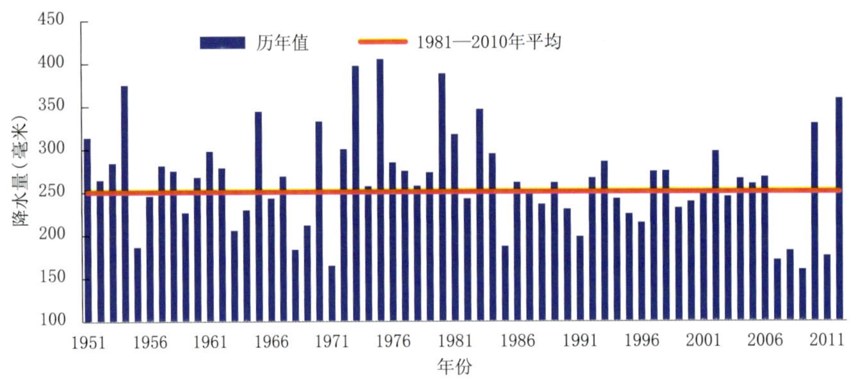


图 2.2.2 4 月 5 日至 5 月 15 日浙闽赣湘桂粤 6 省（区）平均降水量历年变化（毫米）

Fig. 2.2.2 Annual variations of region average precipitation in Zhejiang, Fujian, Jiangxi, Hunan, Guangxi and Guangdong Provinces from April 5 to May 15 (unit: mm)

**广东** 4 月 19—20 日，广东茂名市遭受暴雨洪涝灾害，16.1 万人受灾，转移 1 万余人，失踪 5 人，直接经济损失 2.4 亿元；广州、深圳部分地区发生严重内涝。

**四川** 5 月 10—14 日，绵阳、德阳、南充 8 市（自治州）22 个县（区、市）遭受洪涝灾害，造成 48.1 万人受灾，3 人死亡，1.6 万人紧急转移安置或需紧急生活救助；2000 余间房屋倒塌或严重损坏，3000 余间一般损坏；直接经济损失近 1.3 亿元。

**湖北** 5 月 11—17 日，襄阳、黄石、咸宁等 5 市（自治州）9 个县（区、市）遭受洪涝灾害，造成 55.4 万人受灾，3.5 万人紧急转移安置或需紧急生活救助，300 余间房屋倒塌或严重损坏；农作物受灾面积 6 万公顷，其中绝收面积 3000 公顷；直接经济损失 2 亿元。

**江西** 5 月 12—17 日，南昌、九江、萍乡等 9 市 50 个县（区、市）遭受洪涝灾害，造成 114.2 万人受灾，2 人死亡，6.8 万人紧急转移安置或需紧急生活救助；6700 余间房屋倒塌或严重损坏，4800 余间一般损坏;农作物受灾面积 8.8 万公顷,其中绝收面积 5000 公顷;直接经济损失 10.7 亿元。

**3.7 月中下旬,长江中上游发生暴雨洪涝灾害**

7 月中旬,长江中上游强降水过程增多,江南大部以及湖北东部、贵州、四川西部等地累计降水量较常年同期偏多 5 成至 2 倍,部分地区偏多 2 倍以上。其中,12—14 日,江汉、江淮南部、江南北部以及贵州等地出现暴雨到大暴雨,江苏中部、安徽中部、湖北东南部降水量达 100~250 毫米,湖北局部地区超过 300 毫米;15—19 日,江南大部及重庆、四川、贵州等地出现暴雨到大暴雨,江西中部、湖南中部、贵州中南部、四川中部降水量达 100~250 毫米,局部地区超过 300 毫米。21—22 日,四川盆地再次出现暴雨到大暴雨,降雨量一般在 50 毫米以上。受持续降雨影响,湖南湘水部分支流、资水干流下游出现超警水位,沅水干流中下游及东南洞庭湖全面超警,全省有 1233 座水库一度溢洪;江西赣江中游支流袁河、锦江、抚河等均发生超警戒洪水,全省 7 座大型水库超汛限水位,其中 4 座水库开闸泄流;重庆市境内长江干流遭遇 1981 年以来最大洪水,朱沱站出现 50 年一遇洪水,长江上游四川宜宾至重庆寸滩的干流河段全线超警戒水位;7 月 24 日长江三峡出现建库以来的最大洪峰。

**湖北** 7 月 9—16 日,武汉、十堰、襄阳等 11 市(自治州)53 个县(区、市)遭受洪涝灾害,造成 243.7 万人受灾,8 人死亡,紧急转移安置和其他需紧急生活救助 14 万人;4500 余间房屋倒塌,1.1 万间不同程度损坏;农作物受灾面积 24.9 万公顷,其中绝收面积 1.5 万公顷;直接经济损失 16.3 亿元。

**贵州** 7 月 9—19 日,贵阳、六盘水、遵义等 9 市(自治州)68 个县(区、市)遭受洪涝灾害,造成 227.8 万人受灾,18 人死亡,1 人失踪,紧急转移安置和其他需紧急生活救助 19.2 万人;3000 余间房屋倒塌,3.9 万间不同程度受损;农作物受灾面积 8.7 万公顷,其中绝收面积 9000 公顷;直接经济损失 13.6 亿元。

**重庆** 7 月 10—16 日,渝中、北碚、綦江等 20 个县(区)遭受洪涝灾害,造成 84.3 万人受灾,3 人死亡,2 人失踪,紧急转移安置和其他需紧急生活救助 9.3 万人;房屋倒塌 1600 余间,4800 余间不同程度受损;农作物受灾面积 2.3 万公顷,其中绝收面积 2700 公顷;直接经济损失 2.4 亿元。7 月 17—20 日,江津区、秀山土家族苗族自治县遭受洪涝灾害,31.4 万人受灾,2 人死亡,紧急转移安置和其他需紧急生活救助近 3300 人;300 余间房屋倒塌,1000 余间不同程度受损;农作物受灾面积 1.6 万公顷,其中绝收面积 1700 公顷;直接经济损失 1.2 亿元。7 月 21—25 日,渝中、大渡口、江北等 27 个县(区)遭受洪涝灾害,108.8 万人受灾,6 人死亡,30.8 万人紧急转移安置或其他需紧急生活救助;4900 余间房屋倒塌,1.5 万间不同程度受损;农作物受灾面积 4.9 万公顷,其中绝收面积 4800 公顷;直接经济损失 13.3 亿元。

**云南** 7 月 12—16 日,曲靖、昭通、文山 3 市(自治州)4 个县(区、市)遭受洪涝灾害,造成 24.1 万人受灾,紧急转移安置和其他需紧急生活救助 4100 余人;近 800 间房屋不同程度受损;农作物受灾面积 1.2 万公顷,其中绝收面积 2800 公顷;直接经济损失 2.5 亿元。7 月 21—27 日,昆明、曲靖、保山等 9 市(自治州)23 个县(区、市)遭受洪涝灾害,116.9 万人受灾,14 人死亡,7 人失踪,5.3 万人紧急转移安置或其他需紧急生活救助;800 余间房屋倒塌,7000 余间不同程度受损;农作物受灾面积 5.9 万公顷,其中绝收面积 7000 公顷;直接经济损失 6.7 亿元。

**湖南** 7 月 12—20 日,长沙、张家界、常德等 12 市(自治州)81 个县(区、市)遭受洪涝灾害,造成 370.4 万人受灾,3 人死亡,紧急转移安置和其他需紧急生活救助 24.9 万人;6300 余间房屋倒塌,2.2 万间不同程度受损;农作物受灾面积 20.3 万公顷,其中绝收面积 3.2 万公顷;直接经济损失 27.9 亿元。

**江西** 7 月 14—20 日,南昌、九江、鹰潭等 9 市 35 个县(区、市)遭受洪涝灾害,造成 85.6 万人受灾,4 人死亡,紧急转移安置和其他需紧急生活救助 5.2 万人;1100 余间房屋倒塌,2400 余间不同程度受损;农作物受灾面积 5.7 万公顷,其中绝收面积 5900 公顷;直接经济损失 8.5 亿元。

**四川** 7月14—20日，绵阳、内江、乐山等12市（自治州）40个县（区、市）遭受洪涝灾害，52.2万人受灾；紧急转移安置和其他需紧急生活救助7万人；2200余间房屋倒塌，近4000间不同程度受损；农作物受灾面积2.5万公顷，其中绝收面积2500公顷；直接经济损失3.3亿元。7月21—27日，成都、广元、绵阳等18市（自治州）97个县（区、市）遭受洪涝灾害，501.9万人受灾，15人死亡，2人失踪；34.6万人紧急转移安置；近3.7万间房屋倒塌，8万余间不同程度受损；农作物受灾面积16.7万公顷，其中绝面积收3.1万公顷；直接经济损失近73.2亿元。

**4. 7月下旬，特大暴雨袭击京津冀，海河发生局部洪涝**

7月下旬，华北大部降水较常年同期偏多5成至2倍，部分地区偏多2倍以上。其中，7月21—22日，北京、天津及河北出现区域性大暴雨到特大暴雨，北京平均降水量达190.3毫米，暴雨中心房山区河北镇降雨量达460.0毫米，全市平均日降水强度超百年一遇，有11个气象站雨量突破建站以来历史极值；天津平均降雨量98.6毫米，有106个乡镇出现大暴雨，4个乡镇出现特大暴雨，暴雨中心宝坻降雨量达294.7毫米；河北有295个乡镇雨量超过100毫米，10个乡镇超过300毫米，海河流域的北运河出现超历史实测记录的特大洪水，拒马河出现1963年以来最大洪水。受强降水影响，北京、天津及河北涞源、廊坊、涿州等地出现严重城市内涝，部分地区暴发山洪地质灾害，交通受到严重影响。据统计，7月下旬华北地区的大范围强降雨，共造成826.9万人受灾，145人死亡，26人失踪；倒塌损坏房屋34万间；农作物受灾面积88.3万公顷；直接经济损失352.5亿元。

**北京** 7月21—25日，房山、通州、石景山等12个县（区）遭受洪涝灾害，55.9万人受灾，78人死亡，22.9万人紧急转移安置或其他需紧急生活救助；1.1万间房屋倒塌，4.9万间不同程度受损；农作物受灾面积24.1万公顷；直接经济损失120多亿元。

**天津** 7月25—31日，河东、河西、南开等10个县（区）遭受洪涝灾害，造成25.3万人受灾，紧急转移安置和其他需紧急生活救助8400人；400余间房屋倒塌，1.3万间不同程度受损；农作物受灾面积5.8万公顷，其中绝收面积4100公顷；直接经济损失14.8亿元。

**河北** 7月20—25日，石家庄、张家口、承德等9市61个县（区、市）遭受洪涝灾害，249.5万人受灾，20人死亡，20人失踪，24.3万人紧急转移安置或其他需紧急生活救助；1.8万间房屋倒塌，3万间不同程度受损；农作物受灾面积16.2万公顷，其中绝收面积2.3万公顷；直接经济损失77.1亿元。7月28—31日，张家口、承德、秦皇岛等5市23个县（区、市）遭受洪涝灾害，造成92.5万人受灾，1人死亡，1人失踪，紧急转移安置和其他需紧急生活救助2.6万人；600余间房屋倒塌，1.6万间不同程度受损；农作物受灾面积5.9万公顷，其中绝收面积8400公顷；直接经济损失9亿元。

**山西** 7月21—23日，太原、大同、朔州等7市14个县（市）遭受洪涝灾害，5万人受灾，4人死亡，1人失踪；近100间房屋不同程度受损；农作物受灾面积4400公顷，其中绝收面积800余公顷；直接经济损失4600余万元。7月27—31日，长治、忻州、临汾等6市23个县（市）遭受洪涝灾害，造成55.5万人受灾，7人死亡，3人失踪，12.4万人紧急转移安置和其他需紧急生活救助；4200间房屋倒塌，3.2万间不同程度受损；农作物受灾面积7.6万公顷，其中绝收面积1.4万公顷；直接经济损失16.5亿元。

**5. 夏季，黄河上游发生洪涝**

夏季，西北中部和北部降水较常年同期明显偏多，其中宁夏北部和内蒙古河套大部偏多2成至1倍（图2.2.3），黄河青海段降水量创近52年来最多，出现1990年来最强汛情。7月下旬，黄河流域出现3次强降雨过程（20—21日、24—27日、30—31日），受强降雨影响，黄河上中游发生1989年以来最大洪水，黄河兰州段河堤3次发生垮塌险情，一度导致主城区供水系统瘫痪。黄河干流吴堡站出现超警戒水位，山西、陕西区间北部部分支流出现洪水。降水还造成内蒙古巴彦淖尔市城镇内涝严重，农田积水，部分农作物出现倒伏，有74条山沟出现山洪。

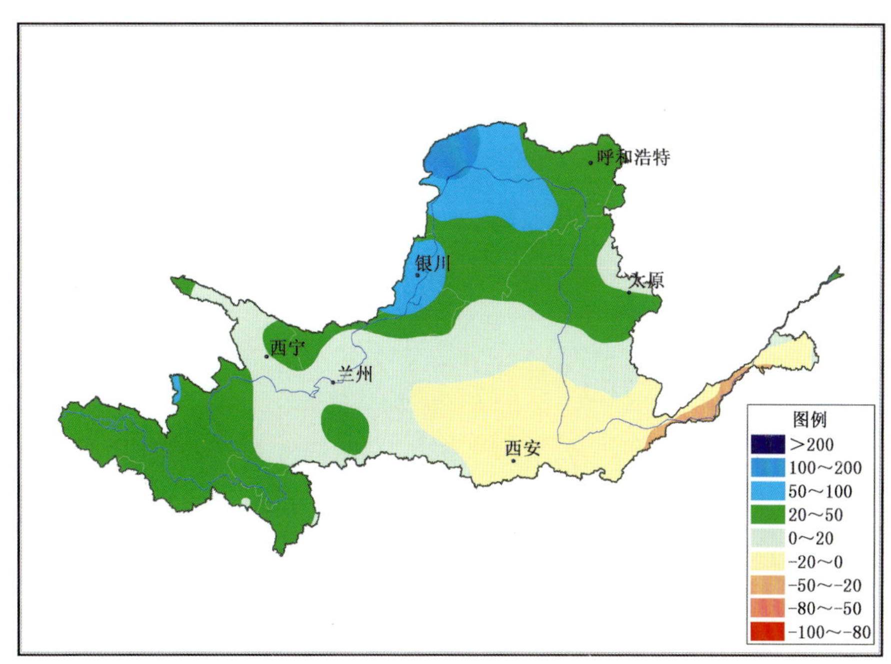


图 2.2.3 2012 年 6—8 月黄河流域降水量距平百分率分布(%)

Fig. 2.2.3 Distribution of precipitation anomalies in Yellow River basin from June to August in 2012 (Unit: %)

**宁夏** 7 月 17—23 日,石嘴山、吴忠、中卫 3 市 6 个县(区、市)遭受洪涝灾害,2.2 万人受灾,紧急转移安置和其他需紧急生活救助近 1900 人;100 余间房屋倒塌,2600 余间不同程度受损;农作物受灾面积 3200 千公顷,其中绝收面积 200 余公顷;直接经济损失 3200 余万元。7 月 30—31 日,银川、石嘴山、吴忠、中卫 4 市 11 个县(区、市)遭受洪涝灾害,造成 10.2 万人受灾,紧急转移安置和其他需紧急生活救助 7000 余人;400 余间房屋倒塌,3000 间不同程度受损;农作物受灾面积 2.4 万公顷,其中绝收面积 4000 公顷;直接经济损失 6000 万元。

**陕西** 7 月 20—25 日,延安、铜川、渭南等 7 市 16 个县(区)遭受洪涝灾害,25.9 万人受灾,3 人死亡,14 人失踪,2.3 万人紧急转移安置或其他需紧急生活救助;700 余间房屋倒塌,3400 间不同程度受损;农作物受灾面积 1.5 万公顷,其中绝收面积 1600 公顷;直接经济损失 2.7 亿元。7 月 27—30 日,延安、榆林 2 市 11 个县(区)遭受洪涝灾害,造成 15.1 万人受灾,2 人死亡,3 人失踪,紧急转移安置和其他需紧急生活救助近 9200 人;600 余间房屋倒塌,3100 余间不同程度受损;农作物受灾面积 1.3 万公顷,其中绝收 1700 公顷;直接经济损失 1.3 亿元。

**甘肃** 7 月 20—24 日,兰州、金昌、白银等 10 市(自治州)24 个县(区)遭受洪涝灾害,39.3 万人受灾,1 人死亡,2 人失踪,7000 余人紧急转移安置或需其他紧急生活救助;1900 余间房屋倒塌,5400 余间不同程度受损;农作物受灾面积 3.1 万公顷,其中绝收面积 1400 公顷;直接经济损失 4 亿元。7 月 26—31 日,兰州、嘉峪关、金昌等 9 市(自治州)31 个县(区)遭受洪涝灾害,造成 29.6 万人受灾,5 人死亡,3 人失踪,紧急转移安置和其他需紧急生活救助 2.8 万余人;1000 间房屋倒塌,6000 间不同程度受损;农作物受灾面积 2.1 万公顷,其中绝收面积 3600 公顷;直接经济损失 6.2 亿元。

**内蒙古** 7 月 20—24 日,呼和浩特、包头、乌海等 12 市(盟)40 个县(区、市、旗)遭受洪涝灾害,19.7 万人受灾,4 人死亡,4.8 万人紧急转移安置或其他需紧急生活救助;800 余间房屋倒塌,4200 余间不同程度受损;农作物受灾面积 6.1 万公顷,其中绝收面积 9100 公顷;直接经济损失 6.2 亿元。7 月 25—30 日,呼和浩特、包头、乌海等 11 市(盟)36 个县(区、市、旗)遭受洪涝灾害,造成 29.4 万人受灾,9 人死亡,2 人失踪,紧急转移安置和其他需紧急生活救助 7 万人;4000 余间房屋倒塌,3.1 万间不同程度受损；农作物受灾面积 8.3 万公顷，其中绝收面积 2.3 万公顷；直接经济损失 13.2 亿元。

**6. 我国西部地区和华北的局地强降水引发滑坡、泥石流等地质灾害**

汛期，北京、甘肃、四川、云南等省（市）局部地区因强降水引发了山洪泥石流灾害，造成不同程度的损失。

5 月 10 日，甘肃岷县发生特大冰雹、山洪、泥石流灾害，因灾死亡 57 人，失踪 15 人，并造成多处交通中断。

6 月 28 日，四川凉山州宁南县短时强降雨引发山洪、泥石流灾害，死亡失踪 41 人。

7 月 21 日，北京房山、门头沟等地因短时强降雨引发山洪、泥石流灾害，造成 78 人死亡，直接经济损失近 120 亿元。

8 月 30 日，四川锦屏因局部强降雨引发泥石流灾害，造成 24 人死亡。

10 月 4 日，云南昭通彝良县龙海乡发生山体滑坡，造成 19 人死亡。

## 2.3 热带气旋

### 2.3.1 基本概况

2012 年，在西北太平洋和南海共有 25 个热带气旋（中心附近最大风力≥8 级）生成，生成个数接近常年(25.5 个)。其中，1206 号“杜苏芮”(Doksuri)、1208 号“韦森特”(Vicente)、1209 号“苏拉”(Saola)、1210 号“达维”(Damrey)、1211 号“海葵”(Haikui)、1213 号“启德”(Kai-tak)、1214 号“天秤”(Tembin)共 7 个热带气旋先后在我国登陆(图 2.3.1)。2012 年热带气旋生成个数接近常年；起编时间、停编时间均较常年偏晚；登陆个数、登陆比例接近常年；初台登陆时间接近常年、末台登陆时间偏早；登陆时间集中、强度偏强；登陆热带气旋生成位置偏北，影响范围大。

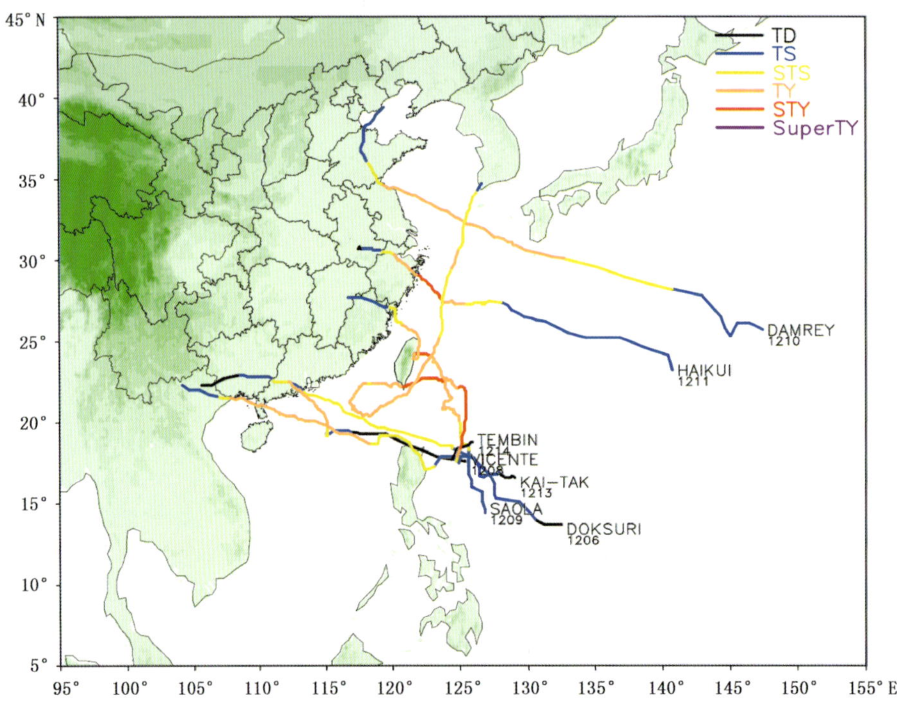


图 2.3.1 2012 年登陆中国热带气旋路径图(中央气象台提供)

Fig. 2.3.1 The tracks of tropical cyclones landed on China during 2012 (Provided by Central Meteorological Observatory of CMA)

2012 年，热带气旋降水对缓解南方部分地区的夏伏旱和高温天气以及增加水库蓄水等十分有利，但由于登陆时间集中，部分地区因降水强度大、风力强，遭受的损失比较严重。据统计，全国共有 4763.7 万人受灾，74 人死亡，22 人失踪，转移安置 569.6 万人，349.1 万公顷农作物受灾，13.0 万间房屋倒塌，直接经济损失 1048.3 亿元（表 2.3.1），死亡人数少于 1990—2011 年平均水平，但较去年明显偏多，直接经济损失超过 1990—2011 年平均水平，且为 1990 年以来最多。造成损失较重的有“海葵”及“苏拉”、“达维”。总体而言，2012 年热带气旋灾害损失较常年偏重。

**表 2.3.1 2012 年我国热带气旋主要灾情表**

**Table2.3.1 List of tropical cyclones and associated disasters over China in 2012**

| 国内编号及中英文名称 | 登陆时间（月.日） | 登陆地点 | 最大风力（风速，米/秒） | 受灾地区 | 受灾人口（万人） | 死亡人口（人） | 失踪人口（人） | 转移安置（万人） | 倒塌房屋（万间） | 受灾面积（万公顷） | 直接经济损失（亿元） |
|---|---|---|---|---|---|---|---|---|---|---|---|
| 1205 泰利（Talim） | | | | 福建 | 25.0 | | | 10.5 | | 1.2 | 2.2 |
| 1208 韦森特（Vicente） | 7.24 | 广东省台山市 | 14(45) | 广东 | 96.6 | 11 | | 16.6 | 0.1 | 6.4 | 18.7 |
| | | | | 广西 | 75.5 | | | 2.9 | 0.4 | 3.6 | 1.9 |
| | | | | 福建 | 3.3 | | | 2.2 | | 0 | 0.1 |
| 1209 苏拉（Saola） | 8.02<br>8.03 | 台湾省花莲市<br>福建省福鼎市 | 14(42)<br>10(25) | 湖北 | 131.7 | 30 | 6 | 14.3 | 1.5 | 3.6 | 41.1 |
| | | | | 福建 | 91.8 | | | 28.9 | 0.1 | 4.7 | 14.8 |
| | | | | 浙江 | 94.9 | | | 47.9 | | 1.2 | 2.6 |
| | | | | 江西 | 25.6 | | | 0.6 | 0.1 | 1.5 | 2.4 |
| | | | | 湖南 | 5.2 | | | 0.1 | | 0.2 | 0.3 |
| 1210 达维（Damrey） | 8.02 | 江苏省响水县 | 12(35) | 辽宁 | 246.6 | 10 | 9 | 34.2 | 1.7 | 17 | 163.2 |
| | | | | 河北 | 453.9 | 3 | | 24.3 | 2.4 | 1.7 | 143.8 |
| | | | | 山东 | 510.7 | 7 | 1 | 30.1 | 3.4 | 49.7 | 129.3 |
| | | | | 江苏 | 80.9 | | | 12.4 | 0.1 | 7 | 13.4 |
| | | | | 河南 | 10.8 | | | 0.1 | 0.1 | 0.8 | 0.6 |
| 1211 海葵（Haikui） | 8.08 | 浙江省象山县 | 13(42) | 浙江 | 796.3 | | | 153 | 0.5 | 36.6 | 272.9 |
| | | | | 安徽 | 284.9 | 3 | | 23.1 | 1.1 | 22.3 | 43.4 |
| | | | | 江西 | 127.7 | | | 27 | 0.2 | 9.1 | 33.3 |
| | | | | 江苏 | 99.1 | 1 | | 14.1 | 0.1 | 7 | 21.1 |
| | | | | 上海 | 42.0 | 2 | | 35 | | 1.5 | 5.2 |
| 1213 启德（Kai-tak） | 8.17 | 广东省湛江市 | 13(38) | 广东 | 213.7 | | | 34.6 | 0.3 | 24.9 | 25.6 |
| | | | | 广西 | 277.6 | 4 | | 15.3 | 0.5 | 28.2 | 22.8 |
| | | | | 云南 | 21.6 | 2 | | | | 1.7 | 1.9 |
| | | | | 海南 | 8.2 | | | 8.2 | | | |
| 1214 天秤（Tembin）<br>1215 布拉万（Bolaven） | 8.24 | 台湾省屏东县 | 14(45) | 辽宁 | 165.2 | | | 7.1 | | 13.5 | 25.2 |
| | | | | 吉林 | 338.5 | | | 0.9 | 0.1 | 20 | 16.9 |
| | | | | 山东 | 50.7 | | | 4.5 | | 9.5 | 19.1 |
| | | | | 黑龙江 | 298.0 | | | 0.5 | 0.1 | 69.3 | 11.3 |
| 1223 山神（Son-Tinh） | | | | 海南 | 142.4 | 1 | 6 | 16.9 | 0.1 | 4.6 | 12.6 |
| | | | | 广西 | 45.3 | | | 4.3 | 0.1 | 2.3 | 2.6 |
| 合 计 | | | | | 4763.7 | 74 | 22 | 569.6 | 13.0 | 349.1 | 1048.3 |

### 2.3.2 主要热带气旋灾害事例

#### 1. 1205号“泰利”（Talim）

1205号热带风暴“泰利”(Talim)于6月17日23时在南海北部海面生成，19日中午加强为强热带风暴，20日05时减弱为热带风暴，20日11时前后进入台湾海峡南部海面，下午再次加强为强热带风暴，21日凌晨从台湾海峡进入东海，随即减弱为热带风暴，05时继续减弱为热带低压。中央气象台21日08时对其停止编号。

受“泰利”和西南季风影响，6月17日至21日早晨，浙江北部和东部、福建北部和中北部沿海、广东东部、海南、江西局地及台湾累计降雨100～220毫米，浙江杭州湾一带、福建东北部和海南东部局地达250～400毫米，台湾高雄等南部地区累计雨量达400～700毫米。广东、福建、浙江、台湾等地沿海先后出现7～8级大风，福建沿海阵风9～11级，台湾地区澎湖、东吉岛、兰屿等地最大阵风达12级。

**海南**　6月17日至21日早晨，海南累计降水量100～220毫米，海南东部局地达250～400毫米。据乡镇自动站资料统计，6月15日08时至19日08时，海南省共有43个乡镇过程雨量超过200毫米，其中7个乡镇雨量超过300毫米，最大乐东利国镇达425.0毫米。海南沿海普遍出现6级以上阵风，其中七洲列岛测得的最大阵风为24.9米/秒(10级)。受强热带风暴“泰利”影响，截至6月18日13时40分，三亚凤凰国际机场的40余架进出港航班延误，7个航班被迫取消，部分航班备降海口。因琼州海峡风力较大，海口海事局决定自6月18日17时起，琼州海峡抗风等级未达8级的客滚船停航。

**广东**　6月19—20日，沿海地区普遍出现了7～9级阵风，其中汕头南澳县后宅镇自动站20日9时最大阵风达29.3米/秒(11级)。6月17—20日，广东南部和东部沿海出现大到暴雨，局部大暴雨。6月20日至21日早晨，湛江、茂名、阳江、江门、肇庆、云浮、汕尾、汕头等市出现大到暴雨、局地大暴雨，湛江、茂名和汕尾的8个气象站20日08时至21日08时24小时降雨量在100毫米以上，其中陆丰市甲东镇最大达153.4毫米；有60个气象站降雨量50～100毫米，有127个气象站降雨量25～50毫米。“泰利”为2012年影响广东省的第一个台风，由于其强度较弱且仅擦过广东省沿海，因而灾情较轻。

**福建**　6月19—21日，中北部沿海和北部内陆出现强降水。福建省共44个县(市)累积雨量超过50毫米，其中17县(市)雨量超过100毫米，以平潭中楼中学的186.0毫米为最大。6月19—21日，福建省沿海大部风力达7～9级，中南部沿海的局部海区风力达10～11级，以惠安大坠岛的30.3米/秒最大。“泰利”是2012年首个影响福建省的热带气旋，其穿越台湾海峡的移动路径历史未曾有过。受其影响，福州、南平、三明、漳州、龙岩等6市24个县(区、市)共25万人受灾，10.5万人紧急转移安置，农作物受灾面积1.2万公顷，其中绝收500公顷；直接经济损失2.2亿元。

**台湾**　“泰利”是1948年以来的梅雨季(5、6月)第一个在南海生成、由西南往东北穿过台湾海峡、让台湾气象部门发布台风警报的台风。受其影响，台湾中南部出现超大豪雨，其中6月19—20日，高雄市桃源区御油山累计降水量673.5毫米，屏东县春日乡大汉山599.0毫米，屏东县三地门乡尾寮山546.0毫米，高雄市六龟区新发535.5毫米，屏东县玛家乡玛家531.5毫米，屏东县三地门乡上德文492.0毫米，高雄市桃源区溪南478.0毫米，高雄市桃源区高中466.0毫米，高雄市甲仙区甲仙462.0毫米，屏东县雾台乡阿礼443.0毫米；澎湖、东吉岛、兰屿等地最大阵风达12级。

“泰利”给台湾部分地区造成灾害。6月19—20日，台东、台中、嘉义、台南等地共撤离1500多人。新竹、台中、南投、嘉义、高雄、台东、花莲等部分地区停班、停课。暴雨造成台湾部分地区停电。据台湾电力公司统计，截至6月20日12时，全台有1.15万户出现停电。高雄与台东之间的南回线列车 20 日 12 时后全线停驶；西部干线南北对开列车在当天下午全部停驶。台湾各航空公司陆续宣布停飞讯息。另外，持续暴雨还导致台湾地区蔬菜价格出现明显上涨。

### 2. 1208 号“韦森特”（Vicente）

1208 号台风“韦森特”(Vicente)于 7 月 24 日 4 时 15 分前后在广东省台山市赤溪镇沿海登陆，登陆时中心附近最大风力有 14 级(45 米/秒)，中心最低气压为 955 百帕。“韦森特”属近海发展台风，其移动路径复杂、移速多变，近海强度发展快，登陆强度强，风暴增水高。受其影响，广东、广西、福建共有 175.4 万人受灾，紧急转移安置 21.7 万人；农作物受灾面积 10 万公顷，其中绝收 6100 公顷；倒塌房屋 5000 间；直接经济损失 20.7 亿元。

**广东**　珠江三角洲、粤西和粤东地区普降暴雨到大暴雨，局部特大暴雨；7 月 23 日 08 时至 24 日 08 时，广东省共有 100 个气象站录得 100 毫米以上的大暴雨，其中新兴县里洞镇录得广东省最大雨量 313.5 毫米；有 280 个气象站录得 50～100 毫米暴雨，有 545 个气象站录得 25～50 毫米大雨。广东省观测到大雨级别以上的自动气象站站数占全省站数的 49%，广东省平均雨量 31.7 毫米。珠江口一带沿海出现 138～241 厘米的风暴增水，并出现超过警戒潮位 8～111 厘米的高潮位，其中三灶站 24 日 3 时 20 分出现 271 厘米实测最高潮位，接近历史实测最高潮位。另外，沿海地区出现 11～13 级大风，其中上川岛镇录得最大阵风 44.6 米/秒(14 级)，珠江三角洲、云浮、肇庆等地陆地风力 6 级、阵风 8 级。据统计，广东河源、梅州、揭阳、汕尾、深圳等 13 市 70 个县(区、市)受灾，受灾 96.6 万人，转移安置 16.6 万人；11 人死亡；农作物受灾面积 6.4 万公顷；直接经济损失 18.7 亿元。

**广西**　“韦森特”对广西的影响具有滞留时间长、影响范围大、累积雨量大、局地暴雨强度强的特点。“韦森特”中心在广西维持了 18 个小时。受“韦森特”和西南季风的共同影响，广西普降大雨到暴雨，局部大暴雨或特大暴雨，最强降水主要出现在桂南及沿海地区。据广西国家气象观测站降水资料统计，7 月 23 日 20 时至 27 日 08 时，全区出现大雨 58 站次，暴雨 42 站次，大暴雨 7 站次。另据广西全区自动站降水观测资料统计，有 7 个站过程雨量为 403～569 毫米，分别出现在北海铁山港区、南宁市武鸣县大明山、钦州市钦南区、来宾市金秀县圣堂山和玉林市北流县大容山；7 个乡镇雨量达 300～400 毫米，83 个乡镇雨量达 200～300 毫米，442 个乡镇降雨量为 100～200 毫米，其余各个乡镇的降雨量普遍在 10～100 毫米。北部湾海面和桂南部分地区还出现了 7～8 级的大风，其中有 9 站日出现 8 级以上大风，容县大容山出现了 10 级(27.2 米/秒)大风。

受台风“韦森特”影响，广西受灾人口 75.5 万人，紧急转移安置人口 2.9 万人；农作物受灾面积 3.6 万公顷，绝收 1200 公顷；直接经济损失 1.9 亿元。

### 3. 1209 号“苏拉”（Saola）和 1210 号“达维”（Damrey）

1209 号台风“苏拉”于 8 月 2 日 3 时 15 分前后在台湾省花莲市秀林乡沿海登陆，登陆时中心附近最大风力有 14 级(42 米/秒)，中心最低气压为 950 百帕。“苏拉”于 3 日 6 时 50 分前后在福建省福鼎市秦屿镇沿海再次登陆，登陆时中心附近最大风力 10 级(25 米/秒)，中心最低气压 985 百帕，8 月 3 日 10 时在福建省福安市境内减弱为热带风暴，3 日 18 时 30 分左右进入江西，8 月 3 日 21 时在该省南城县境内减弱为热带低压。8 月 3 日 23 时中央气象台对其停止编号。1210 号台风“达维”于 8 月 2 日 21 时 30 分前后在江苏省响水县陈家港镇沿海登陆，登陆时中心附近最大风力 12 级(35 米/秒)，中心最低气压 975 百帕，是 1949 年以来登陆我国长江以北地区最强的台风。受“达维”和“苏拉”共同影响，河北、辽宁、江苏、浙江、福建、江西、山东、河南、湖北、湖南 10 省共有 1652.1 万人受灾，因灾死亡 50 人，失踪 16 人；直接经济损失超过 500 亿元。

**江苏**　受台风“达维”和“苏拉”影响，江苏东北部和苏南中南部地区出现中到大雨，局部暴雨。8 月 2 日 05 时至 3 日 15 时，有 1 个加密站雨量在 100 毫米以上，16 个加密站雨量超过了 50 毫米，最大雨量出现在赣榆柘汪(101.6 毫米)。江苏东北部沿海地区出现 9～11 级大风，其中盐城北部及连云港沿海地区最大风力达 13～14 级(滨海二洪盐场 37.2 米/秒、西连岛 44.4 米/秒、墟沟北固山 44.4 米/秒、大桅尖 41.3 米/秒、开山岛 40.3 米/秒、连云港港口 39.8 米/秒)。从常规站观测资料来看,风雨最大的站点均在西连岛,降水量为 57.1 毫米,瞬时最大风速为 44.4 米/秒。从影响程度和影响范围来看,由于"达维"的影响在江苏东北部造成较大范围的强风雨,相比而言,"苏拉"给江苏中南部带来的风雨都较小。受"达维"和"苏拉"影响,江苏有 80.9 万人受灾,紧急转移安置 12.4 万人;农作物受灾面积 7 万公顷;直接经济损失 13.4 亿元。

**河北** 受台风"达维"影响,8 月 3—4 日,秦皇岛和唐山东部出现大暴雨天气,9 个站降水量超过 100 毫米,秦皇岛、昌黎和乐亭降水量超过 200 毫米,秦皇岛市区海阳降水量达 307.8 毫米。

**辽宁** 受"达维"外围云系影响,8 月 2 日 20 时至 4 日 20 时,辽宁省出现区域性大暴雨天气。全省 61 个国家气象观测站平均降雨量 97 毫米,最大降雨量 264 毫米,出现在盖州。盖州和大石桥连续两天出现大暴雨;沈阳、大连、鞍山、本溪、丹东、锦州、营口、辽阳、盘锦、葫芦岛地区出现大暴雨。其中,营口、葫芦岛地区及瓦房店、锦州市区、大洼 2012 年以来的降雨量已经超过历史全年平均降雨量。全省 1027 个省级自动气象站和 348 个山洪地质灾害高危区自动气象站中,有 702 个站大于 100 毫米,其中有 57 个站大于 250 毫米,主要分布在大连、鞍山、本溪、营口、辽阳、丹东。最大降雨量为 398 毫米,出现在大石桥虎皮峪水库。

**山东** 受台风"达维"影响,8 月 2 日 17 时至 3 日 21 时,山东省共有 1169 个测站出现降雨,超过 100 毫米的有 120 个,50～100 毫米的 267 个,25～50 毫米的有 185 个,最大雨量出现在滨州的沙头,达 275.2 毫米。山东省平均降雨量 30.8 毫米,其中东营 112.3 毫米、滨州 95.5 毫米、青岛 75.3 毫米、日照 70.8 毫米、淄博 66.9 毫米、潍坊 59.1 毫米。临沂、日照、淄博、潍坊、滨州、东营、济南及东南沿海出现 7～8 级、阵风 10～11 级的东南大风。

**浙江** 受"苏拉"影响,8 月 2 日浙江大部地区出现大到暴雨,东南沿海部分地区大暴雨;8 月 1 日 20 时至 3 日 06 时,全省平均雨量为 47 毫米,其中台州 83 毫米、温州 77 毫米、宁波 59 毫米、绍兴 55 毫米、金华 41 毫米、丽水 38 毫米;全省有 460 个乡镇雨量超过 50 毫米,其中 104 个乡镇超过 100 毫米,较大出现在黄岩区上郑 173 毫米、仙居苗辽 165 毫米、瓯海区北林垟 162 毫米、文成玉壶林龙 156 毫米。另外,浙江沿海最大风力普遍达 8～10 级,中南部沿海局部达 11～12 级,苍南石砰最大,达 33 米/秒。

**福建** 受"苏拉"影响,福建出现大范围暴雨和大暴雨天气。8 月 3 日 06 时至 4 日 06 时,龙岩、三明、南平、宁德、福州、莆田、泉州、漳州 8 市的 55 个县(市)的 876 个乡镇降雨量超过 50 毫米,其中 38 个县(市)的 331 个乡镇雨量超过 100 毫米,以武夷山市黄岗山 359.9 毫米为最大。中北部沿海出现 9～11 级东北大风,以霞浦北礵岛 29.2 米/秒(11 级)最大。

**江西** 受"苏拉"影响,出现了明显的风雨天气,江西东部、南部部分地方出现大暴雨。江西省先后有 36 县(市)出现暴雨或大暴雨。8 月 3—5 日,江西省平均降雨量 45.7 毫米,13 个县(市)雨量超过 100 毫米,以石城 180.3 毫米为最大。另据加密自动气象站观测,有 54 个县(市)的 528 个站点超过 50 毫米,有 30 个县(市)的 231 个站点雨量超过 100 毫米,6 个站点超过 200 毫米,其中铅山县武夷山保护区 337.7 毫米为最大。石城、赣州、宁都等 3 县(市)日降雨量创历年 8 月最大值,石城日雨量达 177.7 毫米。石城县木兰乡、铅山县武夷山保护区分别出现 271.8 毫米、266.7 毫米的特大暴雨,石城县木兰乡 12 小时雨量达 231.6 毫米。鄱阳湖周边和抚州地区有 9 个县(市)出现 7 级阵风,另有 52 个县(市)的 147 个加密观测站出现 7 级以上阵风,25 个县(市)的 43 个加密观测站出现 8 级以上阵风。受强降雨影响,4 日赣江支流琴江石城站出现超警戒水位,5 日峡江出现超警戒水位。局部城乡发生内涝及山体滑坡灾害。

**湖南** 受"苏拉"减弱成热带低压的影响,湖南部分地区出现较强降水。8 月 4—5 日,湖南省平均降水量26毫米，湘东、湘南地区共12县(市)出现暴雨，1县(市)出现大暴雨(南岳，115.5毫米)。据中小尺度区域气象站网资料显示，共363个乡镇出现暴雨，49个乡镇出现大暴雨，1个乡镇出现特大暴雨(株洲市炎陵县策源乡，202.8毫米)。

**湖北** 受“苏拉”台风登陆后形成的倒槽和冷空气共同影响，8月4—6日，全省大部地区出现了小到中雨，鄂西北出现强降水，强降水中心(十堰、襄阳等地)降水量超百年一遇。局部地区发生了严重的山洪、地质灾害。

#### 4. 1211号“海葵”（Haikui）

1211号台风“海葵”(Haikui)于8月8日3时20分在浙江省象山县鹤浦镇沿海登陆，登陆时为强台风强度，中心附近最大风力有14级(42米/秒)，中心气压965百帕。“海葵”对我国的风雨影响持续时间长，致灾严重。受其影响，浙江、上海、江苏、安徽、江西等省(市)共有1350万人受灾，死亡6人，紧急转移安置252.2万人；农作物受灾面积76.5万公顷；直接经济损失375.9亿元。

**浙江** 8月6日20时至9日08时，浙江省平均降雨量99毫米，其中宁波224毫米、湖州168毫米、台州143毫米、绍兴138毫米、嘉兴125毫米、舟山114毫米、杭州102毫米；降雨量较大的县(区、市)有宁海297毫米、象山279毫米、奉化261毫米、三门243毫米、北仑区232毫米、鄞州区228毫米；浙江省共有547个乡镇雨量超过100毫米，168个乡镇超过200毫米，39个乡镇超过300毫米，16个乡镇超过400毫米，其中临安市岭541毫米、宁海胡陈522毫米、象山黄泥桥488毫米、奉化龚原474毫米、三门百两岗468毫米。浙江中北部沿海12级以上大风持续了32小时、14级以上大风持续了24小时，最大为东矶56.0米/秒(16级)、大陈53.0米/秒(16级)、石浦50.9米/秒(15级)；内陆平原及江河湖面也出现了8～10级、局部11～12级大风。据统计，浙江省10个市86个县(区、市)796.3万人受灾，紧急转移153.0万人；农作物受灾面积36.6万公顷；直接经济损失272.9亿元。

**上海** 受“海葵”外围环流影响，8月7日20时至8日20时，上海市普遍出现大暴雨，其中虹口区的鲁迅公园229.3毫米为最大，宝山区上大附中223.3毫米次之。全市11个标准测站日平均降水量为127.9毫米，其中嘉定单站日降水量为205.6毫米，为该站1961年以来历史次高值。“海葵”引起的全市性单日大范围暴雨，近30年来仅次于2005年8月7日“麦莎”台风日平均最大降雨量(128.9毫米)。另外，全市普遍出现7～9级阵风，沿江沿海地区最大风力12级，其中以吴淞口34.7米/秒为最大、浦东滴水湖33.0米/秒次之。洋山港区小洋山观测站最大风力达41.7米/秒(14级)。据统计，上海黄浦、徐汇、长宁、静安、普陀等17个县(区)42.0万人受灾，2人死亡，35万人紧急转移安置；农作物受灾面积1.5万公顷；直接经济损失5.2亿元。

**江苏** 江苏省一周之内接连遭受“达维”、“海葵”两个台风正面袭击或严重影响，频次之高和风雨之强为江苏历史所罕见。受“海葵”影响，全省共有19个县(市)、275个测站出现100毫米以上的大暴雨，有15个测站出现了250毫米以上的特大暴雨，其中8日金坛县气象站日雨量达316.5毫米，突破历史极值，10日响水县气象站日雨量达511.1毫米，为历史次高值，且过程雨量大，7日08时至13日08时累计雨量有34个气象监测站雨量超过250毫米，响水县气象站536.3毫米。7—9日，江苏省淮河以南地区出现7级以上大风，其中苏州、无锡等东南部地区阵风达11～12级。据统计，南京、盐城、扬州、泰州、南通等9市57个县(区、市)99.1万人受灾，1人死亡，14.1万人紧急转移；1000间房屋倒塌；农作物受灾面积7.0万公顷；直接经济损失21.1亿元。

**安徽** 8月7日14时至12日08时，全省有1029个乡镇累计降雨量超过100毫米，195个乡镇超过250毫米，超过600毫米的有黄山玉屏楼762.5毫米、黄山北海745.3毫米、黄山大峡谷738.5毫米、九华山凤凰松654.9毫米、黄山温泉640.6毫米、九华山吊兰桥606.2毫米。100毫米以上降雨覆盖面积6.85万平方千米，占全省总面积的49%，其中250毫米以上降雨覆盖面积1.08万平方千米。8日雨势最强，沿江江南普降暴雨，其中有331个乡镇大暴雨，10个乡镇特大暴雨。日降水量超过400毫米的有黄山大峡谷421.9毫米，黄山玉屏楼407.8毫米。最大3小时雨量前三位分别为黄山玉屏楼120.5毫米(8日16—19时)、黄山温泉117.8毫米(8日16—19时)、九华山吊兰桥113.5毫米(8日18—21时)。最大1小时雨强前三位为天长秦栏镇112.6毫米(10日15—16时)、滁州花山62.9毫米(10日13—14时)、滁州天长60毫米(10日15—16时)。另外，安徽省大部分地区出现6级以上阵风，淮河以南有255个乡镇出现7级以上阵风，其中有113个乡镇超过8级，36个乡镇超过9级，最大黄山光明顶达12级(35.5米/秒)。与有气象记录以来影响安徽最为严重的台风相比，1211号台风"海葵"过程暴雨站次位列历史第一，大暴雨站次位列第三；过程雨量超过250毫米的覆盖面积位列第二位。综合来看，1211号台风"海葵"强度不及7504号台风，列有气象记录以来影响安徽省第二位。据统计，合肥、滁州、马鞍山、芜湖、铜陵、安庆、黄山、池州、宣城、六安等10市62个县(区、市)遭受洪涝灾害，造成284.9万人受灾，3人死亡，23.1万人紧急转移安置；1.1万间房屋倒塌；农作物受灾面积22.3万公顷；直接经济损失43.4亿元。

**江西**　8月7日08时至12日08时全省平均降雨91.4毫米，强降水主要出现在赣东北，强降雨时段主要出现在9—10日，先后有19个县(市)出现大暴雨，浮梁、景德镇城区、庐山、乐平出现特大暴雨，日雨量以浮梁(397.2毫米)最大，景德镇城区(387.1毫米)次之，景德镇城区6小时雨量达177.8毫米。全省有28个县(市)累计雨量超过100毫米，以庐山(533.4毫米)最大，浮梁(487.8毫米)次之。据中尺度加密自动气象站观测，8月7日至12日有33县(区、市)的396个站点累计雨量超过100毫米，其中有20县(区、市)的123个站点超过250毫米，庐山植物园、仰天坪、大月山水库，景德镇市吕蒙乡、何家桥，万年汪家乡新建村等6个站点超过500毫米，以庐山植物园(666.3毫米)最大，景德镇市吕蒙乡(592.5毫米)次之。6小时雨量以万年县汪家乡新建村(274.4毫米)最大，24小时雨量以景德镇市吕蒙乡(466.9毫米)最大。另外，全省有55县(市)的129个站点出现7级以上大风。初步统计，南昌、九江、景德镇、上饶、鹰潭、抚州等6市28个县(区、市)遭受洪涝灾害，造成127.7万人受灾，27万人紧急转移；2000余间房屋倒塌；农作物受灾面积9.1万公顷；直接经济损失33.3亿元。

#### 5. 1213号"启德"(Kai-tak)

1213号台风"启德"于8月17日12时30分前后在广东省湛江市麻章区湖光镇沿海登陆，登陆时中心附近最大风力有13级(38米/秒)，中心最低气压为968百帕，尔后穿过雷州半岛于当日14时30分进入北部湾北部海面，21时前后在中越边境交界处沿海再次登陆。"启德"具有路径曲折、移速特快、近海加强、风大雨强的特点。"启德"带来的大风和强降雨给广东、广西、海南及云南等地造成明显影响，但灾情远低于历史相似登陆台风。受其影响，广东、广西、海南、云南等省(区)共521.1万人受灾，死亡6人，转移安置58.2万人；农作物受灾面积54.9万公顷；倒损房屋0.8万间；直接经济损失50.4亿元。其中广东、广西受灾较重。

**广东**　广东中东部沿海出现6～8级大风，西部沿海海面出现11～13级、阵风14级的大风，其中湛江东海岛和电白县放鸡岛17日10时分别录得13级(39.2米/秒)和12级(32.7米/秒)的平均风力，放鸡岛最大阵风达15级(47.1米/秒)。广东西南部普降暴雨到大暴雨，16日08时至19日08时，湛江和阳江共有55个气象站录得100毫米以上的雨量，其中阳春市八甲镇录得全省最大雨量273.5毫米；全省共有211个气象站录得50～100毫米的雨量，258个气象站录得25～50毫米的雨量，江门、阳江、茂名、湛江的平均雨量64.8毫米。据统计，湛江、茂名、江门、肇庆、阳江等5市28个县(区、市)213.7万人受灾，34.6万人紧急转移安置；近3000间房屋倒塌；农作物受灾面积24.9万公顷；直接经济损失25.6亿元。

**广西**　8月16日20时至19日08时，广西南部出现了大雨到暴雨，局部大暴雨或特大暴雨的天气，局地伴有强雷电。强降水主要出现在防城港、钦州、北海、贵港、玉林、南宁、崇左和百色等市，400毫米以上的降雨出现在防城港市的11个乡镇(区)，其中防城港市区累计雨量达608毫米。8月17日20时至18日08时防城港气象站12小时降雨量达377毫米，打破当地建站以来日雨量极大值。广西南部的部分县(市)出现了8～10级、局部11～13级的大风，13级大风出现在防城港市的防城港区白牛头岭(40.2米/秒)和白须公礁(37.4米/秒)，12级大风出现在防城港、钦州、北海、玉林等市；北部湾海面出现了10～12级、阵风13级大风。据统计，全省共有277.6万人受灾，因灾死亡4人，15.3万人紧急转移安置；农作物受灾面积28.2万公顷；倒塌房屋5000多间；直接经济损失22.8亿元。

**云南**　8月18日以来，受台风“启德”减弱后的低压云系影响，临沧、文山、红河等市(州)不同程度遭受暴雨袭击，受灾乡镇部分基础设施被毁，房屋倒损，农田被淹。据统计，全省共有21.6万人受灾，2人死亡；直接经济损失1.9亿元。

**海南**　8月16—17日海南岛普降暴雨到大暴雨，西部局地出现特大暴雨。海南岛共有143个乡镇雨量超过100毫米，18个乡镇雨量超过200毫米，其中昌江、东方和乐东有7个乡镇雨量达300毫米以上，最大为昌江七叉镇(446.0毫米)和王下乡(427.5毫米)。另外，海南岛东半部沿海陆地普遍出现8～9级大风，文昌龙楼镇测得10级阵风(25.6米/秒)，西半部沿海陆地普遍出现6～7级大风。受“启德”影响，8月16日16时起，琼州海峡线全部客滚船停航，各码头停止作业；15日16—19时，琼海市石壁镇岸田村局地性强降水诱发了山体滑坡的地质灾害；截至17日12时，海口美兰国际机场有26架次航班受影响，取消航班11架次，15架次航班被延误。据统计，全省共有8.2万人受灾，8.2万人紧急转移安置。

### 6. 1214号“天秤”（Tembin）和1215号“布拉万”（Bolaven）

1214号台风“天秤”(Tembin)于8月24日05时15分在台湾省屏东县牡丹乡登陆，登陆时中心附近最大风力有14级(45米/秒)，中心最低气压为945百帕；24日08时从台湾省屏东县入海，28日凌晨擦过台湾鹅銮鼻沿海进入台湾东部近海，同日晚上进入东海；后继续北上于30日09时30分再次在韩国全罗南道南部沿海登陆，登陆时中心附近最大风力有9级(23米/秒)，中心最低气压为990百帕。“天秤”生命史长，从生成至停编历时12天，对我国大陆的影响时间分为两段，分别为24—26日、29日。1215号台风“布拉万”(Bolaven)于22时50分前后在朝鲜西北部的平安北道南部沿海登陆，登陆时中心附近最大风力有10级(28米/秒)，中心最低气压为975百帕。登陆后先后进入我国吉林、黑龙江，29日14时在黑龙江境内减弱为热带低压。17时中央气象台对其停止编号。受双台风影响，辽宁、吉林、黑龙江、山东4省共有852.4万人受灾，13万人紧急转移安置；农作物受灾面积112.3万公顷；直接经济损失72.5亿元。

**辽宁**　受“布拉万”影响，8月28日08时至29日08时，辽宁中东部地区出现暴雨、局部大暴雨天气。全省61个国家气象观测站平均降雨量41毫米，最大降雨量出现在本溪县(144毫米)；省级自动站中，最大降雨量出现在本溪县久才峪(207毫米)；8月28日20时庄河大郑观测站出现极大风速13级(38.2米/秒)，有3个站超过12级(32.7米/秒)，出现在庄河的大郑、长岭和绥中的万家止锚湾；有27个站超过10级(24.5米/秒)，分布在庄河、瓦房店、长海、金州、普兰店、岫岩、丹东、辽阳县、灯塔县和绥中县；有350个观测站超过7级(13.9米/秒)，分布在沈阳、大连、鞍山、抚顺、本溪、丹东、营口、辽阳、铁岭、盘锦和葫芦岛地区；有132个观测站超过6级(10.8米/秒)，分布在锦州、阜新和朝阳地区。据统计，沈阳、铁岭、抚顺等7市37个县(区、市)遭受台风灾害，165.2万人受灾，7.1万人紧急转移安置；直接经济损失25.2亿元。

**吉林**　8月28—29日，受台风“布拉万”影响，吉林中部和南部出现明显降水过程和大风天气。其中，有21站出现暴雨，日降水量有52.8～96.6毫米，公主岭、德惠、长春、榆树出现大暴雨；全省

19 站出现大风天气，集安、扶余、榆树、德惠、长春、四平、烟筒山、舒兰、蛟河、磐石、长白、延吉、图们、安图、龙井、二道最大瞬时风速达到 17.0～20.5 米/秒，珲春、公主岭、汪清最大瞬时风速分别为 21.3 米/秒、23.5 米/秒、26.1 米/秒。受到台风带来的强降水和大风影响，吉林省大面积农田出现倒伏、渍涝灾害，城市出现严重内涝、树木折断等，且造成航班延迟、部分公路铁路停运，高压线路跳闸，电力中断。但台风带来的降水有利于水库蓄水，且使中部和西部部分县（市）旱情（象）得到缓解或解除。

**黑龙江**　8 月 28 日夜间至 29 日，受台风“布拉万”影响，降雨过程持久、雨量大，并伴有大风天气，在历史上比较少见。黑龙江省哈尔滨大部、绥化东北部、伊春所有县（市）、三江平原北部降水量在 50 毫米以上，其中巴彦、双城、阿城、绥化市区、庆安、伊春市区、五营、嘉荫 8 个县（市）降水量一般有 100～150 毫米，哈尔滨市区过程降水量达到 150.0 毫米，为 1961 年以来最多。黑龙江中东部地区同时出现大风天气，除大兴安岭、黑河部分县（市）外，大部分县（市）瞬时风速在 6 级以上，其中松嫩平原东部部分县（市）、伊春大部、三江平原中部有 8～9 级，绥芬河、延寿达到 10 级。台风“布拉万”给黑龙江省的交通、林业、农业、电力、水资源，以及人们的生活带来了严重的影响。

**山东**　8 月 27—28 日，第 15 号台风“布拉万”在山东近海北上，造成半岛东部地区出现暴雨，局部大暴雨和大风，给半岛东部的农业、林业、渔业生产带来了一定的灾害。据统计，山东省受灾人口 50.7 万人，紧急转移人口 4.5 万人，有 3.8 万艘船只回港避风；农作物受灾面积约 9.5 万公顷；直接经济损失约 19.1 亿元，其中荣成市受灾最严重。“布拉万”还造成烟台、威海水库、河流蓄水量增加，水位上涨，有 31 座大中型水库溢洪，2 座水库超汛限水位。

### 7. 1223 号“山神”（Son-Tinh）

1223 号热带气旋“山神”(Son-Tinh)于 10 月 29 日 13 时前后以热带风暴的强度由越南北部进入我国广西防城港市境内，15 时“山神”在防城港市境内减弱为热带低压。中央气象台停止编号。“山神”具有影响时间晚，强度强，路径较异常，风雨影响大等特点。10 月底在北部湾出现强台风历史上较为罕见，“山神”是 10 月下旬以后首个在越南登陆后北上影响广西的热带气旋。受其影响，广西、海南共有 187.7 万人受灾，1 人死亡，6 人失踪，紧急转移安置 21.2 万人；农作物受灾面积 6.9 万公顷；直接经济损失 15.2 亿元。

**广西**　受“山神”影响，10 月 27 日起，广西南部和北部湾出现了一次强风暴雨天气过程，强降水和大风主要出现在防城港、钦州、北海、玉林、南宁、崇左等市和北部湾海面。据广西国家气象观测站降水资料统计，10 月 27—30 日，广西共出现大雨 29 站次、暴雨 19 站次、大暴雨 15 站次，日雨量最大为 214.5 毫米（出现在浦北，10 月 28 日 20 时至 29 日 20 时）。另据广西区域自动站观测资料统计，27 日 08 时至 30 日 08 时，有 2 个乡镇降水量超过 400 毫米，分别为防城港防城区垌中镇（442 毫米）和江山乡（408 毫米）；8 个乡镇达 300～400 毫米，66 个乡镇有 200～300 毫米，204 个乡镇有 100～200 毫米，293 个乡镇有 50～100 毫米，50 毫米以下有 782 个乡镇，其中 1 小时最强降雨出现在北海市银海区咸田镇，降雨量达 155 毫米（29 日 11—12 时）。广西沿海地区出现了 6～7 级，部分地区 8～10 级的大风，最大风速为防城港市防城区十万大山 11 级（31.3 米/秒）。北部湾海面风力达 10～12 级，是 1951 年以来 10 月下旬以后影响广西的热带气旋中风雨影响最大的一次。据统计，全省共 6 市 17 县（区、市）45.3 万人受灾，4.3 万人紧急转移安置；农作物受灾面积 2.3 万公顷；直接经济损失 2.6 亿元。

**海南**　10 月 26 日 08 时至 29 日 08 时，海南西部沿海、中部、东部和南部地区出现总雨量 200 毫米以上的强降水。据乡镇自动站资料统计，海南有 40 个乡镇雨量超过 200 毫米，14 个乡镇雨量超过 300 毫米，最大为保亭毛感乡 608.1 毫米。海南南部沿海陆地普遍出现 10～12 级大风，最大为三亚南滨农场 33.4 米/秒（12 级），南部近海海面上测得 13 级大风（三亚西鼓岛 38.4 米/秒），其余沿海陆地普遍出现7～9级大风。受"山神"影响，琼州海峡10月27日6时起开始封航。10月27日海南东环高铁所有动车组全部停止运行，粤海铁路全线停运。截至10月27日18时，海南三亚凤凰国际机场共取消航班114架次，其中进港航班71架次，出港43架次，共有5889名旅客受到影响。据统计，海南省乐东、陵水、屯昌等15个县(市)遭受台风灾害，142.4万人受灾，1人死亡，6人失踪，16.9万人紧急转移安置；农作物受灾面积4.6万公顷；直接经济损失12.6亿元。

## 2.4 冰雹和龙卷风

### 2.4.1 基本概况

2012年全国共有31个省(区、市)出现1779个县(市)次冰雹，降雹次数比2001—2010年平均(1378个县次)明显偏多。全国出现47个县(市)次龙卷风，龙卷风出现次数较2001—2010年平均次数(74个县次)偏少。

### 2.4.2 冰雹

**1. 主要特点**

(1)降雹次数比常年明显偏多

2012年，全国31个省(区、市)遭受冰雹袭击。据统计，共出现冰雹1779个县(市)次，降雹次数比常年(2001—2010年平均为1378个县次)明显偏多。

(2)初雹、终雹时间均较常年偏晚

2012年，全国最早一次冰雹天气出现在2月23日(浙江省丽水市龙泉市、庆元县，温州市永嘉县，台州市玉环县)，初雹时间较常年(2001—2010年平均出现在1月下旬)偏晚。最晚一次冰雹天气出现在12月26日(云南省西双版纳傣族自治州勐腊县、景洪市及玉溪市元江哈尼族彝族傣族自治县)，终雹时间也晚于常年(2001—2010年平均出现在11月中旬)。

(3)降雹主要集中在夏、春季

从降雹的季节分布来看，2012年夏季出现冰雹最多，共有1071个县(市)次，占全年降雹总次数的60.2%。春季降雹次数次多，共有601个县(市)次，占全年的33.8%。秋季共有100个县(市)次降雹，占全年的5.6%。冬季降雹次数最少，只有7个县(市)次，仅占全年的0.4%。

从各月降雹情况看，2012年7月最多，共有451个县(市)次，占全年的25.4%；6月次多，420个县(市)次降雹，占全年的23.6%；4月居第三位，408个县(市)次降雹，占全年的22.9%；8月居第四位，200个县(市)次降雹，占全年的11.2%。

(4)华北、黄淮东部、江南中西部、西南东南部、西北东部等地降雹较多

2012年，冰雹主要出现在我国中东部地区和西南地区东部，降雹较多的地区是华北、黄淮东部、江南中西部、西南地区东南部、西北地区东部及内蒙古、新疆等地。从各省分布来看，河北最多，降雹205县(市)次，甘肃其次，降雹148县次；陕西、内蒙古、新疆、云南、贵州、湖南、江西、山西、山东等省(区)降雹均超过50县次(见图2.4.1)。甘肃、陕西、内蒙古、新疆、贵州、云南、湖南、江西、山西、山东、河北等省(区)局部受灾较重。

**2. 部分风雹灾害事例**

(1)4月4—8日，云南省保山、丽江、临沧、德宏4市(州)6个县(区、市)遭受风雹灾害。2.2万人受灾，1人死亡；农作物受灾面积1400多公顷，绝收200多公顷；直接经济损失3200多万元。

(2)4月4—5日，贵州省安顺、黔南、黔西南3市(自治州)7个县遭受风雹灾害。12万人受灾；100余间房屋倒塌，3.3万间房屋不同程度受损；农作物受灾面积4500公顷，绝收2700公顷；直接经

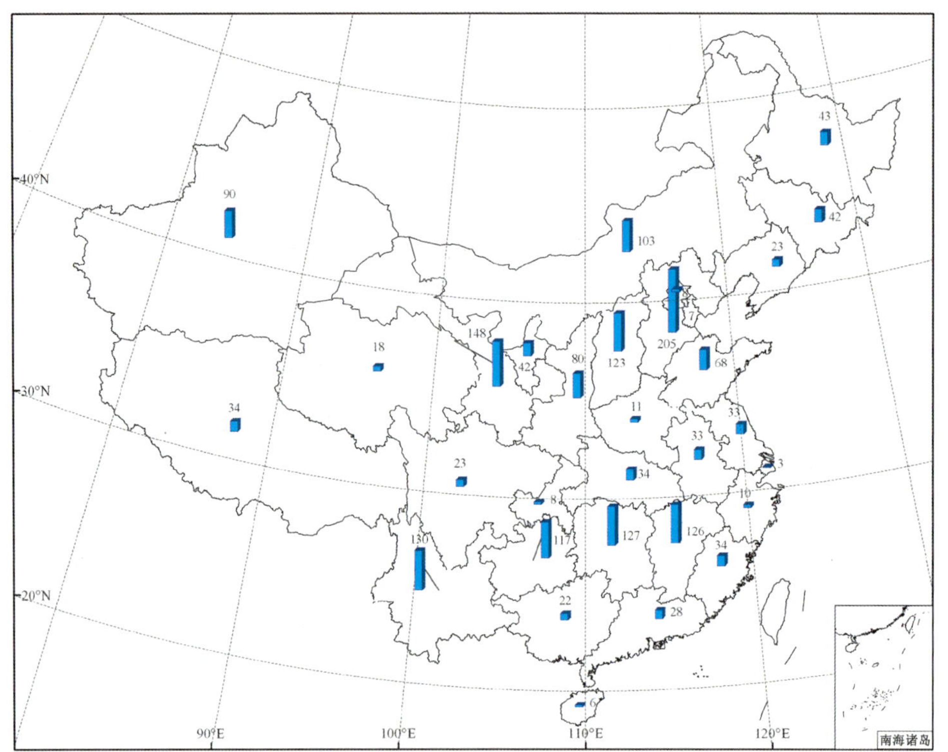


图 2.4.1　2012 年全国降雹县(市)次分布

Fig. 2.4.1　Distribution of hail events over China in 2012

济损失 1.3 亿元。

(3)4 月 5 日,广东省清远、肇庆 2 市 4 个县(市)遭受风雹灾害。11.6 万人受灾;700 余间房屋受损;农作物受灾面积 1300 公顷;直接经济损失 1 亿元。

(4)4 月 10 日,浙江金华、衢州 2 市 4 个县(区、市)遭受风雹灾害。1.6 万人受灾;近 1100 间房屋受损;农作物受灾面积 300 余公顷;直接经济损失 2100 余万元。

(5)4 月 10 日,湖南益阳、株洲、衡阳等 5 市 9 个县(区、市)遭受风雹灾害。23.1 万人受灾;近 1500 间房屋倒塌,7500 余间房屋受损;农作物受灾面积 8600 公顷,其中绝收 2800 公顷;直接经济损失 1.9 亿元。

(6)4 月 10—13 日,江西省南昌、鹰潭、新余等 9 市 38 个县(区、市)遭受风雹灾害。37.5 万人受灾,9 人死亡;1900 余间房屋倒塌,1.6 万间房屋不同程度受损;农作物受灾面积 2.7 万公顷,其中绝收 2600 公顷;直接经济损失 4.7 亿元。

(7)4 月 10—12 日,贵州黔东南、黔南 2 州 8 个县(市)遭受风雹灾害。10 多万人受灾;1 万余间房屋不同程度受损;农作物受灾面积 2800 多公顷,其中绝收 600 余公顷;直接经济损失 6000 多万元。

(8)4 月 10—17 日,福建省福州、南平、三明等 5 市 29 个县(区、市)遭受风雹灾害。29.3 万人受灾,1 人死亡;400 余间房屋倒塌,2.9 万多间不同程度受损;农作物受灾面积 1.7 万公顷,其中绝收 4100 公顷;直接经济损失 9.4 亿元。

(9)4 月 12—13 日,湖南省常德、衡阳、郴州等 6 市 24 个县(区、市)遭受风雹灾害。54.9 万人受灾,1 人死亡;1900 余间房屋倒塌,1.1 万间房屋不同程度受损;农作物受灾面积 2.0 万公顷,其中绝收 3600 公顷;直接经济损失 3.1 亿元。

(10)4 月 12—17 日，广东清远、韶关、河源 3 市 9 个县(区)遭受风雹灾害。11.9 万人受灾；300 余间房屋倒塌，约 3 万间房屋不同程度受损；农作物受灾面积 4000 公顷，其中绝收 100 余公顷；直接经济损失 8100 余万元。

(11)4 月 12—17 日，广西桂林、柳州、河池、贺州 4 市 8 个县(区、市)遭受风雹灾害。5.4 万人受灾；100 余间房屋倒塌，1.1 万余间房屋受损；农作物受灾面积 1900 公顷，其中绝收 100 余公顷；直接经济损失近 2000 万元。

(12)4 月 19—23 日，贵州省六盘水、安顺、黔西南 3 市(州)10 个县(区)遭受风雹灾害。20.2 万人受灾，1 人死亡；1.2 万间房屋受损；农作物受灾面积 1.1 万公顷，绝收 1400 公顷；直接经济损失 7700 余万元。

(13)4 月 20—22 日，云南省曲靖、昭通、楚雄、文山、保山 5 市(州)10 个县(区、市)遭受风雹灾害。7.5 万人受灾；1100 余间房屋不同程度受损；农作物受灾面积 4800 多公顷，其中绝收 200 多公顷；直接经济损失 4570 多万元。

(14)4 月 21—22 日，新疆塔城、阿勒泰、吐鲁番 3 地区 7 个县(市)遭受风雹灾害。5.5 万人受灾，1 人死亡(大风引发火灾)；700 余间房屋倒塌，400 余间房屋受损；农作物受灾面积 3.1 万公顷，其中绝收 4100 公顷；直接经济损失 2.3 亿元。

(15)4 月 23—27 日，江西省九江、景德镇、新余等 8 市 42 个县(区、市)遭受风雹灾害。56.5 万人受灾，3 人死亡；6600 多间房屋倒塌、损坏；农作物受灾面积 3.7 万公顷，其中绝收 2500 公顷；直接经济损失 4.3 亿元。

(16)4 月 24—25 日，山东省泰安、菏泽 2 市 5 个县(区)遭受风雹灾害。36.2 万人受灾；600 余间房屋损坏；农作物受灾面积 2.4 万公顷；直接经济损失 8200 余万元

(17)4 月 24—25 日，湖南省长沙、益阳、岳阳等 7 市 17 个县(区、市)遭受风雹灾害。63 万人受灾；5000 余间房屋倒塌、损坏；农作物受灾面积 3.3 万公顷；直接经济损失 2.5 亿元。

(18)4 月 28 日至 5 月 3 日，湖南省张家界、益阳、岳阳等 10 市(自治州)47 个县(区、市)遭受风雹灾害。145.6 万人受灾，2 人死亡；5.8 万间房屋倒塌或损坏；农作物受灾面积 9.4 万公顷，其中绝收 1.4 万公顷；直接经济损失 9.2 亿元。

(19)4 月 28 日至 5 月 2 日，江西省南昌、九江、景德镇等 10 市 34 个县(区、市)遭受风雹灾害。54.3 万人受灾，6 人死亡；1.7 万间房屋倒塌、损坏；农作物受灾面积 3.4 万公顷，其中绝收 2300 公顷；直接经济损失 4.5 亿元。

(20)4 月 28—30 日，贵州省贵阳、安顺、毕节、铜仁、黔南、遵义、黔东南等市(地、州)22 个县(区、市)遭受风雹灾害。47.4 万人受灾，1 人死亡；1.2 万间房屋倒塌、损坏；农作物受灾面积 2.2 万公顷，其中绝收面积 1600 公顷；直接经济损失 1.8 亿元。

(21)5 月 10—12 日，云南省昭通市彝良县、昭阳区和曲靖市、宣威市、陆良县遭受冰雹袭击。共计 4.8 万人受灾；农作物受灾面积 1.1 万公顷；直接经济损失 1.0 亿元。

(22)5 月 18—20 日，贵州省六盘水、毕节 2 市 4 个县(区)遭受风雹灾害。5.6 万人受灾，1 人失踪；1300 余间房屋倒塌或严重损坏；农作物受灾面积 3500 公顷，其中绝收近 600 公顷；直接经济损失近 1800 万元。

(23)5 月 19—20 日，河北省石家庄、张家口、衡水、沧州 4 市 7 个县(区)遭受风雹灾害。10.7 万人受灾；倒损房屋 300 多间；农作物受灾面积 6976 公顷；直接经济损失近 8400 万元。

(24)5 月 21—23 日，黑龙江省哈尔滨、齐齐哈尔、绥化等 6 市(地区)8 个县(区)遭受风雹灾害。1.7 万人受灾；农作物受灾面积 4700 公顷，其中绝收 1500 公顷；直接经济损失 1400 余万元。

(25)5 月 25—26 日，河北省沧州、衡水、邢台 3 市 4 个县(市)遭受风雹灾害。6.8 万人受灾；农

作物受灾面积 2400 公顷，其中绝收 200 余公顷；直接经济损失 4100 余万元。

(26)5 月 26—27 日，山东省潍坊、烟台、威海 3 市 4 个区(市)遭受风雹灾害。12.5 万人受灾；农作物受灾面积 1.4 万公顷，其中绝收 3500 公顷；直接经济损失 4.9 亿元。

(27)5 月 28—31 日，四川省阿坝、凉山 2 自治州 5 个县遭受风雹灾害。1.6 万人受灾，1 人死亡；农作物受灾面积 1100 公顷，其中绝收 100 余公顷；直接经济损失 900 余万元。

(28)5 月 29 日，河北省唐山、承德、保定、秦皇岛 4 市 10 个县(区、市)遭受风雹灾害，13.6 万人受灾；农作物受灾面积 7300 公顷；直接经济损失 4300 余万元。

(29)5 月 31 日至 6 月 3 日，山西省太原、朔州、忻州、晋城、阳泉、长治等 6 市 10 个县(区、市)遭受风雹、暴雨灾害。9.5 万人受灾，直接经济损失 7100 万元。

(30)6 月 2—3 日，山东省淄博、潍坊、莱芜 3 市 5 个区(市)遭受风雹、洪涝灾害。11.7 万人受灾，2 人死亡；农作物受灾面积 1.3 万公顷，其中绝收 2300 公顷；直接经济损失 1.5 亿元。

(31)6 月 2 日，甘肃省兰州、白银、庆阳、定西 4 市 7 个县(区)遭受风雹灾害。1.4 万人受灾；农作物受灾面积 4900 公顷，其中绝收 800 余公顷；直接经济损失 2100 余万元。

(32)6 月 3 日，辽宁省朝阳、阜新、铁岭、锦州 4 市 5 个县(市)遭受风雹灾害。3.8 万人受灾；360 余间房屋不同程度受损；农作物受灾面积 6700 公顷，其中绝收 1400 公顷；直接经济损失 4500 余万元。

(33)6 月 3 日，河北省秦皇岛、唐山 2 市 7 个县(区)遭受风雹灾害。4.8 万人受灾；农作物受灾面积 6400 公顷，其中绝收 3600 公顷；直接经济损失 4300 余万元。

(34)6 月 3—4 日，陕西延安市志丹县和榆林市神木县、子洲县、靖边县遭受风雹、洪涝灾害。8.8 万人受灾；倒损房屋 100 余间；农作物受灾面积 9400 多公顷，其中绝收 4500 余公顷；直接经济损失超过 9500 万元。

(35)6 月 3—5 日，新疆巴音郭楞蒙古自治州轮台县、和静县、焉耆回族自治县，博尔塔拉蒙古自治州精河县，以及兵团二师 5 个团遭受风雹灾害。1.53 万人受灾；倒损房屋 9200 余间；农作物受灾面积 7650 公顷，其中绝收 1800 多公顷；直接经济损失 1.7 亿元。

(36)6 月 5—7 日，黑龙江省齐齐哈尔、黑河、佳木斯、鸡西、绥化、大兴安岭 6 地区(市)9 个县(区、市)遭受风雹、洪涝灾害。2.7 万人受灾；100 余间房屋倒塌或严重损坏；烤烟、大豆、玉米等农作物受灾面积 1.9 万公顷，绝收面积 3000 公顷；直接经济损失 2600 余万元。

(37)6 月 6—7 日，河北省张家口、廊坊、保定、沧州等 4 市 8 个县(区、市)遭受风雹灾害。5.3 万人受灾；农作物受灾面积 7000 公顷，其中绝收 200 公顷；直接经济损失 2600 余万元。

(38)6 月 6 日，新疆阿克苏、伊犁、塔城 3 地区(自治州)5 个县遭受风雹灾害。8400 余人受灾；农作物受灾面积 3300 公顷，其中绝收 100 公顷；直接经济损失 1200 余万元。

(39)6 月 7—10 日，山东省济南、德州、东营、滨州、淄博等 6 市 20 个县(区)遭受风雹灾害。88.7 万人受灾；近 900 间房屋倒塌或严重损坏；农作物受灾面积 10.6 万公顷，其中绝收 1.5 万公顷；直接经济损失 2.8 亿元。

(40)6 月 8 日，黑龙江省哈尔滨市方正县、鸡西市密山市、佳木斯市桦南县、绥化市庆安县部分乡镇相继遭受冰雹袭击。农作物受灾面积 5829 公顷，成灾面积 2717 公顷，绝收 1234 公顷；直接经济损失 1400 万元。

(41)6 月 8 日，吉林省吉林市龙潭区、永吉县、蛟河市，长春市双阳区、九台市，松原市扶余县的部分乡镇遭受冰雹和强降雨袭击。共计 5.9 万人受灾，1 人遭雷击死亡；100 多间房屋受损严重；农作物受灾面积 1.3 万公顷，其中绝收 2500 多公顷；直接经济损失约 5300 万元。

(42)6 月 8—10 日，河北省张家口、承德、秦皇岛、保定 4 市 7 个县遭受风雹灾害。6.7 万人受灾；农作物受灾面积4300公顷，其中绝收500余公顷；直接经济损失近2600万元。

(43)6月9日，黑龙江省绥化市庆安县、北林区、绥棱县和伊春市铁力市的部分乡镇遭受风雹灾害。约4万人受灾；农作物受灾面积2.8万公顷，其中绝收5300多公顷；直接经济损失1.4亿元。

(44)6月10日，吉林省吉林、辽源2市3个县(区、市)遭受风雹灾害。2.8万人受灾；农作物受灾面积9000公顷，其中绝收1800公顷；直接经济损失近1亿元。

(45)6月10—13日，甘肃省天水、平凉、定西、陇南等5市(自治州)12个县(区)遭受风雹灾害。6.6万人受灾；农作物受灾面积5000公顷，其中绝收200余公顷；直接经济损失3200余万元。

(46)6月10—13日，四川省广元、南充、甘孜3市(自治州)4个县(市)遭受风雹灾害。8.8万人受灾；倒损房屋近400间；农作物受灾面积2500公顷，其中绝收500余公顷；直接经济损失近1800万元。

(47)6月11日，内蒙古通辽、呼伦贝尔、兴安3市(盟)4个区(旗)遭受风雹灾害。2.9万人受灾；农作物受灾面积1.4万公顷，其中绝收5500公顷；直接经济损失3000余万元。

(48)6月12—13日，辽宁省沈阳市、阜新市彰武县、辽阳市辽阳县出现强降水、雷电、大风、冰雹天气。其中，沈阳市沈北新区马刚乡1人遭雷击受伤；阜新市彰武县玉米、花生、大豆等农作物受灾面积2780多公顷，绝收120多公顷；直接经济损失1910万元。

(49)6月12日，山东省潍坊、烟台、日照3市4个县(市)遭受风雹灾害。5.2万人受灾；农作物受灾面积5700公顷，其中绝收300余公顷；直接经济损失1.2亿元。

(50)6月13—14日，河北省承德、秦皇岛、唐山等5市9个县(市)遭受风雹灾害。6万人受灾；倒损房屋300余间；农作物受灾面积6100公顷；直接经济损失近2100万元。

(51)6月13—14日，山西省长治、晋中、临汾等4市4个县遭受风雹灾害。1500余人受灾；农作物受灾面积200余公顷；直接经济损失近1100万元。

(52)6月17日，内蒙古通辽市扎鲁特旗、科尔沁左翼中旗、科尔沁左翼后旗先后遭受大风冰雹和强降雨袭击。重灾地区冰雹持续40分钟，最大冰雹直径40毫米，最厚雹层达30厘米。共计11.7万人受灾；农作物受灾面积2.8万公顷，其中绝收2725公顷；直接经济损失1.3亿元。

(53)6月17日，新疆石河子市、昌吉回族自治州玛纳斯县、塔城地区沙湾县、阿勒泰地区福海县遭受风雹灾害。1.4万人受灾；农作物受灾面积8600公顷，其中绝收1200公顷；直接经济损失4400余万元。

(54)6月18日，甘肃省天水、平凉、定西、陇南、庆阳5市12个县(区)遭受风雹灾害。13.1万人受灾；农作物受灾面积1.5万公顷，其中绝收850余公顷；直接经济损失5800多万元。

(55)6月19—20日，陕西省延安、咸阳、宝鸡、榆林、安康、西安等6市17个县(区)发生的风雹灾害。12.7万人受灾；农作物受灾面积2.2万公顷，其中绝收6900公顷；直接经济损失2.3亿元。

(56)6月19日，甘肃省陇南市武都区，天水市甘谷县、北道区、秦城区，兰州市榆中县，武威市古浪县，定西市陇西县遭受风雹灾害。3.7万人受灾；农作物受灾面积4217公顷，其中绝收49公顷；直接经济损失1400多万元。

(57)6月20日，甘肃省白银、庆阳、定西、平凉等4市7个县(区)遭受风雹、洪涝灾害。8.4万人受灾，1人死亡；损毁房屋100多间；农作物受灾面积1.5万公顷，其中绝收1300公顷；直接经济损失1.2亿元。

(58)6月20日，宁夏回族自治区吴忠、固原、中卫等3市7个县(区)遭受风雹灾害。2.3万人受灾；农作物受灾面积4700公顷，其中绝收2300公顷；直接经济损失2200余万元。

(59)6月21—24日，河北省石家庄、张家口、承德等5市13个县遭受风雹灾害。7.9万人受灾；200余间房屋严重受损；农作物受灾面积8300公顷，其中绝收1800公顷；直接经济损失近8800

万元。

(60)6月21—24日，宁夏吴忠、固原、中卫等3市5个县(区)遭受风雹灾害。5.1万人受灾，1人死亡；农作物受灾面积1.5万公顷，其中绝收4700公顷；直接经济损失9500余万元。

(61)6月22—25日，山西省太原、大同、朔州等5市6个县遭受风雹、洪涝灾害。2万余人受灾，2人死亡；农作物受灾面积近2100公顷，其中绝收500余公顷；直接经济损失1400余万元。

(62)6月22—24日，陕西省延安、咸阳、榆林等3市11个县(区)遭受风雹灾害。17.2万人受灾，2人死亡；100余间房屋倒塌或严重受损；农作物受灾面积2.6万公顷，其中绝收900余公顷；直接经济损失2.1亿元。

(63)6月28日至7月1日，内蒙古通辽、呼伦贝尔、乌兰察布、兴安4盟(市)8个县遭受风雹、洪涝灾害。近3.3万人受灾，1人死亡；农作物受灾面积2.2万公顷，其中绝收7600公顷；直接经济损失2.8亿元。

(64)6月29日至7月2日，黑龙江省齐齐哈尔、黑河、大庆、绥化4市9个县(区、市)遭受风雹灾害。3.1万人受灾；300余间房屋不同程度受损；农作物受灾面积2.0万公顷，其中绝收4900公顷；直接经济损失4300余万元。

(65)7月1—2日，吉林省白城、四平、通化、吉林、白山5市8个县(区、市)遭受风雹灾害。6.8万人受灾，2人死亡；1000余间房屋不同程度损坏；农作物受灾面积5.2万公顷，其中绝收1.1万公顷；直接经济损失4.0亿元。

(66)7月2—8日，江苏省南京、宿迁、盐城等7市17个县(区、市)遭受风雹灾害。45.2万人受灾，2人死亡；2900余间房屋倒塌、损坏；农作物受灾面积5.0万公顷，其中绝收500余公顷；直接经济损失2.1亿元。

(67)7月3日，内蒙古呼和浩特市新城区、巴彦淖尔市磴口县、包头市固阳县遭受冰雹、暴雨灾害。9000人受灾；损坏房屋130多间；农作物受灾面积8500多公顷，其中绝收4100多公顷；直接经济损失2.7亿元。

(68)7月3—5日，河北省石家庄、保定、张家口、沧州等市22个县(区、市)遭受风雹、暴雨灾害。27.5万人受灾；倒塌房屋100多间；农作物受灾面积1.7万公顷，其中绝收1090公顷；直接经济损失1.5亿元。

(69)7月3—8日，山西省太原、大同、长治等5市10个县(区、市)遭受风雹灾害。10.8万人受灾，3人死亡；农作物受灾面积1.4万公顷，其中绝收2600公顷；直接经济损失1.4亿元。

(70)7月3—8日，安徽省亳州、蚌埠、滁州、宿州、淮北、阜阳等7市15个县(区、市)遭受风雹、洪涝灾害。82.8万人受灾，8人死亡；3000余间房屋倒塌、损坏；农作物受灾面积8.5万公顷；直接经济损失1.3亿元。

(71)7月8—10日，内蒙古呼和浩特、赤峰、鄂尔多斯、锡林郭勒、乌兰察布等5市(盟)10个县(区、旗)遭受风雹灾害。5.6万人受灾，2人死亡；农作物受灾面积1.2万公顷，其中绝收1100公顷；直接经济损失7860余万元。

(72)7月9—11日，山西省大同、朔州、忻州、太原、晋中、晋城等6市15个县(区)遭受风雹灾害。21.6万人受灾；300余间房屋不同程度损坏；农作物受灾面积3万公顷，其中绝收1800公顷；直接经济损失2.8亿元。

(73)7月9—12日，贵州省六盘水、遵义、毕节等4市17个县(区、市)遭受风雹灾害。22.5万人受灾，1人死亡，2人失踪；200余间房屋不同程度损坏；农作物受灾面积1.8万公顷，其中绝收800余公顷；直接经济损失7200余万元。

(74)7月10—15日，河北省石家庄、张家口、承德、保定、邢台等8市39个县(区)遭受风雹灾害。90.1 万人受灾；3600 余间房屋不同程度损坏；农作物受灾面积 7.5 万公顷，其中绝收 4500 公顷；直接经济损失 5.7 亿元。

(75)7 月 12 日，山东省东营市河口区、垦利县、利津县、东营区，淄博市淄川区、沂源县，泰安市岱岳区、宁阳县，青岛市胶南市，潍坊市昌乐县部分乡镇遭受雷雨大风、冰雹袭击。受灾人口 11.4 万人；倒塌房屋近 100 间，损坏房屋 2000 多间；玉米、大豆和苹果、桃、葡萄、樱桃等受灾面积 2064 万公顷；直接经济损失 8670 多万元。

(76)7 月 13—15 日，陕西省西安、延安、渭南等 6 市 13 个县(区)遭受风雹灾害。20.3 万人受灾，1 人死亡，1 人失踪；300 余间房屋倒塌、损坏；农作物受灾面积 1.9 万公顷，其中绝收 2600 公顷；直接经济损失 1.2 亿元。

(77)7 月 13 日，新疆阿克苏、博尔塔拉 2 地(州)3 个县遭受风雹灾害。1.3 万人受灾；农作物受灾面积 4800 公顷，其中绝收 1500 公顷；直接经济损失近 6800 万元。

(78)7 月 18—19 日，黑龙江省齐齐哈尔、鸡西、大兴安岭 3 市(地)3 个市(区)遭受风雹灾害。1.2 万人受灾；2200 余间房屋受损；农作物受灾面积 5900 公顷，其中绝收 1900 公顷；直接经济损失 4400 余万元。

(79)7 月 21—23 日，天津市武清、北辰、宝坻、蓟县 4 个区(县)遭受风雹灾害。近 4 万人受灾；1400 余间房屋倒塌、损坏；农作物受灾面积 4.16 万公顷，其中绝收近 400 公顷；直接经济损失 1.5 亿元。

(80)7 月 23—26 日，湖北省荆州、宜昌、恩施等 5 市(自治州)14 个县(区、市)遭受风雹灾害。16.4 万人受灾，1 人死亡；1000 余间房屋倒塌、损坏；农作物受灾面积 1.2 万公顷，其中绝收 1100 公顷；直接经济损失 7000 余万元。

(81)7 月 25 日，河北省石家庄、秦皇岛、唐山等 7 市 25 个县遭受风雹灾害。36.2 万人受灾；倒损房屋近 150 间；农作物受灾面积 4.1 万公顷，其中绝收 500 余公顷；直接经济损失近 1.7 亿元。

(82)7 月 28—31 日，青海省西宁、海东、海南等 4 市(地、州)11 个县(区)遭受风雹洪涝灾害。14.6 万人受灾，2 人死亡；1200 余间房屋倒塌、损坏；农作物受灾面积 1.23 万公顷，其中绝收近 600 公顷；直接经济损失 8500 余万元。

(83)7 月 28—31 日，新疆阿克苏、吐鲁番、巴音郭楞、塔城、博尔塔拉 5 地(州)8 个县(市)遭受风雹、洪涝灾害。2.3 万人受灾；1300 多间房屋不同程度受损；农作物受灾面积近 6200 公顷，其中绝收 800 多公顷；直接经济损失 1.9 亿元。

(84)7 月 29—31 日，内蒙古鄂尔多斯、乌兰察布、兴安等 5 市(盟)9 个县(区、市、旗)遭受风雹、洪涝灾害。3.7 万人受灾，1 人死亡；1500 间房屋倒塌、损坏；农作物受灾面积 1.4 万公顷，其中绝收 3300 公顷；直接经济损失 5400 余万元。

(85)7 月 30 日至 8 月 2 日，山西省太原、大同、朔州、晋城、运城、临汾等 11 市 58 个县(区、市)遭受风雹、洪涝灾害。66.2 万人受灾；倒塌房屋近 4000 间，2.3 万间房屋不同程度受损；农作物受灾面积 4.7 万公顷，其中绝收 5600 公顷；直接经济损失 7.9 亿元。

(86)7 月 30—31 日，湖北省十堰、襄阳、宜昌、神农架 4 市(区)7 个县(区、市)遭受风雹、洪涝灾害。8.6 万人受灾；倒损房屋 500 余间；农作物受灾面积 8600 公顷，其中绝收 1500 公顷；直接经济损失 3600 多万元。

(87)7 月 31 日至 8 月 1 日，贵州省遵义、毕节、黔东南 3 市(州)6 个县遭受风雹灾害。2 万人受灾，1 人死亡；农作物受灾面积 1200 公顷，其中绝收 300 余公顷；直接经济损失 1200 余万元。

(88)8 月 1 日，内蒙古呼和浩特市武川县和乌兰察布市察哈尔右翼后旗、四子王旗遭受风雹灾害。3600 多人受灾，1 人死亡(雷击致死)；农作物受灾面积 1700 公顷，其中绝收 291 公顷；直接经济损失 1100 余万元。

(89)8月2—3日,新疆喀什地区伽师县、巴楚县,阿克苏地区阿克苏市、乌什县、柯坪县出现冰雹和强降水天气。受灾人口5.8万人;棉花、玉米、瓜果等受灾面积6850公顷,其中绝收986公顷;直接经济损失1.7亿元。

(90)8月3—5日,云南省丽江、大理、曲靖、昭通、玉溪、昆明、楚雄等7市(自治州)19个县(区、市)遭受风雹灾害。3.1万人受灾;损坏民房30多间;烤烟、玉米、葡萄等农作物受灾面积8570多公顷;直接经济损失1.5亿元。

(91)8月5日,贵州省黔西南州贞丰县、普安县、兴仁县出现雷雨大风、冰雹天气过程。2.1万人受灾;农作物受灾面积1900多公顷,其中绝收近500公顷;直接经济损失1700多万元。

(92)8月9—12日,江苏省连云港、淮安、盐城、扬州、泰州、镇江6市11个县(区、市)遭受风雹灾害。193.1万人受灾,1人死亡,2人失踪;400余间房屋倒塌,1.1万间房屋不同程度受损;农作物受灾面积13.2万公顷,其中绝收1.0万公顷;直接经济损失12.2亿元。

(93)8月10—14日,云南省昆明、曲靖、玉溪、大理、文山、丽江等11市(自治州)21个市(县、区)遭受风雹灾害。17.5万人受灾,1人死亡;1200余间房屋不同程度受损;农作物受灾面积1.2万公顷,其中绝收3400公顷;直接经济损失1.1亿元。

(94)8月11—13日,河北省石家庄、廊坊、保定、沧州、邢台5市9个县(市)出现风雹和强降水天气。35.1万人受灾;倒损房屋100余间;农作物受灾面积3.4万公顷,其中绝收6300公顷;直接经济损失近10亿元。

(95)8月20—21日,贵州省六盘水、遵义、毕节、铜仁、黔东南、黔西南等7市(州)13个县(区、市)遭受风雹灾害。5.8万人受灾;倒塌房屋近100间,损坏房屋6400余间;农作物受灾面积3300公顷,其中绝收500余公顷;直接经济损失3500余万元。

(96)8月20—21日,甘肃省兰州、定西、白银、天水等4市9个县(区)遭受风雹灾害。3.4万人受灾;600余间房屋倒塌、损坏;农作物受灾面积4700公顷,其中绝收400余公顷;直接经济损失5500余万元。

(97)8月22—23日,甘肃省兰州、白银、定西、临夏、甘南等5市(州)14个县(区、市)遭受风雹灾害。7.8万人受灾;农作物受灾面积1.0万公顷,其中绝收1600公顷;直接经济损失1.5亿元。

(98)8月24—27日,甘肃省天水、庆阳、平凉、定西、临夏5市(州)15个县(区、市)遭受风雹灾害。14.6万人受灾;100余间房屋倒塌、损坏;农作物受灾面积2.0万公顷,其中绝收3500公顷;直接经济损失1.3亿元。

(99)8月31日至9月3日,河北省石家庄、张家口、保定、邢台4市8个县遭受风雹灾害。5.3万人受灾;100余间房屋受损;玉米、谷黍、蔬菜、葡萄、枣树等受灾面积5200公顷,其中绝收近500公顷;直接经济损失3900余万元。

(100)9月6—8日,甘肃省白银、庆阳、平凉、临夏、甘南5市(自治州)6个县(区)遭受风雹灾害。6.9万人受灾;600余间房屋倒塌、损坏;农作物受灾面积7500公顷,其中绝收1300公顷;直接经济损失4000余万元。

(101)9月8日,湖北省十堰、襄阳、咸宁、宜昌4市7个县(市)遭受风雹灾害。26.1万人受灾,1人死亡(建筑物倒塌所致);倒塌房屋240多间,损坏房屋5660多间;农作物受灾面积2.1万公顷,其中绝收900余公顷;直接经济损失1.1亿元。

(102)9月19日,山东省济南、枣庄、聊城、临沂等4市9个县(区、市)遭受风雹灾害。26.4万人受灾;玉米、果蔬等受灾面积1.4万公顷;直接经济损失3500余万元。

(103)9月19日,安徽省亳州、阜阳2市4个县(区)遭受风雹灾害。26.8万人受灾;近100间房屋受损;农作物受灾面积3.5万公顷,其中绝收近100公顷;直接经济损失6700余万元。

(104)9月27日，辽宁省盘锦、葫芦岛2市5个县(区)遭受风雹灾害。6.8万人受灾；农作物受灾面积1.9万公顷，其中绝收4000公顷；直接经济损失约2.0亿元。

(105)9月27日，河北省张家口市高新区、崇礼县，秦皇岛市卢龙县，唐山市玉田县、迁安市，衡水市冀州市等地遭受风雹灾害。受灾人口7.6万人；大豆、谷子、蔬菜等受灾面积9360余公顷；直接经济损失3.1亿元。

(106)10月16日，山西省运城市4个县遭受风雹灾害。17.8万人受灾；农作物受灾面积1.5万公顷；直接经济损失5800余万元。

(107)12月26日，云南省西双版纳州勐腊县、景洪市及玉溪市元江县遭受冰雹灾害。3800多人受灾；民房受损700多间；农作物受灾面积900多公顷，其中绝收104公顷；直接经济损失830多万元。

### 2.4.3 龙卷风

**1. 主要特点**

(1)发生次数偏少

2012年全国有16个省(区)发生了47个县(区、市)次龙卷风(见表2.4.1)，龙卷风出现次数较近10年(2001—2010年)平均(74县次)偏少。

(2)主要发生在春夏两季

从2012年龙卷风的季节分布来看，夏季发生最多，共出现龙卷风31个县次，占全年总次数的66%；春季出现龙卷风15县次，占全年的31.9%；秋季出现龙卷风1县次，占全年的2.1%；冬季没有出现龙卷风。从龙卷风月际分布来看，7月龙卷风最多，发生21县次，占全年44.7%；4月次多，发生9县次，占19.1%，5月、6月和8月各发生5县次，各占10.6%。

(3)江苏、湖南、广东出现较多

从2012年龙卷风发生的地区分布来看，以江苏最多，有8个县次，占全国龙卷风总数的17%，其次是湖南，有7个县次，占14.9%，广东居第3位，有6县次，占12.8%。2012年主要龙卷风见表2.4.1。

**2. 部分龙卷风灾害事例**

(1)3月5日凌晨，广西桂林市恭城县三江乡出现龙卷风。2430人不同程度受灾；87间房屋受损，10多公顷林地的松、杉、杂木被折断，2000多米供电线路受损，120多户停电；直接经济损失365万元。

(2)4月12日21—23时，江西省赣州市崇义县长龙、关田、铅厂、聂都、上堡等9个乡镇遭受龙卷风和冰雹灾害。全县受灾人口2571人，因灾死亡1人，伤1人；倒塌房屋15间，损坏房屋1276间；脐橙等果园受灾面积42公顷；直接经济损失466万元。

(3)4月15日16时15分左右，福建省福州市闽清县金沙镇宝峰村遭受罕见龙卷风袭击。龙卷风所经之处，大树被连根拔起，电线杆被拦腰截断，多户人家的屋顶被掀飞、窗户玻璃破碎，一座三层楼房的顶层被底朝天掀翻到田间。初步统计，全村500多人受灾；9间房屋倒塌，126座房屋受损。

(4)4月16日18时左右，广东省东莞市常平镇出现龙卷风。桥沥村一垃圾收集点铁皮屋顶被卷走，造成部分围墙倒塌，压死1名正在避雨的路人。

(5)4月24日15时，湖南省益阳市桃江县石牛江镇遭受强龙卷风袭击，持续时间10余分钟。全镇1450人受灾；倒塌民房10间，损坏民房238间，损坏厂房25间；倒塌电力电杆5根，受损个人卫星地面接收设施209套；农作物受灾面积50公顷；直接经济损失200万元。同日17时10分开始，湘潭市湘乡市泉塘、龙洞、金薮、月山、白田、毛田等乡镇遭受龙卷风和暴雨冰雹袭击，灾害持续时间约1小时。全市4000人受灾；184户房屋受损；泉塘镇因电杆倒塌造成20个村停电，触电死亡1人；早稻毁损面积224公顷，绝收34公顷；直接经济损失1200余万元。

表 2.4.1 2012 年龙卷风简表

Table 2.4.1 List of major tornado events over China in 2012

| 发生时间（月．日） | 发生地点 | 发生时间（月．日） | 发生地点 |
|---|---|---|---|
| 3.5 | 广西桂林市恭城县 | 7.6 | 江苏省盐城市射阳县 |
| 4.2 | 山西省运城市盐湖区 | 7.7 | 广东省佛山市禅城区 |
| 4.12 | 江西省赣州市崇义县 | 7.8 | 浙江省湖州市南浔区 |
| 4.15 | 福建省福州市闽清县 | 7.9 | 内蒙古赤峰市敖汉旗 |
| 4.16 | 广东省东莞市 | 7.10 | 江苏省盐城市大丰市 |
| 4.18 | 广东省佛山市三水区 | 7.12 | 山东省烟台市招远市、菏泽市成武县、曹县 |
| 4.24 | 湖南省益阳市桃江县、湘潭市湘乡市 | 7.12 | 湖北省荆州市洪湖市 |
| 4.28 | 江西省南昌市南昌县 | 7.16 | 江西省赣州市全南县 |
| 4.29 | 广东省江门市新会区 | 7.20 | 内蒙古赤峰市敖汉旗 |
| 4.30 | 江西省吉安市吉安县 | 7.22 | 内蒙古赤峰市敖汉旗 |
| 5.8 | 湖南省娄底市涟源市 | 7.23 | 湖南省岳阳市汨罗市 |
| 5.13 | 广东省潮州市潮安县 | 7.27 | 海南省琼海市 |
| 5.19 | 江西省南昌市安义县 | 7.28 | 河南省驻马店市泌阳县 |
| 5.28 | 吉林省吉林市永吉县 | 7.30 | 湖南省岳阳市汨罗市 |
| 5.29 | 内蒙古通辽市库伦旗 | 7.30 | 广东省清远市清新县 |
| 6.4 | 辽宁省铁岭市铁岭县 | 8.9 | 江苏省泰州市姜堰市 |
| 6.12 | 吉林省白城市洮南市、洮北区 | 8.10 | 江苏省盐城市滨海县 |
| 6.12 | 山东省烟台市莱州市 | 8.18 | 山东省泰安市宁阳县 |
| 6.15 | 黑龙江省哈尔滨市双城市 | 8.21 | 江苏省泰州市靖江市 |
| 6.17 | 辽宁省阜新市阜新县 | 8.26 | 江苏洪泽湖 |
| 7.1 | 吉林省白城市大安市 | 10.27 | 海南省琼海市 |
| 7.3 | 江苏省南通市如皋市、盐城市建湖县 | | |

(6)4 月 28 日 19 时 30 分左右，江西省南昌市南昌县蒋巷镇遭受雷雨天气和龙卷风袭击。龙卷风造成 3 户居民住房倒塌，1000 余间房屋受损；雷击死亡 1 人；直接经济损失 430 万元。

(7)4 月 29 日零时 30 分左右，广东省江门市新会区会城镇奇榜村凤山工业区遭受龙卷风袭击。厂房屋顶的白铁皮绝大部分被龙卷风卷走，散落在方圆数百米范围内，有些坠落的白铁皮将数十棵直径接近 20 厘米的树木拦腰砸断，有些白铁皮挂在了二三十米高的高压电线上。灾害共造成 22 间总面积超过 2.3 万平方米的厂房被夷为平地，4 人受伤。

(8)5 月 13 日 17 时 20 分左右，广东省潮州市潮安县凤塘镇书图、淇园、沟头、邱厝及浮洋镇陇美、桥湖、庵后等村落遭受龙卷和风雹袭击。1.6 万人受灾，2 人死亡，4 人受伤；40 家工厂企业受灾，损坏厂房面积约 13 万平方米；250 间房屋不同程度受损；农作物受灾面积 2500 公顷；直接经济损失 6705 万元。

(9)5 月 19 日凌晨 4 时 30 分至 5 时，江西省南昌市安义县新民乡出现龙卷风并伴有冰雹，极大风速 29.5 米/秒。受灾人口 2150 人；倒损房屋 208 间，其中倒塌房屋 3 间，严重损坏房屋 90 间；油菜等农作物受灾面积 201 公顷，其中成灾 151 公顷，绝收 50 公顷；直接经济损失 602 万元。

(10)5月29日下午，内蒙古通辽市库伦旗库伦镇、扣河子镇、六家子镇遭受龙卷风袭击，共造成3554户、1.5万人受灾，直接经济损失710万元。其中，六家子镇11个嘎查村玉米受灾面积1668公顷；刮断树木2000余棵；九家子食用菌种植小区77座大棚及生产配套设施严重受损。

(11)6月4日16时左右，辽宁省铁岭市铁岭县熊官屯镇上裕村遭遇龙卷风袭击。龙卷所经之处一片狼藉，路边300余棵杨树被折断，有的房屋被连顶掀起、玻璃损坏、墙体倒塌，另有一电力铁塔遭损坏，一度造成断电。

(12)6月12日，吉林省白城市洮南市和洮北区相继出现龙卷风，并伴随暴雨和局部冰雹。洮北区龙卷风持续约10分钟，波及3乡镇场的4个村。龙卷风袭过之处，电杆被刮得东倒西歪，民用电路损毁严重，部分社区、村(屯)断水断电；民房瓦顶被刮走，门窗及玻璃被损毁；院落铁大门扭曲变形，被吹出数十米远；蔬菜大棚薄膜被卷走，农作物被刮得茎叶折断、成片倒伏，树木被连根拔起或拦腰折断。初步统计，全区3210人受灾，32人受伤；1312间房屋受损严重；农作物成灾面积1020公顷，其中60公顷作物绝收；直接经济损失1090万元。

(13)6月12日15时15分，山东省烟台市莱州市土山镇遭受龙卷风袭击。80公顷盐田的塑苫、护坡受损，40间房瓦被风卷走，30根电线杆倒伏，10米院墙被一大铁罐砸倒；直接经济损失350万元。

(14)6月15日16时40分至17时10分，黑龙江省哈尔滨市双城市幸福乡、乐群乡、同心乡局地遭受龙卷风袭击。500多人受灾；损坏房屋约500间，倒塌房屋20多间；玉米受灾面积33公顷；直接经济损失570万元。

(15)6月17日17—18时，辽宁省阜新市阜新县富荣镇、大巴镇出现龙卷风。造成14座农业大棚受损，28间民房坍塌，100延长米葡萄架、300平方米鸡舍被毁，2700多棵树木连根拔起或折断，部分电力、通讯以及电视闭路线路中断；农作物受灾面积15公顷；直接经济损失98万元。

(16)7月1日16时左右，吉林省白城市大安市红岗子、月亮泡等6乡镇16个村遭受龙卷风袭击。龙卷风持续时间约30分钟，所到之处高压线路的电杆被刮得东倒西歪，民用电路损毁严重，部分村(屯)断水断电，民房瓦顶被刮掉、门窗及玻璃全部损毁，院墙成片被刮倒，院落铁大门扭曲变形，大片作物倒伏，树木折断。初步统计，3000余人受灾，因灾死亡2人，重伤9人，轻伤16人；损坏大棚66栋；折损树木3800棵；农作物受灾面积1524公顷，其中绝收989公顷；直接经济损失957万元。

(17)7月3日10时55分至11时，江苏省南通市如皋市搬经镇3个村遭受龙卷风袭击。因灾受伤4人；倒塌房屋830间；4家企业受灾，倒塌厂房14间280平方米；刮倒大树300多棵；农作物受灾面积39公顷，其中20公顷绝收；直接经济损失683万元。同日18时53分至19时6分，盐城市建湖县上冈镇7个村受到龙卷风袭击。造成3人受伤；11户房屋倒塌，400多户房屋受损；直接经济损失1000万元左右。

(18)7月7日7时，广东省佛山市禅城区南庄镇湖涌工业区遭受龙卷风侵袭。豫阳二路的金长锋电器厂、顺达陶瓷抛光厂、敏恒陶瓷厂、金长锋电器厂、瑞银陶瓷厂、敏恒厂以及华夏博览城的月儿湾餐饮中心和迅驰陶瓷展厅受到影响，共掀翻企业厂房顶棚5000余平方米，其中3家企业损失较为严重。

(19)7月8日17时左右，浙江省湖州市南浔区千金镇石桥、朝阳等2个行政村遭受了特大暴雨和龙卷风灾害。石桥村1户养猪场倒塌房屋700平方米，伤亡母猪6头；2户养鸡场倒塌鸡棚7栋8400平方米、损坏鸡棚3栋，伤亡鸡15000羽；1户养兔场倒塌兔棚240平方米，伤亡獭兔100只。另外，倒塌农业生产用房60平方米，3家工业企业倒塌厂房200平方米、围墙50米；46间民房屋顶受损。此次灾害共造成直接经济损失219万元。

(20)7月9日16时20分,内蒙古赤峰市敖汉旗古鲁板蒿乡东它拉村、新兴村遭受龙卷风、冰雹袭击。初步统计,520户2200人受灾;农作物受灾面积400公顷;直接经济损失300万元。

(21)7月10日23时左右,江苏省盐城市大丰市草庙镇圩东村遭受龙卷风袭击。损坏民房8间,折断树木180棵;农作物受灾面积170公顷,其中成灾110公顷;直接经济损失约120万元。

(22)7月12日17时50分至18时50分,山东省烟台市招远市齐山镇张秀家、蒋家坡、邹格庄、徐家庄4个村遭受龙卷风袭击。全镇受灾人口6300人;房屋受损244间;折断树木5000棵;70公顷果园的果树受灾,减产果品282吨;240公顷玉米倒伏,减产粮食180吨;直接经济损失260余万元。同日20时左右,菏泽市成武县、曹县局地也遭受龙卷风袭击,造成玉米、棉花倒伏,山药、辣椒绝产,树木、房屋受损,351省道成武县至单县段上百棵大树被刮倒,导致堵车20多千米。

(23)7月12日17时左右,湖北省荆州市洪湖市滨湖办事处沿湖一带遭受龙卷风袭击,湖面风力达9级以上。茶坛渔场、洪狮渔场、汉沙渔场、太马湖渔场等共有51个养殖户495公顷圈养面积严重受灾,圈养网片被蒿排、水花生和风浪撕破,致使养殖的螃蟹、成鱼大部分逃走;茶坛渔场一户水上座船船顶被掀;直接经济损失181万元。

(24)7月20日18时,内蒙古赤峰市敖汉旗萨力巴乡乌兰召村、安家胡同村、城子山村等3个村遭受龙卷风和冰雹灾害。受灾人口1650人;农作物受灾面积231公顷;直接经济损失101万元。

(25)7月23日,湖南省岳阳市汨罗市三江镇和智峰乡遭受龙卷风袭击,直接经济损失300万元。

(26)7月28日下午,河南省驻马店市泌阳县盘古乡出现龙卷风,持续时间3~4分钟。一座三层办公楼楼顶的上千块铁制隔热瓦及支撑钢架被龙卷风刮飞,4根电线杆断裂,致使该乡电力供应中断。

(27)7月30日晚,广东省清远市清新县太平镇部分村庄出现龙卷风,并伴有大雨,持续20分钟左右。全镇307户房屋受损,数千平方米的养殖禽畜大棚被吹翻;21公顷蕉树、火龙果等受损;直接经济损失588万元。

(28)8月9日17时25分,江苏省泰州市姜堰市蒋垛镇界河、新港、蒋垛、新桥、许桥、薛岗、邱刘7个村遭受龙卷风袭击。部分高秆作物和树木受损;6户主房受损,25户附属房倒塌,界河村一养猪场严重受损,2处厂房约1000平方米受损;3人受伤。

(29)8月10日11时左右,江苏省盐城市滨海县界牌镇陆集、镇南、新巨、双龙4个村庄出现龙卷风袭击。龙卷风直径约500米,前后持续约20分钟,造成房屋倒塌、树木折损、农作物倒伏、供电线路压断,其中镇南村受灾最为严重。初步统计,农作物受灾面积3340公顷,折断树木3000多棵,倒断电杆110根,损坏厂房1000余平方米,损毁畜禽圈舍2400平方米,砸死生猪1头,倒塌房屋14间,损坏房屋48间,损坏塑料大棚16个。

(30)8月21日15时30分前后,江苏省泰州市靖江市生祠镇出现龙卷风,持续时间约1~2分钟。受其影响,刘国钧中学新校区400米围墙倒塌;旧江平路数棵直径40厘米大树被连根拔起;长江加油站顶棚被刮飞100多米,顶棚下的水泥柱被刮倒;11万伏高压线被压断,导致数村停电;正源面粉厂屋顶掀翻,导致30吨面粉、小麦进水;绿银瓜果合作社大棚被吹翻,200余棵大树被刮倒、折断;生祠菜场350米围墙倒塌;生祠村、大进村经济作物受损面积45公顷;大进、金星、七里、新丰等村农业设施和绿化受损面积28公顷。全镇总计直接经济损失370万元。

(31)10月27日17时前后,海南省琼海市博鳌镇东海村发生龙卷风,同时伴有雷暴。龙卷风造成数百颗树木被刮倒,10间民房被摧毁或掀瓦,8根电线杆被刮倒,通电中断。

## 2.5 沙尘暴

### 2.5.1 基本概况

2012 年，我国共出现了 12 次沙尘天气过程，10 次出现在春季(3—5 月)(表 2.5.1)。2012 年春季我国北方沙尘天气过程次数较常年同期明显偏少，沙尘暴次数为 2000 年以来同期第五少；沙尘天气首发时间晚，是 2001 年以来最晚的一年；沙尘天气日数较常年同期明显偏少，为 1961 年以来同期最少。

**表 2.5.1　2012 年我国主要沙尘天气过程纪要表(中央气象台提供)**

**Table 2.5.1　List of major sand and dust storm events and associated disasters over China in 2012 (provided by Central Meteorological Observatory)**

| 序号 | 起止时间 | 过程类型 | 主要影响系统 | 影响范围 |
|---|---|---|---|---|
| 1 | 3 月 20—22 日 | 沙尘暴 | 冷锋 | 新疆东部和南疆盆地、甘肃西部、青海北部等地的部分地区有扬沙或浮尘，新疆东部、南疆盆地的部分地区有沙尘暴，南疆盆地局地有强沙尘暴 |
| 2 | 3 月 29—30 日 | 沙尘暴 | 蒙古气旋、冷锋 | 内蒙古西部和中东部偏南地区、吉林中西部、辽宁西部、山西北部局地、河北西北部局地、北京等地有扬沙，其中内蒙古东南部、吉林西部的部分地区有沙尘暴 |
| 3 | 4 月 1—2 日 | 沙尘暴 | 蒙古气旋、冷锋 | 新疆南疆盆地、甘肃中北部和东南部、内蒙古中部偏南地区、宁夏中北部、陕西北部、山西北部等地部分地区有扬沙，其中新疆南疆盆地、甘肃中北部等地局部有沙尘暴 |
| 4 | 4 月 8 日 | 扬沙 | 蒙古气旋、冷锋 | 内蒙古东南部、吉林西部、黑龙江西南部、辽宁北部等地部分地区有扬沙或浮尘，其中吉林西部局地有沙尘暴。 |
| 5 | 4 月 10—11 日 | 强沙尘暴 | 蒙古气旋、冷锋 | 新疆南疆盆地、甘肃西部、内蒙古中西部、陕西北部、山西北部等地部分地区有扬沙，其中新疆南疆盆地、内蒙古西部等地局部有沙尘暴 |
| 6 | 4 月 18—19 日 | 强沙尘暴 | 蒙古气旋、冷锋 | 新疆东北部、内蒙古、甘肃西部、吉林西部、黑龙江西南部等地有扬沙或浮尘，其中内蒙古中东部局地强沙尘暴 |
| 7 | 4 月 22—23 日 | 扬沙 | 冷锋 | 新疆南疆盆地、内蒙古西部、青海西北部、甘肃西部、宁夏北部有扬沙或浮尘，其中南疆盆地、青海西北部、宁夏北部等地局地有(强)沙尘暴 |
| 8 | 4 月 26—27 日 | 沙尘暴 | 蒙古气旋、冷锋 | 新疆南疆盆地部分地区、内蒙古、甘肃中部、宁夏北部、华北北部等地有扬沙或浮尘，其中甘肃中部、内蒙古等地局地有(强)沙尘暴 |
| 9 | 5 月 10—11 日 | 扬沙 | 冷锋 | 新疆南疆盆地、内蒙古西部和东北部、甘肃西部等地有扬沙或浮尘，其中内蒙古西部的部分地区有沙尘暴 |
| 10 | 5 月 20—22 日 | 扬沙 | 热低压、冷锋 | 新疆南疆盆地、内蒙古西部等地出现扬沙或浮尘，其中南疆盆地的局部地区有沙尘暴 |
| 11 | 11 月 2—3 日 | 沙尘暴 | 蒙古气旋、冷锋 | 新疆盆地、青海北部等地出现扬沙或浮尘，其中南疆盆地和青海西北部等地局地有沙尘暴 |
| 12 | 11 月 27 日 | 扬沙 | 蒙古气旋、冷锋 | 内蒙古西部出现扬沙，其中内蒙古西部的局部地区有(强)沙尘暴 |

### 2.5.2 2012年我国北方沙尘天气主要特征和过程

**1. 春季沙尘天气过程次数较常年同期明显偏少，沙尘暴次数为2000年以来第五少**

2012年春季(3—5月)，我国共发生10次沙尘天气过程，比常年(1981—2010年)同期(17次)明显偏少，比2001—2010年同期平均(12.7次)偏少2.7次，但较2012年同期偏多2次(表2.5.2)。其中沙尘暴和强沙尘暴过程有6次，较2001—2010年平均次数(8次)偏少2次，为2000年以来第五少(图2.5.1)。10次沙尘天气过程中有2次出现在3月，6次出现在4月，2次出现在5月，具有“少多少”的出现特点(表2.5.2)。

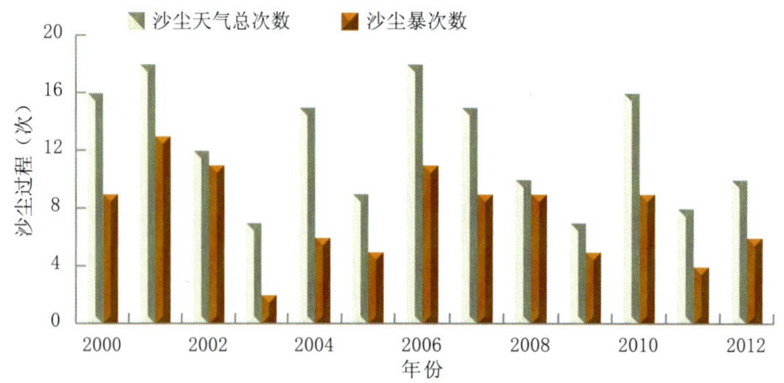


图2.5.1 春季中国沙尘天气过程次数及沙尘暴过程次数历年变化

Fig. 2.5.1 Number of sand and dust storm events over China in spring during 2000—2012

**表2.5.2 2000—2012年春季(3—5月)我国沙尘天气过程统计**

**Table 2.5.2 Statistics of sand and dust storm events in spring (from March to May) during 2000—2012**

| 时间 | 3月 | 4月 | 5月 | 总计 |
|---|---|---|---|---|
| 2000年 | 3 | 8 | 5 | 16 |
| 2001年 | 7 | 8 | 3 | 18 |
| 2002年 | 6 | 6 | 0 | 12 |
| 2003年 | 0 | 4 | 3 | 7 |
| 2004年 | 7 | 4 | 4 | 15 |
| 2005年 | 1 | 6 | 2 | 9 |
| 2006年 | 5 | 7 | 6 | 18 |
| 2007年 | 4 | 5 | 6 | 15 |
| 2008年 | 4 | 1 | 5 | 10 |
| 2009年 | 3 | 3 | 1 | 7 |
| 2010年 | 8 | 5 | 3 | 16 |
| 2011年 | 3 | 4 | 1 | 8 |
| 2012年 | 2 | 6 | 2 | 10 |
| 2000—2011年总计 | 51 | 61 | 39 | 151 |

**2. 沙尘天气首发时间晚，是2001年以来最晚的一年**

2012年，我国沙尘天气过程有12次。首次沙尘天气过程发生时间为3月20日，比近十年平均首发时间(2月4日)偏晚1个多月，是2001年以来最晚的一年(表2.5.3)。

表 2.5.3　2001 年以来历年沙尘天气最早发生时间

Table 2.5.3　The earliest beginning date of sand and dust storms during 2001—2012

| 2001 年 | 1 月 1 日 | 2007 年 | 1 月 26 日 |
|---|---|---|---|
| 2002 年 | 2 月 9 日 | 2008 年 | 2 月 11 日 |
| 2003 年 | 1 月 20 日 | 2009 年 | 2 月 19 日 |
| 2004 年 | 2 月 3 日 | 2010 年 | 3 月 8 日 |
| 2005 年 | 2 月 21 日 | 2011 年 | 3 月 12 日 |
| 2006 年 | 2 月 20 日 | 2012 年 | 3 月 20 日 |

### 3. 沙尘日数偏少，为 1961 年以来同期最少

2012 年春季，我国北方平均沙尘天气日数为 1.3 天，较常年(1981—2010 年)同期(4.0 天)偏少 2.7 天，比 2001—2010 年同期(2.7 天)偏少 1.4 天，为 1961 年以来历史同期最少(图 2.5.2)。平均沙尘暴日数为 0.3 天，分别比常年同期(1.0 天)和近 10 年同期(0.7)偏少 0.7 天和 0.4 天，为 1961 年以来历史同期第二少(图 2.5.3)。

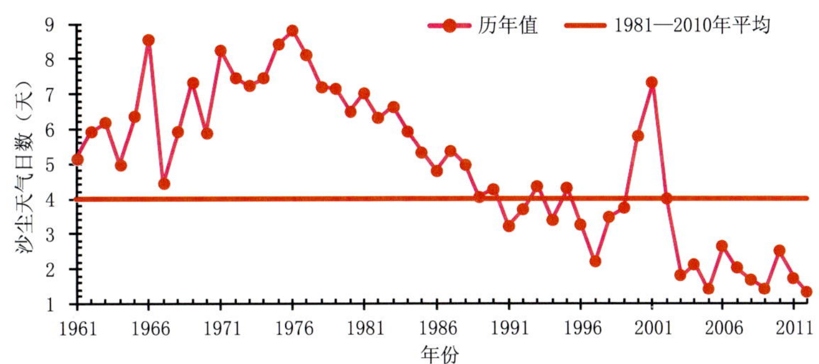


图 2.5.2　1961—2012 年春季(3—5 月)中国北方沙尘(扬沙以上)天气日数历年变化(天)

Fig. 2.5.2　Number of sand and dust (sand-blowing, sandstorm, strong sandstorm) days averaged over northern China in spring during 1961—2012(unit:d)

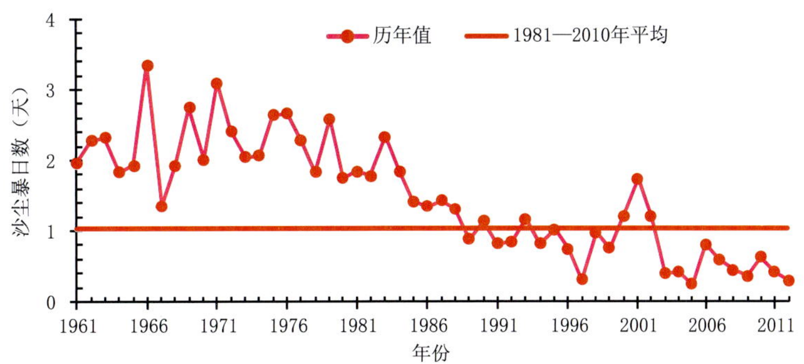


图 2.5.3　1961—2012 年春季(3—5 月)中国北方沙尘暴日数历年变化(天)

Fig. 2.5.3　Number of sandstorm days averaged over northern China in spring during 1961—2012(unit:d)

从空间分布来看，2012 年春季沙尘天气影响范围主要集中于西北地区及内蒙古、吉林西部等地，其中南疆盆地、内蒙古西部地区沙尘天气日数在 5 天以上，部分地区在 10 天以上，内蒙古中部、青海西北部、甘肃北部、宁夏北部、陕西西北部、吉林西部等地沙尘天气日数为 3～5 天，华北北部为 1～2 天(图 2.5.4)。与常年同期相比，整个北方大部都是偏少的，尤其是新疆西南部和内蒙古西部偏少 8～10 天，部分地区偏少 10 天以上(图 2.5.5)。

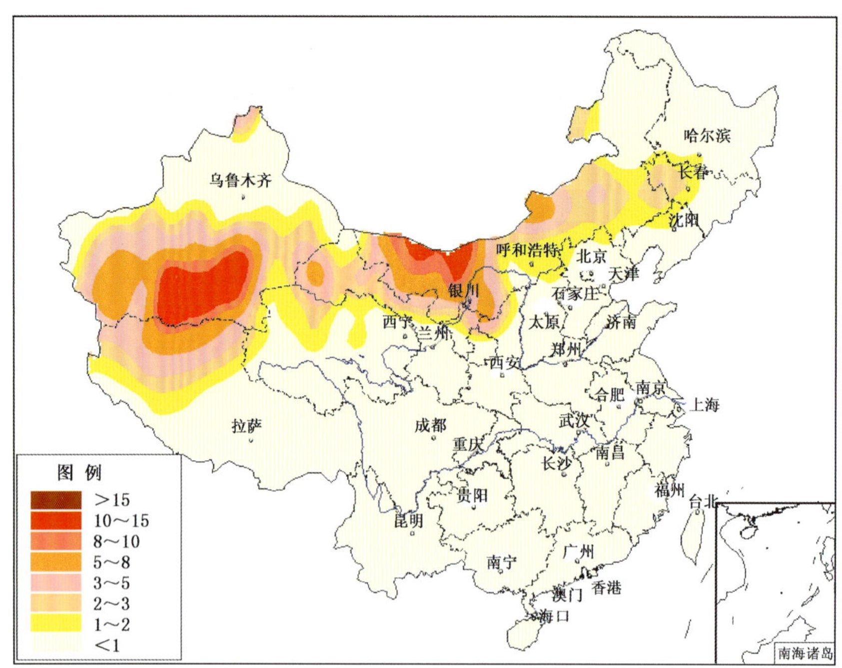


图 2.5.4　2012 年全国春季沙尘天气日数分布图(天)

Fig. 2.5.4　Distributions of the number of sand and dust (sand-blowing, sandstorm, strong sandstorm) days over China in spring in 2012(unit:d)

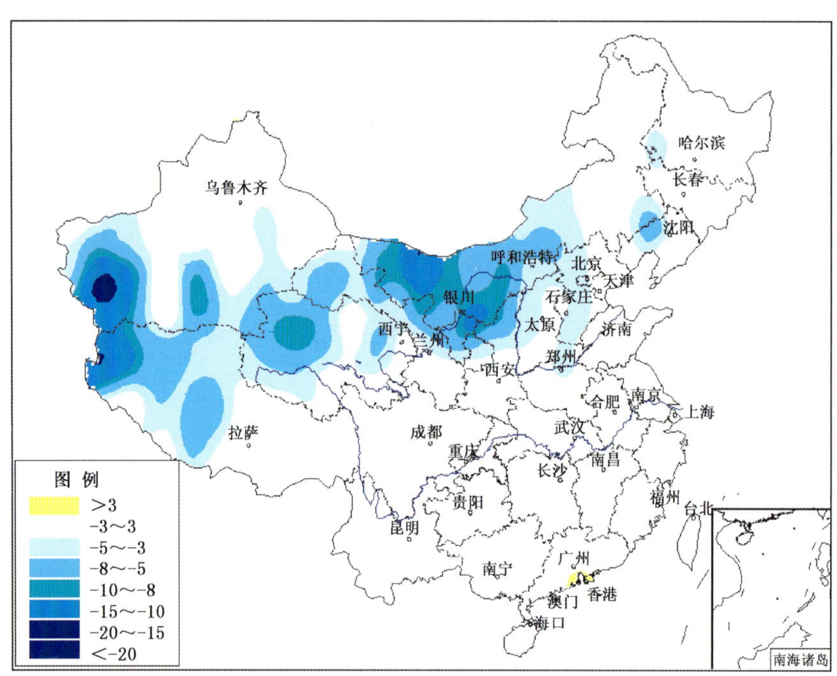


图 2.5.5　2012 年全国春季沙尘天气日数距平分布图(天)

Fig. 2.5.5　Distributions of anomaly of sand and dust (sand-blowing, sandstorm, strong sandstorm) days over China in spring in 2012(unit:d)

### 2.5.3 2012年我国北方沙尘天气影响

2012年沙尘天气的影响总体偏轻，但阶段性沙尘暴对我国北方空气质量、交通、工农业生产具有较大影响(表2.5.4)。2012年3月20—22日的沙尘暴天气过程是年内影响范围最广、损失最重的一次沙尘天气过程。

**表2.5.4 2012年我国沙尘天气灾害造成的主要损失**

**Table 2.5.4 The major loss caused by sand/dust storm in 2012**

| 省份 | 时间 | 受灾人口（万人） | 受灾面积（公顷） | 经济损失（万元） | 经济损失合计（万元） |
|---|---|---|---|---|---|
| 新疆 | 3月20—22日 | 0.11 | | 4532 | 8512 |
| | 4月10—11日 | 0.84 | 7200 | 2300 | |
| | 4月18—19日 | 0.6 | 300 | 180 | |
| | 4月22—23日 | 1.9 | 2400 | 1500 | |
| 内蒙古 | 3月29—30日 | 6.4 | 400 | 4100 | 4100 |
| 甘肃 | 4月1—2日 | 12.9 | 5000 | 3200 | 3990 |
| | 4月18—19日 | | 620 | 390 | |
| | 4月26—27日 | | | 400 | |
| 宁夏 | 4月1—2日 | 6.4 | 5600 | 1200 | 1200 |

3月20—22日，西北、内蒙古、华北至黄淮一带自西向东出现大风天气，瞬时风力普遍有7～8级，局地达9～10级。同时，西北部分地区及内蒙古西部出现大范围沙尘天气，其中新疆若羌、民丰出现强沙尘暴。此次沙尘天气过程是2012年我国出现的第一次沙尘天气过程，出现时间比常年明显偏晚，为2000年以来最晚(表2.5.3)。受此次大风、沙尘天气影响，新疆巴音郭楞州若羌县1000多人受灾，直接经济损失4500多万元；甘肃省张掖市有300余公顷农作物受灾；兰新铁路、南疆铁路多趟列车临时停运；京沪高铁降速运行，华北部分机场出现航班延误甚至取消；河北300多公顷农作物受灾；北京、河北两地因大风刮倒大树、广告牌及高空悬挂物等造成47人受伤。

3月29—30日，内蒙古西部和中东部偏南地区、吉林中西部、辽宁西部、山西北部局地、河北西北部局地、北京等地有扬沙，其中内蒙古东南部、吉林西部的部分地区有沙尘暴。受其影响，内蒙古通辽市8个县(区、市、旗)6.4万人受灾，500余间房屋不同程度受损，农作物受灾面积近400公顷，直接经济损失4100万元。

4月1—2日，新疆南疆盆地、甘肃中北部和东南部、内蒙古中部偏南地区、宁夏中北部、陕西北部、山西北部等地部分地区有扬沙，其中新疆南疆盆地、甘肃中北部等地局部有沙尘暴 。据统计，甘肃兰州、白银、武威等6市11个县(区、市)受灾，受灾人口12.9万人，农作物受灾面积5000公顷，直接经济损失近3200万元；宁夏固原、中卫、吴忠3市5个县(区)受灾，受灾人口6.4万人，农作物受灾面积5600公顷，直接经济损失1200多万元。

4月10—11日，新疆南疆盆地、甘肃西部、内蒙古中西部、陕西北部、山西北部等地部分地区有扬沙，其中新疆南疆盆地、内蒙古西部等地局部有沙尘暴。新疆建设兵团二师、九师、十四师3个师7个团场8400余人受灾，农作物受灾面积7200公顷，直接经济损失2300余万元。

4月18—19日，新疆东北部、内蒙古、甘肃西部、吉林西部、黑龙江西南部等地有扬沙或浮尘，其中内蒙古中东部局地强沙尘暴。新疆吐鲁番地区托克逊县6000人受灾，农作物受灾面积300公顷，直接经济损失180万元；甘肃酒泉市金塔县农作物受灾面积620公顷，直接经济损失390多万元。

4 月 22—23 日，新疆南疆盆地、内蒙古西部、青海西北部、甘肃西部、宁夏北部有扬沙或浮尘，其中南疆盆地、青海西北部、宁夏北部等地局地有（强）沙尘暴。新疆阿勒泰、哈密 2 个地区 3 个县受灾，受灾人口 1.9 万人，近 200 间房屋受损，农作物受灾面积 2400 公顷，直接经济损失 1500 余万元。

4 月 26—27 日，新疆南疆盆地部分地区、内蒙古、甘肃中部、宁夏北部、华北北部等地有扬沙或浮尘，其中甘肃中部、内蒙古等地局地有（强）沙尘暴。甘肃省酒泉市肃州区损毁塑料大棚 3480 多座，直接经济损失 400 多万元。

## 2.6 低温冷冻害和雪灾

### 2.6.1 基本概况

从霜冻日数的年变化来看，我国霜冻日数（日最低气温≤2℃）呈现出明显减少趋势。2012 年全国平均霜冻日数 146.4 天，较常年偏少约 3.4 天，是 1998 年以来连续第 15 年少于常年值（图 2.6.1）。

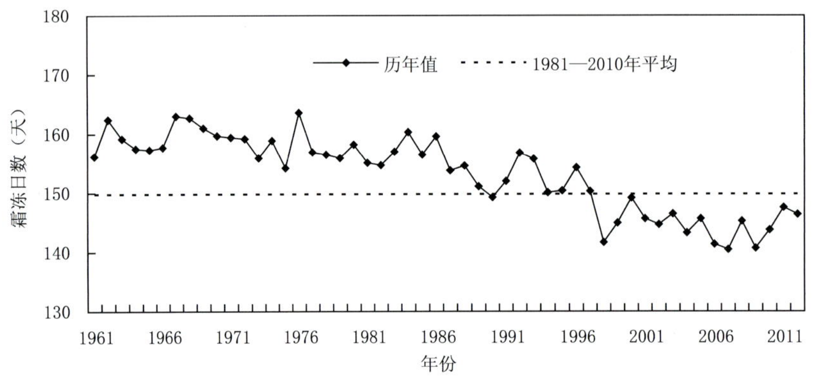


图 2.6.1 1961—2012 年全国平均霜冻日数历年变化（天）

Fig. 2.6.1 Annual frost days over China during 1961—2012(unit:d)

2012 年全国平均降雪日数为 29 天，比常年偏少 5 天，是 2001 年以来连续第 12 年少于常年值（图 2.6.2）。1961—2012 年，我国平均降雪日数呈显著的减少趋势，其线性变化趋势为－2.6 天/10 年。

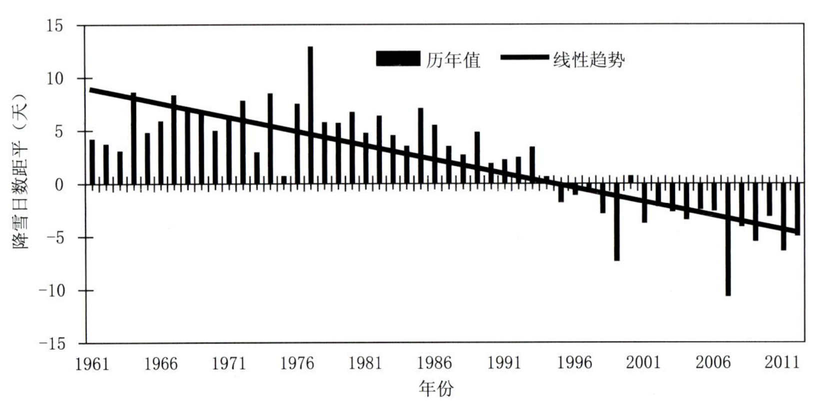


图 2.6.2 1961—2012 年全国平均降雪日数距平历年变化（天）

Fig. 2.6.2 Anomalies of annual snowfall days over China during 1961—2012(unit:d)

2012 年，全国因低温冷冻害和雪灾造成 641.2 万人次受灾，15 人死亡；农作物受灾面积 161.5 万公顷，约占全年气象灾害受灾总面积的 6.5%，其中绝收面积 14.2 万公顷；直接经济损失 61.0 亿元，占全年气象灾害总损失的 1.8%。2012 年全国低温冷冻害和雪灾的农作物受灾面积较常年偏小，经济损失、死亡人数为 2004 年来最少。总体而言，2012 年为近 10 年以来低温冷冻害和雪灾灾情偏轻年份。

2012 年主要的低温冷冻害和雪灾事件（表 2.6.1）有：1 月下旬及 2 月初，东北地区遭受低温冻害和雪灾；1 月上旬至 3 月中旬，南方部分地区出现严重低温阴雨（雪）；2 月上旬，西藏南部出现雪灾；夏季，东北地区出现阶段性低温；8 月下旬，河北北部遭受历史罕见低温冻害；9—10 月，西南大部出现明显连阴雨，河北、内蒙古、黑龙江部分地区遭受低温冻害；11—12 月，江南、华南阴雨天气多，北方出现 3 次大范围降雪天气。

**表 2.6.1　2012 年全国主要低温冷冻害和雪灾事件简表**

**Table2.6.1　List of major low-temperature, frost and snowstorm events over China in 2012**

| 时间 | 影响地区 | 灾情概况 |
|---|---|---|
| 1 月下旬至 2 月初 | 东北地区 | 内蒙古东部、黑龙江大部、吉林东部等地遭受低温冻害和雪灾。内蒙古呼伦贝尔市 4.1 万人受灾，约 2.5 万间房屋损坏。 |
| 1 月上旬至 3 月中旬 | 南方部分地区 | 江南、华南、西南地区东部出现大范围持续低温阴雨（雪）寡照天气。贵州大部、湖南南部和东部、四川东南部、云南西北部以及江西和福建的部分地区还出现了冻雨。江南及贵州、云南等地部分农作物遭受冻害，华南部分地区甘蔗、香蕉遭受寒害。 |
| 2 月 8—9 日 | 西藏 | 西藏日喀则地区南部遭遇暴雪强风天气，聂拉木两天降雪量为 105.2 毫米（其中 9 日降雪量达 91.5 毫米，最大积雪深度 61 厘米），最大风速达 38.2 米/秒。强降雪导致日喀则地区多条公路交通中断，聂拉木、定日、萨迦、拉孜等县 7.9 万人受灾，死亡 3 人；牲畜死亡 5.0 万头（只、匹）。 |
| 2 月 21—24 日 | 新疆 | 新疆伊犁、塔城地区、乌鲁木齐市、克州和和田地区普降大雪，其中 22 日伊宁（12.1 毫米）、阿合奇（11.4 毫米）、温泉（10.7 毫米）等地出现暴雪，伊宁（44 厘米），霍城（41 厘米），昭苏（37 厘米）等地最大积雪深度超过 30 厘米。此次强降雪导致上述地区共 8000 多人受灾，死亡 2 人；直接经济损失 700 多万元。 |
| 6 月上中旬 | 东北中南部 | 东北地区中南部出现较明显的低温时段。其中，吉林东部稻区出现 5～10 天日平均气温≤15℃的低温天气，导致部分一季稻分蘖停止，影响有效分蘖的形成，发育进程明显延迟。 |
| 7 月 19—22 日 | 吉林东部 | 吉林东部出现阶段性低温，水稻出现障碍型冷害。其中，延边州大部 7 月 20 日日平均气温低至 14℃左右，水稻幼穗分化受到不利影响。 |
| 8 月 22—24 日 | 河北张家口 | 受较强冷空气影响，河北张家口和承德北部、秦皇岛东部、保定东北部地区 48 小时降温幅度超过 8℃，河北省 19 个县（市）最低气温突破 1981 年以来 8 月极低值，极端最低气温降至 0℃以下。这次低温冷冻害导致张家口 10 个县（区）直接经济损失 5.8 亿元。 |

续表

| 时间 | 影响地区 | 灾情概况 |
|---|---|---|
| 9月上旬至10月中旬 | 西南大部地区 | 西南大部地区降水日数有20～30天，四川中部、贵州西北部在30天以上。持续阴雨寡照天气，给当地秋收作物的收晒带来了不利影响。 |
| 9月上中旬 | 内蒙古、河北、山东等地 | 河北、甘肃、山西、青海、内蒙古、宁夏、新疆等省(区)部分地区遭受低温冷冻害，造成不同程度损失，其中河北、内蒙古局部受灾较重。 |
| 10月15—22日 | 黑龙江部分地区 | 黑龙江齐齐哈尔、伊春、绥化市等4市10个县(市)遭受低温冷冻害，造成不同程度损失，农作物受灾面积51.0万公顷，直接经济损失21.7亿元。 |
| 11—12月 | 江南、华南 | 江南、华南出现持续阴雨寡照天气，降水日数一般有25～33天；大部地区降水量有200～300毫米，广西、福建部分地区达300～400毫米。持续阴雨天气使华南地区土壤过湿，部分低洼农田积水，对作物生长造成不利影响。 |
| 11—12月 | 东北、华北、新疆部分地区 | 我国北方出现3次大范围暴雪天气，东北、华北及新疆北部的部分地区遭受雪灾。降雪对交通运输和人民生活造成一定影响。 |

### 2.6.2 主要低温冷冻害和雪灾事件

**1. 1月下旬至2月初，东北地区遭受低温冻害和雪灾**

1月下旬至2月初，我国大部地区受强冷空气影响，气温较常年同期偏低，内蒙古东部、黑龙江大部、吉林东部等地的极端日最低气温有－40～－30℃，内蒙古东北部、黑龙江西北部降至－40℃以下。东北地区及内蒙古东部区域平均最低气温为－25.6℃，较常年同期偏低5.2℃，为1951年以来历史同期第四低，也是1991年以来历史同期最低。内蒙古呼伦贝尔市1月降水量比常年同期偏多，同时受低温冷冻害和雪灾影响，造成4.1万人受灾，近2.5万间房屋损坏。

**2. 1月上旬至3月中旬，南方部分地区遭受低温阴雨（雪）天气**

1月上旬至3月中旬，江南、华南、西南地区东部出现大范围持续低温阴雨(雪)寡照天气。上述地区气温普遍较常年偏低1～4℃，降水日数达40～60天。湘赣浙闽粤桂琼黔沪9省(区、市)区域平均气温较常年同期偏低1.4℃，为近27年来第三低值；平均降水日数为45.3天，比常年同期偏多11.6天，为1951年以来历史同期最多值；平均降水量为274.3毫米，比常年同期偏多37.5%，为1999年以来历史同期最多值。江南大部、华南西部日照时数偏少100～150小时，华南中东部偏少150～200小时，江西、浙江和福建大部日照时数为1951年以来同期最少。

长时间的低温雨雪寡照天气导致江南及贵州、云南等地部分农作物遭受冻害，华南部分地区甘蔗、香蕉遭受寒害，部分地区作物发生病害，广西、福建春播期有所推迟。同时，给交通尤其是春运带来了较大影响。

**浙江** 1月上旬，温州、丽水2市4个县(区)遭受雪灾，造成13.7万人受灾，5600余人紧急转移安置；房屋损坏2900余间；直接经济损失1.5亿元。1月24—29日，金华、丽水2市5个县(市)发生雪灾，9.3万人受灾，近900人紧急转移安置；800余间房屋不同程度受损；农作物受灾面积4000公顷；直接经济损失近1.1亿元。

**湖南** 1月中旬，益阳市资阳区遭受雪灾，造成5万人受灾，农作物受灾面积160万公顷，直接经济损失800余万元。1月21—29日，张家界市4个县(区)遭受雪灾，共造成25.6万人受灾，1000

余人紧急转移安置；500余间房屋不同程度受损；农作物受灾面积5000公顷，绝收近300公顷；直接经济损失2800余万元。

**安徽** 1月21—29日，池州市5个县(区)发生雪灾，造成48.1万人受灾，损坏房屋300余间，直接经济损失近3000万元。

**3. 2月西藏南部出现雪灾**

2月7—9日，西藏西部和南部出现暴风雪天气过程，聂拉木和帕里过程降雪量分别达105.2毫米和21.7毫米。其中，聂拉木县9日降雪量达91.5毫米，创当地建站以来2月日降水量历史极值；最大积雪深度达61厘米。强降雪造成西藏南部公路多处阻断，部分通讯光缆中断，房屋倒损；畜牧业生产及牧民生活受到不利影响。雪灾造成12个县7.9万人受灾，死亡3人；倒损房屋1501间；牲畜死亡5.0万头(只、匹)。

**4. 夏季东北地区出现阶段性低温**

6月上中旬，东北地区中南部出现较明显的低温时段，其中吉林东部稻区出现5～10天日平均气温≤15℃的低温天气，导致部分一季稻分蘖停止，影响有效分蘖的形成，发育进程明显延迟。7月19—22日，吉林东部再次出现阶段性低温，水稻出现障碍型冷害，其中延边州大部7月20日日平均气温低至14℃左右，水稻幼穗分化受到不利影响。

**5. 8月下旬，河北北部遭受历史罕见低温冻害**

8月22—24日，受较强冷空气影响，河北张家口和承德北部、秦皇岛东部、保定东北部地区48小时降温幅度超过8℃，其中张家口北部降温幅度在10℃以上，尚义最大，达12.6℃。河北省19个县(市)最低气温突破1981年以来8月极低值，极端最低气温降至0℃以下；22日张家口、承德共7站最低气温降至4℃以下，其中尚义最低，为－1.4℃，遭遇近50年来同期罕见的低温冷冻害。这次低温冷冻灾害较往年提前20天，即将收获的青玉米、马铃薯、架豆、杂豆、谷黍等农作物不同程度减产，给农业生产造成较大损失。张家口10个县(区)遭遇低温冷冻害，农业直接经济损失4.5亿元。

**6. 9—10月，西南大部出现明显连阴雨，北方部分地区发生低温冻害**

9月上旬至10月中旬，西南大部地区降水日数有20～30天，四川中部、贵州西北部在30天以上。四川大部、重庆、贵州和湖南西北部的雨日数均比常年同期偏多3～10天。20世纪90年代以来，西南地区秋季降水日数、秋雨量处于较少时段。2012年9月上旬至10月中旬，川渝黔3省(市)区域平均雨日数、雨量分别为1995年以来同期最多和次多；四川大部、重庆西南部、贵州西北部、云南东北部最长连续降水日数一般有10～15天，四川东南部在15～20天；四川全省平均最长连续雨日数为历史同期第四长，四川的宜宾、长宁等10县(市)和重庆的巴南、合川等6县(区)最长连续降水日数为当地历史同期最长。持续阴雨寡照天气，给当地秋收作物的收晒带来了一定影响。

9—10月，受多股冷空气影响，北方部分地区出现大风降温过程，河北、内蒙古、黑龙江局部地区发生低温冻害。

**河北** 9月3—4日，张家口、承德遭受低温冷冻害，局部气温达－1.7℃，农作物受灾面积7.1万公顷，直接经济损失5.8亿元。

**内蒙古** 9月12—15日，大部农区出现不同程度的霜冻和冰冻，部分地区最低气温降至2℃以下。赤峰市4个县(旗)遭受低温冷冻害，农作物受灾面积6.3万公顷，直接经济损失1.8亿元。

**黑龙江** 10月15—22日，齐齐哈尔、伊春、绥化市遭受低温冷冻害，造成51.0万公顷农作物受灾，其中绝收4.2万公顷，直接经济损失21.7亿元。

**7. 11—12月，江南、华南阴雨天气多，北方出现3次大范围降雪天气**

11—12月，江南、华南出现持续阴雨寡照天气，降水日数一般有25～33天，普遍较常年同期偏多10～20天；大部地区降水量有200～300毫米，广西、福建部分地区达300～400毫米，比常年同期偏多1～3倍。浙江降水日数为近46年来同期最多，江西、湖南、福建、广东、广西为近40年来同期最多；福建、广东降水量为1951年以来最多，江西为1951年来次多。持续阴雨天气使华南地区土壤过湿，部分低洼农田积水，对作物生长造成不利影响。

11—12月，我国北方出现3次大范围暴雪天气，东北、华北及新疆北部的部分地区遭受雪灾。11月2—4日，华北地区出现暴雪天气过程，其中京津地区和河北中北部累计降雪量超过50毫米，内蒙古赤峰、锡林郭勒和乌兰察布的33个台站过程降雪量超过历史极值；京津冀和内蒙古共有74个站日降水量突破11月历史极值；内蒙古中西部、华北西部等地平均气温下降8～12℃，内蒙古中部部分地区达14℃以上，部分地区出现了5～7级风。暴雪致使上述部分地区发生雪灾，部分高速公路封闭，北京地铁13号线停运。11月9—14日，东北大部、内蒙古中东部出现强降雪天气，黑龙江鹤岗市降水量55.7毫米，最大积雪深度达49厘米，为历史同期最大；内蒙古、河北北部、东北地区中南部气温普遍下降6～10℃，内蒙古中部部分地区达12～20℃；大部地区先后出现5～6级偏北风。12日鹤岗市全市学生停课，电网出现故障，市区一度全部停电，城市供暖、供水受到影响，部分树木被雪压断。12月13—15日，东部大部地区及新疆北部出现雨雪天气，内蒙古中东部、吉林、黑龙江及新疆北部积雪深度10～25厘米，局地30～40厘米。新疆博尔塔拉、昌吉、伊犁，内蒙古乌兰察布、锡林郭勒等地遭受雪灾。

**河北**　11月4—7日，张家口、承德、保定3市22个县(区、市)发生雪灾，7.3万人受灾，农作物受灾面积3000公顷，其中绝收近200公顷，直接经济损失1亿元。11月10—13日，张家口、承德2市11个县(区)遭受雪灾，1.6万人受灾，200余人紧急转移安置；近100间房屋倒塌，100余间不同程度受损；农作物受灾面积近700公顷，其中绝收近200公顷；直接经济损失近3700万元。

**辽宁**　11月10—13日，朝阳、阜新2市11个县(区、市)遭受雪灾，36.9万人受灾；400余间房屋不同程度受损；农作物受灾面积4300余公顷，其中绝收200余公顷；直接经济损失6000余万元。

**内蒙古**　11月4—6日，赤峰、乌兰察布、锡林郭勒3市(盟)12个县(区、市、旗)遭受雪灾，2万人受灾；100余间房屋倒塌，600余间不同程度受损；农作物受灾面积0.2万公顷；直接经济损失1.2亿元。11月11—14日，呼和浩特、赤峰、通辽、锡林郭勒4市(盟)18个县(旗)遭受雪灾，12.2万人受灾，1人死亡，300余人紧急转移安置；800余间房屋不同程度倒损；农作物受灾面积0.9万公顷；直接经济损失9400余万元。12月5—14日，呼伦贝尔市根河市持续遭受低温冷冻害，2万人受灾，2000余间房屋一般损坏，直接经济损失近1000万元。

**黑龙江**　11月12—14日，黑河、鹤岗、双鸭山等5市14个县(区、市)遭受雪灾，7.7万人受灾，农作物受灾面积2.5万公顷，直接经济损失8300余万元。12月3—5日，双鸭山、七台河2市5个县(区)遭受雪灾，8400余人受灾，100余间房屋不同程度受损，直接经济损失1000余万元。12月12—14日，昌吉、伊犁、阿勒泰3地区(自治州)8个县(市)遭受雪灾，2.7万人受灾，近2600人紧急转移安置或其他需紧急生活救助；100余间房屋倒塌，500余间不同程度受损；直接经济损失1900余万元。

**新疆**　11月30日至12月6日，博尔塔拉、昌吉、巴音郭楞、伊犁等4自治州14个县(市)遭受雪灾，2.9万人受灾，1人死亡，1.5万人紧急转移安置或其他需紧急生活救助；500余间房屋倒塌，1400余间不同程度受损；直接经济损失近7300万元。12月25—31日，兵团四师、六师、九师3个师7个团(场)遭受雪灾，造成5000余人受灾，2000余人需紧急生活救助，直接经济损失1100余万元。

**山西**　12月20—24日，忻州市岢岚县遭受低温冷冻害，2000余座温室大棚不同程度受损，直接经济损失4000万元。

## 2.7 雾和霾

2012 年,我国雾主要分布在东北东部和西北部、华北、黄淮中部和西部、江淮、江南以及云南南部、四川东南部、贵州、广西东部、福建、新疆天山山脉等地区,其中福建、江苏、安徽和江西 4 省为年雾日数较多的省份;霾主要分布在华北、江汉西部、黄淮西部和东南部、江淮东部、江南东部、华南中西部以及湖南中部、江西中北部、云南南部等地,其中江苏、北京、浙江和广东 4 省(市)为年霾日数较多的省份。全国因雾霾天气造成的交通事故导致 166 人死亡,死亡人数较 2011 年偏多。

### 2.7.1 基本概况

2012 年,我国中东部大部分地区的雾日在 10 天以上。其中,东北东部和西北部、华北、黄淮中部、江淮、江南以及云南南部、四川东南部、贵州、广西东部、福建、新疆天山山脉等地区有 10~30 天,局部地区在 30 天以上(图 2.7.1)。

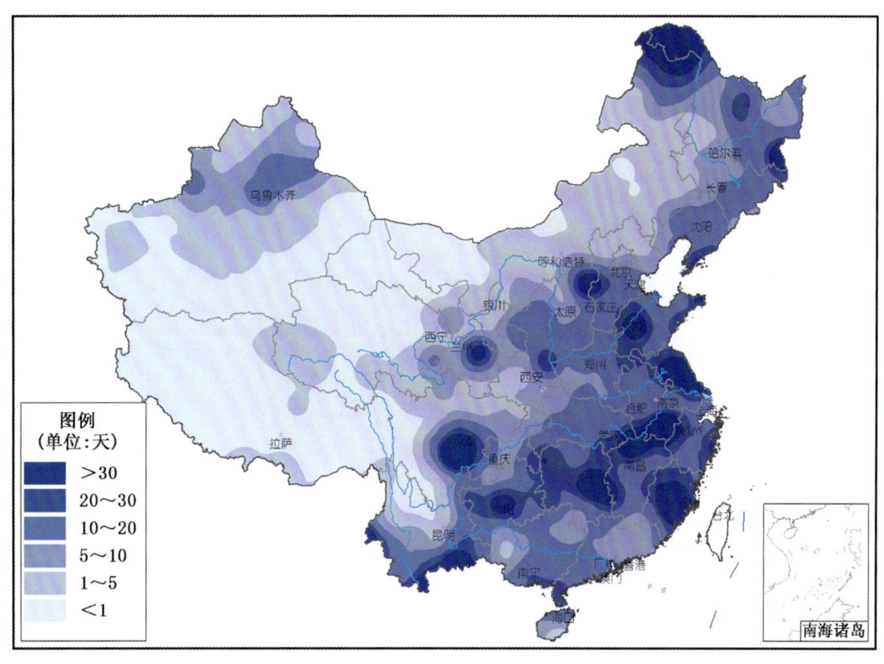


图 2.7.1　2012 年全国雾日数分布(天)

Fig. 2.7.1　Distribution of fog days over China in 2012 (unit:d)

2012 年雾日数与常年相比,全国大部分地区雾日偏少。其中,江南中部和东北部以及陕西中南部、重庆、四川东部、云南西南部和西北部、辽宁东部等地偏少 10~30 天,四川东部、重庆西部、云南西南部和西北部的局部偏少 30 天以上(图 2.7.2)。

我国的雾主要出现在 100°E 以东地区。2012 年中国 100°E 以东地区平均雾日数为 15.3 天,比常年偏少 8.1 天,为 1961 年以来最少。1961—2012 年,中国 100°E 以东地区平均年雾日数总体呈减少趋势,其中 20 世纪 60—80 年代变化趋势不明显,主要表现为年际波动,且较常年偏多;90 年代以来呈显著减少趋势,90 年代中期以来持续较常年偏少(图 2.7.3)。

从各月雾日数分布可以看到(图 2.7.4),2012 年我国雾多发月份为 1—3 月、11 月和 12 月,这 5 个月总雾日数占全年的 48%;5 月和 10 月最少。与常年同期相比,全年各月的雾日数均偏少,其中 12 月偏少幅度最大。与 21 世纪前十一年(2001—2011 年)的雾日数相比,2012 年除 6 月基本接近,

3 月份偏多外，其余月份均偏少。

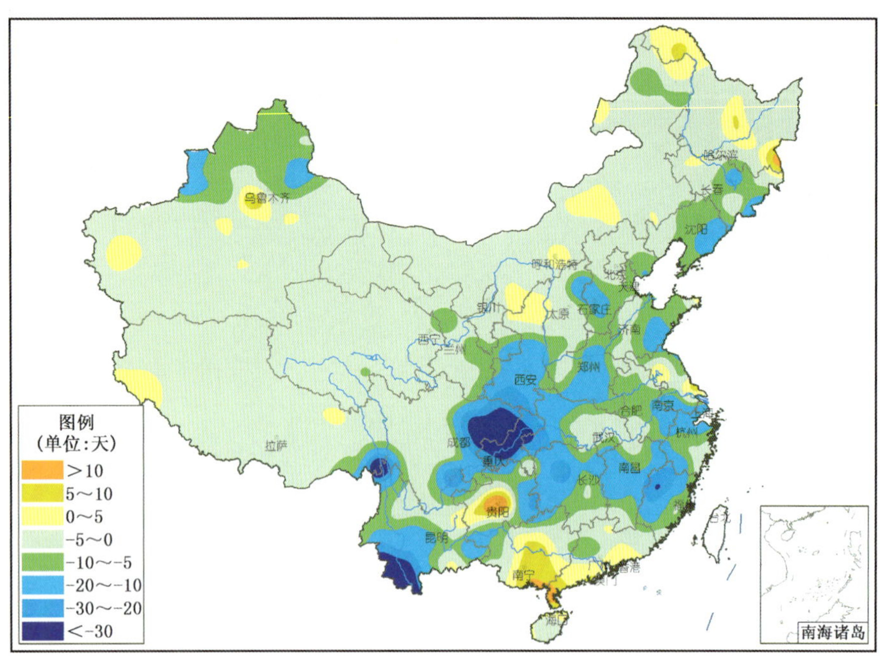


图 2.7.2 2012 年全国雾日数距平分布(天)

Fig. 2.7.2 Distribution of fog days anomalies over China in 2012 (unit:d)

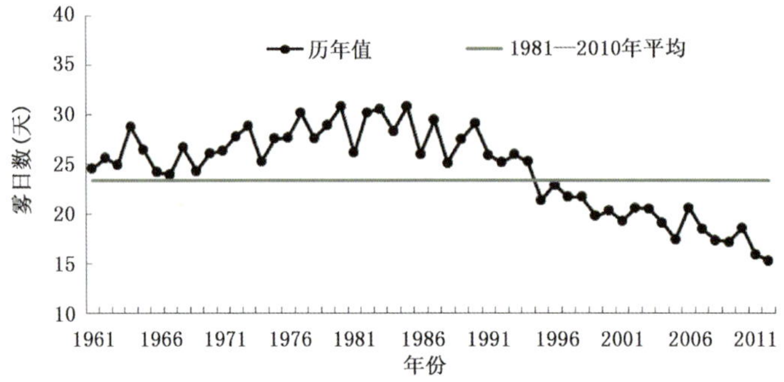


图 2.7.3 1961—2012 年中国 100°E 以东地区平均年雾日数历年变化(天)

Fig. 2.7.3 Annual variations of area averaged fog days in the area east of 100°E of China during 1961—2012 (unit:d)

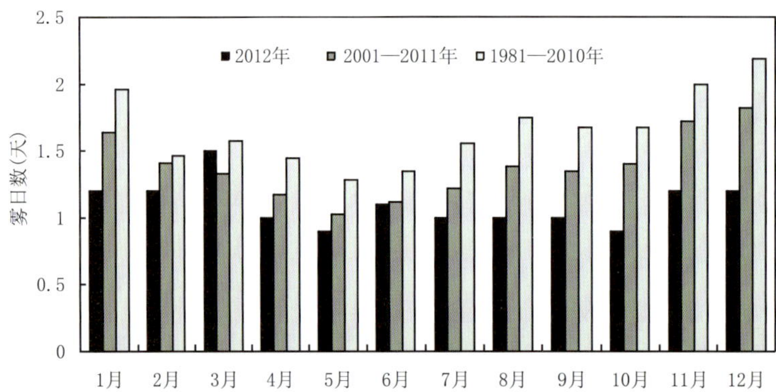


图 2.7.4 2012 年各月雾日数与常年(1981—2010 年)及近 11 年(2001—2011 年)同期雾日数对比(天)

Fig. 2.7.4 Contrast of monthly fog days over China in 2012 to the the average value from 1981 to 2010 and from 2001 to 2011(unit:d)

从图 2.7.5 可以看到，福建、江苏、安徽和江西为 2012 年雾日数最多的 4 个省份，分别为 33.1 天、30.9 天、28.9 天和 28.6 天。而新疆、内蒙古、宁夏、青海、西藏和上海的雾日数较少，均在 5 天以下。2012 年，湖南、云南、辽宁、陕西、四川、河北、甘肃、新疆和上海的雾日数分别为 27.2 天、16.6 天、15.6 天、12.2 天、12.2 天、8.0 天、7.3 天、4.6 天和 0.5 天，均为 1961 年以来最小值；安徽、山东、湖北、重庆和西藏为次小值。

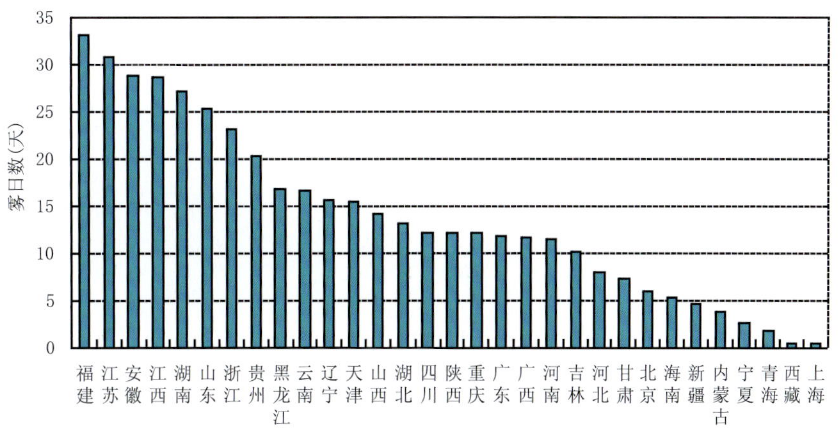


图 2.7.5　2012 年中国各省(区、市)雾日数序列(天)

Fig. 2.7.5　Annual fog days in different provinces(autonomous region and municipalities) over China in 2012(unit:d)

2012 年，我国的霾主要集中在中东部地区。华北、江汉西部、黄淮东南部、江淮东部、江南东部、华南中西部以及湖南中部、江西中北部、云南南部等地在 10 天以上，其中华北中北部以及山西南部、江苏、浙江、安徽东部、广东、广西东部等地有 50～70 天，局部地区超过 70 天(图 2.7.6)。

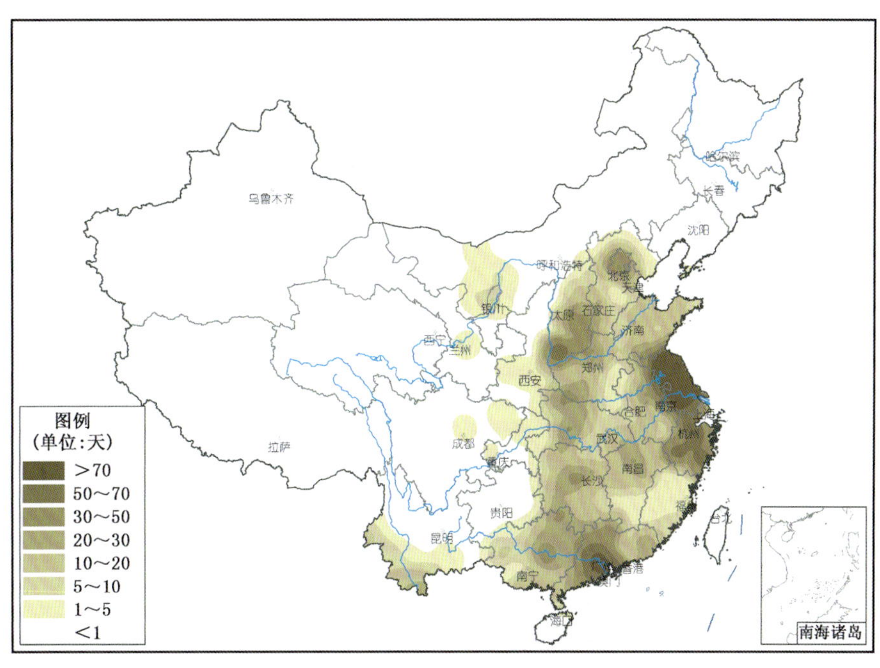


图 2.7.6　2012 年全国霾日数分布(天)

Fig. 2.7.6　Distribution of haze days over China in 2012(unit:d)

与常年相比，中东部大部分地区霾日数偏多。其中，华北东部、黄淮大部、江淮、江南东北部、华南中西部以及湖南中南部等地偏多 10～40 天，江苏、安徽东北部、浙江中北部、广东中南部等地偏多 40 天以上(图 2.7.7)。

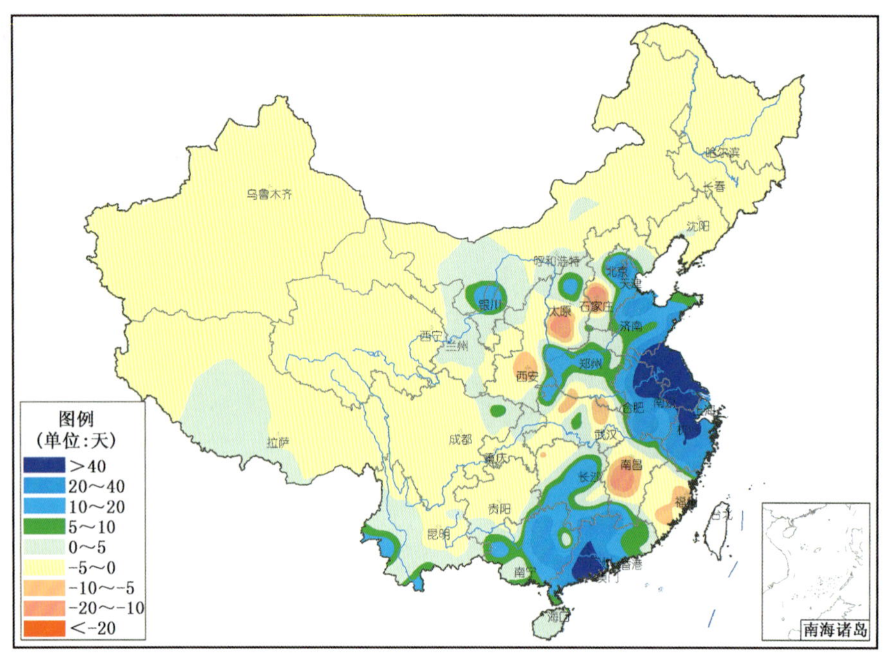


图 2.7.7　2012 年全国霾日数距平分布(天)

Fig. 2.7.7　Distribution of haze days anomalies over China in 2012(unit:d)

2012 年中国 100°E 以东地区平均霾日数为 16 天，比常年偏多 7.2 天，为 1961 年以来第四多。1961—2012 年，中国 100°E 以东地区平均年霾日数呈显著的增加趋势，且表现出不同年代际变化特征:20 世纪 60 年代至 70 年代中期，年霾日数较常年偏少;70 年代后期至 90 年代，接近常年略偏少;21 世纪以来，年霾日数显著增多(图 2.7.8)。

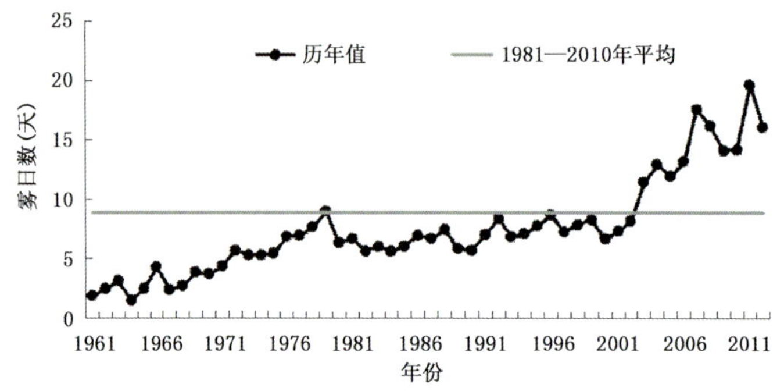


图 2.7.8　1961—2011 年中国 100°E 以东地区平均年霾日数历年变化(天)

Fig. 2.7.8　Annual variations of averaged haze days in the area east of 100°E of China during 1961—2012(unit:d)

2012 年我国霾多发月份为 1—3 月和 10 月，这 4 个月的总霾日数占全年的 50%。与常年同期相比，除 12 月以外，全年各月的霾日数均偏多，其中 1 月和 10 月偏多幅度较大。与霾日数较多的 21 世纪前十一年(2001—2011 年)同期相比，2012 年除 11 月和 12 月外，其余各月霾日数均偏多，其中 1—3 月、6 月和 10 月偏多明显(图 2.7.9)。

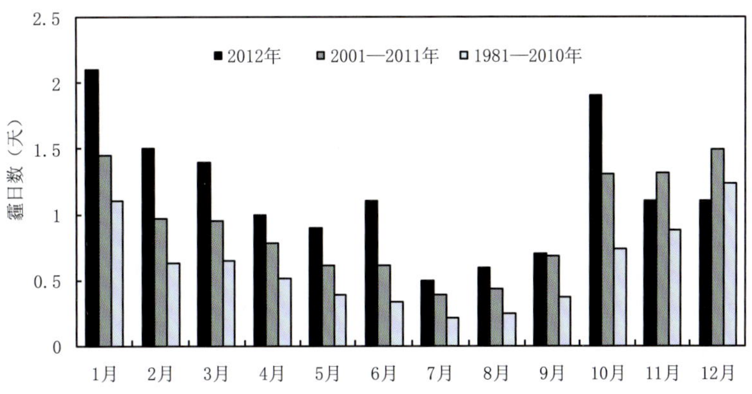


图 2.7.9　2012 年各月霾日数与常年（1981—2010 年）和近 11 年（2001—2011 年）同期霾日数对比（天）
Fig. 2.7.9　Constrast of monthly haze days over China in 2012 to the the average value from 1981 to 2010 and from 2001 to 2011(unit:d)

2012 年，江苏、北京、浙江和广东是霾日数最多的 4 个省（市），分别为 143 天、110 天、59 天和 50 天（图 2.8.10）。2012 年，安徽和宁夏的霾日数分别为 32 天和 8 天，均为 1961 年以来最大值；浙江、天津和山东为次大值。

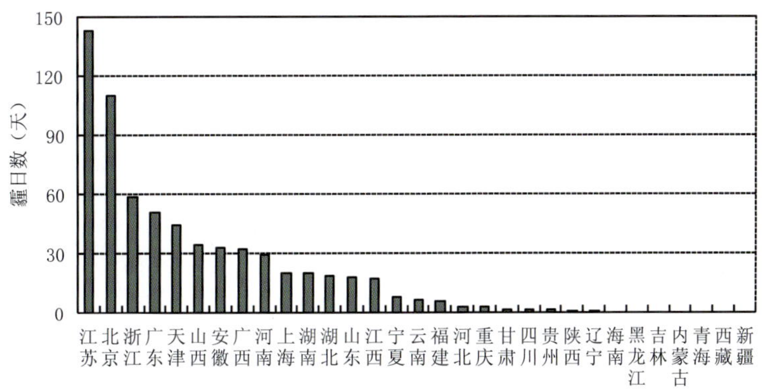


图 2.7.10　2012 年中国各省（区、市）霾日数序列（天）
Fig. 2.7.10　Annual haze days in different provinces(Autonomous region and municipalities) over China in 2012(unit:d)

2012 年我国雾霾天气主要发生在 1—3 月和 10—12 月，其中 10—12 月出现的雾霾天气对交通运输和人民生命财产安全造成较大影响。初步统计，2012 年全国因雾引发的交通事故共造成 166 人死亡，死亡人数为 2007 年来最多。2012 年的主要雾霾灾害事件见表 2.7.1。

**表 2.7.1　2012 年主要雾霾事件简表**

**Table 2.7.1　List of major fog and haze events over China in 2012**

| 发生时间 | 发生地区 | 覆盖面积（万平方千米） |
|---|---|---|
| 1 月 1 日 | 河北南部、河南中东部、山东西部和北部、安徽北部 | 31 |
| 1 月 10 日 | 北京东南部、天津、河北中南部、山东西部和北部、河南中东部、江苏北部、安徽西北部 | 12.8 |
| 1 月 25 日 | 重庆东部、贵州东部、湖南大部、广西北部、广东北部、江西西部、湖北北部 | 13.1 |
| 3 月 17 日 | 北京、天津、河北中北部、辽宁大部、吉林东部、山东北部以及渤海和黄海北部 | 40 |
| 3 月 18 日 | 河南西南部、湖北大部、安徽西南部、湖南西北部和重庆局地 | 7 |

续表

| 发生时间 | 发生地区 | 覆盖面积（万平方千米） |
|---|---|---|
| 4月14日 | 辽宁北部和中南部、山东东南部、渤海的辽东湾一带，以及黄海海域大部 | 23.6 |
| 4月15日 | 山东中东部和南部、江苏中北部，以及黄海海域东北部 | 15.1 |
| 4月23日 | 辽宁东部和北部、河北中北部、山东局部以及渤海、黄海海域东北部 | 16.5 |
| 5月13日 | 河南北部、河北东南部、山东西部、天津东部、渤海和黄海北部 | 5.4 |
| 5月15日 | 黄海大部 | 30.9 |
| 5月16日 | 黄海中东部 | 8.8 |
| 6月10日 | 江苏中东部、黄海南部、东海北部海域 | 24.5 |
| 6月19日 | 胶东半岛南部沿海以及黄海北部部分海域 | 8 |
| 8月7日 | 胶东半岛东部及其北部沿海海域、河南东部地区 | 6.2 |
| 8月31日 | 黑龙江中部、吉林东部、内蒙古中东部、辽宁西部，以及渤海北部海域的部分地区 | 11.2 |
| 11月18日 | 河南中部和南部、湖北西部、湖南、江西、浙江、福建北部、贵州东部、重庆 | 46 |
| 11月19日 | 江西、福建、浙江西南部、安徽南部、湖北中部，以及湖南中东部 | 31 |
| 11月26日 | 山东西部、河南东部、安徽中北部，以及江苏西部 | 9.0 |
| 11月27日 | 安徽、江苏西部和北部、江西、浙江、福建西部 | 9.5 |
| 12月3日 | 河南西南部、陕西南部、湖北中部和西部局地、四川东部、重庆大部、湖南北部 | 11 |

### 2.7.2 主要雾和霾灾害事例

#### 1. 1月，大雾对安徽、河北、山东、海南等地交通造成不利影响

1月9—10日，受大雾影响，安徽境内高速公路发生多起交通事故，导致3人死亡，20余人受伤。10日，河北境内京沪高速公路246千米处因大雾发生多车相撞事故，导致1死27伤；天津机场因大雾共造成104个进出港航班延误。13日，受浓雾影响，安徽蒙城发生一起车辆相撞事故，造成2死1伤；新疆乌鲁木齐国际机场74个航班延误、备降或取消。14—15日，琼州海峡因雾被迫封航16小时。16—19日，山东境内高速公路、国道及城区道路部分路段因雾发生多起交通事故，造成10人死亡，14人受伤。27日，海南海口美兰国际机场111个航班被迫取消。

#### 2. 2月，雾霾给江南、华南及山东交通带来较大影响

2月11日，长深高速公路江苏溧阳段因大雾引发多起交通事故，造成2人死亡，6人受伤。13日，山东境内大雾导致55处高速公路出入口临时封闭，济南机场20余架次进出港航班因雾延误或取消。14日，海南海口美兰机场延误航班12架次，琼州海峡客滚船一度全线停航；长江镇江段相继有800艘船舶在镇江辖区抛锚，200多艘船舶滞留在港。20日，由于大雾天气，厦蓉高速公路贵阳往都匀方向巴毛冲大桥12千米处发生一起14辆车连环相撞的重大交通事故，造成7人死亡，22人受伤。21—22日，海南海口美兰机场共取消117班航班，延误32架次；琼州海峡客滚船一度全线停航；长江江苏境内多段江面因大雾封航超过30小时，数千条船舶停滞在码头或锚泊区。22日，天津出现大雾天气，造成机场至少11个国内进出港航班取消，55个航班受到影响。23日，受大雾影响，广东广州市区、郊区的所有客渡航线和车渡航线全线停航。28日，沪昆高速公路贵州晴隆段因大雾造成6车连环相撞事故，2人当场死亡。

**3. 3月，大雾给长江中下游地区和北京交通造成不利影响**

3月7日，京台高速公路安徽境内因大雾天气发生多车追尾事故，造成2死1伤。11日，成绵高速公路因大雾发生17起车祸，造成多人受伤。17日，京台高速公路江苏徐州境内因大雾发生4起交通追尾事故，共造成6死32伤。18日，(武)汉十(堰)高速公路湖北襄阳市境内因大雾发生11起交通事故，造成3死2伤；北京首都机场因大雾取消274架次航班。30日，受大雾影响，上海港长江口深水航道实行临时交通管制，造成近百艘次国际航行船舶被迫推迟或取消航行计划。

**4. 4月，大雾对湖北、江苏交通影响严重**

4月6日，湖北武汉天河机场因大雾造成22个出港航班延误。11日，京港澳高速公路河南信阳境内大雾导致13辆汽车追尾，造成3死2伤，高速公路堵车20多千米。11日，长江三峡水域因大雾造成至少550艘船舶滞航。14日，受大雾影响，江苏宁通高速公路扬州仪征段连发10余起交通事故，造成1死15伤；沪蓉高速公路常州段发生交通事故21起，造成1死5伤。15日，沈海高速公路江苏连云港段因大雾发生7起交通事故，造成12死26伤。16日，湖北武汉天河机场因大雾造成70个进出港航班延误，3000余名旅客滞留。28—30日，长江三峡大坝上下游河段因雾禁航，造成700多艘客货船滞留。

**5. 9月，大雾对山东、天津交通造成一定影响**

9月23日，受大雾影响，山东全省高速公路70余个收费站被迫临时封闭，济南机场近百个航班延误或取消；聊城市因雾发生一起车祸，造成1人死亡。24日，大雾天气又导致全省50余处高速公路收费站临时关闭；济南机场82个航班延误，10个航班取消。9月27日，津蓟高速公路宝坻界内因雾先后发生8起意外交通事故，共造成3死14伤，31部车辆不同程度损坏。

**6. 10月，大雾对京沪等地交通运输造成不利影响**

10月20日，受大雾影响，唐津高速公路发生交通事故，致1死1伤；25日，辽宁境内京哈高速公路、丹阜高速公路、丹锡高速公路、辽中环线高速公路局部路段封闭，抚通高速公路、西开高速公路、沈吉高速公路、永桓高速公路、沈康高速公路全线封闭；26—27日，北京多条高速公路路段通行受阻，首都机场多架次航班延误或取消；28日，上海浦东、虹桥机场共70个航班因雾取消，部分高速公路暂时封闭，湖北武汉天河机场共延误航班31架次，沪昆高速公路枫泾段在短短两小时内发生3起交通事故，导致1死5伤；29日，京沪、沈海高速公路江苏段多路段通行受阻。

**7. 11月，大雾对黄淮、江南等地交通公路较大影响**

11月18—19日，江西大部地区出现大雾，18日晚南昌昌北机场共43个航班取消或延误，19日省内高速公路全部封闭。19日，大雾造成湖南长沙黄花机场47个进出港航班延误；潭衡西高速公路20多台车因大雾相继追尾，导致2死5伤。23日，云南昆磨高速公路峨山段因大雾引发9车追尾事故，造成3死10伤。24日，受浓雾影响，沪陕高速公路安徽合肥至六安段发生21车连环相撞的重大交通事故，造成1死3伤。25日，广西南宁吴圩国际机场近60个进出港航班因大雾被取消，多个航班只能备降外地机场。26—27日，大雾造成安徽省内多条高速公路局部路段临时封闭，合肥骆岗机场部分航班延误。26日，大雾导致山东60余处高速公路收费站临时关闭；京沪高速公路泰安段大汶河桥附近发生30多辆车连环相撞，京台高速公路汶河桥附近近百辆车连环相撞，造成7人死亡，35人受伤。29日，湖南13个高速公路收费站因大雾关闭，黄花机场51架次航班受到影响。

**8. 12月，雾对西南东北部及山东、湖北、陕西等地交通造成较大影响**

12月5日，受大雾影响，四川共有14条高速公路关闭；成都双流国际机场部分航班受到影响；重庆有3条高速公路被迫关闭。12日，新疆乌鲁木齐国际机场出现大雾，造成38架航班延误，2架航班备停。13日，湖北宜昌三峡机场因大雾造成10个出港航班和10个进港航班被迫全部取消，1000多名旅客滞留。14日，山东济菏高速公路济南平阴段孔村孝直交界处因雨雪大雾导致28辆汽车追尾相撞，造成 9 人死亡，69 人受伤。15 日，山东中西部的国道、省道交通因大雾瘫痪，全省一度关闭 132 个收费站，创年内之最。16 日，受大雾天气影响，河北石家庄机场共有 30 个进出港航班延误，10 个进出港航班取消。18 日，受大雾影响，陕西西安咸阳国际机场进出港航班全部延误，受影响航班达 207 架次。

## 2.8 雷电

### 2.8.1 基本概况

据不完全统计，2012 年全国共发生雷电灾害 4600 起，其中造成火灾或爆炸 70 起，造成人身事故 238 起，导致 214 人身亡、193 人受伤。雷电灾害在全国造成大量电子设备、电力系统、建筑物受损，雷击造成建筑物损坏事件 302 起，办公和家用电子电器损坏事件 3651 起，损坏电子电器设备 18461 件，造成直接经济损失约 1.4 亿元，间接经济损失约 1.2 亿元。一次造成百万元以上直接经济损失的雷电灾害有 10 起。2012 年雷电造成的灾害事故主要集中在通信、电力和石化等行业，其中通信行业雷灾事故 493 起，电力行业 433 起，石化行业 86 起。

从 2003—2012 年全国雷电灾害表(表 2.8.1)中可以看出，2012 年雷电灾害事故数相比 2011 年略有上升，但依然属于多年来雷灾事故较少的年份；由雷灾造成的身亡和受伤人数也延续了近年来持续下降的变化趋势，雷击死亡率较 2011 年略有上升，达到了 52.6%。从雷灾造成的经济损失来看，直接经济损失和间接经济损失也延续了 2009 年以来的变化趋势，为近四年来的最低值。

**表 2.8.1 2003—2012 年全国雷电灾害**

**Table 2.8.1 Lightning stroke disasters over China from 2003 to 2012**

| 年份 | 雷灾事故数 | 受伤人数 | 死亡人数 | 雷击死亡率 | 直接经济损失(亿元) | 间接经济损失(亿元) |
|---|---|---|---|---|---|---|
| 2012 | 4600 | 193 | 214 | 52.6% | 1.44 | 1.20 |
| 2011 | 3993 | 241 | 253 | 51.2% | 1.99 | 1.78 |
| 2010 | 7515 | 261 | 319 | 55% | 1.82 | 3.58 |
| 2009 | 13481 | 310 | 371 | 54.5% | 2.31 | 6.41 |
| 2008 | 8604 | 345 | 446 | 56.4% | 2.24 | 6.21 |
| 2007 | 12967 | 718 | 827 | 53.5% | 4.25 | 7.43 |
| 2006 | 19982 | 640 | 717 | 52.8% | 3.84 | 0.96 |
| 2005 | 11026 | 690 | 646 | 48.4% | 2.45 | 0.28 |
| 2004 | 8892 | 1059 | 770 | 42.1% | 2.24 | 0.35 |
| 2003 | 7625 | 391 | 328 | 45.6% | 1.76 | 0.34 |

### 2.8.2 雷电灾情空间分布

2012 年全国雷电灾情的空间分布如图 2.8.1 所示。从统计结果可以看出，我国东部、南部沿海和中部的省份依然是雷电灾害的多发区。2012 年全年雷灾事故数上百次的省份共有 10 个，其中属于东部、南部沿海和中部的省份共有 8 个，浙江、广东和湖南分列前三位。与 2011 年相比，雷灾事故数排名靠前的省份中北方省份排名下降明显，如北京和河北分别从 2011 年的第 3 位和第 5 位下降到了第 14 位和第 12 位。从雷击伤亡人数方面来看，各省也均有明显的下降(图 2.8.2)。2012 年雷击伤亡人数最多的江西省，总伤亡人数 36 人，低于 2011 年排名前四位的省份，仅为 2011 年第一位的贵州省伤亡总人数的约一半。全年雷击死亡超过 10 人的有江西、湖南、江苏、安徽、广东、内蒙古、云南、广西和湖北9个省(区),而2011年则达到了11个省份。即使在考虑人口权重(表2.8.2)后,浙江、福建、湖南和广东等南方沿海及中部省份的雷灾事故率依旧排名靠前。

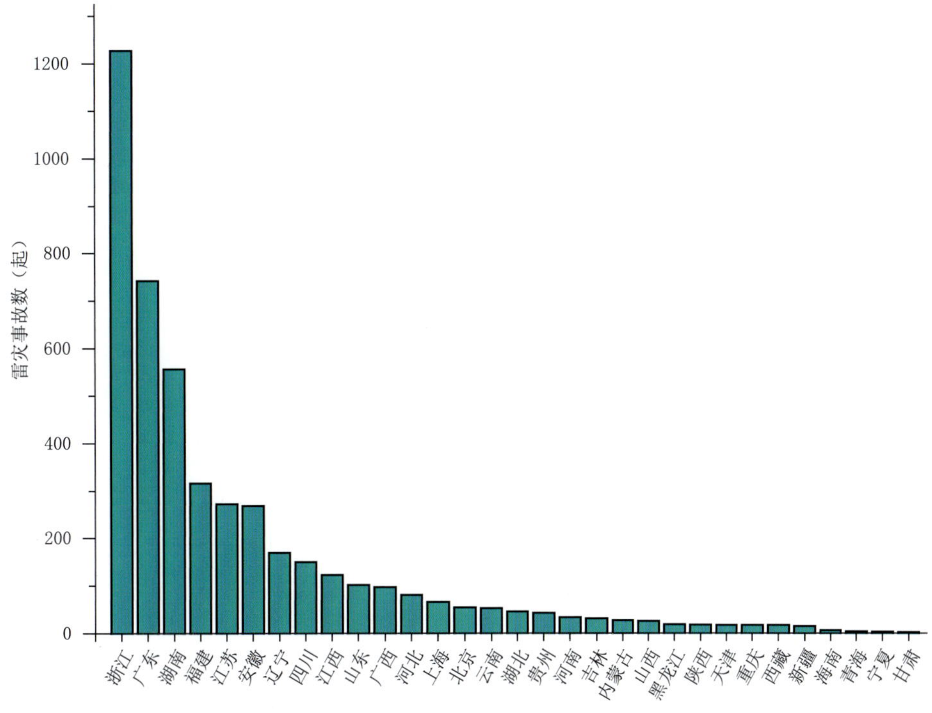


图2.8.1 2012年全国各省(区、市)雷灾事故分布图

Fig. 2.8.1 Number of lightning damage events for all provinces (municipalities, autonomous regions) over China in 2012

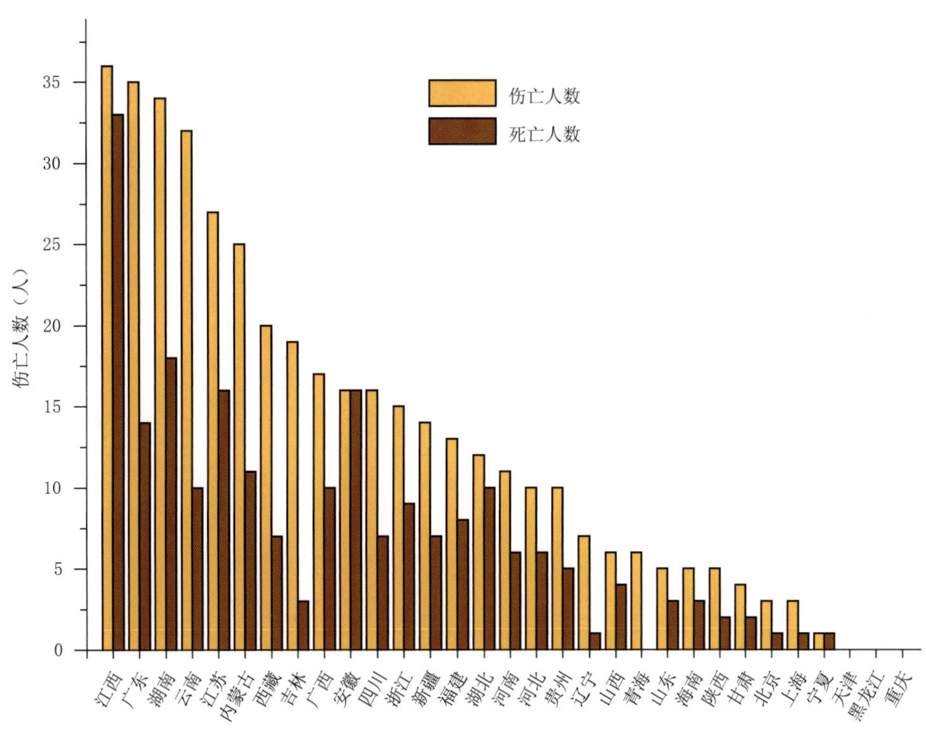


图2.8.2 2012年全国各省(区、市)雷击死亡人数分布图

Fig. 2.8.2 Number of lightning fatalities over China in 2012

表 2.8.2 2012 年全国各省(区、市)每百万人口雷击死亡率、受伤率、伤亡率和雷灾事故发生率及其排序

Table 2.8.2 Rate per million people of lightning fatalities, injuries, casualties and damage reports, and their ranks for all provinces over China in 2012

| 省份 | 人口数*（百万） | 雷击死亡 | | 雷击受伤 | | 雷击伤亡 | | 总雷灾事故 | |
|---|---|---|---|---|---|---|---|---|---|
| | | 死亡率 | 排序 | 受伤率 | 排序 | 伤亡率 | 排序 | 事故率 | 排序 |
| 北京 | 13.82 | 0.07 | 22 | 0.14 | 12 | 0.22 | 17 | 3.91 | 9 |
| 天津 | 10.01 | 0 | 28 | 0 | 27 | 0 | 29 | 1.7 | 14 |
| 河北 | 67.44 | 0.09 | 19 | 0.06 | 23 | 0.15 | 25 | 1.2 | 17 |
| 山西 | 32.97 | 0.12 | 17 | 0.06 | 22 | 0.18 | 20 | 0.79 | 21 |
| 内蒙古 | 23.76 | 0.46 | 3 | 0.59 | 3 | 1.05 | 3 | 1.14 | 18 |
| 辽宁 | 42.38 | 0.02 | 27 | 0.14 | 15 | 0.17 | 23 | 3.99 | 7 |
| 吉林 | 27.28 | 0.11 | 18 | 0.59 | 4 | 0.7 | 7 | 1.14 | 19 |
| 黑龙江 | 36.89 | 0 | 29 | 0 | 28 | 0 | 30 | 0.52 | 28 |
| 上海 | 16.74 | 0.06 | 24 | 0.12 | 17 | 0.18 | 21 | 3.94 | 8 |
| 江苏 | 74.38 | 0.22 | 11 | 0.15 | 11 | 0.36 | 13 | 3.66 | 10 |
| 浙江 | 46.77 | 0.19 | 12 | 0.13 | 16 | 0.32 | 14 | 26.23 | 1 |
| 安徽 | 59.86 | 0.27 | 7 | 0 | 29 | 0.27 | 16 | 4.48 | 6 |
| 福建 | 34.71 | 0.23 | 9 | 0.14 | 13 | 0.37 | 12 | 9.1 | 2 |
| 江西 | 41.4 | 0.8 | 2 | 0.07 | 21 | 0.87 | 4 | 2.97 | 11 |
| 山东 | 90.79 | 0.03 | 26 | 0.02 | 26 | 0.06 | 28 | 1.12 | 20 |
| 河南 | 92.56 | 0.06 | 23 | 0.05 | 24 | 0.12 | 27 | 0.36 | 30 |
| 湖北 | 60.28 | 0.17 | 14 | 0.03 | 25 | 0.2 | 18 | 0.76 | 24 |
| 湖南 | 64.4 | 0.28 | 6 | 0.25 | 8 | 0.53 | 9 | 8.63 | 3 |
| 广东 | 86.42 | 0.16 | 15 | 0.24 | 9 | 0.4 | 10 | 8.59 | 4 |
| 广西 | 44.89 | 0.22 | 10 | 0.16 | 10 | 0.38 | 11 | 2.16 | 12 |
| 海南 | 7.87 | 0.38 | 4 | 0.25 | 7 | 0.64 | 8 | 0.76 | 25 |
| 重庆 | 30.9 | 0 | 30 | 0 | 30 | 0 | 31 | 0.55 | 26 |
| 四川 | 83.29 | 0.08 | 20 | 0.11 | 18 | 0.19 | 19 | 1.8 | 13 |
| 贵州 | 35.25 | 0.14 | 16 | 0.14 | 14 | 0.28 | 15 | 1.22 | 16 |
| 云南 | 42.88 | 0.23 | 8 | 0.51 | 5 | 0.75 | 5 | 1.24 | 15 |
| 西藏 | 2.62 | 2.67 | 1 | 4.96 | 1 | 7.63 | 1 | 6.49 | 5 |
| 陕西 | 36.05 | 0.06 | 25 | 0.08 | 19 | 0.14 | 26 | 0.5 | 29 |
| 甘肃 | 25.62 | 0.08 | 21 | 0.08 | 20 | 0.16 | 24 | 0.08 | 31 |
| 青海 | 5.18 | 0 | 31 | 1.16 | 2 | 1.16 | 2 | 0.77 | 23 |
| 宁夏 | 5.62 | 0.18 | 13 | 0 | 31 | 0.18 | 22 | 0.53 | 27 |
| 新疆 | 19.25 | 0.36 | 5 | 0.36 | 6 | 0.73 | 6 | 0.78 | 22 |
| 全国 | 1262.28 | 0.25 | | 0.34 | | 0.59 | | 3.26 | |

*人口数来自于我国第五次全国人口普查。

## 2.8.3 雷电灾情时间分布

2012 年全国雷电灾情时间分布如图 2.8.3 所示。雷灾事故在全年大部分时间里都有发生，从 2 月份就已经明显开始增多，但 2012 年最主要的雷灾事故集中发生在 6 月和 7 月两月，其中 7 月份的雷灾事故数和雷灾导致的死亡人数最多。而在往年雷灾事故和伤亡人数最多的 8 月，各项统计数值却已经开始下降。

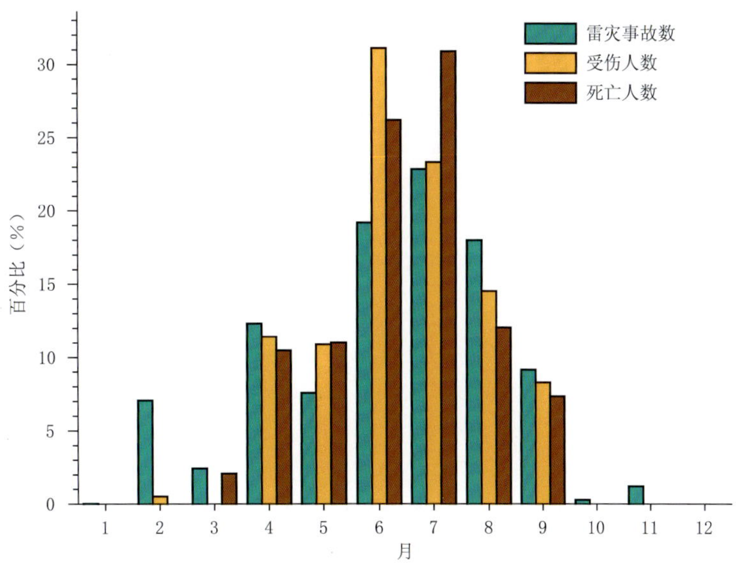


图 2.8.3　2012 年全国雷电灾害百分比月变化(%)

Fig. 2.8.3　Monthly variations for percentage of lightning damage reports over China in 2012(unit: %)

### 2.8.4　2012 年较大雷电灾害事件

(1) 2 月 27 日晚，福建省三明市大田县新泉包装有限公司遭雷击，造成 3000～4000 平方米厂房、仓库火灾，直接经济损失 300 多万元。

(2) 4 月 10 日 18 时，云南省临沧州凤庆县勐佑镇河东村村民 4 人在采茶回家途中，行至河东村河尾电站一蚂蚁堆旁遭遇雷击，2 人重伤，2 人轻伤。

(3) 4 月 11 日 15 时左右，湖南省湘潭市岳塘区板塘铺的湘潭中环水务公司三水厂遭雷击，导致 1 台低压变频器、2 台电磁流量仪、1 台光纤交换机、1 台程控交换机、4 台计算机及 1 个监控摄像头被击坏，直接经济损失 152 万元。

(4) 4 月 12 日 17 时 38 分，浙江省丽水市庆元县龙溪乡龙井电站遭雷击，击坏 1 台水轮发电机，造成该电站每天停止发电一段时间，直接经济损失 120 万元，维修需 30 万元，间接经济损失 100 万元以上。

(5) 4 月 24 日，吉林省白城市镇赉县马力乡马力风电场遭雷击，击坏 1 台电流器、1 片风叶，共造成直接经济损失 100 万元，间接经济损失 200 万元。

(6) 5 月 18 日 18 时 30 分左右，甘肃省清水县城以东 10 千米左右的永清镇马沟段河堤建设工地上空出现打雷闪电，正在河堤上面转运水泥砂浆的 2 名女性农民工遭受雷击，经现场和医院抢救无效身亡，另有 2 名男性工人受轻伤。

(7) 5 月 20 日，内蒙古赤峰市敖汉旗 4 名村民在树下避雨时遭雷击受伤。

(8) 6 月 15 日 15 时 20 分，云南省东风农场木材厂工人在东风农场十分场七队胶林地伐木时遭雷击，造成 1 死 5 伤(1 人重伤、4 人轻伤)。

(9) 6 月 16 日 15 时左右，西藏索县亚拉镇十四村群众采挖虫草时遭遇雷击，造成 2 人身亡，4 人重伤，2 人轻伤。

(10) 6 月 18 日 17 时 40 分，内蒙古包头市固阳县下湿壕镇前白菜村 7 名村民在植树时遭雷击，1 人当场身亡，其余 6 人受伤。

(11) 6 月 20 日 02 时左右，西藏拉萨火车站以西(柳梧乡)一工地内发生雷击事故，雷电直接击中休息用的帐篷内部，导致 1 人当场身亡，6 人轻伤。

(12) 6 月 22 日 10 时，广西北海市合浦县西场镇那隆村 4 名居民在虾塘旁边的大棚里躲雨时被雷击中，导致 2 人当场身亡，另 2 人轻伤。

(13) 6 月 23 日 18 时 10 分，河南省洛阳市中心医院放射科的平房遭受雷击，部分电脑、交换机、直线加速器等被雷电击坏，造成直接经济损失 951.4 万元、间接经济损失 3 万元。

(14) 6 月 24 日 01 时，广西钦州市钦北区皇马工业园区一陶艺公司仓库遭雷击，引起火灾烧毁堆放在仓库内的一次性纸杯、包装箱等大批物品，造成直接经济损失 150 万元。

(15) 6 月 26 日 7 时 30 分至 10 时 40 分，吉林省长春市双阳区鹿乡镇育民村九社 10 名村民在农田劳作后沿玉米地回家途中遭雷击，造成 1 人身亡，9 人不同程度受伤。

(16) 7 月 2 日上午，江苏省响水县黄海农场第四管区发生雷击事件，4 名建湖县的外来打工人员在稻田内补秧时被雷电击中，导致 2 人身亡，2 人受伤，其中 1 人伤势较重。

(17) 7 月 3 日，安徽省蚌埠市五河县浍南镇 3 人在田间插秧时遭雷击身亡。

(18) 7 月 4 日 23 时 30 分，天津市东丽区华明镇北坨村北一储备仓库遭雷击，库外货物起火，损失货物 250 吨，直接经济损失约 500 万元，间接经济损失约 25 万元。

(19) 7 月 5 日 17 时 40 分左右，江西省瑞金市武阳镇龙门村发生雷击事故，雷电击中该村西连山脚下一处果园的小平房，导致 3 人身亡，附近住户 10 多台电器被雷电损坏，直接经济损失近 3 万元。

(20) 7 月 12 日 17 时左右，湖南省岳阳市经开区康王乡长岭居委会李腊华家，7 名民工在新建住房建筑工地躲雨时遭雷击，导致 2 人重伤，5 人轻伤。

(21) 7 月 15 日 13 时 50 分，浙江省丽水市青田县温溪镇港头峙下村崇胜寺遭雷击引起火灾，烧毁寺院面积 250 平方米，直接经济损失 300 万元。

(22) 7 月 30 日 15 时 40 分，山东省临沂市蒙阴县联城镇沙沟峪村发生雷击事故，4 名女村民在田间割黄烟时遭受雷击，其中 2 人当场身亡，2 人重伤。

(23) 8 月 14 日 19 时 40 分前后，江苏省扬州市扬农集团有限公司吡虫啉车间遭雷击发生火灾，直接经济损失超过百万元。

(24) 8 月 16 日 8 时 40 分，广东省江门市鹤山市桃源镇中胜林场大坝水库发生雷击事故，造成 7 人受伤，其中 1 人重伤，其余均为轻伤，牲畜 1 死 1 伤。

(25) 8 月 19 日 22 时 10 分，湖北省荆门市高新区天茂实业集团股份有限公司高新区二甲醚厂甲醇储存区一立式存储罐遭受雷击起火爆炸，造成经济损失 192 万元。

(26) 9 月 10 日 17 时 50 分，广西桂林市恭城县西岭乡西岭村 5 名村民在开阔地小厂棚里躲雨时遭雷击，造成 1 人身亡，4 人受伤。

(27) 9 月 19 日 13 时 45 分，河南省鹤壁市山城区市师范附小 4 名学生在校园内遭雷击，造成 1 死 3 伤。

## 2.9 高温热浪

2012 年夏季(6—8 月)，我国中东部部分地区高温极端性明显，但高温影响范围和影响程度明显轻于 2011 年，全国平均高温日数为近 8 年来最少。6—8 月，黄淮高温强度强，长江中下游高温持续时间长。持续高温给当地人民身体健康、能源及农业生产等都造成了不利影响。

### 2.9.1 夏季高温概况

#### 1. 高温强度

夏季，河南、河北南部、山东西部、安徽北部、湖北西北部、浙江大部、重庆西部、四川东部和新疆东部极端最高气温达 38～40℃，河南和新疆等省（区）局部地区超过 40℃（图 2.9.1）。云南、贵州、四川、广西、河南、湖北等省（区）共有 174 站发生极端高温事件，有 29 站日最高气温突破历史纪录。江淮、江汉、江南、西南东北部最长连续高温日数在 5 天以上，安徽中部、湖北东部、江西北部、浙江大部有 10～15 天。黄淮西部、江淮西部、江汉东部、四川、重庆、东南沿海等地共有 208 站出现极端连续高温日数事件，其中 18 站连续高温日数达到或突破历史极值。

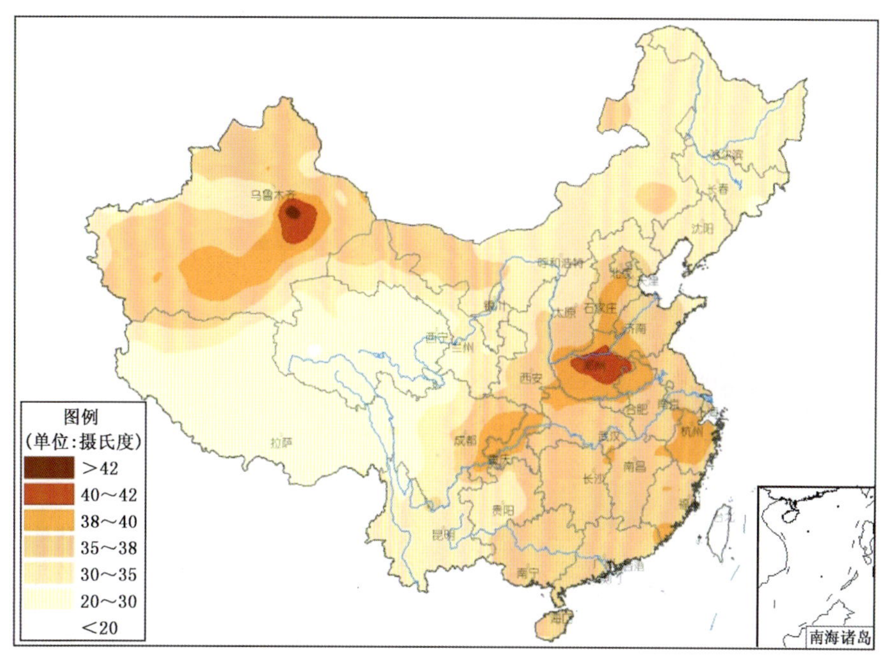


图 2.9.1　2012 年夏季全国极端最高气温分布图(℃)

Fig. 2.9.1　Distribution of extreme maximum temperatures over China in summer 2012 (unit: ℃)

## 2. 高温日数

2012 年，全国平均高温（日最高气温≥35℃）日数 8.2 天，较常年（7.7 天）偏多 0.5 天，为近 8 年最少（图 2.9.2）。

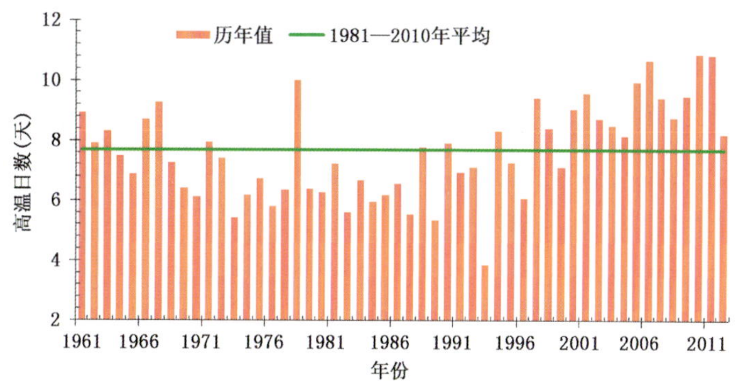


图 2.9.2　1961—2012 年全国年高温日数历年变化图(天)

Fig. 2.9.2　Annual mean hot days (daily maximum temperature ≥35℃) over China during 1961—2012 (unit: d)

从空间分布上看，2012 年夏季黄淮南部、江淮中西部、江汉、江南、华南大部及重庆大部、新疆中东部、内蒙古西北部等地高温日数有 20～40 天，部分地区超过 40 天（图 2.9.3），其中河南、安徽、湖北和江西 4 省平均高温日数有 21 天，比常年同期（15 天）偏多 6 天，为近 18 年来同期次多值。与常年相比，黄淮中西部、江汉大部、江南中部、华南西部及新疆中东部、云南东南部等地高温日数偏多 5～10 天，其中安徽、河南和湖北的局地偏多 10 天以上，全国其余地区高温日数接近常年或偏少（图 2.9.4）。

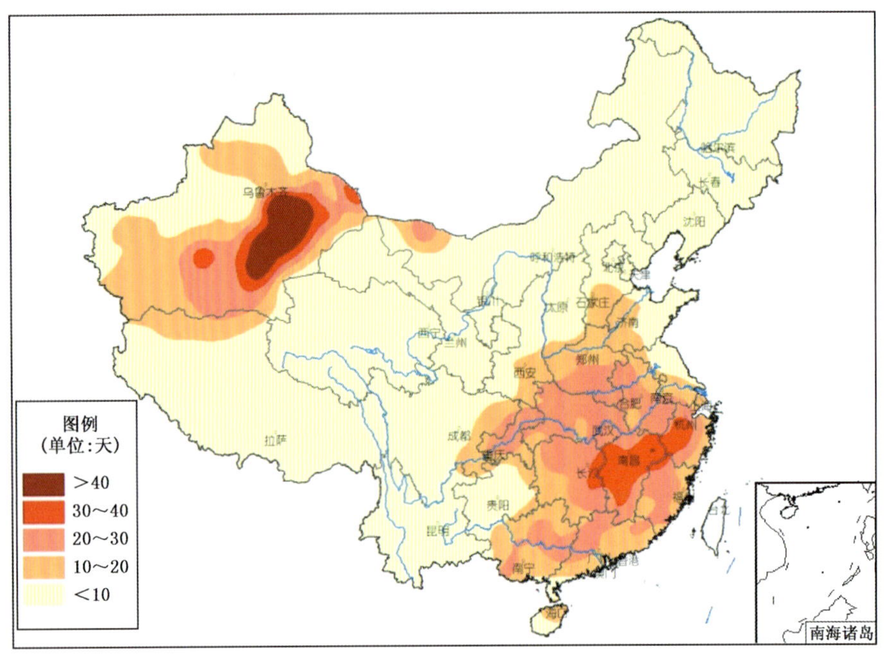


图 2.9.3　2012 年夏季全国高温日数分布图（天）

Fig. 2.9.3　Distribution of hot days (daily maximum temperature≥35℃) over China in summer 2012 (unit: d)

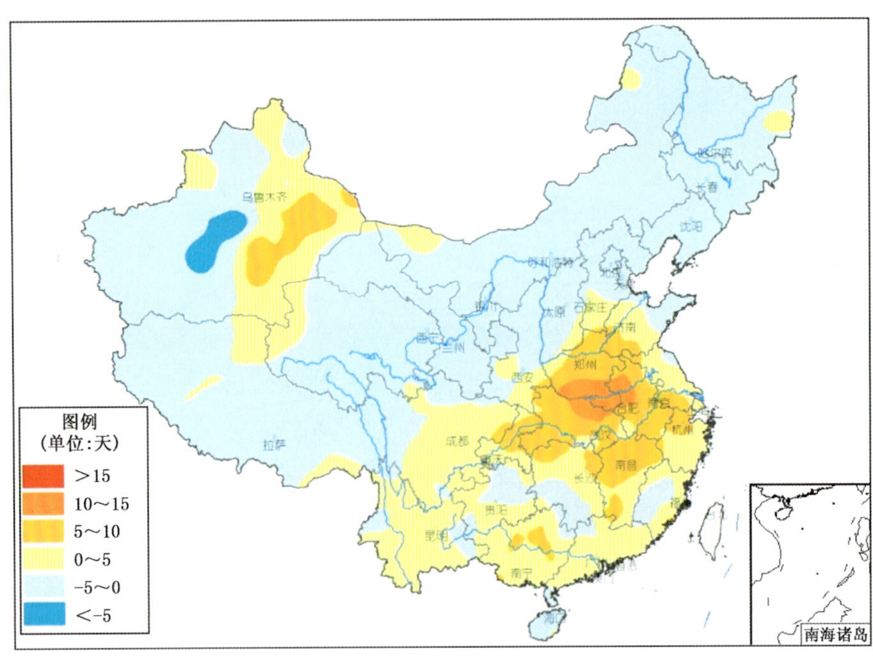


图 2.9.4　2012 年夏季全国高温日数距平分布图（天）

Fig. 2.9.4　Distribution of hot days (daily maximum temperature≥35℃) anomalies over China in summer 2012 (unit: d)

#### 3. 主要高温天气过程

2012 年夏季，我国中东部地区分别于 6 月 8—10 日、6 月 12—13 日、6 月 16—24 日、6 月 28 日至 7 月 14 日、7 月 19 日至 8 月 2 日、8 月 7—23 日出现 6 次较大范围的高温过程。

6 月 1—25 日，河南中北部、山东南部、江苏中北部、安徽东北部等地平均气温较常年同期普遍偏高 1～2℃，局部出现了 12～15 天 35℃以上的高温天气。持续高温少雨使得华北南部、黄淮、江淮等地普遍出现中度以上气象干旱。6 月 13 日，河南省有 65 个站日最高气温在 40℃以上，21 个站在 41℃以上，宜阳(42.8℃)、温县(42.1℃)、嵩县(42.0℃)3 站超过了 42℃；安徽省淮北市有 7 个县(市)日最高气温超过 40.0℃，砀山日最高气温达 40.7℃。

6 月 28 至 7 月 14 日，江南大部、福建等地出现持续高温天气，并具有持续时间长、强度强的特点。江南大部及福建、安徽南部、湖北东南部、新疆南部等地高温日数普遍有 5～10 天，其中浙江大部、江西大部、湖南东北部、福建西北部超过 10 天，江西局部地区超过 15 天。与常年同期相比，江南大部及福建大部、安徽南部、湖北东南部等地偏多 3～7 天，浙江中北部、江西北部、湖南东北部偏多达 7 天以上。浙江平均高温日数为 1951 年以来历史同期第一多、江西和湖南同为第二多。浙江和江西平均最高气温分别为 35.3℃和 35.7℃，同为 1961 年以来历史同期第二高值，湖南平均最高气温(34.4℃)为该省历史同期第三高值。7 月 10 日，福建省日最高气温≥37℃的台站达 33 个，为全省台站数的 1/2，其中宁德日最高气温达 40.1℃，为 2012 年全省最高。

7 月 19 日至 8 月 2 日，黄淮、江淮、江汉、江南、华南及重庆、新疆等地出现持续高温天气。江南中北部、江淮、黄淮中南部、江汉及重庆中北部、新疆东部和北部等地高温日数普遍有 5～10 天，其中黄淮南部、江淮中西部及湖北东部、江西北部、湖南东北部、新疆局地有 10～15 天。与常年同期相比，黄淮中西部、江淮大部、江汉、江南北部等地偏多 3～5 天，其中黄淮南部、江淮中西部和湖北东北部偏多 5～10 天，局部地区偏多超过 10 天。

8 月 7—23 日，新疆东部和南部、四川东部、重庆、江南中东部、华南北部等地高温日数普遍有 5～10 天，其中四川东部局地、重庆中西部、新疆东部部分地区有 10～15 天。与常年同期相比，四川东部、重庆大部、湖南西北部局地、湖北西南部、新疆东部部分地区等偏多 3～5 天，其中四川东部、重庆中西部、湖北西南部局地偏多 5～10 天。

### 2.9.2 主要高温事件及影响

2012 年夏季，我国主要高温事件有：5—8 月四川、贵州、云南、广西等省(区)32 站日最高气温突破历史极值，6—8 月中东部地区共出现了 6 次较大范围的高温过程。

**河南** 夏季全省出现了多次大范围高温天气，共有 49 个站发生极端高温事件，宜阳(42.8℃)为历史次高值；有 62 个站出现极端连续高温事件，有 10 个站连续高温日数达到历史极值。其中，6 月 13 日是 2012 年最热的一天，全省有 65 个站日最高气温在 40℃以上，21 个站在 41℃以上，宜阳(42.8℃)、温县(42.1℃)、嵩县(42.0℃)3 站超过了 42℃。高温天气造成城市供电、供水紧张，对人体健康极为不利。7 月 12 日郑州市区用电负荷达到 662 万千瓦，创 2012 年以来新高；12 日晚至 13 日上午，由于高温高负荷造成 488 起低压电气故障，13 个区域大面积停电，受影响居民约 6700 户，涉及至少数十万居民；7 月 26 日省电网最高用电负荷达到 4245 万千瓦，比此前气温最高的 6 月 13 日增加了 600 万千瓦，再创历史新高，用电量最多的郑州达到 725 万千瓦，是郑州历史上耗电最多的一天，郑州市紫荆山路与城北路交叉口附近的一段高压线不堪高温，一小时内三处起火。因高温引发的中暑、热感冒及心脑血管病人数明显增多，7 月 25—29 日郑州市区有 3 人因高温引发疾病猝死。

**安徽** 主要高温时段为 6 月 8—16 日、6 月 29 日至 7 月 12 日、7 月 20 日至 8 月 7 日以及 8 月

12—21日。6月8—16日,高温集中在江北地区,其中6月13日全省有60个县(市)出现高温,淮北市有7个县(市)最高气温超过40.0℃,砀山最高气温达40.7℃。7月下旬高温范围最广,全省90%以上出现了高温天气,沿江江南连续高温日数普遍在8天以上。受高温天气影响,7月份全省用电负荷6次刷新纪录,7月30日下午全省用电负荷达2271.3万千瓦,较2011年增长14.0%。持续高温天气使得合肥各医院接诊的中暑患者明显增多,120医疗救护日均出诊达183次,最高的甚至飙升至245次,创历史新高。

**江苏** 6—7月出现四段高温天气,分别出现在6月13日、6月30日至7月6日、7月8—11日、7月20日至8月1日,其中7月20日至8月1日全省大部分地区出现了高温天气,持续时间长、影响范围广、强度大,部分地区高温持续达9~12天,累计高温日数达到18~22天。7月29日出现全省性高温,有69个站最高气温超出35℃。高淳、浦口等站连续出现了12~13天的高温。持续高温天气使得用电量增大。

**浙江** 夏季共出现三次范围广、强度强的持续高温天气,分别为6月29日至7月15日、7月19日至8月1日和8月12—21日,其中第一段范围最广、时间最长、强度强,除沿海部分地区外,其余地区在该时段均出现12天以上的高温,≥38℃的天气多集中在该时段。高温导致中暑及心脑血管、热伤风(夏季感冒)、腹泻和皮肤过敏等疾病患者增加。

**湖北** 盛夏出现两段高温热害,影响早中稻生殖生长。6月29日至7月12日江汉平原南部、鄂东南大部持续高温10~13天,高温对正值灌浆期的早稻造成高温逼熟,还对处于分蘖末期的中稻造成幼穗分化受阻,高温还加重了中北部地区的旱情。7月20日至8月2日再度出现高温,江汉平原南部、鄂东大部持续高温8~14天,持续高温对处于花粉母细胞减数分蘖期、抽穗扬花期中稻不利,引起颖花退化,花粉粒发育不良,导致不育,空壳率增高;还导致棉花蕾铃大量脱落。另外,高温少雨直接导致鄂北、鄂中丘陵旱情严重。

**江西** 全省先后出现了四次大范围的高温过程,分别是6月28日至7月14日、7月20日至8月2日、8月13—21日和8月30日至9月2日。6月28日至7月14日,江西出现了年内持续时间长、范围广的晴热高温少雨天气过程,全省59个县(市)连续11天以上日最高气温高于35℃,18县(市)连续5天以上日最高气温高于37℃。而8月15日高温范围和强度为全年最强,该日全省有88个县(市)出现35℃以上高温,其中有39个县(市)出现37℃以上的高温,1个县出现39℃以上高温。

**湖南** 全省共出现三段高温天气(7月1—13日、7月23至8月3日和8月9—20日),其中最强的一次高温热浪过程出现在7月1—13日。除汝城、桂东外,全省有94个县(市)分别出现了3~47天的≥35℃的高温天气,平均高温日数20.8天,与常年基本持平;最长连续高温日数16天,出现在醴陵、衡山2县(市);有52县(市)相继出现了1~4段高温热害天气,其中24县(市)出现2段以上热害天气;全省先后有36县(市)达中度高温热害,醴陵、衡山2县(市)达重度高温热害标准。持续高温天气致使各地用电负荷不断攀升,湘潭市用电多维持在100~115万千瓦的较高负荷,高峰时一度达到145万千瓦;7月5日,岳阳市最高用电负荷139.2万千瓦,刷新2011年最高负荷133万千瓦的记录,6日,岳阳市最高负荷达到143万千瓦,7月7日,岳阳市最高用电负荷攀升至145.0万千瓦;7月9日,长沙市最高用电负荷达到383.1万千瓦,超过去年379.6万千瓦的历史最高记录。

**四川** 8月上中旬,盆地大部地区出现一段高温闷热天气,有42站的高温日数在10天以上,渠县高温日数达17天,为全省最多;全省有104站的日最高气温在35℃以上,其中38℃以上有37站,主要分布于盆东北和盆南,8月13日,西充日最高气温达到40.7℃,为月内全省最高;全省有31站达到极端高温天气标准。8月8日,成都电网早高峰负荷达677.3万千瓦,创历史新高,接近电网最大承载能力。

**重庆** 除酉阳外，2012 年全市出现了 7～47 天≥35℃高温天气，全市平均 26.5 天，较常年偏多 2 天。除城口、酉阳、秀山和黔江外，各地≥37℃高温日数为 2～29 天，全市平均 12.8 天，较常年偏多 3 天。北碚、合川、江津、万盛、涪陵、丰都、万州、开县、巫山和奉节出现≥40℃高温天气，全市平均日数 1 天，接近常年。极端最高气温为 41.7℃（开县，8 月 12 日）。8 月 10—15 日，重庆市因高温诱发的疾病单日患者门诊量为平时的 2.5 倍。8 月 13 日，重庆市部分地区气温升至 40℃以上，重庆电网负荷升至 1190 万千瓦，创历史新高。

## 2.10 酸雨

### 2.10.1 基本概况

我国酸雨区的范围自 2010 年以来持续缩小，主要位于华南、江南、华东、西南地区东部和东北地区中部等。2012 年重度酸雨区主要位于湖南和江西的部分地区，重酸雨区范围为 2006 年以来的最小值。

**1. 全国年平均降水 pH 值分布**

2012 年我国酸雨区（年平均降水 pH 值低于 5.6）主要位于华南，华中，华东大部，华北的山西、河北和北京，西南地区东部，东北地区中部和陕西南部等。年平均降水 pH 值低于 4.5 的重酸雨区主要位于湖南东部、江西中部和浙江北部等地。西藏、青海、新疆大部、宁夏和甘肃、内蒙古和辽宁大部为非酸雨区（图 2.10.1）。

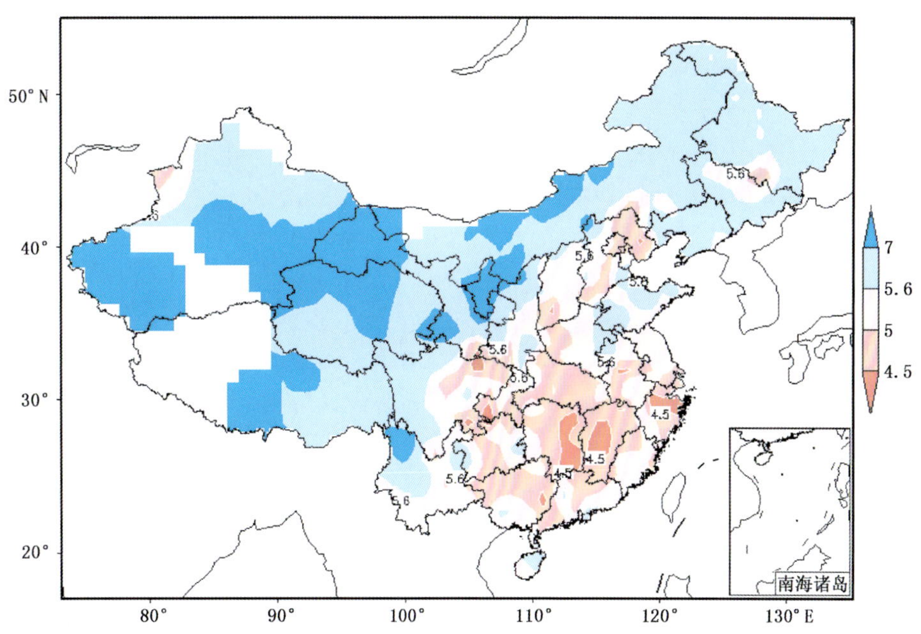


图 2.10.1 2012 年全国 357 个酸雨站年均降水 pH 值分布图

Fig. 2.10.1 Distribution of annual mean pH values at 357 acid rain stations over China in 2012

取近 6 年有连续观测的 294 个酸雨站数据进行统计（下同），可见 2012 年年均降水 pH 值达到强酸雨程度的台站数（pH＜4.5）为近 6 年的最低值，非酸雨台站数（pH≥5.6）自 2007 年起逐年增多，至 2012 年有 116 站的年均降水 pH 值为非酸雨，约占总站数的 40%（表 2.10.1）。

表 2.10.1 降水出现不同 pH 值等级的台站数统计表

Table 2.10.1 Statistics of the number of stations with different levels of precipitation pH values

| pH 值 | pH<4.5 | 4.5≤pH<5.6 | pH≥5.6 |
|---|---|---|---|
| 2007 年台站数(个) | 85 | 132 | 77 |
| 2008 年台站数(个) | 91 | 121 | 82 |
| 2009 年台站数(个) | 81 | 167 | 86 |
| 2010 年台站数(个) | 50 | 144 | 100 |
| 2011 年台站数(个) | 42 | 149 | 103 |
| 2012 年台站数(个) | 28 | 150 | 116 |

## 2. 全国酸雨出现频率分布

2012 年我国酸雨发生频率大于 80%的区域主要位于江西大部、湖南东部、广东北部,以及重庆、湖北、广西和浙江的部分地区。重庆綦江、北碚、潼南、璧山和湖北建始的酸雨出现频率达 100%,长沙等 14 个站的酸雨出现频率也在 95%以上。西宁、呼和浩特、乌鲁木齐、兰州、拉萨和银川等 43 个站全年无酸雨发生,甘肃敦煌和新疆和田站自 1993 年观测以来均未出现酸雨(图 2.10.2)。

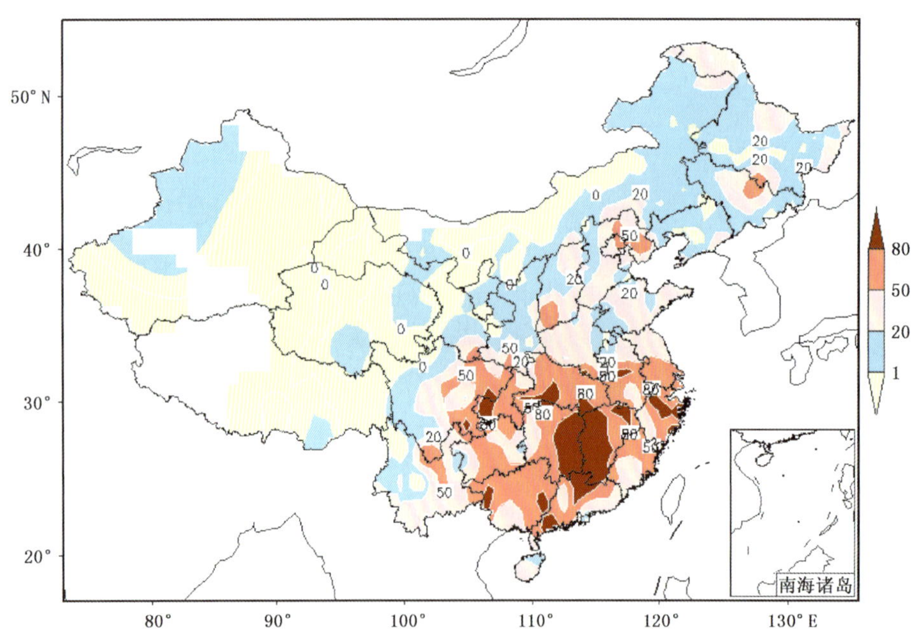


图 2.10.2 2012 年全国 357 个酸雨站年酸雨出现频率分布图(%)

Fig. 2.10.2 Distribution of acid rain frequency at 357 acid stations over China in 2012 (unit: %)

2012 年 294 个国家级酸雨站的年酸雨出现频率在 20%以下的站点数为 2007 年以来的最高值,约占全部站点数的 40%;酸雨频率高于 50%的站点数为 2007 年以来的最低值,约占全部站点数的 36.7%(表 2.10.2)。

2012 年我国强酸雨出现频率最高的站点仍然是重庆綦江站,高达 99%,其余站点强酸雨频率在 75%以下。全年没有强酸雨出现的站点有 130 个,主要位于我国西北、西南、内蒙古、西藏和东北等地。

表 2.10.2 2007—2012 年酸雨出现不同频率等级的台站数统计表

Table. 2.10.2 Statistics of the number of stations with different levels of acid rain frequency over China during 2007—2012

| 酸雨频率 F(%) | F=0 | 0< F≤20 | 20< F≤50 | 50< F≤80 | 80< F≤100 |
|---|---|---|---|---|---|
| 2007 年台站数(个) | 32 | 55 | 55 | 83 | 69 |
| 2008 年台站数(个) | 35 | 47 | 61 | 83 | 68 |
| 2009 年台站数(个) | 39 | 49 | 61 | 74 | 71 |
| 2010 年台站数(个) | 42 | 59 | 72 | 67 | 54 |
| 2011 年台站数(个) | 45 | 63 | 63 | 68 | 55 |
| 2012 年台站数(个) | 44 | 74 | 68 | 56 | 52 |

### 2.10.2 近 20 年我国酸雨时空变化特征

#### 1. 全国降水 pH 值变化特征

近 20 年,我国酸雨强度变化大体分 4 个阶段。1993—1998 年为较强阶段,我国南方地区有较大范围的重度酸雨区。随着双控区政策的实行,1999—2002 年我国酸雨强度有所降低。2003 年以后,我国酸雨强度又开始增强,到 2006 年已基本达到 1993—1998 年的平均水平,酸雨污染重灾区由西南转移至华中和华南中部。2006—2009 年间,我国长江中下游及其以南地区的酸雨范围基本保持不变,而华北等地降水酸度持续增强,重酸雨区维持较大范围。2010 年后,我国大部地区酸雨强度开始减弱,2012 年重度酸雨区范围为近 20 年的最小值(图 2.10.3)。

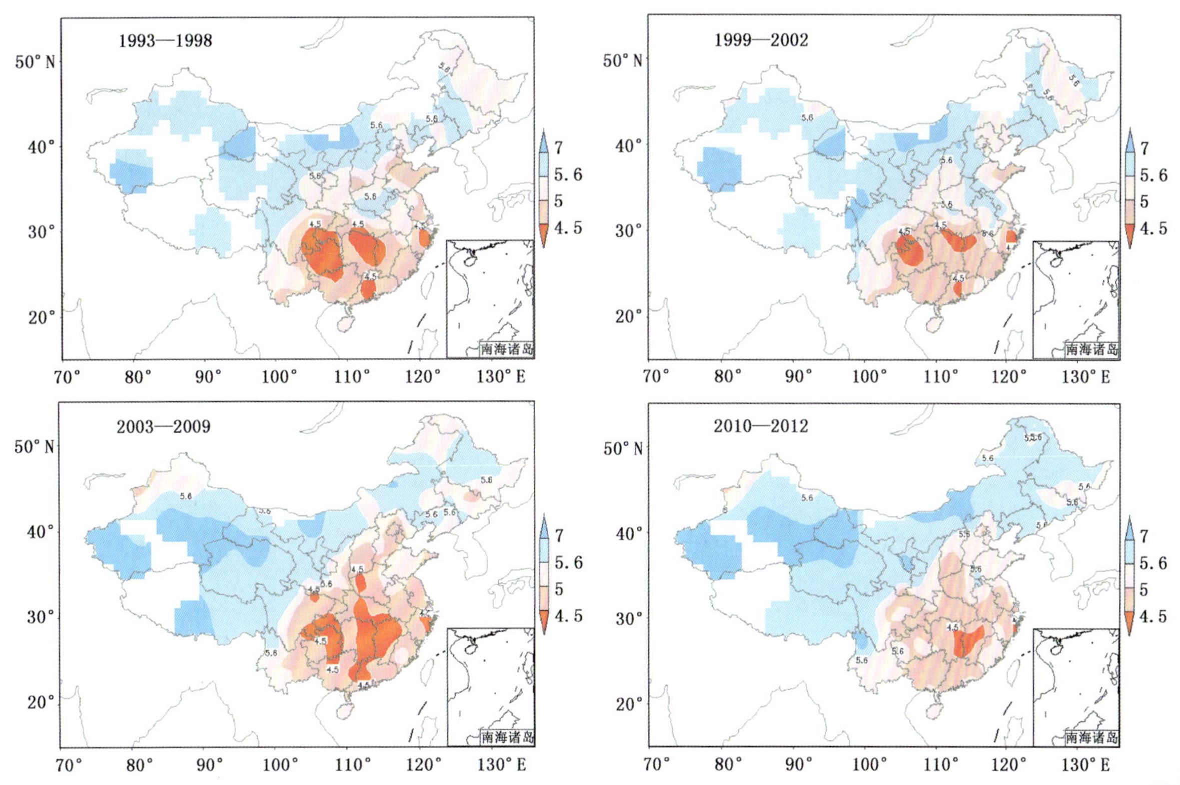


图 2.10.3 1993—1998、1999—2002、2003—2009、2010—2012 年不同时段平均降水 pH 值分布图

Fig. 2.10.3 Average pH values of precipitation over 1993—1998, 1999—2002, 2003—2009, 2010—2012

### 2. 全国酸雨频率变化特征

就酸雨频率而言，南方酸雨区和北方酸雨区有不同的变化特点(图 2.10.4)。

南方酸雨区 20 年来总的变化趋势是西南地区东部(云、贵、川)酸雨发生频率降低，湖南东部和江西中西部地区增大。1993—1998 年期间，南方酸雨发生频率大于 80%的酸雨高发地区主要在贵州、重庆、湖南东部、江西西部、广东南部和浙江部分地区。1999—2002 年期间，上述地区的酸雨高发区范围减小、强度减弱。2003 年之后，湖南东部、江西和广东北部合并为较大的酸雨高发区，而且频率有所增大，2010 年以后，贵州和广东北部地区的酸雨频率降低明显。

就北方而言，我国华北地区 1994—2002 年间酸雨发生频率一直维持在较低的水平，自 2003 年开始，山东、河南、河北、天津、北京和山西等地的酸雨发生频率增加到 20%甚至 50%以上，逐渐成为我国北方新的酸雨频发区域。

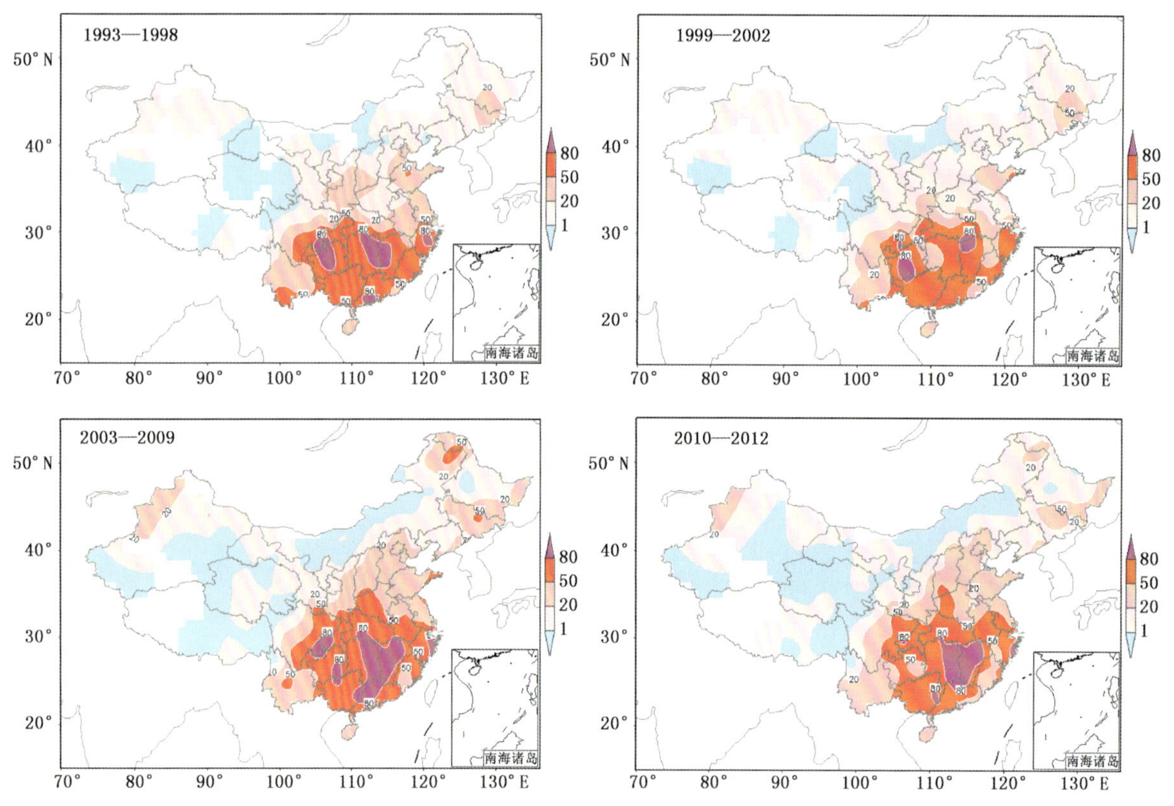


图 2.10.4 1993—1998、1999—2002、2003—2009、2010—2012 年不同时段酸雨频率分布图(%)

Fig. 2.10.4 Acid rain frequency over 1993—1998, 1999—2002, 2003—2009, 2010—2012(unit: %)

### 3. 全国强酸雨频率变化特征

对于 pH 值小于 4.5 的强酸雨发生频率的变化趋势来说，南方的变化与上述酸雨频率的变化特点基本一致，贵州、湖南、江西和广东个别地区个别年份出现超过 80%的情况；而北方酸雨区的强酸雨发生频率变化不大，大部地区稳定在 20%以下(图 2.10.5)。

## 2.10.3 中国区域酸雨成因分析

酸雨的成因很多，尤其对于局地小范围的酸雨，不仅与当地的排放量大小有关，还与土壤性质以及气象条件如风向风速、逆温情况等很多因素有关。但是，从整个中国区域来说，酸雨的主要成因就是人类活动排放到大气中的 $SO_2$ 和 $NO_X$ 等酸性气体造成的，这可以从中国区域 $SO_2$ 排放量变化与酸雨形势变化的一致性得到验证(图 2.10.6)。

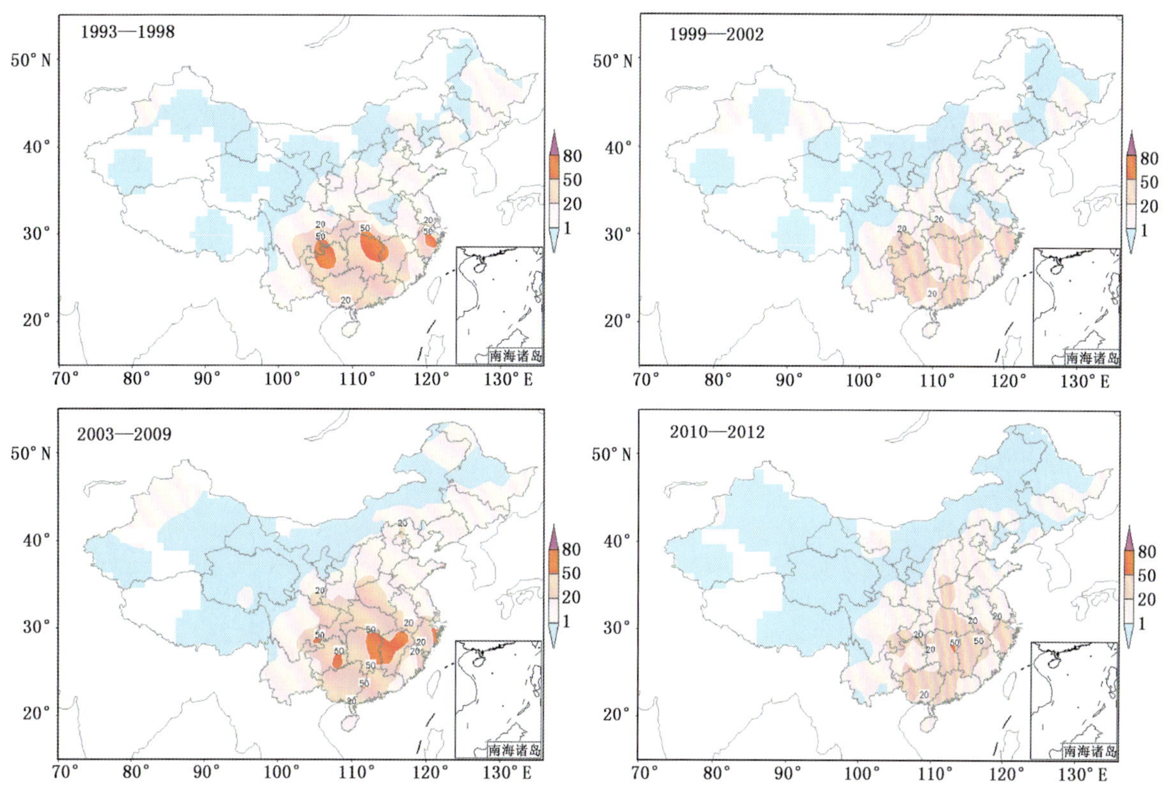


图 2.10.5 1993—1998、1999—2002、2003—2009、2010—2012 年不同时段强酸雨频率分布图(%)

Fig. 2.10.5 Severe acid rain frequency over 1993—1998, 1999—2002, 2003—2009, 2010—2012(unit: %)

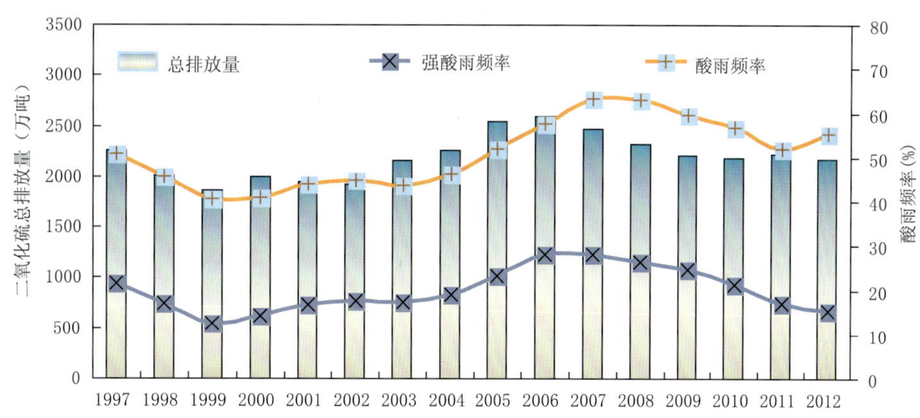


图 2.10.6 中国 1997—2012 年 $SO_2$ 排放总量、酸雨频率和强酸雨频率变化图

Fig. 2.10.6 Total $SO_2$ emission, frequency of acid rain and severe acid rain in China during 1997—2012

## 2.11 农业气象灾害

### 2.11.1 基本概况

2012 年全国主要农业气象灾害总体偏轻。灾害特点主要表现为农业干旱发生范围小、程度轻；强降雨、暴雨、洪涝频次高，但未发生流域性洪涝灾害；连阴雨持续时间长、范围广，经济作物和设施

农业受灾较重，粮食作物受灾较轻；北方大部初霜期偏晚，南方寒害、寒露风、高温农业气象灾害发生程度和范围偏小；台风登陆个数偏多，强度大，影响范围广，但对我国粮食总产影响有限。

### 2.11.2 主要农业气象灾害事例

#### 1. 农业干旱

2012 年农业干旱发生范围小，局地性强，影响偏轻。主要干旱过程包括四川南部和云南北部冬春连旱，以及华北、黄淮、江淮等部分地区初夏旱。

（1）四川南部和云南北部冬春连旱影响小春作物产量形成，但干旱范围和程度不及干旱严重的 2010 年

四川南部和云南大部 2011 年 11 月至 2012 年 2 月气温偏高，降水偏少，土壤墒情持续下降，库塘蓄水严重不足；入春至 5 月下旬初，四川南部和云南北部降水量不足 50 毫米，比常年同期偏少 3～8 成，加之气温偏高 2～4℃，旱情持续发展，无灌溉条件地区冬小麦和油菜产量形成受到较大影响（图 2.11.1），马铃薯、春玉米播种困难，烤烟和一季稻无法适时移栽，干旱影响程度重于 2011 年，但不及 2010 年。据统计，2012 年干旱造成云南 107.3 万公顷农作物受灾，绝收 10.7 万公顷；四川 22.2 万公顷农作物受灾，绝收 1.7 万公顷。

图 2.11.1 2012 年 2 月 19 日云南石林县坡地和陆良县所庄村受旱小麦

Fig. 2.11.1 Droughty wheat in Shilin County sloping land and Luliang County on February 19, 2012

（2）华北、黄淮、江淮等部分地区初夏旱影响冬小麦灌浆乳熟及夏播作物播种出苗，但干旱范围和影响程度较 2011 年明显偏轻

华北南部、黄淮、江淮北部等地 5 月至 6 月下旬降水较常年同期偏少 5 成以上，气温偏高 1～2℃，加之 6 月出现 11～14 天日最高气温≥35℃的高温天气，高温少雨导致上述大部地区出现轻至中度农业干旱。陕西东南部、山西东南部、山东西南部、河南大部、安徽北部、湖北北部等地部分地区冬小麦灌浆乳熟受到影响，夏播作物出现缺苗断垄现象。但其干旱范围和影响程度与 2011 年同期相比明显偏轻。

#### 2. 暴雨洪涝

2012 年全国暴雨洪涝发生频次高、分布广，但未发生流域性洪涝灾害，仅局部受灾较重。

春季南方地区暴雨多发。4—5 月，南方地区共出现 13 次暴雨天气过程，多次强降水引发的暴雨洪涝导致江南和华南部分早稻田或低洼农田被淹或被冲毁，水产养殖区漫堤、倒坝，烤烟、蔬菜等生长发育受阻，柑橘、橄榄和龙眼等开花坐果也受到一定影响。其中 5 月 11—15 日，江南、华南及贵州、四川等地的部分地区出现大暴雨，湖北、江西、湖南、福建、广东、广西、四川、贵州、重庆等省（区、

市)农作物受灾。

另外,春季新疆部分地区发生融雪型洪涝灾害。新疆西部地区及天山一带2011/2012年冬季降水量普遍有10～50毫米,较常年同期偏多5成至3倍,最大积雪厚度达15～35厘米。2012年3月中旬后期气温迅速回升,积雪加速融化,导致乌鲁木齐、伊犁、喀什、和田等市(地、州)的部分地区发生融雪型洪涝,部分麦田被淹,蔬菜大棚及牲畜棚圈倒塌、幼畜死亡。

夏季东北地区东南部、华北东部、黄淮东部、江淮大部、西南地区大部、江南、华南大部等地大雨及以上级别强降雨日数为6～10天,河北东北部、江南中部、四川南部、云南西部、华南南部等地部分地区达11～21天。7月21—22日,华北北部出现大暴雨到特大暴雨,北京暴雨为近61年来最强,天津为近34年来最强;暴雨导致部分农田渍涝灾害严重,玉米、棉花等作物出现倒伏,农田被淹、被毁(图2.11.2左);据统计,7月下旬强降水导致京津冀34.8万公顷农作物受灾。6月下旬,江西、湖南、广西、广东、浙江、福建、贵州、湖北、安徽、重庆、四川、云南等12省(区、市)强降水过程造成58.3万公顷农作物受灾。四川盆地7月2—4日、6—8日以及20—23日出现3次暴雨过程,部分农区秋收作物遭受较重洪涝灾害。7月12—17日,江南中北部出现暴雨天气,导致江西和湖南农作物受灾25.9万公顷,绝收3.8万公顷(图2.11.2右)。

图2.11.2 2012年7月23日天津武清春玉米田积水(左)、2012年7月15日江西新余早稻田被淹(右)
Fig. 2.11.2 Local flooding of spring maize field in Wuqing County, Tianjin on July 23 (left) and flooded early rice in Xinyu, Jiangxi Province on July 15, 2012 (right)

### 3. 连阴雨

2012年南方连阴雨持续时间长、范围广,设施农业、经济作物受灾较重,主要发生时段为1月至3月中旬、5月下旬至7月中旬、11月至12月中旬。华北、黄淮等地7月下旬至8月中旬以及东北地区9月中旬至10月中旬的连阴雨致使旱地作物生长发育及秋收受到一定影响。

1月至3月中旬,江淮南部、江汉东部、江南和华南大部以及西南地区东部气温偏低1～4℃,降水日数达40～60天,日照偏少100～200小时。持续低温、阴雨寡照致使设施农业和经济作物受灾较重,蔬菜、大棚作物出现烂根、烂叶、黄叶、畸形果、烂果、落果现象,产量和品质下降(图2.11.3左);烤烟和蔬菜出现僵苗、死苗现象;春茶萌发期、开采期均推迟,经济损失较大。低温寡照也导致冬小麦、油菜发育期普遍推迟(图2.11.3右),直播和迟栽油菜长势偏差且分枝数少,局地已开花的油菜出现分段结荚现象;华南西部和北部早稻播种进度偏慢,秧苗长势偏弱。

5月下旬至7月中旬,西南地区东部持续阴雨天气,日照明显偏少,部分一季稻无效分蘖增多、生育期推迟;玉米授粉不良、结实率降低,秃尖明显,灌浆不充分,瘪粒较常年增多,并出现霉烂、发芽现象;阴雨寡照还导致玉米螟、稻瘟病、纹枯病等偏重发生。据调查,四川玉米秃尖长度普遍在5

图 2.11.3　2012 年 3 月 9 日湖南沅江大棚蔬菜出现僵苗、死苗(左),江西湖口油菜生育期明显推迟(右)
Fig. 2.11.3　Greenhouse vegetables appear runt and dead seedling in Yuanjiang, Hunan Province (left) and rape development delay obviously in Hukou, Jiangxi Province (right) on March 9, 2012

～10 厘米,秃尖比达 25%～30%,较常年明显增加,穗粒数普遍减少;移栽水稻生育进程推迟 5 天左右,亩有效穗数比 2011 年明显减少。

7 月下旬至 8 月中旬,西北地区东部、华北南部、黄淮等地降水日数有 15～20 天,日照时数偏少 50～100 小时,导致部分棉花蕾铃脱落增加、品质下降,也不利于夏玉米抽雄和开花授粉。

9 月中旬至 10 月中旬东北地区东部多阴雨天气,特别是黑龙江东部土壤持续过湿,且 10 月中旬出现低温、雨雪天气,导致秋收作业困难,进度比 2011 年偏慢。

11 月至 12 月中旬,江南、华南和西南地区东部多阴雨天气,降水日数有 20～30 天,日照时数偏少 3～8 成。持续阴雨寡照天气影响华南晚稻收获晾晒,也导致湖南、江西中西部、浙江南部、福建北部等地的部分地区土壤持续过湿,油菜、蔬菜等作物和温室大棚内瓜菜正常生长以及处于采摘期的水果采摘受到一定影响。

#### 4. 台风

2012 年台风登陆个数偏多,强度大,影响范围广。6—8 月,先后有"杜苏芮"、"韦森特"、"苏拉"、"达维"、"海葵"、"启德"、"天秤"7 个台风登陆我国,比常年同期偏多 2.4 个,其中"达维"是 1949 以来登陆长江以北沿海最强的台风,"海葵"为 2012 年以来登陆大陆最强的台风。多台风致使东北地区东南部、华北东北部、黄淮东部、江淮中南部、江南中东部、华南东部和南部、西南地区南部等地部分农田遭受洪涝灾害,部分农田被冲毁(图 2.11.4 左),晚稻、蔬菜及其他旱地作物被淹,处于幼穗分化阶段的一季稻结实率降低;强降水还造成鱼塘漫塘、水质变差,鱼虾蟹类等死亡率上升,水产养殖遭受较大损失;大风使玉米、水稻、棉花等出现倒伏,设施蔬菜、畜禽大棚等倒塌、受损,果树出现折枝、落果(图 2.11.4 右)。

#### 5. 高温

2012 年 6—8 月,新疆东部、江汉东部、江南大部及重庆等地出现阶段性高温天气,其中江汉东部、重庆东北部和江南中东部日最高气温≥35℃的高温日数有 30～40 天,新疆东部部分地区达 40 天以上。高温导致江南部分地区早稻遭受轻至中度高温热害,晚稻分蘖减少,重庆市部分一季稻出现"高温逼熟"现象,新疆和江南北部棉花蕾铃脱落,高温天气对果树和蔬菜以及秋花生、甘薯等旱地作物生长发育也有一定影响;但由于高温多呈间断性发生,影响程度总体偏轻。

#### 6. 霜冻、寒害、冻害、寒露风和雪灾

2012 年北方初霜日期接近常年同期或偏晚,南方寒害、冻害和寒露风影响明显偏轻;但北方雪

图 2.11.4　2012 年 8 月 11 日江苏省连云港市玉米田被淹(左)设施大棚被吹毁(右)
Fig. 2.11.4　Flooded maize (left) and damaged greenhouse (right) on August 11, 2012 in Lianyungang City, Jiangsu Province

灾发生频繁,畜牧业和设施农业遭受一定损失。

(1)北方霜冻对农业生产基本无影响

9 月中旬至 10 月中旬,北方大部地区气温比常年同期偏高,初霜日期接近常年同期或偏晚,其中黑龙江偏晚 3～10 天,作物在初霜前安全成熟。9 月上旬,新疆西部、甘肃西北部局部地区出现初霜冻,对处于裂铃吐絮期的棉花略有影响。

(2)北方雪灾发生频繁,给农牧业造成一定损失

2012 年 1—3 月,新疆北部和西部、内蒙古东北部、东北地区北部和东部出现多次明显降雪天气过程,大部地区降水量有 10～50 毫米,局部 50 毫米以上,新疆北部、南疆西部、内蒙古东北部、黑龙江北部、吉林东部等地最大积雪深度达 20～50 厘米。部分地区出现轻至重度雪灾,导致部分牲畜棚圈和设施大棚倒塌,饲料短缺,牲畜走失或死亡。

11—12 月,新疆北部、东北地区和内蒙古中东部降雪天气频繁,部分地区出现暴雪,大部地区累计降水量有 25～50 毫米,新疆塔城、伊犁河谷和沿天山一带以及东北地区东部的部分地区降水量达 50～100 毫米,降水量较常年同期偏多 5 成至 4 倍。内蒙古中东部、黑龙江、吉林、辽宁东部等地积雪深度 10～35 厘米,其中新疆伊宁、塔城、富蕴以及黑龙江鹤岗积雪深度达 40～50 厘米。降雪造成上述部分地区出现较重雪灾,其中新疆农作物受灾面积 150 余公顷,内蒙古雪灾面积 47.7 万平方千米,占全区总面积的 41.7%,受影响牲畜 5854.7 万头(只、匹)。

(3)南方冻害、寒害和寒露风影响明显轻于 2011 年

2012 年 1 月 1—6 日和 18—26 日南方出现两次大范围低温雨雪冰冻天气,江南北部和西部、贵州中部和云南东北部部分地区油菜及露地蔬菜遭受冻害,以叶片冻害为主,云南西南部、华南中北部部分地区橡胶、咖啡、香蕉遭受低温寒害。但与 2008 年和 2011 年相比,2012 年的低温雨雪冰冻范围明显偏小、强度显著偏轻。

9 月 13—16 日,湖南大部、江西西部、湖北东南部、安徽南部出现轻度寒露风天气,但持续时间短,后期气温回升快,光照充足,对晚稻抽穗扬花影响不大。受冷空气影响,9 月 27 日至 10 月 10 日,广西北部部分地区出现了 3～14 天日平均气温≤22℃的低温寒露风天气,对晚稻抽穗扬花和灌浆有一定影响,局部地区已齐穗的晚稻出现功能叶转黄现象,不利于结实率和千粒重的提高。

**7. 大风冰雹**

2012 年大风冰雹灾害点多面广,局地受灾较重,但总体影响偏轻,主要发生在春、夏季。

春季强对流天气较多。3月19—23日，西北地区、内蒙古、华北至黄淮一带出现大风天气，瞬时风力普遍有7～8级，局地达9～10级，造成上述地区蔬菜大棚受损、牲畜圈舍倒塌，部分地区农作物受灾明显。4月，南方地区出现6次较明显的强对流性天气过程，江西、湖南、广东、福建、贵州等地多次出现短时大风和冰雹，对油菜开花结荚、早稻和烟苗生长以及棚架类设施农业均造成不利影响，农作物受灾面积约19.0万公顷。5月，山东省济南市和潍坊市，吉林省白城市，甘肃省定西市岷县、天水市、平凉市和武威市等地出现冰雹灾害，冬小麦、春小麦和春玉米等作物遭受机械损伤，部分设施农业受到影响。

夏秋季受强对流天气影响，全国有多个省（区、市）遭受冰雹、大风等强对流天气，其中吉林、新疆、甘肃、宁夏、陕西、河北、山西、天津、山东、江苏、云南、贵州等省（区、市）局部地区受灾较重，部分地区重复受灾，造成玉米等作物倒伏、棉花受灾，部分蔬菜大棚、经济林果、烤烟等也受到一定损失。

## 2.12 森林草原火灾

### 2.12.1 基本概况

2012年，全国降水总体偏多，气温接近常年，但由于2011年入冬以来，西南地区遭遇严重旱情，云南、四川等省森林火险等级较高。全国上半年发生的森林草原火灾较多，火灾主要分布在华南、西南、江南、东北、华北等地。主要火灾事件有云南的丽江、玉溪、安宁和晋宁的森林火灾，河北承德森林火灾，四川甘孜草原火灾，内蒙古东乌珠穆沁旗、陈巴尔虎旗、新巴尔虎右旗草原火灾。较大的草原火情包括蒙古国蔓延到我国边境的草原火情事件。全国全年火灾发生情况：东北地区森林草原火灾偏轻，南方地区偏重。森林火灾和2011年相比减少了约12%，和近5年平均相比减少了约29%；草原火灾和2011年相比减少了约27%，和近5年平均相比减少了约22%。

图2.12.1和图2.12.2分别显示以行政区划划分的2012年卫星遥感全国森林火点分布和草场火点分布。

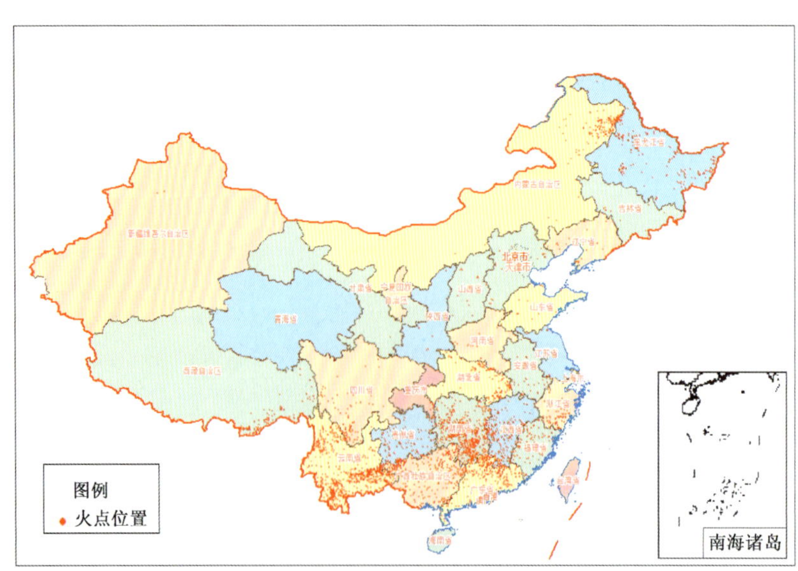


图2.12.1　2012年卫星监测全国林地火点分布示意图（按行政区划）

Fig. 2.12.1　Sketch of forest fire spots monitored by meteorological satellite in Chinese administrative region in 2012

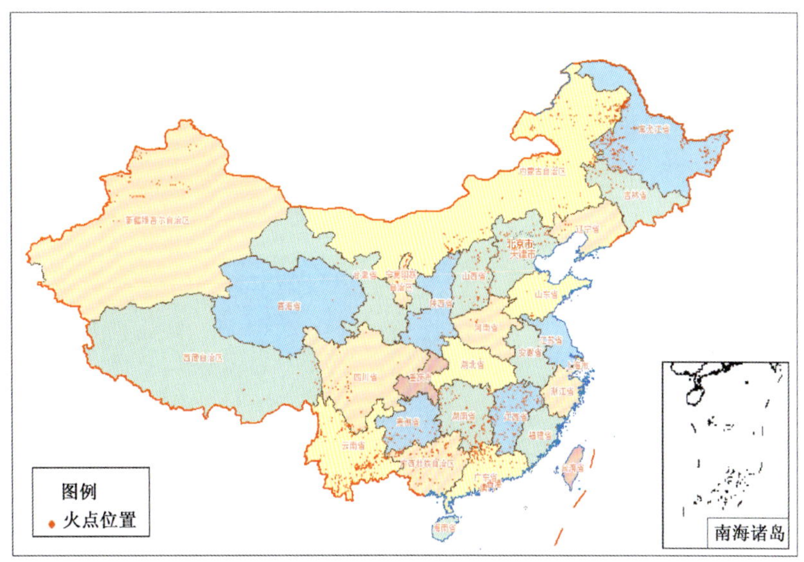


图 2.12.2 2012 年卫星监测全国草场火点分布示意图(按行政区划)

Fig. 2.12.2 Sketch of grassland fire spots monitored by meteorological satellite in Chinese administrative region in 2012

表 2.12.1 列出 2012 年气象卫星监测的我国林区火点分省统计数据,表 2.12.2 列出 2012 年气象卫星监测的我国草原火点分省统计数据。

**表 2.12.1 2012 年气象卫星监测我国林区火点分省统计**

**Table 2.12.1 Provincial statistics of the numbers of forest fire spots over China in 2012 monitored by meteorological satellite**

| | 发生于林地火点数统计(4228) | | | | | | | | | | | | |
|---|---|---|---|---|---|---|---|---|---|---|---|---|---|
| | 1月 | 2月 | 3月 | 4月 | 5月 | 6月 | 7月 | 8月 | 9月 | 10月 | 11月 | 12月 | 总计 |
| 云南省 | 143 | 375 | 214 | 132 | 85 | 9 | 0 | 1 | 0 | 0 | 6 | 29 | 994 |
| 湖南省 | 1 | 26 | 396 | 359 | 0 | 0 | 0 | 0 | 0 | 13 | 3 | 27 | 825 |
| 广西壮族自治区 | 7 | 8 | 149 | 85 | 75 | 0 | 0 | 1 | 2 | 35 | 3 | 27 | 392 |
| 广东省 | 10 | 17 | 188 | 53 | 6 | 1 | 0 | 1 | 3 | 29 | 1 | 31 | 340 |
| 江西省 | 1 | 47 | 163 | 59 | 0 | 0 | 0 | 0 | 3 | 4 | 2 | 27 | 306 |
| 黑龙江省 | 0 | 8 | 29 | 57 | 8 | 1 | 0 | 14 | 0 | 69 | 89 | 0 | 275 |
| 西藏自治区 | 5 | 15 | 87 | 9 | 36 | 0 | 0 | 1 | 0 | 0 | 6 | 13 | 172 |
| 内蒙古自治区 | 2 | 1 | 83 | 34 | 2 | 4 | 1 | 9 | 6 | 11 | 17 | 0 | 170 |
| 贵州省 | 0 | 6 | 80 | 49 | 3 | 0 | 0 | 0 | 0 | 3 | 0 | 2 | 143 |
| 湖北省 | 5 | 6 | 59 | 58 | 5 | 1 | 0 | 0 | 0 | 1 | 0 | 2 | 137 |
| 福建省 | 0 | 32 | 55 | 20 | 0 | 0 | 1 | 0 | 0 | 4 | 3 | 4 | 119 |
| 四川省 | 24 | 19 | 23 | 25 | 9 | 0 | 0 | 0 | 0 | 0 | 2 | 13 | 115 |
| 浙江省 | 0 | 1 | 22 | 32 | 0 | 0 | 0 | 0 | 0 | 5 | 3 | 0 | 63 |
| 安徽省 | 9 | 2 | 17 | 8 | 0 | 3 | 0 | 0 | 0 | 1 | 6 | 3 | 49 |
| 辽宁省 | 0 | 0 | 7 | 13 | 2 | 0 | 0 | 0 | 0 | 1 | 0 | 0 | 23 |
| 河北省 | 3 | 0 | 5 | 6 | 1 | 1 | 0 | 0 | 0 | 2 | 2 | 0 | 20 |
| 河南省 | 3 | 1 | 4 | 6 | 0 | 2 | 0 | 0 | 0 | 0 | 0 | 1 | 17 |
| 山西省 | 0 | 0 | 4 | 5 | 0 | 1 | 0 | 0 | 0 | 2 | 3 | 0 | 15 |

续表

| 发生于林地火点数统计(4228) | | | | | | | | | | | | | |
|---|---|---|---|---|---|---|---|---|---|---|---|---|---|
| | 1月 | 2月 | 3月 | 4月 | 5月 | 6月 | 7月 | 8月 | 9月 | 10月 | 11月 | 12月 | 总计 |
| 山东省 | 2 | 0 | 3 | 2 | 0 | 1 | 0 | 0 | 2 | 3 | 1 | 0 | 14 |
| 吉林省 | 0 | 0 | 0 | 5 | 2 | 0 | 0 | 0 | 0 | 0 | 3 | 0 | 10 |
| 陕西省 | 0 | 0 | 4 | 3 | 0 | 0 | 1 | 0 | 0 | 1 | 0 | 0 | 9 |
| 重庆市 | 0 | 1 | 2 | 5 | 0 | 0 | 0 | 0 | 0 | 0 | 0 | 0 | 8 |
| 江苏省 | 0 | 0 | 0 | 0 | 0 | 5 | 0 | 0 | 0 | 0 | 1 | 0 | 6 |
| 北京市 | 0 | 1 | 1 | 0 | 0 | 0 | 0 | 0 | 0 | 0 | 0 | 0 | 2 |
| 新疆维吾尔自治区 | 0 | 0 | 0 | 2 | 0 | 0 | 0 | 0 | 0 | 0 | 0 | 0 | 2 |
| 甘肃省 | 0 | 0 | 0 | 1 | 0 | 0 | 0 | 0 | 0 | 0 | 0 | 0 | 1 |
| 天津市 | 0 | 0 | 0 | 1 | 0 | 0 | 0 | 0 | 0 | 0 | 0 | 0 | 1 |

**表 2.12.2 2012 年气象卫星监测我国草原火点分省统计表**

**Table 2.12.2 Provincial statistics of the number of grassland fire spots over China in 2012 monitored by meteorological satellite**

| 发生于草地火点数统计(1986) | | | | | | | | | | | | | |
|---|---|---|---|---|---|---|---|---|---|---|---|---|---|
| | 1月 | 2月 | 3月 | 4月 | 5月 | 6月 | 7月 | 8月 | 9月 | 10月 | 11月 | 12月 | 总计 |
| 黑龙江省 | 0 | 7 | 62 | 71 | 7 | 0 | 0 | 11 | 1 | 70 | 128 | 0 | 357 |
| 云南省 | 57 | 132 | 47 | 33 | 21 | 2 | 0 | 1 | 0 | 1 | 0 | 11 | 305 |
| 内蒙古自治区 | 14 | 5 | 48 | 111 | 21 | 2 | 1 | 3 | 16 | 39 | 39 | 0 | 299 |
| 广东省 | 3 | 3 | 73 | 34 | 0 | 1 | 0 | 1 | 2 | 10 | 1 | 6 | 134 |
| 广西壮族自治区 | 0 | 0 | 50 | 48 | 19 | 0 | 0 | 0 | 0 | 5 | 2 | 8 | 132 |
| 江西省 | 2 | 13 | 60 | 42 | 0 | 0 | 0 | 0 | 2 | 4 | 2 | 5 | 130 |
| 湖南省 | 0 | 7 | 63 | 42 | 0 | 0 | 0 | 0 | 0 | 2 | 0 | 3 | 117 |
| 四川省 | 21 | 30 | 10 | 11 | 5 | 0 | 0 | 0 | 0 | 0 | 2 | 6 | 85 |
| 新疆维吾尔自治区 | 0 | 1 | 2 | 35 | 3 | 2 | 5 | 0 | 1 | 13 | 15 | 0 | 77 |
| 河北省 | 8 | 2 | 16 | 28 | 2 | 4 | 0 | 2 | 0 | 6 | 5 | 0 | 73 |
| 山西省 | 0 | 2 | 4 | 22 | 1 | 4 | 1 | 0 | 0 | 13 | 13 | 0 | 60 |
| 贵州省 | 2 | 2 | 30 | 15 | 1 | 0 | 0 | 0 | 0 | 0 | 0 | 1 | 51 |
| 吉林省 | 5 | 0 | 3 | 16 | 4 | 0 | 0 | 0 | 0 | 4 | 11 | 0 | 43 |
| 宁夏回族自治区 | 3 | 1 | 0 | 0 | 2 | 0 | 0 | 0 | 0 | 23 | 1 | 0 | 30 |
| 陕西省 | 0 | 0 | 4 | 7 | 0 | 2 | 0 | 0 | 0 | 1 | 2 | 1 | 17 |
| 西藏自治区 | 2 | 3 | 7 | 1 | 1 | 0 | 0 | 0 | 0 | 0 | 1 | 0 | 15 |
| 辽宁省 | 0 | 0 | 1 | 10 | 0 | 0 | 0 | 0 | 0 | 1 | 0 | 0 | 12 |
| 山东省 | 0 | 0 | 1 | 1 | 0 | 7 | 0 | 0 | 0 | 0 | 2 | 0 | 11 |
| 河南省 | 0 | 0 | 0 | 2 | 0 | 4 | 0 | 0 | 1 | 2 | 1 | 0 | 10 |
| 甘肃省 | 2 | 0 | 1 | 1 | 0 | 1 | 0 | 1 | 0 | 1 | 0 | 1 | 8 |
| 福建省 | 0 | 0 | 3 | 2 | 0 | 0 | 0 | 0 | 0 | 1 | 0 | 0 | 6 |
| 湖北省 | 1 | 0 | 4 | 0 | 0 | 0 | 0 | 0 | 0 | 0 | 0 | 0 | 5 |
| 安徽省 | 0 | 0 | 2 | 0 | 0 | 0 | 0 | 0 | 0 | 0 | 0 | 1 | 3 |
| 北京市 | 0 | 0 | 1 | 1 | 0 | 0 | 0 | 0 | 0 | 0 | 0 | 0 | 2 |
| 青海省 | 0 | 0 | 1 | 1 | 0 | 0 | 0 | 0 | 0 | 0 | 0 | 0 | 2 |
| 江苏省 | 0 | 0 | 0 | 0 | 0 | 1 | 0 | 0 | 0 | 0 | 0 | 0 | 1 |
| 浙江省 | 0 | 0 | 1 | 0 | 0 | 0 | 0 | 0 | 0 | 0 | 0 | 0 | 1 |

(注:火点即卫星监测到的一处火区,各火点范围根据火区大小而有所不同,即各火点所含像元数随火区大小而异)

### 2.12.2 主要森林、草原火灾事件

**1. 3月28日发生在云南省安宁市晋宁县的森林火灾**

3月28日14时许，晋宁县昆阳街道办事处清水河村与玉溪市交界处发生森林火灾，并迅速蔓延，一度逼近玉溪市红塔区。昆明、玉溪两地调集2000多人赶往现场救火，并调用4架直升机以及挖掘机、装载机12台，运水车辆20余辆参与灭火。30日凌晨，火势基本得到控制并扑灭。

**2. 4月中下旬蒙古国蔓延到我国边境的草原火灾**

4月19—28日蒙古国东北发生的草原大火，蔓延至内蒙古自治区呼伦贝尔市新巴尔虎左旗、兴安盟阿尔山市、锡林郭勒盟东乌珠穆沁旗边境。由于我国草原防火部门及时在内蒙古呼伦贝尔市新巴尔虎左旗等处组织人员开设国境防火隔离带，在兴安盟采取点烧边境防火隔离带等堵截措施，蒙古国东部草原火基本未蔓延至我国境内。

## 2.13 病虫害

### 2.13.1 基本概况

2012年全国农业病虫害发生程度重于2011年，属偏重发生年份。其中，玉米、水稻、小麦和马铃薯病虫害发生程度均重于2011年，棉花和油菜病虫害发生较2011年减少；玉米病虫害发生程度是1980年以来最重的年份(图2.13.1、图2.13.2)。2012年北方夏季降水频繁，且温度适宜，东北、华北三代黏虫、玉米螟、玉米大斑病均为重发；西北、华北、西南马铃薯晚疫病为近5年来最重，甘肃重发程度为近十年罕见。受阴雨寡照、田间雾露多的影响，2012年赤霉病发生程度为1990年以来最重，除长江中下游常发区大发生外，陕西关中部分麦区、山西南部以及河南中南部麦区均为偏重

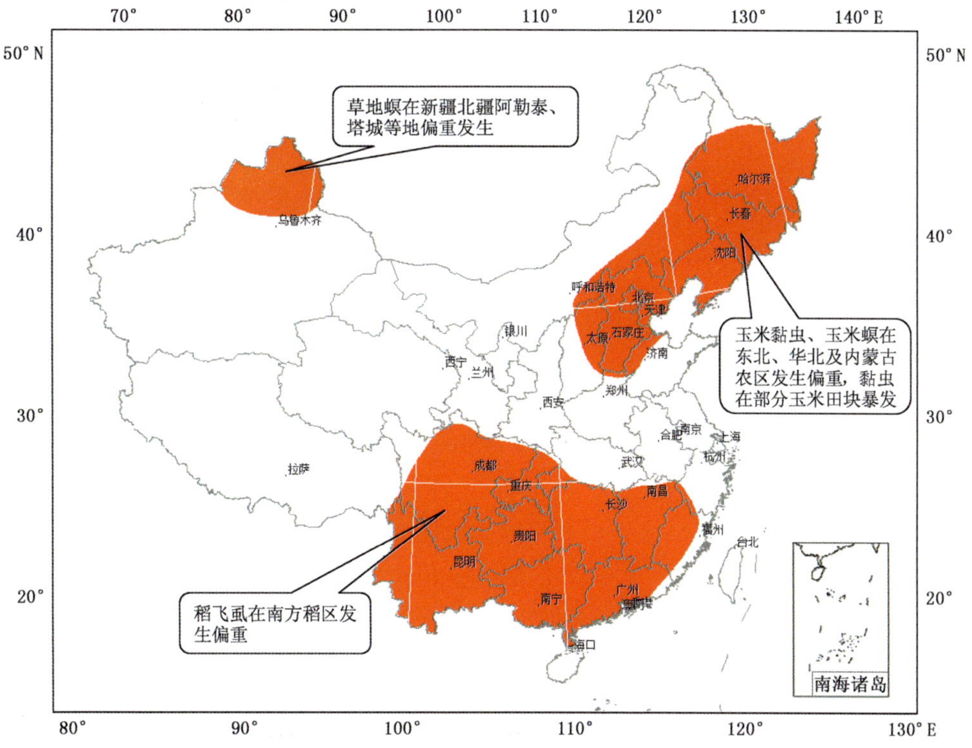


图2.13.1　2012年主要农业虫害分布区域

Fig. 2.13.1　Distribution of main agricultural insects over China in 2012

至大发生。春季北方冬麦区大部温高雨少，小麦穗期蚜虫发生程度为 2001 年以来第二重发年。受南方大部地区春季降水偏多和东部沿海夏季登陆台风强度大影响，水稻“两迁”害虫迁入早、峰次多、虫量高、为害重。

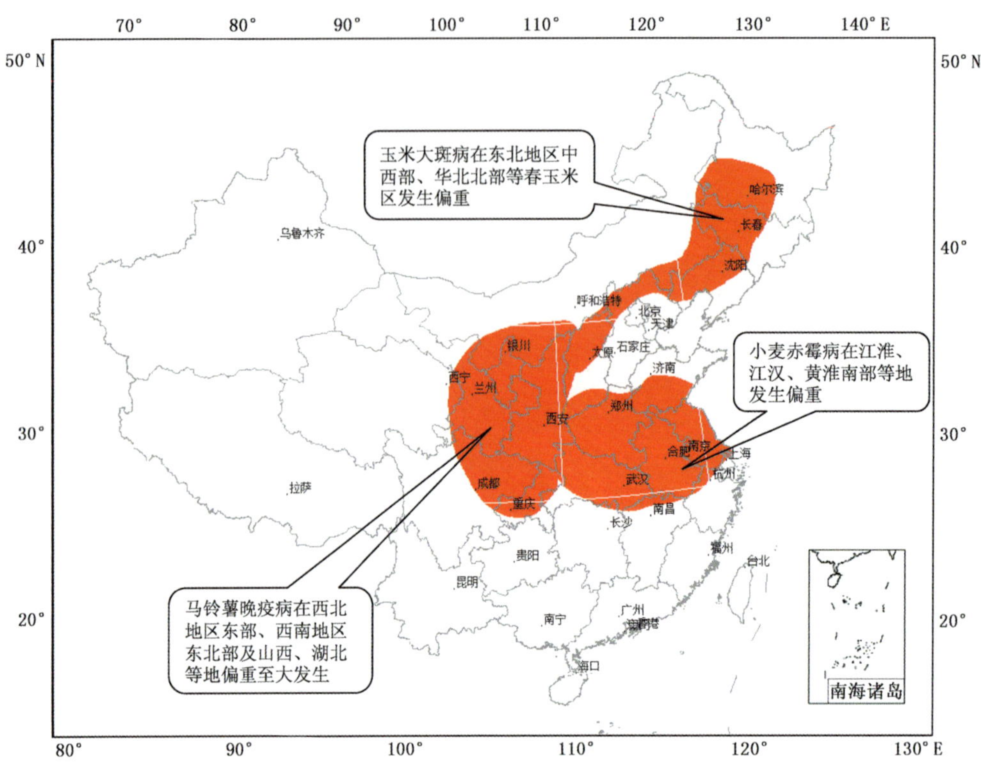


图 2.13.2　2012 年主要作物病害分布区域

Fig. 2.13.2　Distribution of main crop diseases over China in 2012

## 2.13.2　主要病虫害事例

### 1. 玉米病虫害发生程度为 20 世纪 80 年代以来最重，其中三代黏虫在东北、华北等地暴发危害

2012 年玉米病虫害发生约 7680 万公顷次，比 2011 年增加 7.2%，发生面积和为害程度均为 1980 年以来最大值。黏虫、玉米螟、玉米大斑病均为重发，其中三代黏虫在东北、华北大暴发，发生程度为近 20 年以来最重。

7—8 月，东北、华北、内蒙古中东部等地降水频繁，导致农田土壤偏湿，加之日平均气温多在 20～25℃，适温、多雨、潮湿的气象条件非常有利于黏虫的生长发育和扩散，同时由于玉米等作物长势较好，三代黏虫发生期与作物旺盛生长期吻合、食源充沛，导致三代黏虫在内蒙古、吉林、黑龙江、辽宁、河北、山西、北京、天津等地部分玉米田块暴发，黄淮局部偏重发生，发生面积 361 万公顷左右，为害程度之重为近 20 年罕见。为害严重田块玉米穗位以下叶片被蚕食仅残留主脉，籽粒灌浆和产量形成受到较大影响，严重地块甚至绝收。黑龙江省 7 市 30 多个县均有发生，发生地块玉米平均百株虫量为 100～200 头，最高百株虫量达 4000～5000 头，个别严重地块叶片被吃光。吉林中西部偏重发生，产量严重受损面积达 3.7 万公顷；内蒙古通辽市、赤峰市、兴安盟普遍发生；北京发生面积、达标面积分别占夏玉米播种面积的 60% 和 40%；天津各区县都有发生，重发面积占发生面积的 26.5%，发生程度为近 30 年罕见；山西晋中等地发生程度属历史罕见。

同样受 7—8 月适温、多雨、潮湿的气象条件影响，玉米大斑病在北方春玉米种植区和南方山地丘陵玉米区偏重发生，东北、华北局部大发生，全国发生面积同比增加36.7%，为2008年以来暴发最严重的年份。发生特点表现为田间始见早、流行速度快、发生范围广、危害损失重。其中，黑龙江平均病株率为10%～50%，最高达80%～100%；吉林省9个市（州）均有发生，发病株率平均为80%以上；河北北部承德冷凉地区大斑病偏重、局部大发生；山西省重发区集中在忻州、大同、朔州、晋中、吕梁等中北部玉米产区。

2012年全国玉米螟总体偏重发生，发生面积为2420万公顷次左右，较2011年增加12%，持续自2003年以来的逐年上升态势。其中，一代玉米螟在黑龙江偏重至大发生，重点发生区在中西部玉米主产区；辽宁偏重发生，田间被害株率一般为20%，最高可达50%以上。二代玉米螟在河北、四川偏重发生。三代玉米螟在山西、河北偏重发生，山西主要发生在南部夏玉米区，为害高峰期在9月上中旬，平均百株虫量为20～30头，被害株率平均为30%～45%。

**2. 水稻重大病虫较2011年偏重发生**

2012年全国水稻病虫害共发生10190万公顷次左右，比2011年增加5.2%。其中，稻飞虱为3066万公顷次左右，稻纵卷叶螟为1798万公顷次左右。

2012年4—6月，江南、华南和西南的部分地区多强降雨天气，稻飞虱、稻纵卷叶螟"两迁"害虫迁入早、发生峰次多、虫量高，云南、贵州、广西、广东、湖南、江西等稻区稻飞虱等偏重发生。8月"苏拉"、"达维"、"海葵"、"启德"、"天秤"5个台风相继登陆东部沿海，登陆个数偏多、登陆期集中、强度大，受其影响，南方大部出现多次较强降水过程，利于稻飞虱、稻纵卷叶螟"两迁"害虫的迁入和发生发展。稻飞虱在西南地区东南部、江南、长江中下游稻区偏重发生，部分地区大发生，发生程度重于2011年和常年，发生面积分别增加20.7%和27.2%。8月中下旬江南、西南地区东部、长江中下游稻区大部稻飞虱百丛虫量超过防治指标，江南稻区持续监测到千头以上成虫峰，褐飞虱比例超过90%；湖北利川监测到短翅成虫高达512.6头，是大发生指标的10倍以上，湖南桃源、石门、祁东、浏阳等地出现"冒穿"田块。稻纵卷叶螟在华南东南部、西南地区北部、江南、长江中下游稻区总体中等发生，发生面积较2011年增加7.8%。南方水稻黑条矮缩病在西南地区、华南、江南、长江中游等稻区偏轻发生，发生程度与2011年相当，明显轻于2009年和2010年。水稻螟虫在西南地区北部、长江中游、江淮稻区偏重发生。稻瘟病发生程度与2011年相当。

**3. 小麦病虫害总体偏重发生，赤霉病在江淮、江汉为20世纪90年代以来最重**

2012年小麦病虫害发生约6813万公顷次，比2011年增加16%，为2001年以来第四重发年。其中，小麦赤霉病发生927万公顷次，是1990年以来发生范围最广、程度最重的年份；小麦蚜虫发生1740万公顷次，小麦纹枯病发生893万公顷次，发生程度均为2001年以来第二重发年。

江淮、江汉、黄淮南部等地4月中旬至5月初出现阶段性阴雨寡照天气、田间雾露多，且小麦抽穗扬花易感病期遇3～5天连阴雨天气，导致江汉平原、安徽和江苏沿淮及以南麦区、河南中南部赤霉病大发生，浙江和上海等长江中下游其余麦区、陕西关中、山西南部麦区偏重发生。5月北方冬麦区大部多温高少雨天气，导致河北、山东、山西、河南、北京、安徽等地小麦穗期蚜虫偏重发生，河北、山东等地达大发生程度。小麦条锈病、白粉病显著轻于常年，条锈病是2001年以来的第三轻发年份，白粉病是2001年以来第二轻发年份。

**4. 马铃薯晚疫病为近5年以来最重**

2012年马铃薯病虫害总体中等发生，病害重于虫害，发生面积近697万公顷次，比2011年增加约32万公顷次、增幅为4.7%，造成产量损失较2011年增加89%。其中，受夏季降水频繁、降水量偏多、农田空气相对湿度大的影响，马铃薯晚疫病发生程度是2008年以来最重的一年，在山西、河北、重庆、贵州等地大发生；西北地区及湖北偏重发生。山西省8月中下旬病株率一般在80%～90%之间，最高100%，流行高峰较历年提早了20天左右，造成大面积植株成片死亡。甘肃省8月上中旬全省严重发生流行，发生和危害程度是近10年来最为严重的一年，部分早熟田块病情指数高达60%～80%，个别发病严重的田块植株全部枯死。

**5. 油菜病虫害和棉花病虫害总体为中等发生**

2012年全国油菜病虫害发生848万公顷次，比2011年减少3.7%，略高于2001年以来的平均值，以菌核病、霜霉病和蚜虫为主，病害重于虫害。2012年1月至3月中旬，江淮南部、江汉东部、江南以及西南地区东部等油菜产区持续低温阴雨寡照、高湿天气，降水日数达40～60天，利于油菜菌核病、霜霉病发生发展。2012年油菜菌核病发生323万公顷，油菜霜霉病发生166万公顷，发生程度均为近5年来最重，油菜蚜虫发生218万公顷，是近五年来发生次轻的一年，低于2001年以来的平均值。2012年全国棉花病虫害发生2220万公顷次，比2011年减少近11%，产量损失较2011年减少2.3%。

**6. 草地螟在新疆北部偏重发生，北方农牧交错区草原蝗虫中等发生**

2012年全国草地螟幼虫共发生近48万公顷次，重于2010年、2011年。其中，一代幼虫在新疆阿勒泰、塔城等北疆地区偏重发生、局部田块暴发，内蒙古额济纳旗、宁夏惠农区出现高密度田块。

2012年全国蝗虫发生约493万公顷次，比2011年减少近8%，总体为中等发生。其中，东亚飞蝗发生145万公顷次，略高于2011年，在山东、河北、河南、山西、天津等环渤海湾、华北湖库和黄河中下游滩区大部中等发生；夏蝗发生78万公顷，发生程度基本接近2011年；秋蝗中等发生。亚洲飞蝗发生4.9万公顷次，对农区危害较常年和2011年均偏轻。西藏飞蝗发生约10万公顷次，较2011年增加约23%，其中四川发生程度是2007年以来最重的一年。北方农牧交错区草原蝗虫发生334万公顷次，较2011年减少约13%，属中等发生年份，侵入农田为害面积近33万公顷。

# 第3章　每月气候灾害事记

## 3.1　1月主要气候特点及气象灾害

### 3.1.1　主要气候特点

1月，全国平均气温较常年同期偏低，平均降水量较常年同期偏多。月内，南方出现持续低温阴雨(雪)寡照天气，部分地区发生雪灾、冻害；南方旱区出现明显降水，气象干旱得到有效缓解；中东部部分地区遭遇雾霾天气。

月降水量与常年同期相比，江南南部和东部、华南、西南地区东北部及云南南部、西藏东部和西北部、新疆大部、青海大部、甘肃大部、宁夏等地偏多3成至1倍，其中新疆南部、青海东部和南部、甘肃南部、四川北部、西藏东部、福建大部、广西西北部、海南北部等地偏多1倍以上；东北、华北大部、黄淮、江淮、江汉及新疆北部、内蒙古大部、青海西北部、甘肃西部、西藏中部、云南北部等地偏少3～8成，部分地区偏少8成以上；全国其余大部地区接近常年(图3.1.1)。

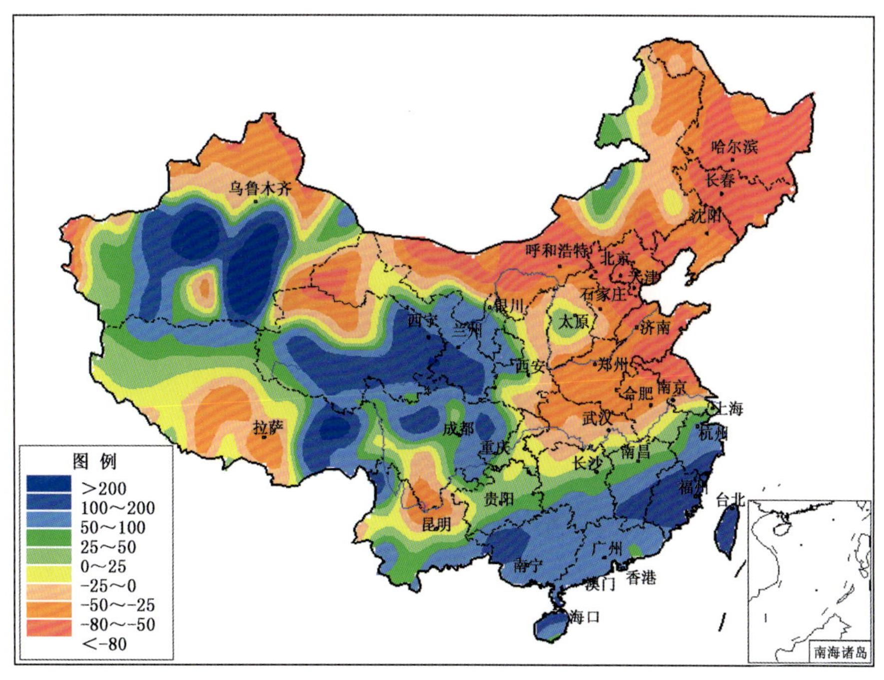


图3.1.1　2012年1月全国降水量距平百分率分布图(%)

Fig. 3.1.1　Precipitation anomalies over China in January 2012(unit:%)

月平均气温与常年同期相比，除云南北部部分地区气温偏高1～2℃外，全国大部地区偏低或接近常年，其中新疆大部、内蒙古中东部、甘肃河西地区、黑龙江大部、吉林中部、辽宁西北部、贵州大部、广西、广东中部和西部偏低 2～3℃，北方部分地区偏低 3℃以上(图 3.1.2)。

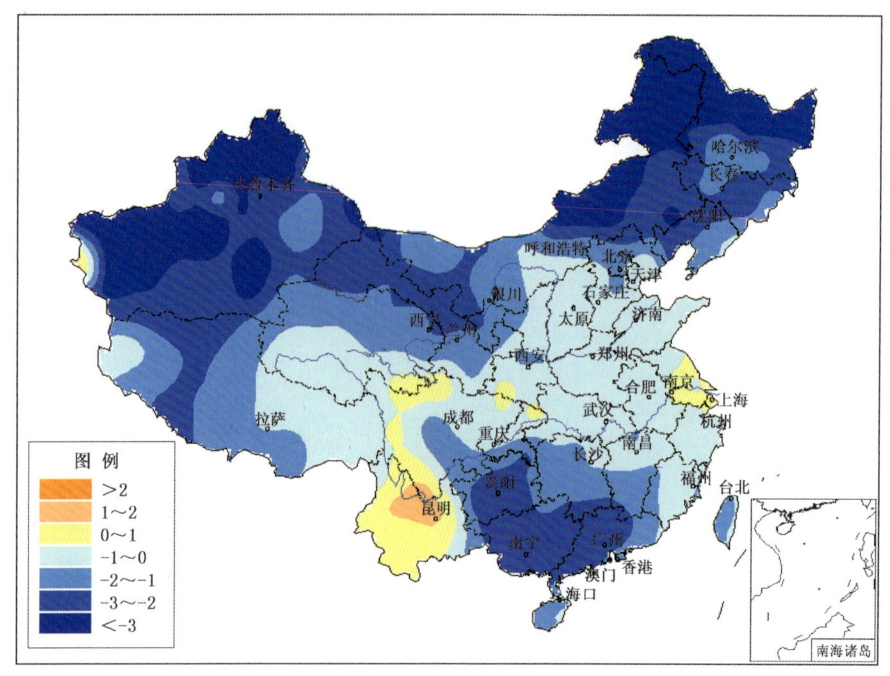


图 3.1.2　2012 年 1 月全国平均气温距平分布图(℃)

Fig. 3.1.2　Mean air temperature anomalies over China in January 2012(unit:℃)

### 3.1.2　主要气象灾害事记

我国南方出现大范围持续低温阴雨(雪)寡照天气，贵州大部、湖南南部和东部、四川东南部、云南西北部以及江西和福建的部分地区还出现了冻雨，其中贵州省贵阳市冻雨日数多达 18 天，为常年同期(4.2 天)的 4 倍多。持续低温阴雨(雪)天气，导致浙江、湖南、安徽、湖北、福建、云南等省部分地区发生雪灾、冻害，同时给交通尤其是春运带来了较大影响。

我国南方地区先后出现 4 次大范围雨(雪)天气过程。这几次降水使旱区大部的气象干旱得到有效缓解。同时，增加了库塘蓄水，缓解了部分城镇供水紧张状况。

我国中东部地区出现雾霾天气，其中河北东南部、河南东部和北部、安徽西北部和南部、江西北部、湖南东部、福建中东部、四川东南部、贵州中西部、云南东南部、广东西部等地雾日数有 3～7 天。与常年同期相比，山西南部、河南西部和东部、贵州中部、广西东南部、广东西部等地雾日数偏多 1～3 天。

## 3.2　2 月主要气候特点及气象灾害

### 3.2.1　主要气候特点

2 月，全国平均气温较常年同期偏低，平均降水量较常年同期偏少。月内，云南大部、四川西南部等地气象干旱持续或发展；南方出现持续低温阴雨寡照天气；新疆、西藏部分地区遭受雪灾；东北出现入冬以来最明显降雪。

月降水量与常年同期相比，除江南东部、华南东部及吉林中部、辽宁北部、内蒙古东南部、青海大部、新疆西部和天山一带、西藏西部等地偏多外，全国大部地区偏少或接近常年，其中华北、黄淮大部，以及内蒙古中部和西部、陕西东南部、湖北西部、云南、四川南部等地偏少8成以上(图3.2.1)。

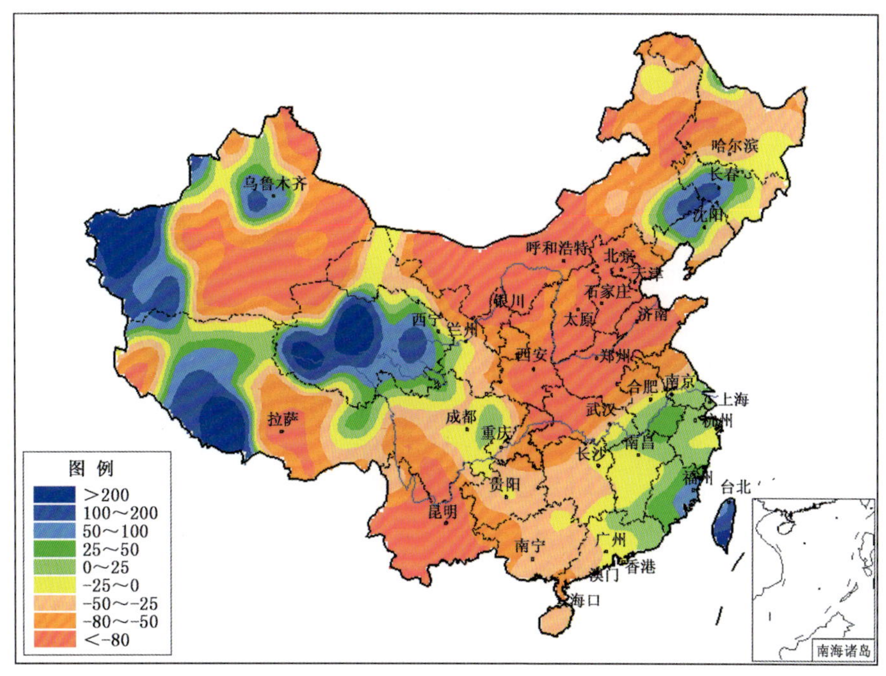


图3.2.1　2012年2月全国降水量距平百分率分布图(%)
Fig. 3.2.1　Precipitation anomalies over China in February 2012(unit:%)

月平均气温与常年同期相比,除青藏高原大部及云南等地接近常年或偏高外,全国大部地区气温偏低,其中东北大部、华北地区东北部、西北地区东北部及内蒙古、新疆西北部、贵州大部、广西大部、湖南大部、江西北部、湖北东部、安徽中南部等地偏低2~3℃,局部偏低3℃以上(图3.2.2)。

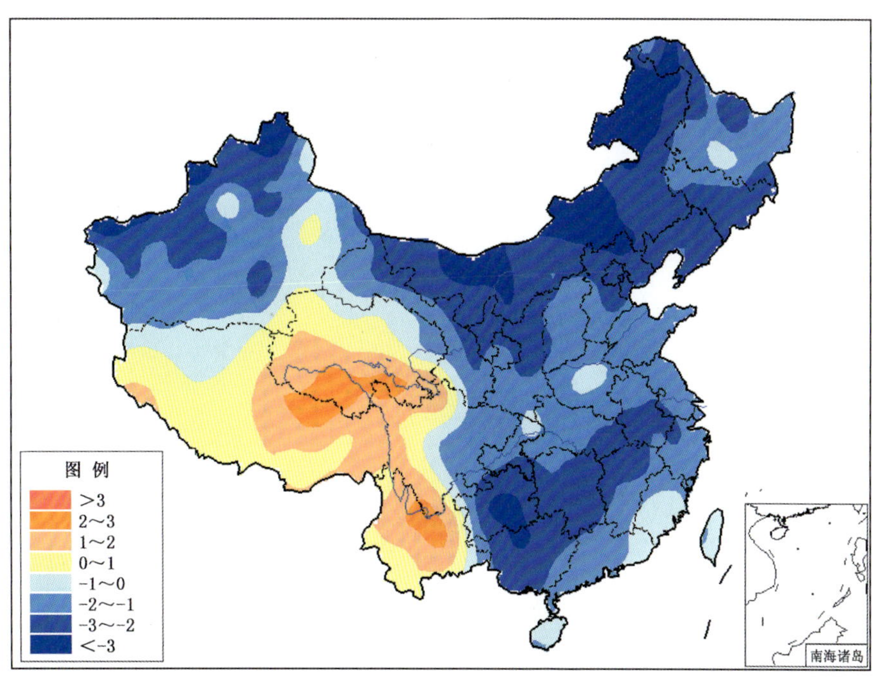


图3.2.2　2012年2月全国平均气温距平分布图(℃)
Fig. 3.2.2　Mean air temperature anomalies over China in February 2012(unit:℃)

### 3.2.2 主要气象灾害事记

入冬以来，云南、四川南部降水量不足25毫米，比常年同期偏少3～8成。其中，2月云南大部、四川西南部降水量不足10毫米，不少地方滴雨未下，比常年同期偏少8成以上；云南月平均降水量5.9毫米，较常年同期(24.0毫米)偏少75.4%，为连续第4年偏少。由于持续少雨，导致部分地区旱情持续或发展。月底，云南大部和四川西南部存在中至重度气象干旱，局部地区达到特旱。

2月我国南方地区延续了1月的低温阴雨(雪)寡照天气，其间先后出现4次大范围降水过程。江南、华南及贵州等地2月降水日数普遍在10天以上，其中江南大部、华南东部及贵州大部超过15天；上述地区月降水日数普遍比常年同期偏多，其中贵州大部、广西西北部、海南东部、广东东南部、福建南部、浙江大部、江苏南部等地偏多3～9天。与此同时，江南、华南中西部、四川盆地及贵州等地气温较常年同期偏低1～3℃，局部偏低3℃以上。长时间的低温阴雨(雪)寡照天气对油菜、蔬菜、绿肥植物等生长发育不利，部分地区农田积水，农作物遭受渍害。

新疆和西藏出现明显的降雪过程，导致部分地区发生雪灾。月内新疆偏西地区和乌鲁木齐市出现3次明显降雪过程，其中2月21—24日，伊犁州、塔城地区、乌鲁木齐市、克州和和田地区普降大雪，伊宁(12.1毫米)、阿合奇(11.4毫米)、温泉(10.7毫米)等地达到暴雪，伊宁(44厘米)、霍城(41厘米)、昭苏(37厘米)等地最大积雪深度超过30厘米。2月8—9日，西藏日喀则地区南部遭遇暴雪强风天气，聂拉木两天降雪量达到105.3毫米，其中9日降雪量达91.5毫米，创当地建站以来2月日降水量历史极值。

2011年12月上旬至2012年2月中旬，东北地区降雪持续稀少，总降水量不足10毫米，比常年同期偏少5成以上。2月22—23日，东北地区出现入冬以来最明显的一次降雪过程，辽宁、吉林大部、黑龙江东南部降了中到大雪，吉林长春、双阳、公主岭、梨树、吉林、永吉、蛟河和辽宁铁岭、沈阳、开原、鞍山等地出现暴雪，其中长春24小时降雪量达12.6毫米，突破历史同期日降雪量极值(1951年2月21日9.8毫米)。此次降雪对交通及设施农业等造成不利影响，但使前期的干旱得到缓和，对降低火险等级、净化空气等也比较有利。

## 3.3 3月主要气候特点及气象灾害

### 3.3.1 主要气候特点

3月，我国平均气温较常年同期偏低，平均降水量较常年同期偏多。月内，云南北部和东南部、四川西南部等地气象干旱持续；南方持续低温阴雨寡照天气；北方喜降春雨(雪)；北方出现大风沙尘天气；新疆发生融雪型洪水。

月降水量与常年同期相比，东北大部、江南中东部以及江苏中部和北部、安徽北部、山东南部、内蒙古中东部地区大部、青海东部和南部、新疆西南部、四川西北部等地降水量偏多3成至1倍，部分地区偏多1倍以上；华南沿海地区大部、大兴安岭地区北部以及内蒙古西部、新疆大部、甘肃河西大部、青海西北部、西藏西部、四川南部、云南西北部和南部、湖北西北部、河北中部等地偏少3～8成，部分地区偏少8成以上；全国其余大部地区接近常年(图3.3.1)。

月平均气温与常年同期相比，除新疆东北部气温偏高1～3℃外，全国大部地区气温偏低或接近常年，其中东北大部、华北东部、黄淮东部及内蒙古中东部、新疆西部、贵州东北部、湖北中南部、湖南中北部等地偏低1～3℃，部分地区偏低3℃以上(图3.3.2)。

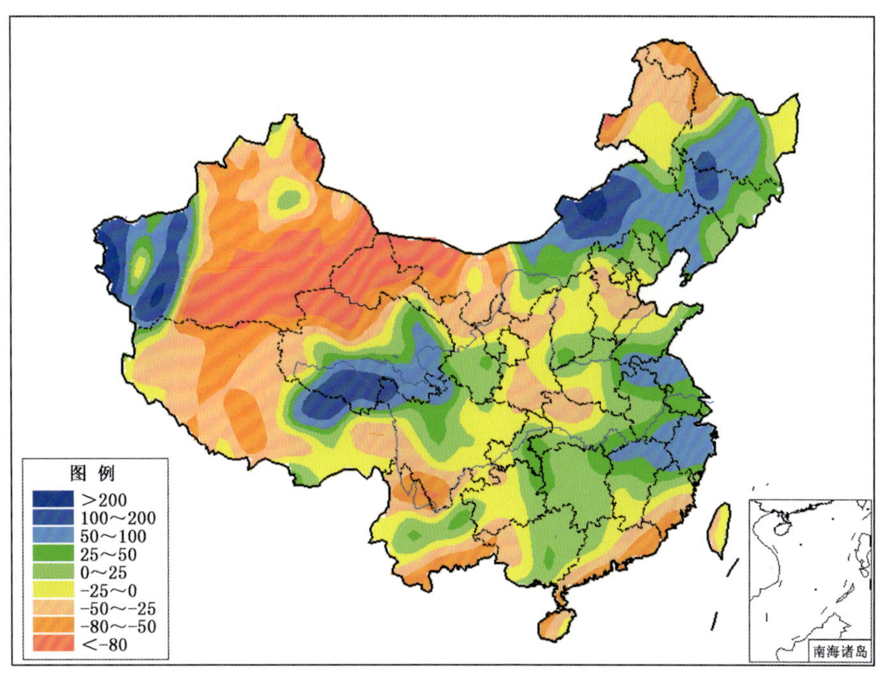


图 3.3.1　2012 年 3 月全国降水量距平百分率分布图(%)

Fig. 3.3.1　Precipitation anomalies over China in March 2012(unit: %)

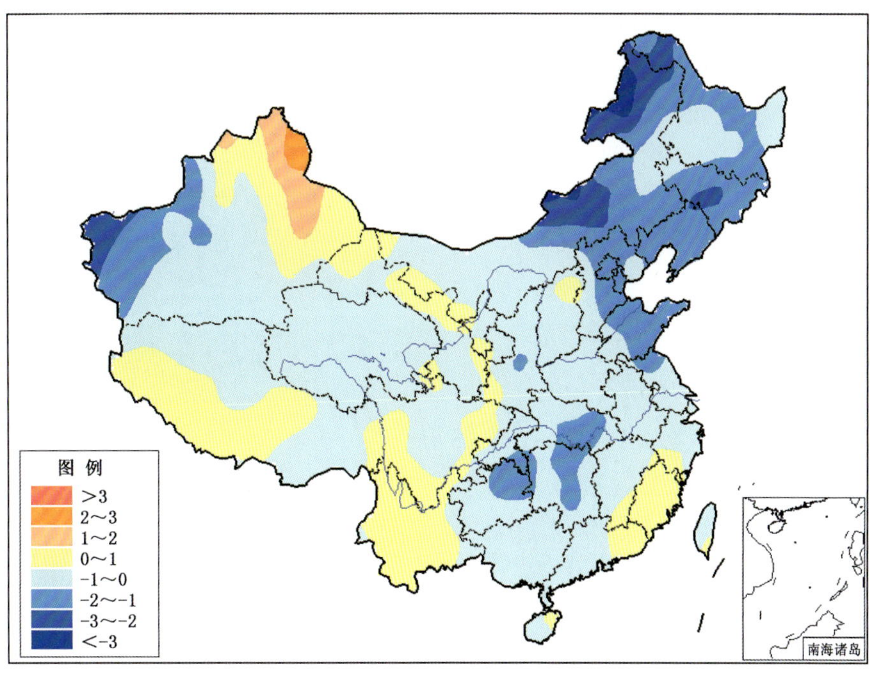


图 3.3.2　2012 年 3 月全国平均气温距平分布图(℃)

Fig. 3.3.2　Mean air temperature anomalies over China in March 2012(unit: ℃)

### 3.3.2 主要气象灾害事记

3月上旬前期，云南大部地区出现10毫米以上的降水，其中西部和中东部局地降水量有20～50毫米，使气象干旱得到不同程度的缓和，但由于此前干旱时间长，蓄水量严重不足，此次降水对河湖库塘增水有限，整体缺水状况仍未得到有效改善，加之3月5日以后云南大部及四川西南部持续少雨，气温偏高，总降水量在10毫米以下，比常年同期偏少5～9成，致使气象干旱持续，且局部旱情发展加重。月底，云南北部和东南部以及四川西南部存在中到重度气象干旱，局部地区特旱。

3月1—24日，南方大部地区持续低温阴雨寡照天气。江南西部、华南西部及贵州东部等地气温较常年同期偏低1～4℃；江南、华南大部降水日数有12～20天，普遍较常年同期偏多，其中广西东部和南部、广东西部、湖南大部、江西北部、湖北东部、安徽中部和南部、江苏南部、浙江北部偏多3～6天，局部偏多6天以上。在此期间，先后出现4次较明显的降水，其中3月3—7日江南大部、华南北部出现大到暴雨，降水量达50～200毫米。

3月15—18日、21—22日，北方冬麦区大部出现2次明显雨雪天气过程，总降水量普遍有10～50毫米，其中黄淮南部超过50毫米。这两次降水使麦区前期出现的气象干旱得到缓解，有利于土壤增墒保墒和春耕备耕。3月底，冬麦区大部墒情适宜，利于冬小麦返青生长。

3月5—8日、16—18日、23—24日、29—31日，东北地区先后出现4次大范围明显雨雪天气过程。大部地区总降水量有10～50毫米，比常年同期偏多5成至2倍。这几次降水使东北地区前期降水偏少的状况得到缓和，增加了地表水资源，改善了土壤墒情，同时对降低森林草原火险等级、净化空气、遏制沙尘天气等也比较有利。

3月19—23日、29—30日，我国出现2次沙尘天气过程，较常年同期明显偏少。3月19—23日，西北部分地区及内蒙古西部出现大范围沙尘天气，其中新疆若羌、民丰出现强沙尘暴。此次沙尘天气过程是2012年以来我国出现的第一次沙尘天气过程，出现时间比常年明显偏晚，为2000年以来最晚。受此次大风、沙尘天气影响，新疆、甘肃、河北、北京等省(区、市)部分地区受灾，北京、河北两地因大风刮倒大树、广告牌等造成数十人受伤。

3月中下旬，新疆大部地区快速回暖，气温比常年同期偏高1～4℃，积雪加速融化，导致乌鲁木齐、伊犁、喀什、和田等市(地、州)的部分地区发生融雪型洪水或雪崩灾害。

## 3.4 4月主要气候特点及气象灾害

### 3.4.1 主要气候特点

4月，全国平均气温较常年同期偏高，平均降水量略偏多。月内，云南中北部和西南部、四川西南部等地气象干旱持续；江南、华南遭受风雹灾害；北方农区普降春雨；北方地区出现大风沙尘天气；华南、江南局部暴雨成灾。

月降水量与常年同期相比，东北中部和南部、华北东部、黄淮北部、华南大部、青藏高原中部以及宁夏大部、甘肃西北部、内蒙古西部、新疆东部、江西中东部、浙江南部等地偏多3成至1倍，部分地区偏多1倍以上；西南地区东部以及广西西部、湖北东北部、安徽中部和北部、陕西中部和南部、青海中北部、新疆大部、内蒙古大部、黑龙江西部等地偏少3～8成，部分地区偏少8成以上；全国其余大部地区接近常年(图3.4.1)。

月平均气温与常年同期相比，除青藏高原、东北以及内蒙古东北部等地接近常年外，全国大部地区偏高1℃以上，其中新疆北部、山西东北部、江苏中部和南部、安徽中东部、浙江北部、广西西部等地偏高2～4℃(图3.4.2)。

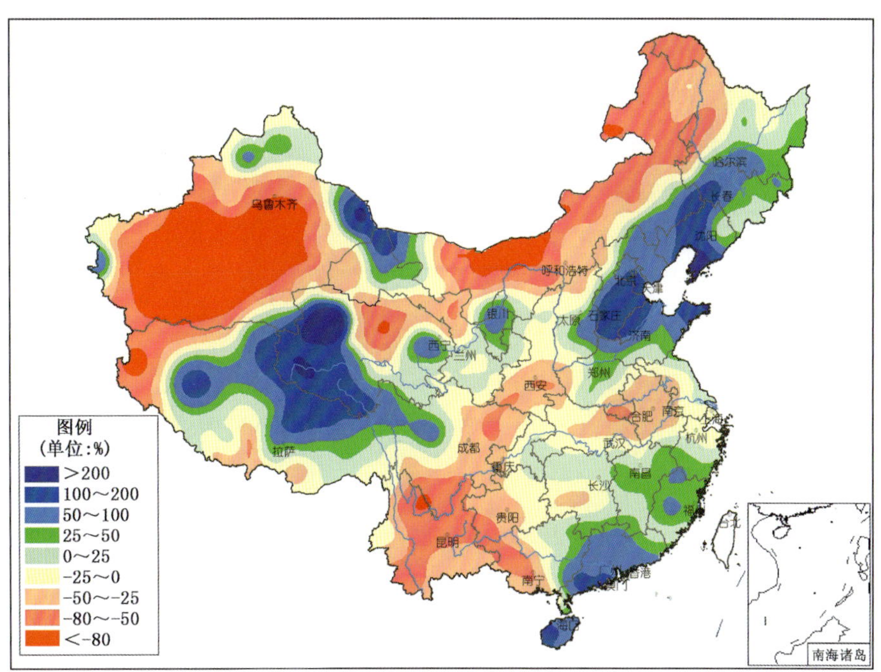


图 3.4.1　2012 年 4 月全国降水量距平百分率分布图(%)

Fig. 3.4.1　Precipitation anomalies over China in April 2012(unit:%)

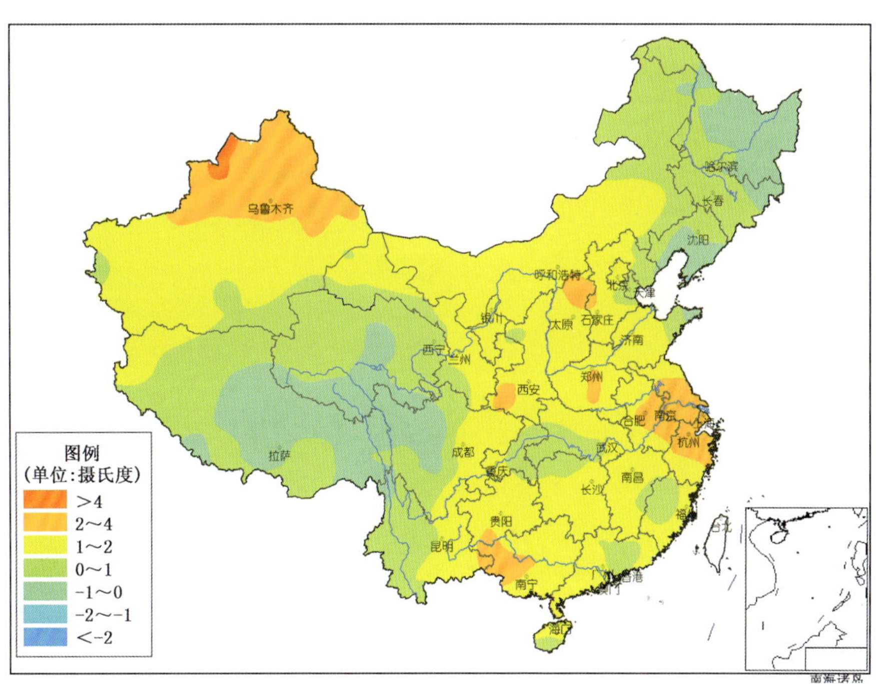


图 3.4.2　2012 年 4 月全国平均气温距平分布图(℃)

Fig. 3.4.2　Mean air temperature anomalies over China in April 2012(unit:℃)

### 3.4.2 主要气象灾害事记

4月，云南大部地区出现10毫米以上的降水，其中西部和南部大部地区降水量有20～50毫米，局部超过50毫米，有效改善了土壤墒情，使气象干旱得到不同程度的缓和，而四川南部、云南北部部分地区降水量在10毫米以下，气象干旱仍然维持。由于西南旱区前期干旱时间长，蓄水量不足，本月降水对河湖库塘增水有限，整体缺水状况仍未得到有效改善。4月底，云南中北部和西南部、四川西南部、贵州西南部、广西西部等地存在中到重度气象干旱，局部地区特旱。

4月，我国南方频繁遭受雷雨大风、冰雹等强对流天气袭击，月平均强对流日数达到5.9天，比常年同期偏多0.9天，为近10年来最多。江南和华南大部强对流日数达5～9天，局部超过9天；江南、华南强对流日数普遍较常年同期偏多，其中广东大部、海南东北部、福建大部、江西大部、湖南东部和北部等地偏多2天以上。

4月9—12日、19—21日和23—25日，北方冬麦区先后出现3次大范围的降水过程。其中，4月23—25日为2012年以来最强的一次降水过程，华北、黄淮普降中到大雨，局部暴雨，过程降水量一般有10～50毫米，部分地区达50～100毫米，局部超过100毫米。此次降水正好处于冬小麦拔节孕穗需水关键期，对增加麦区土壤墒情和促进冬小麦生长发育极为有利。

月内，北方出现6次沙尘天气，比常年同期(2000—2011年平均)偏多0.9次，比2011年偏多2次。

## 3.5 5月主要气候特点及气象灾害

### 3.5.1 主要气候特点

5月，全国平均气温较常年同期偏高，平均降水量接近常年同期。月内，南方地区暴雨频发，部分地区洪涝灾害较重；西北地区中东部降水偏多，甘肃局地发生严重山洪泥石流灾害；全国23个省(区、市)遭受风雹灾害，其中湖南、甘肃等省受灾较重；云南、四川旱区下旬普降喜雨，气象干旱得到缓和；北方地区出现2次大风沙尘天气。

月降水量与常年同期相比，西北地区东南部、四川盆地大部以及湖南北部、江西北部、湖北南部、浙江东北部、贵州大部、广西南部和西部、海南、广东西南部、青海大部、新疆西南部、内蒙古中部等地偏多3成至1倍，部分地区偏多1倍以上；华北大部、黄淮、江淮东部、东北大部以及新疆大部、西藏大部、云南大部、四川西南部等地偏少3～8成，其中华北东南部、黄淮东部等地偏少8成以上；全国其余大部地区接近常年(图3.5.1)。

月平均气温与常年同期相比，全国大部地区不同程度偏高，其中东北大部、华北、黄淮大部、江淮东部、华南大部以及江西南部、云南、四川西部、青海南部、甘肃西部、新疆北部、内蒙古大部、西藏中南部等地一般偏高1～2℃，四川西南部、云南西北部、河北南部、山东中部等地偏高2℃以上(图3.5.2)。

### 3.5.2 主要气象灾害事记

月内，南方出现5次大范围强降水天气过程，其中5月11—15日的过程影响范围较广，降水强度较强，造成的灾害也较严重。5月11—15日，江南、华南及贵州、四川等地出现大到暴雨，部分地区出现大暴雨。12日，江西有10个气象观测站、广西有9个气象观测站日雨量超过100毫米；广西桂平24小时降雨量达237毫米，1小时降雨量达115毫米；重庆长寿5月11日1小时降雨101毫米。由于降雨强度大，且部分暴雨区域与前期强降雨区域叠加，导致一些地方重复受灾，灾害加重。初步统计，江西、湖南、湖北、四川、广西、福建、贵州、重庆、广东等省(区、市)共计450.2万人受灾，死亡15人，失踪6人；农作物受灾面积16.7万公顷；直接经济损失26.5亿元。

西北中东部地区先后出现5次大范围降水天气过程，一般为小到中雨，局部地区出现大雨或暴

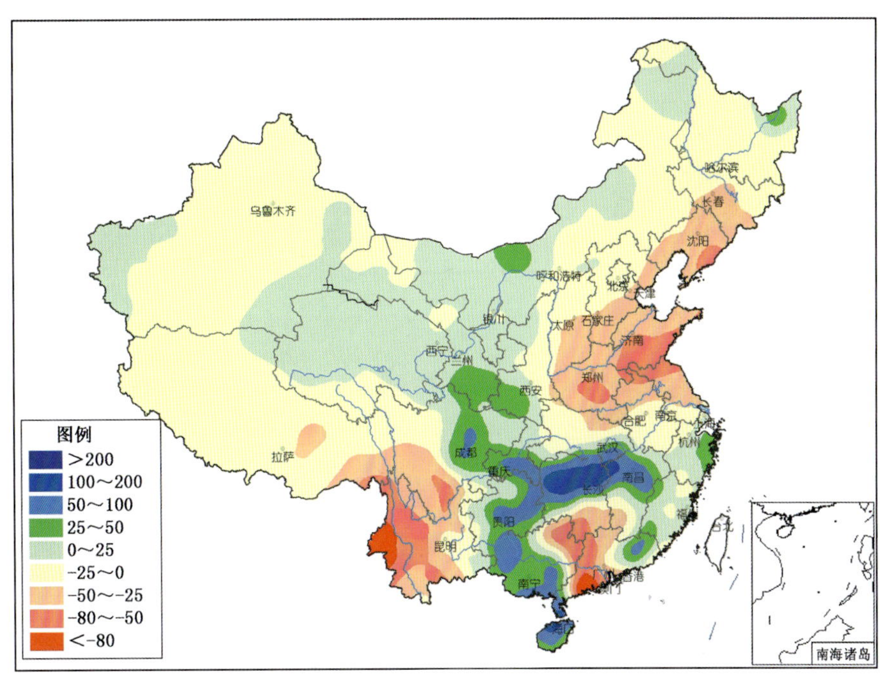


图 3.5.1　2012 年 5 月全国降水量距平百分率分布图(%)

Fig. 3.5.1　Precipitation anomalies over China in May 2012(unit:%)

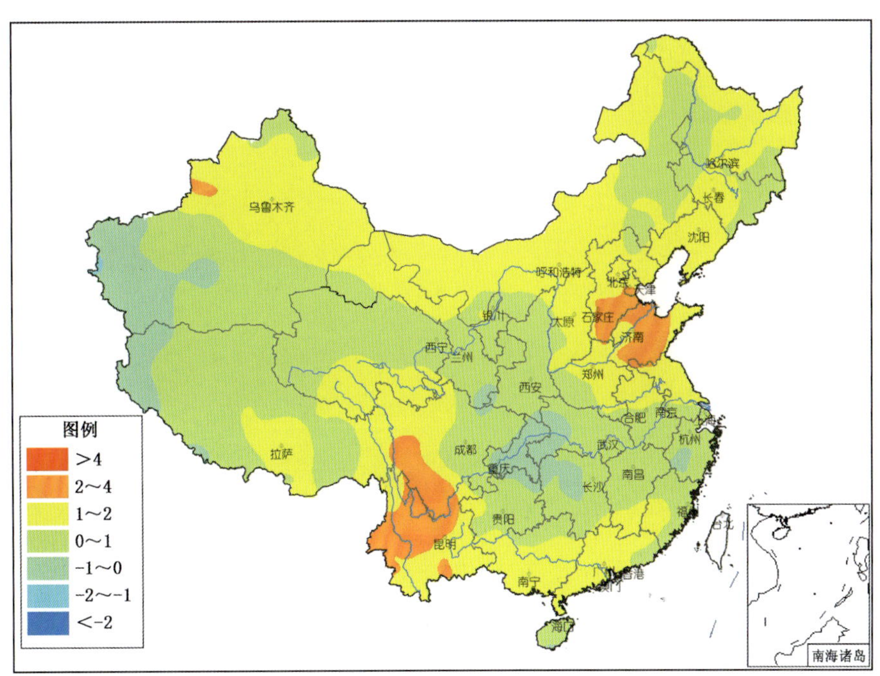


图 3.5.2　2012 年 5 月全国平均气温距平分布图(℃)

Fig. 3.5.2　Mean air temperature anomalies over China in May 2012(unit:℃)

雨,累计降水量有 25～100 毫米;与常年同期相比,上述大部地区降水量偏多 3～5 成,部分地区偏多 5 成以上。这几次降水使陕西、甘肃等省部分地区的气象干旱得到缓解,对冬小麦充分灌浆、增加粒重和春播作物幼苗生长,以及牧草返青生长均比较有利。但甘肃、宁夏、青海等省(区)局部地区因强降水引发了山洪泥石流灾害，造成不同程度的损失，其中甘肃受灾严重，全省局地暴雨洪水共造成 61 人死亡，22 人失踪。

月内，全国共有 23 个省(区、市)遭受雷雨大风、冰雹袭击，湖南、广东、江西、内蒙古局地还出现龙卷风。其中，湖南、甘肃等省受灾较重。

3 月 5 日至 5 月 24 日，云南大部、四川南部降水偏少，导致气象干旱持续发展。5 月 25—31 日，上述旱区喜降小到中雨，局部大到暴雨，降水量有 10～50 毫米，部分地区超过 50 毫米，对缓和旱情较为有利。但是由于西南旱区前期干旱时间长，整体缺水状况仍未得到根本改善。5 月底，云南北部、四川南部部分地区尚存在中到重度气象干旱，局部地区为特旱。

月内，我国北方地区出现了 2 次沙尘天气过程，较 2000—2010 年同期(3.2 次)偏少，且 2 次均为扬沙天气。

## 3.6 6月主要气候特点及气象灾害

### 3.6.1 主要气候特点

6 月，全国平均气温较常年同期偏高，降水量略偏多。月内，南方降水过程频繁，部分地区洪涝灾害较重；北方大部降水偏多，局部暴雨成灾；25 个省(区、市)局部遭受风雹灾害；西南气象干旱解除，黄淮、江淮气象干旱持续发展；强热带风暴"杜苏芮"在广东登陆。

月降水量与常年同期相比，东北大部、华北西北部和东北部以及内蒙古、陕西北部、宁夏大部、甘肃西部、青海西北部、新疆南部和东部、四川西部、西藏东南部、云南东部、海南、广西东部、广东西南部、浙江大部、江西西南部等地偏多 3 成至 2 倍，局部偏多 2 倍以上；华北南部、黄淮、江淮、江汉大部以及陕西中部和南部、重庆大部、西藏西南部等地偏少 3～8 成，局部偏少 8 成以上；全国其余大部地区接近常年(图 3.6.1)。

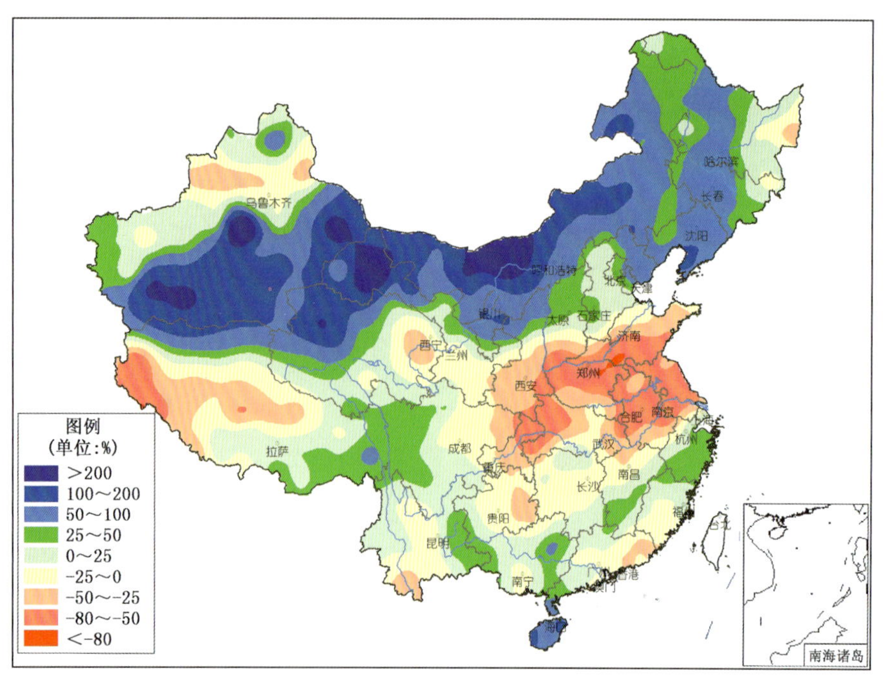


图 3.6.1　2012 年 6 月全国降水量距平百分率分布图(%)

Fig. 3.6.1　Precipitation anomalies over China in June 2012(unit:%)

月平均气温与常年同期相比，除内蒙古、辽宁、河北、贵州、四川的部分地区偏低1～2℃外，全国大部地区气温接近常年或偏高，其中黄淮西部、江汉北部以及宁夏西部、甘肃中部和西部、新疆北部和东部、内蒙古西部和东北部的部分地区、黑龙江北部、西藏中部等地偏高1～2℃，局部偏高2℃以上（图3.6.2）。

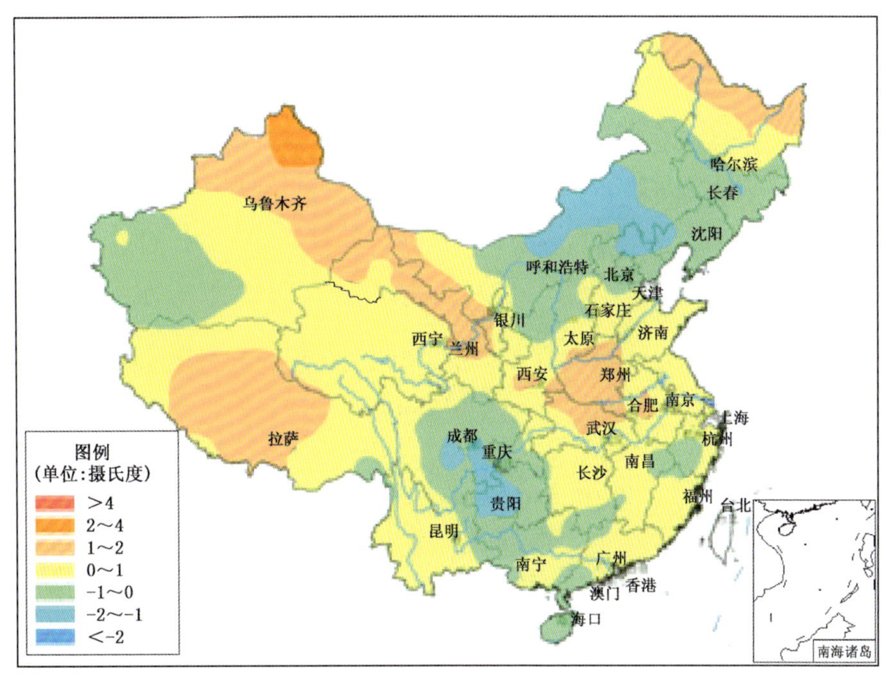


图3.6.2　2012年6月全国平均气温距平分布图(℃)

Fig. 3. 6. 2　Mean air temperature anomalies over China in June 2012(unit:℃)

### 3.6.2　主要气象灾害事记

6月，我国南方出现4次大范围强降水天气过程。其中，6月下旬2次强降水过程影响范围较广，强度较强，江南、华南及四川、贵州、云南等地部分地区出现大到暴雨，局部大暴雨。广西蒙山(523.8毫米)、福建武夷山(351.3毫米)、湖南石门(335.9毫米)、广东连平(314.8毫米)、江西南城(313.2毫米)等站6月21—28日总降水量超过300毫米；广西蒙山(225.0毫米)、广东新丰(186.0毫米)、湖南石门(223.0毫米)、安徽太湖(176.0毫米)、贵州望谟(161.9毫米)等站日降水量超过150毫米。由于降雨强度大，导致部分地区发生较严重的洪涝及滑坡、泥石流灾害。

月内，我国北方多阵雨和雷阵雨天气，大部地区降水量较常年同期偏多，其中东北大部、华北中部和东北部及内蒙古大部、陕西北部等地累计降水量达50～200毫米，较常年同期偏多3成至4倍不等。由于降水分布不均，局部降雨强度大，导致甘肃、新疆、内蒙古、吉林、黑龙江、河北、山西、陕西等省(区)局部地区发生不同程度的暴雨洪涝或滑坡、泥石流灾害，其中内蒙古、甘肃、新疆损失较重。

6月，全国有25个省(区、市)先后遭受雷雨大风、冰雹袭击，其中新疆、山东、吉林、甘肃、宁夏、陕西等省(区)局部受灾较重。

5月1日至6月25日，华北南部、黄淮大部、江淮北部地区降水明显偏少，其中山东、江苏、河南三省平均降水量52.2毫米，较常年同期偏少68%，为1951年以来历史同期最少。尤其6月1—25日，河南中北部、山东南部、江苏中北部、安徽东北部等地降水量不足10毫米，气温较常年同期偏高1～2℃，局部出现了12～15天35℃以上的高温天气。持续高温少雨使得华北南部、黄淮、江淮等地普遍出现中度以上气象干旱，其中河南大部、山东南部、江苏大部、安徽中北部等地达重到特旱，导致夏播推迟，夏播作物出苗受到较大影响。截至 6 月 21 日统计，全国耕地受旱面积 517.4 万公顷，其中作物受旱面积 308 万公顷，待播耕地缺水缺墒面积 209.4 万公顷，主要分布在河南、安徽、山东等省。6 月 26 日至 7 月初，华北、黄淮、江淮等气象干旱区出现明显降水，降水量普遍在 50 毫米以上，大部地区旱情得到有效缓解。

6 月有 1 个热带气旋登陆我国，登陆个数较常年同期（0.6 个）略偏多。1206 号强热带风暴“杜苏芮”于 6 月 30 日在广东省珠海市南水镇沿海登陆，登陆时中心附近最大风力 10 级，中心气压 985 百帕。“杜苏芮”是 2012 年首个登陆我国的台风，移动速度快、路径较稳定，影响较轻。

## 3.7 7 月主要气候特点及气象灾害

### 3.7.1 主要气候特点

7 月，全国平均降水量较常年同期偏多，全国平均气温较常年同期偏高。月内，四川、重庆、江西、湖南、河北、北京等地发生暴雨洪涝及滑坡、泥石流灾害；江南、江汉、江淮及新疆等地相继出现高温天气；黄淮、江淮等地出现明显降水，前期气象干旱得到有效缓解；风雹、雷电等强对流天气频繁发生，吉林、河北、山西、江苏、安徽、陕西等地局部受灾严重；台风“韦森特”登陆广东。

月降水量与常年同期相比，西北地区中部、华北大部以及内蒙古大部、黑龙江中北部和西南部、吉林西部、陕北北部和陕南西部、新疆中西部、西藏中北部、四川西北部与东部、贵州中部、湖南中部、江西中部、江苏中东部、山东东南部等地偏多 3 成至 2 倍，局部偏多 2 倍以上；河南南部、湖北中北部和东南部、安徽中西部和南部、江西北部和南部、浙江西部和南部、福建东部、广东北部、重庆中部以及西藏西部、新疆南部的部分地区偏少 3～5 成，局部偏少 5 成以上；全国其余大部地区接近常年（图 3.7.1）。

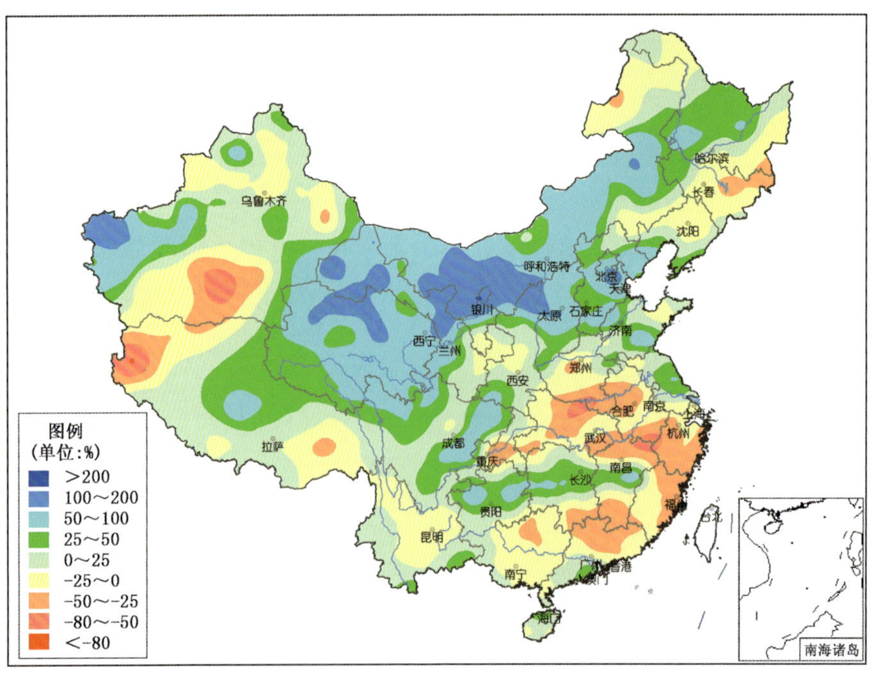


图 3.7.1 2012 年 7 月全国降水量距平百分率分布图（%）
Fig. 3.7.1 Precipitation anomalies over China in July 2012(unit:%)

月平均气温与常年同期相比，全国大部地区气温接近常年或偏高，其中江南北部、江淮、江汉大部、黄淮大部、大兴安岭北部，以及青藏高原和新疆的部分地区偏高 1～2℃（图 3.7.2）。

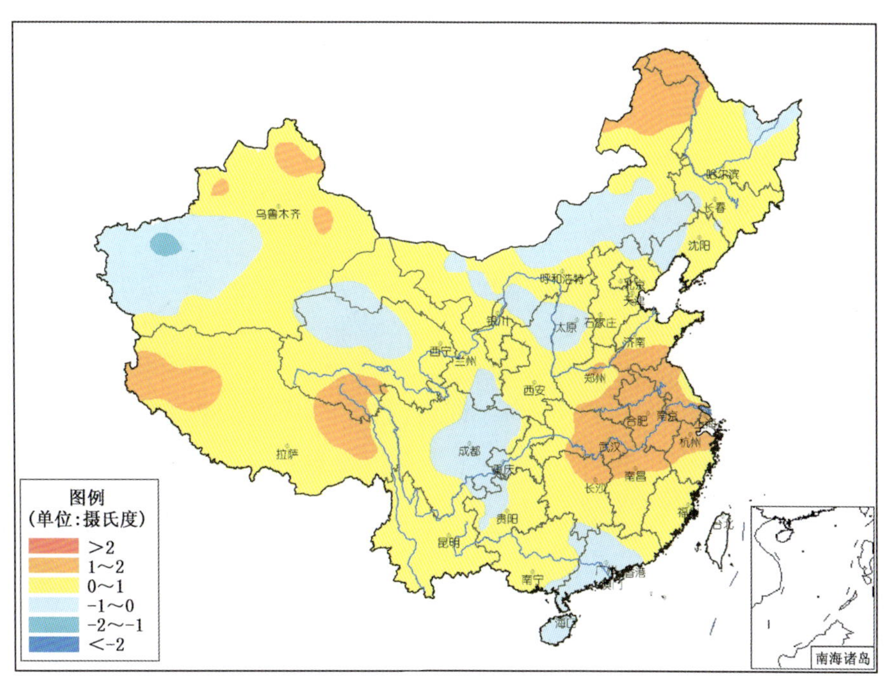


图 3.7.2　2012 年 7 月全国平均气温距平分布图（℃）

Fig. 3.7.2　Mean air temperature anomalies over China in July 2012(unit: ℃)

### 3.7.2　主要气象灾害事记

7 月，我国部分地区暴雨频繁，强度大，出现较为严重的洪涝或滑坡、泥石流等地质灾害。2—5 日，四川盆地至黄淮一带出现强降雨，部分地区发生不同程度的暴雨洪涝灾害。中下旬，南方地区多次出现强降水过程，湖南、江西部分河段及东南洞庭湖出现超警水位，湖南 1233 座水库一度溢洪，江西 7 座大型水库超汛限水位；长江上游干流和部分支流发生超保证水位洪水，24 日长江三峡迎来建库以来的最大洪峰。21—22 日，北京、天津及河北出现区域性大暴雨到特大暴雨，海河流域的北运河出现超历史实测记录的特大洪水，拒马河出现 1963 年以来最大洪水，部分地区发生严重暴雨洪涝灾害及泥石流、滑坡灾害。

月内，江南、江汉、江淮及新疆等地相继出现高温天气。南方部分地区早稻遭受轻至中度高温热害，新疆部分地区棉花以及蔬菜、瓜果生产受到不利影响，局部地区人畜饮水发生困难，城市供电、供水紧张。

7 月上旬，黄淮、江淮东部、华北南部、江汉东北部以及四川盆地、陕西南部等地出现明显降水，累计降水量普遍有 50～200 毫米。此次降水使黄淮、江淮前期气象干旱得到有效缓解。

7 月全国有 26 个省（区、市）遭受风雹、雷电等强对流天气灾害，其中吉林、河北、山西、江苏、安徽、陕西等地局部受灾严重。

月内，1 个热带气旋在我国登陆，登陆个数比常年同期（2.0 个）偏少。1208 号台风“韦森特”24 日 04 时在广东省台山市赤溪镇沿海登陆，登陆时中心附近最大风力有 13 级（40 米/秒），中心最低气压为 955 百帕。受其影响，广东、广西、海南、云南、福建出现强降水，华南沿海出现大风。据统计，影响最严重的广东省受灾 96.6 万人，死亡 11 人；农作物受灾面积 6.4 万公顷；直接经济损失 18.7 亿元。

## 3.8 8月主要气候特点及气象灾害

### 3.8.1 主要气候特点

8月，全国平均降水量较常年同期偏少，全国平均气温较常年同期偏高。月内，台风登陆频繁，强度强、影响时间长、范围广，损失非常严重；河北、山西、辽宁、甘肃、陕西、湖北等省发生暴雨洪涝及滑坡、泥石流灾害；江南、华南、四川盆地及新疆等地出现高温天气；重庆、湖北、安徽、河南等地上中旬一度出现干旱；19个省（区、市）遭受风雹灾害，江苏、河北、甘肃、新疆、河南等地局部受灾较重。

月降水量与常年同期相比，江南东部、江淮大部、沿渤海一带，以及甘肃南部、青海中部和西北部、新疆北部和西南部、西藏西部等地偏多3成至1倍，局部偏多1倍以上；内蒙古大部、黑龙江西部和东北部、吉林西部、河北西北部、山西大部、陕西北部、宁夏北部、新疆中部、湖北中部和西南部、湖南中西部、重庆、贵州、云南东部和中部、广西北部、广东大部、西藏中部等地偏少3～5成，部分地区偏少5成以上；全国其余大部地区接近常年（图3.8.1）。

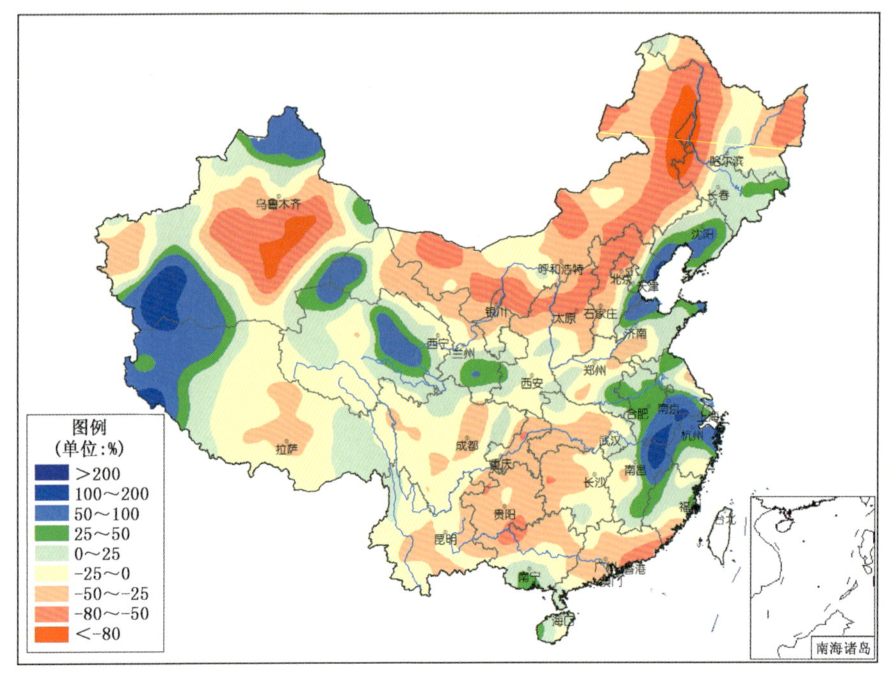


图3.8.1 2012年8月全国降水量距平百分率分布图（%）

Fig. 3.8.1 Precipitation anomalies over China in August 2012(unit:%)

月平均气温与常年同期相比，全国大部地区接近常年或偏高，其中四川盆地大部及青海南部、宁夏大部、甘肃河西走廊、内蒙古西部、新疆中东部等地偏高1～2℃（图3.8.2）。

### 3.8.2 主要气象灾害事记

台风登陆频次高、强度强，影响时间长、范围广，损失相当严重。月内，共有5个热带气旋在我国登陆，远多于常年，与1994年和1995年同为历史同期最多。登陆级别全部达到台风或强台风，为历史罕见。自7月28日“苏拉”生成，到8月底“布拉万”、“天秤”停编，整整一个月的时间台风活动不断，这种情况极为罕见。全国有20多个省（区、市）受到影响，台风带来的降雨区域南至海南，西抵云南，北达黑龙江，局部地区降水量突破历史极值，约150条河流发生超警戒水位洪水，近30条河流

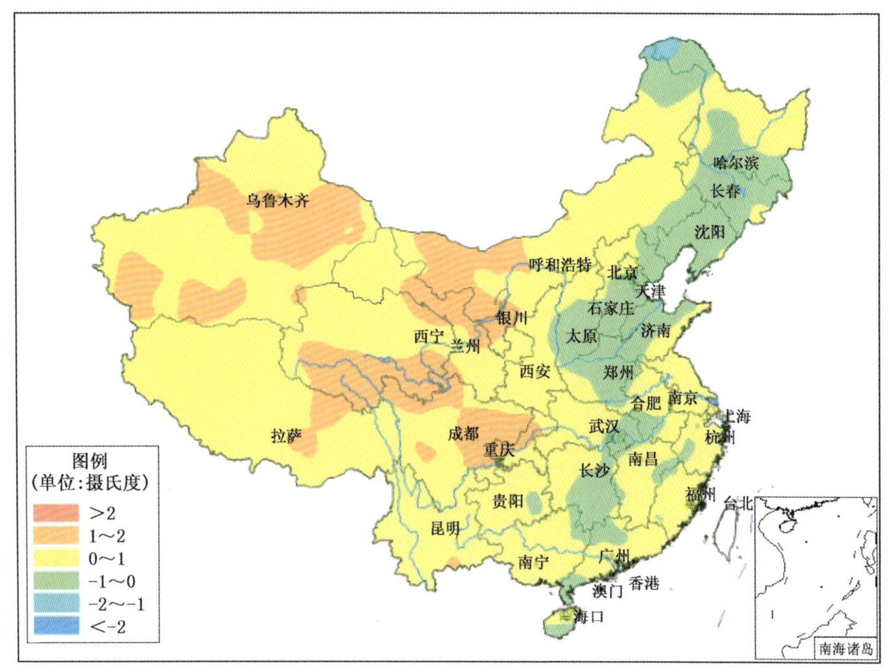


图 3.8.2 2012 年 8 月全国平均气温距平分布图(℃)

Fig. 3.8.2 Mean air temperature anomalies over China in August 2012(unit: ℃)

发生超保证水位洪水,16 条河流发生超历史记录特大洪水。受台风影响,全国 4000 多万人次受灾,直接经济损失超过 1000 亿元,为 2001 年以来同期最重。

月内,我国部分地区遭受暴雨袭击,局部地区由于暴雨强度大,出现较为严重的暴雨洪涝及滑坡、泥石流灾害。7 月底至 8 月初,华北大部及辽宁西部等地出现大到暴雨、局部大暴雨,河北、山西、辽宁等省 187.3 万人受灾,直接经济损失 20 多亿元。8 月 14 日和 17—18 日,西北东部和华北西部的部分地区出现中到大雨、局部暴雨,甘肃、陕西受灾较重。8 月 20—21 日,黄淮、江淮、江汉、四川盆地东部及湖南北部等地出现大到暴雨、局部大暴雨。

8 月,全国高温日数较常年同期略偏多。江南、华南、江汉、四川盆地及新疆等地出现高温天气,对人们日常生产、生活带来一定影响。同时,温高雨少造成部分地区干旱持续或发展,不利于水稻分蘖孕穗、玉米抽雄以及棉花蕾铃正常生长,重庆、湖北等地的局部地区水稻还出现“高温逼熟”现象。

月内,全国共 19 个省(区、市)相继发生风雹、雷电灾害,其中江苏、河北、甘肃、新疆、河南等地局部受灾较重。

## 3.9 9月主要气候特点及气象灾害

### 3.9.1 主要气候特点

9 月,全国平均降水量较常年同期偏多,全国平均气温与常年同期持平。月内,四川、云南、重庆、陕西、内蒙古、山西、河南、湖北、湖南等地部分地区遭受暴雨洪涝灾害;全国干旱范围小,程度轻;北方部分地区出现低温冷冻害;部分省(区)局地遭受风雹袭击;台风“三巴”影响东北部分地区。

月降水量与常年同期相比,江南大部、江淮西部、华北北部、西北地区东北部、东北大部以及内蒙古大部、山东东南部、江苏北部、河南南部、四川东南部、重庆大部、云南东北部、西藏东南部等地一般偏多3成至1倍，部分地区偏多1倍以上；华南大部、西北地区中西部以及内蒙古西部、西藏西北部、山东半岛东部等地一般偏少3～8成，部分地区偏少8成以上；全国其余大部地区接近常年(图3.9.1)。

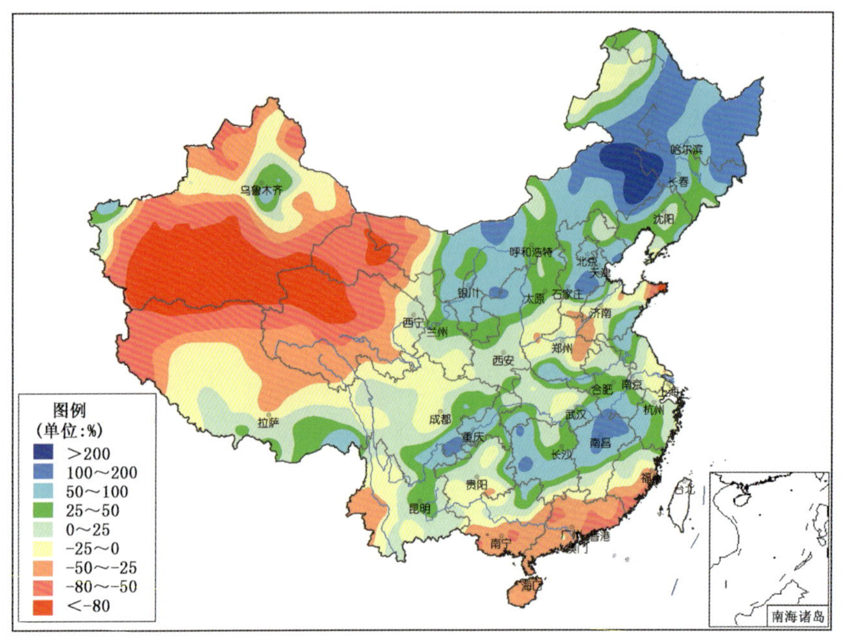


图3.9.1　2012年9月全国降水量距平百分率分布图(%)
Fig. 3.9.1　Precipitation anomalies over China in September 2012(unit: %)

月平均气温与常年同期相比，全国大部地区接近常年，仅山西大部、陕西北部、内蒙古中部、宁夏大部、重庆中南部、贵州、广西北部、江西东北部、安徽南部、浙江西部等地偏低1～2℃，西藏西部、新疆西南部和北部部分地区、内蒙古东北部、黑龙江中部和东部、吉林东北部等地偏高1～2℃(图3.9.2)。

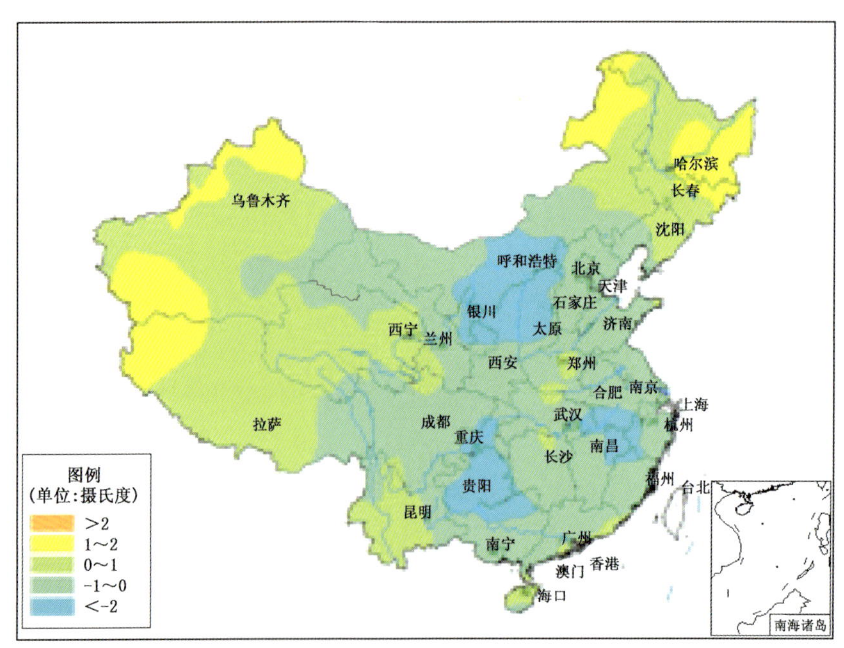


图3.9.2　2012年9月全国平均气温距平分布图(℃)
Fig. 3.9.2　Mean air temperature anomalies over China in September 2012(unit: ℃)

### 3.9.2 主要气象灾害事记

9月，全国暴雨日数较常年同期偏多。8月底至9月3日，西北地区东部、西南地区东北部、华北等地出现大到暴雨、局部大暴雨；9月8—9日，西北地区东南部、黄淮西部、江淮等地出现大到暴雨；10—13日，西南地区东部、江汉西部、黄淮南部等地出现大到暴雨、局部大暴雨。上述三次强降水过程，造成四川、云南、重庆、陕西、内蒙古、山西、河南、湖北、湖南等地受灾。

月内，我国大部地区降水过程较多，雨水比较丰沛、调匀，全国干旱范围小，程度轻。月底，仅广东中东部等地存在轻到中度气象干旱。

月内，河北、甘肃、山西、青海、内蒙古、宁夏、新疆等省(区)部分地区遭受低温冷冻害，造成不同程度损失，其中河北、内蒙古局部受灾较重。

月内，全国有16省(区)发生风雹灾害，其中湖北、陕西、山东、安徽、河北、辽宁等省局地受灾较重。

9月17日，台风“三巴”在韩国沿海登陆。受其影响，吉林东北部、黑龙江东部普降大到暴雨，局部大暴雨。此次降水缓解了上述地区前期江河湖库水资源亏空状况，增加了湖库蓄水，对作物后期灌浆成熟也比较有利。但强降水导致吉林、黑龙江部分地区发生不同程度的洪涝灾害。

## 3.10 10月主要气候特点及气象灾害

### 3.10.1 主要气候特点

10月，全国平均降水量较常年同期偏少，全国平均气温与常年同期持平。月内，华南东部部分地区秋旱持续；台风“山神”影响华南地区；西南地区出现连阴雨天气；云南、甘肃、陕西、山西、新疆等省(区)遭受局地洪涝或风雹灾害；中东部大部地区出现雾霾天气；北方部分地区出现低温冷冻害。

月降水量与常年同期相比，黑龙江西部、吉林大部、辽宁、河北东北部、内蒙古东部大部和中部局部、宁夏局部、新疆北部、青海南部、四川西北部至中部、湖北东部和南部、湖南北部、广西南部、广东西部等地偏多2成到1倍，局部地区偏多1倍以上；全国其余大部地区偏少或接近常年，其中新疆南部、西藏西部、青海西北部、甘肃西部、内蒙古西南部、江苏北部等地偏少8成以上(图3.10.1)。

月平均气温与常年同期相比，我国西部和东北部偏冷为主，中东大部偏暖为主，河南大部、山东西南部、江西西南部、湖南南部、广西中西部、云南东南部等地气温偏高1～2℃；新疆南部部分地区和青藏高原局部地区气温偏低1～2℃；全国其余地区接近常年(图3.10.2)。

### 3.10.2 主要气象灾害事记

8月1日至10月26日，广东大部、福建南部、海南等地降水量较常年同期偏少2成以上，其中福建东南部和广东东南部偏少5～8成。长时间降水偏少，致使华南地区秋旱持续发展。10月26日以后，受台风“山神”带来的降水影响，华南南部和西部的干旱有所缓和，但东部部分地区的干旱仍然持续。

10月28日，1223号台风“山神”在越南登陆，其带来的风雨天气给海南、广东、广西造成一定灾害；同时降水对缓和海南、广东等地的旱情和水库蓄水非常有利，海南各地气象干旱基本解除，海南陵水县水库容量增加7%，保亭县水库容量增至67.4%，三亚全市七大水库共增加蓄水5000万立方米。

入秋以来，滇黔川渝4省(市)区域平均雨日数29天，为近10年以来历史同期次多。持续阴雨寡照天气，对当地秋收作物的收晒以及红苕薯块膨大、油菜备耕播种和生长、再生稻抽穗扬花等产

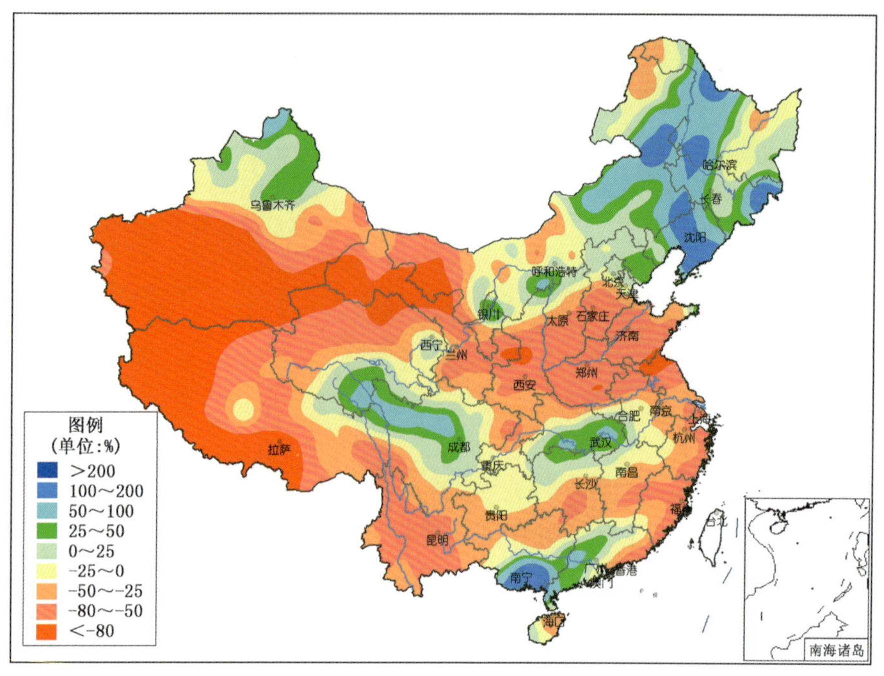


图 3.10.1　2012 年 10 月全国降水量距平百分率分布图(%)

Fig. 3.10.1　Precipitation anomalies over China in October 2012(unit:%)

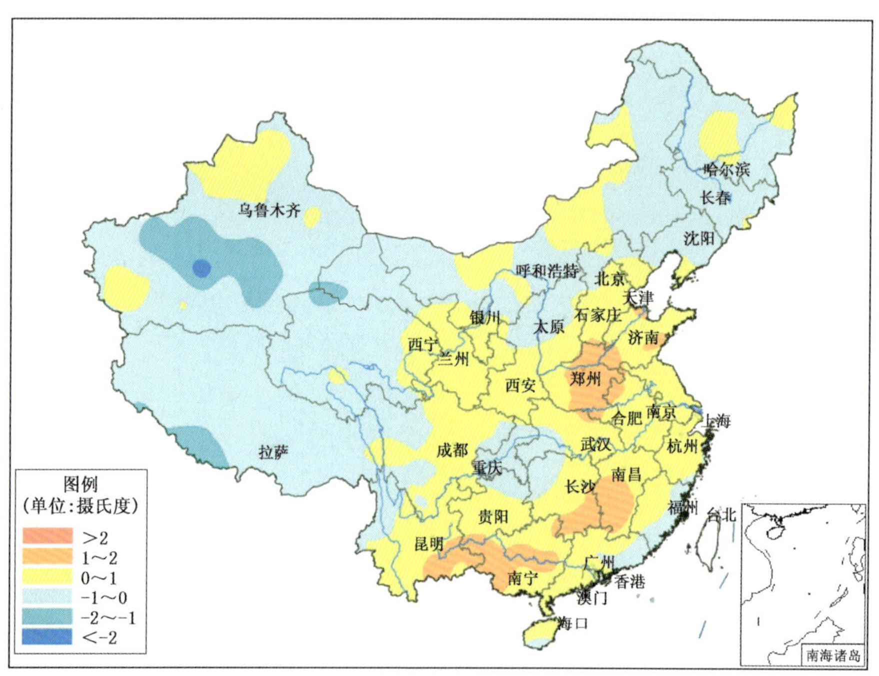


图 3.10.2　2012 年 10 月全国平均气温距平分布图(℃)

Fig. 3.10.2　Mean air temperature anomalies over China in October 2012(unit:℃)

生了一定不利影响,但长时间降水增加了库塘蓄水量,为冬季农业生产用水奠定了基础。此外,受持续降雨影响,局地发生滑坡、山体崩塌等地质灾害,造成人员伤亡。10 月,云南、甘肃、陕西、山西、新疆等省(区)遭受局地洪涝或风雹灾害,但总体受灾较轻。

10月，我国中东部大部出现雾霾天气，全国平均雾霾日数为2.6天，略多于常年同期。江苏、安徽东部、广东西部、广西东部等地雾霾日数偏多5～10天，局地偏多10天以上。雾霾天气造成上海、浙江、江苏、江西等多地航班延误和取消，高速公路封闭，同时也对人体健康产生影响。

月内，山西、黑龙江部分地区遭受低温冷冻害，造成不同程度损失。10月8—10日，山西省吕梁市部分地区遭受低温冷冻害，农作物受灾面积1.5万公顷，直接经济损失1.1亿元；15—22日，黑龙江省齐齐哈尔、伊春、绥化等4市10个县(市)遭受低温冷冻害，农作物受灾面积51.0万公顷，直接经济损失11.6亿元。

## 3.11 11月主要气候特点及气象灾害

### 3.11.1 主要气候特点

11月，全国平均降水量较常年同期偏多，全国平均气温较常年同期偏低。月内，华北、东北等地出现强降雪和降温天气；江南、华南出现持续阴雨寡照天气；全国干旱范围小，程度轻；北方部分地区出现大风灾害。

月降水量与常年同期相比，东北、华北大部、黄淮东部、江南大部、华南大部及江苏大部、内蒙古大部、陕西北部、新疆北部、甘肃和青海两省部分地区一般偏多3成至2倍，其中华北地区东北部及内蒙古中东部、辽宁西部和南部、吉林西部、黑龙江西南部和东北部、江西东南部、福建、广东等地偏多2倍以上；西南地区大部及新疆南部、青海南部、甘肃河东大部、宁夏大部、河南中部、安徽中部、湖北中部等地偏少3～8成，部分地区偏少8成以上；全国其余大部地区接近常年(图3.11.1)。

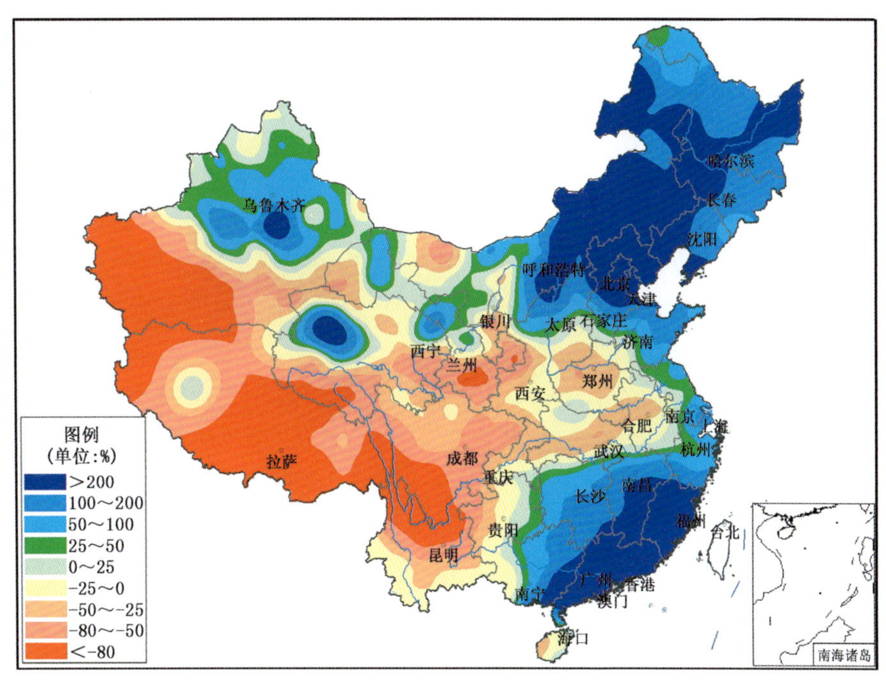


图3.11.1 2012年11月全国降水量距平百分率分布图(%)

Fig. 3.11.1 Precipitation anomalies over China in November 2012(unit:%)

月平均气温与常年同期相比，除云南大部、四川南部、广西西部、海南、青海南部部分地区偏高1℃以上外，全国大部地区偏低或接近常年，其中西北大部、华北地区西北部及内蒙古大部、吉林西部、山东东南部、江苏大部、安徽中部、湖北东南部、湖南大部、四川部分地区、重庆西部、贵州北部等地偏低

1～2℃，新疆北部和中部、内蒙古中部、河北西北部等地偏低 2～4℃（图 3.11.2）。

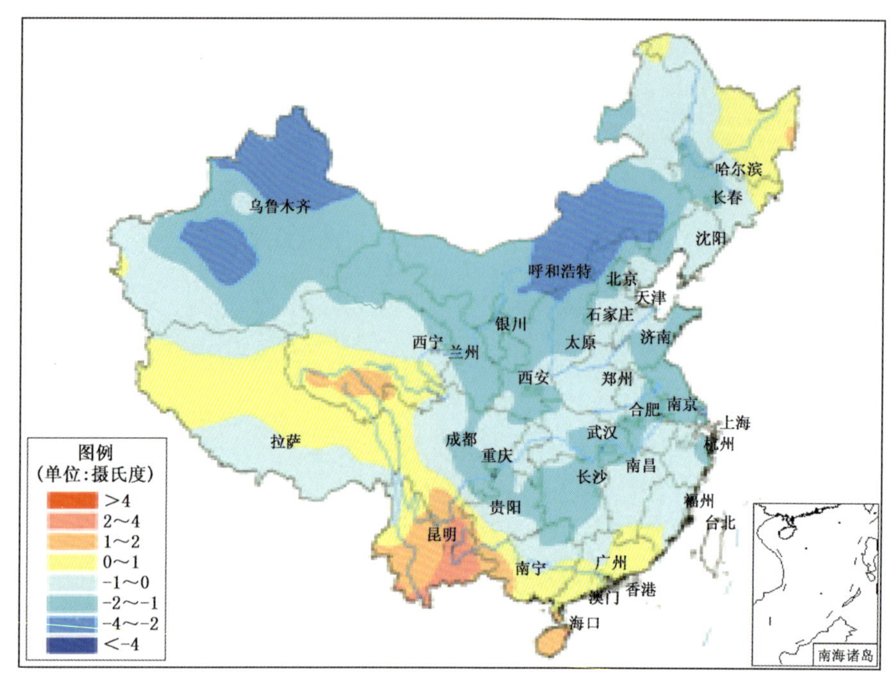


图 3.11.2　2012 年 11 月全国平均气温距平分布图（℃）

Fig. 3.11.2　Mean air temperature anomalies over China in November 2012（unit：℃）

### 3.11.2　主要气象灾害事记

我国华北、东北等地出现强降雪和降温天气，部分地区发生雪灾。雨雪天气对水库蓄水、增加地表水资源、净化空气、优化环境质量和降低森林火险气象等级十分有利，同时有利越冬作物生长和冬前锻炼。但强降雪对交通运输、设施农业以及城市供暖、供电等造成不利影响。

11 月，江南、华南出现持续阴雨寡照天气，江西、福建、广东降水量为 1951 年以来历史同期最多。由于持续多雨寡照，部分地区土壤过湿，对冬小麦播种出苗、油菜移栽活棵、蔬菜生长不利，也影响晚稻、玉米等秋收作物成熟收晒，同时也不利于开展农田施肥、农田水利建设等农事活动。

我国大部地区降水过程较多，雨水比较丰沛、调匀，全国干旱范围小，程度轻。月底，仅云南北部、西藏中部等地存在中到重度气象干旱。

新疆吐鲁番、甘肃武威、宁夏吴忠、河北秦皇岛、河南许昌、辽宁大连、山东烟台等地出现大风灾害。其中，辽宁大连旅顺口区和金州区、山东烟台长岛县受灾较重。

## 3.12　12 月主要气候特点及气象灾害

### 3.12.1　主要气候特点

12 月，全国平均降水量较常年同期明显偏多，全国平均气温较常年明显偏低。月内，冷空气频繁影响我国，多地最低气温突破历史记录；北方大部降雪偏多，部分地区遭受雪灾；江南、华南等地多阴雨寡照天气；云南中北部等地气象干旱持续。

月降水量与常年同期相比，西北地区中西部大部、内蒙古大部、东北大部、华北大部、黄淮东部、江淮、江汉东部、江南大部、华南大部及西藏西北部等地偏多 3 成至 2 倍，其中华北东部及山东大部、辽宁南部、新疆中东部和西南部等地偏多 2 倍以上；西南大部、西北地区东南部、黄淮西部等地一般偏少 3～8 成，其中云南大部、四川西南部、西藏中南部等地偏少 8 成以上；全国其余大部地区接近常年(图 3.12.1)。

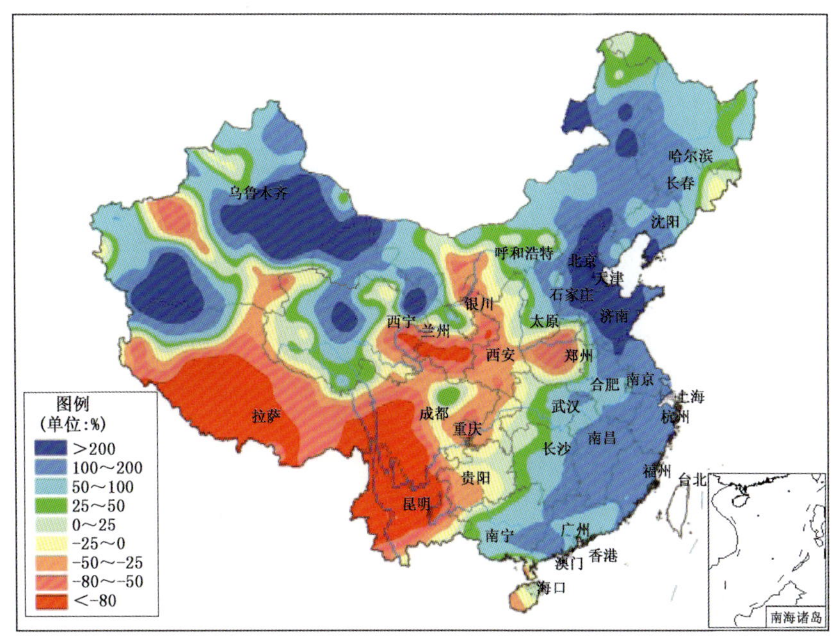


图 3.12.1　2012 年 12 月全国降水量距平百分率分布图(%)

Fig. 3.12.1　Precipitation anomalies over China in December 2012(unit: %)

月平均气温与常年同期相比，长江中下游及其以北大部地区，以及贵州东部、新疆中北部等地普遍较常年同期偏低 1℃以上，其中东北大部、华北大部、黄淮北部及内蒙古中东部、新疆中北部偏低 2℃以上，不少地区偏低超过 4℃；西藏大部、青海南部、云南南部和海南等地气温偏高 1～2℃，局部偏高 2℃以上；全国其余大部地区气温接近常年(图 3.12.2)。

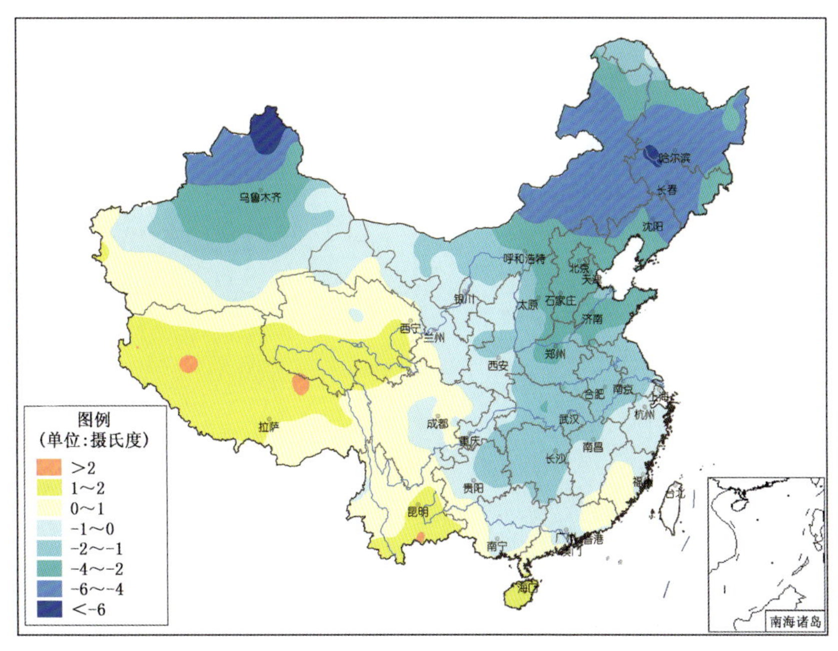


图 3.12.2　2012 年 12 月全国平均气温距平分布图(℃)

Fig. 3.12.2　Mean air temperature anomalies over China in December 2012(unit: ℃)

### 3.12.2 主要气象灾害事记

12月，有4次中等强度以上冷空气影响我国。其中，12月20—24日出现的寒潮天气过程导致多地出现剧烈降温和雨雪大风天气，具有降温幅度大、最低气温突破历史记录多、雨雪范围广、北方部分地区雪灾重等特点。受此次冷空气影响，全国大部地区气温下降5～10℃，其中东北大部、华北北部和西部，以及内蒙古中部、甘肃中部、青海中部、新疆中东部、西藏中部等地降温10～14℃，局部降温14℃以上，内蒙古、河北、北京、山东等地20多个气象观测站最低气温突破建站以来12月或冬季的最低记录。降温降雪和大风天气过程对交通运输、城市运行、设施农业、畜牧业、电网安全等造成不利影响，部分地区发生雪灾或冻害。

月内，我国北方普遍出现降雪，其中东北大部、华北大部及内蒙古中东部、新疆北部、甘肃中部、河南中部、山东半岛等地降雪日数有6～15天，新疆和内蒙古的部分地区超过15天；北方大部地区降雪日数偏多，其中华北大部、黄淮大部及辽宁大部、黑龙江西南部、内蒙古部分地区、新疆北部等地偏多3～5天，局部地区偏多5天以上。新疆、黑龙江、吉林、辽宁、内蒙古、河北、河南、山东、湖南等地部分地区相继发生雪灾，造成不同程度损失。

月内，江南、华南等地持续阴雨寡照天气，大部地区降水量比常年同期偏多3成以上，其中江南中部和东部以及福建、广东北部和西部、广西中东部等地偏多1～2倍；降水日数较常年同期偏多3～10天，局部偏多10天以上。持续阴雨寡照天气导致部分地区土壤过湿持续或加重，对油菜和蔬菜的正常生长不利，也不利于甘蔗糖分积累、香蕉等水果生长。

12月，西南大部雨水稀少，降水量普遍不足10毫米，其中云南北部、四川西南部等地基本无降水，致使气象干旱持续发展。12月底监测，云南中北部以及贵州西部、四川南部的局部地区存在中到重度气象干旱。

# 第 4 章　分省气象灾害概述

## 4.1　北京市主要气象灾害概述

### 4.1.1　主要气候特点及重大气候事件

2012 年北京市平均气温为 11.0℃，比常年偏低 0.5℃（见图 4.1.1）；年平均降水量为 758.7 毫米，比常年（545.9 毫米）偏多，为 1978 年以来降水最多的年份（见图 4.1.2）。年内，2011/2012 冬季气温偏低，春季偏暖，夏季和秋季的气温接近常年；冬季降水偏少，春季降水接近常年，夏、秋季降水偏多。多次出现极端强降水事件，其中“7·21”特大暴雨为历年最强，损失惨重；“9·1”暴雨为 1958 年以来 9 月最强。深秋初冬季节冷空气强度大，多低温雨雪天气，特别是 11 月份现罕见雨雪天气，降水量同期最多，12 月平均气温创新低，寒冷异常。

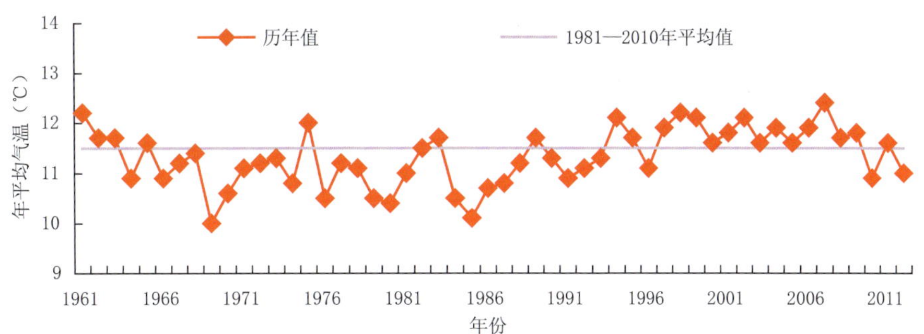


图 4.1.1　1961—2012 年北京市年平均气温历年变化图（℃）

Fig. 4.1.1　Annual mean temperature in Beijing during 1961—2012(unit:℃)

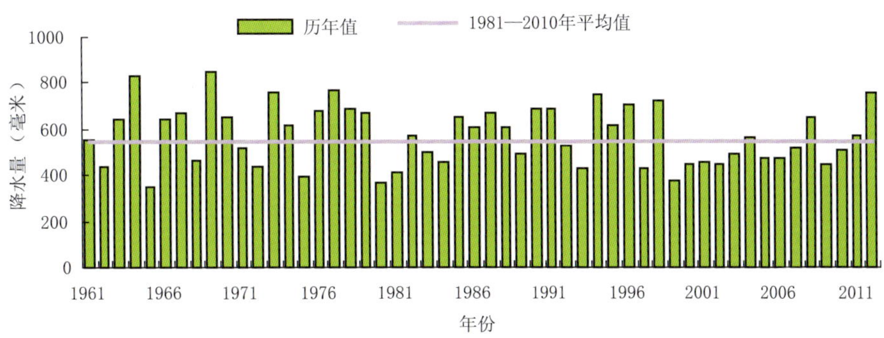


图 4.1.2　1961—2012 年北京市年降水量历年变化图（毫米）

Fig. 4.1.2　Annual precipitation in Beijing during 1961—2012(unit:mm)

2012年北京市主要的天气气候事件有暴雨、大风、冰雹、强降雪和雷暴等。2012年度北京市因气象灾害造成95.2万人受灾，死亡79人，直接经济损失达171.1亿元。总的来看，属气象灾害较重年景。

### 4.1.2 主要气象灾害及影响

**1. 暴雨洪涝**

2012年北京市多次出现大到暴雨以上天气过程。7月21—22日全市出现大暴雨到特大暴雨，为1951年以来最强降雨过程，全市共有78人死亡，其中因公殉职5人，紧急转移8.7万人；倒塌房屋近万间，房屋进水10万间，房屋漏雨6万间；农作物受灾面积5.7万公顷，绝收4800公顷；因洪涝灾害造成的直接经济损失近120亿元，其中农林牧渔业26.1亿元、工业交通业21.0亿元、水利工程水毁30.8亿元(图4.1.3)。

图4.1.3 7月21—22日北京房山区青龙湖镇北车营村车辆被毁坏(北京市气象局提供)
Fig. 4.1.3 The vehicles destroyed by severe storms in Beicheying village, Qinglonghu Town of Fangshan District in Beijing on July 21—22, 2012 (By Beijing Meteorological Bureau)

7月30—31日，大兴区出现暴雨天气，部分粮食作物、蔬菜、果树、经济作物受灾，受灾面积达152公顷，其中成灾面积106公顷，绝收46公顷，经济损失2070.8万元。

**2. 局地强对流**

2012年3月23日，大兴区出现大风天气，致使252.5公顷西瓜、西红柿、黄瓜、菠菜受灾，经济损失2530.8万元。6月21日，大兴区出现强对流天气，致使860.8公顷果园的果树、瓜菜、粮田、大棚受灾，经济损失1736万元。

7月10日，平谷区出现冰雹天气，玉米受灾面积达695.5公顷，其中成灾面积564.1公顷，绝收78公顷，经济损失3423万元。

7月28—29日，密云县出现雷雨大风天气，受灾人口达27904人，转移安置人口9672人；倒塌房屋12间，损坏房屋3328间；经济损失1.2亿元。

2012年北京市因雷击造成人身伤害2起(1死2伤)，电子设备等遭雷击11起，居民区电器设备等遭雷击5起，直击雷造成树木、高压线、民居等受损4起，经济损失约72万元。

**3. 低温冷冻害和雪灾**

2012年12月，北京出现1951年以来最冷的12月，受持续性低温的影响，北京市能源消耗屡创新高。24日电网负荷达到1555.8万千瓦，同比增长10.9%，第七次刷新历史纪录；全市天然气用量达到6257万立方米，也创出新高。

2012年11月3—4日，北京市出现历史罕见的11月份强雨雪天气过程，特别是西部山区降雪量大，延庆降雪量达56.3毫米，最大积雪深度达47.8厘米。降雪导致交通路网严重拥堵，部分高速公路段中断，一度北京及周边地区高速公路封闭。其中，京藏高速公路水关长城至八达岭大桥852辆车滞留、2000余人被困；京新高速公路楼自庄至南涧路段滞留1500余辆、3000余人；110国道昌平德胜口至西三岔路段滞留500余辆、1000余人；市郊铁路S2线因降雪原因一度停运。

### 4.1.3 气象减灾服务简介

2012年共发布灾害性天气预警信号127次、中小河流洪水及山洪地质灾害气象风险预警20期、与市国土局联合发布地质灾害预警5期。其中，针对7月21—22日北京历史罕见强降雨过程，北京市气象局自7月19日16时起开始预报此次降水过程，连续发布暴雨蓝色预警信号2次、暴雨黄色预警信号2次、暴雨橙色预警信号2次和雷电黄色预警信号1次，与市国土局联合发布地质灾害预警1期。11月3—4日，北京出现2012年首场强雨雪天气，对北京地区交通运输及城市供暖、供电等带来一定影响，王安顺代市长在全市应对强降雪天气紧急视频会议上指出："气象局对这次雨雪降温天气的预报相当准确及时，为全市各方面工作提供了有利支撑，及时指导了全市的应对雨雪天气工作"。

## 4.2 天津市主要气象灾害概述

### 4.2.1 主要气候特点及重大气候事件

2012年天津市平均气温接近常年（图4.2.1），降水量显著偏多（图4.2.2）。从季节上看，气温、降水阶段性明显。春季平均气温较常年偏高，降水量接近常年；夏、秋季平均气温接近常年，降水量显著偏多；冬季平均气温较常年偏低，降水显著偏少。

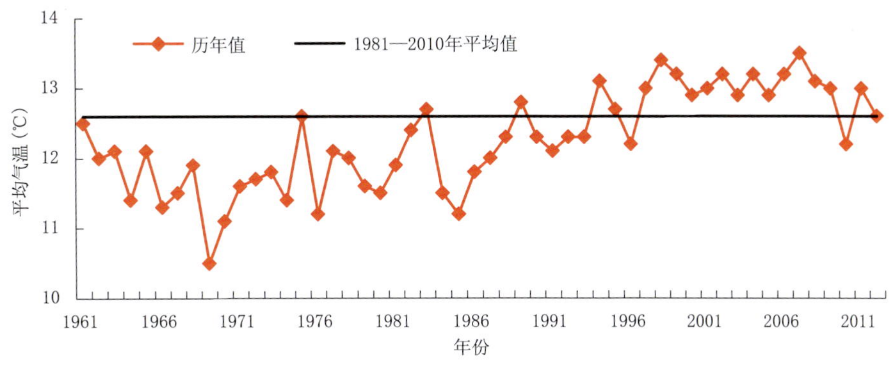


图4.2.1 1961—2012年天津市年平均气温历年变化图（℃）

Fig. 4.2.1 Annual mean temperature in Tianjin during 1961—2012(unit: ℃)

年内主要出现了暴雨、强对流、大雾、大风等灾害性天气气候事件，因气象灾害造成农作物受灾面积13.4万公顷，成灾面积10.8万公顷，绝收1.4万公顷；受灾人口达88.4万人，死亡3人；直接经济损失32.5亿元，其中农业损失22.9亿元。2012年气象灾害对农业、交通等诸多方面造成明显影响，灾害损失远远超过2011年，是近年来气象灾害最为严重的一年。农作物生长季内气象条件利弊参半，前半年好于后半年，农业气象条件为平产年景。

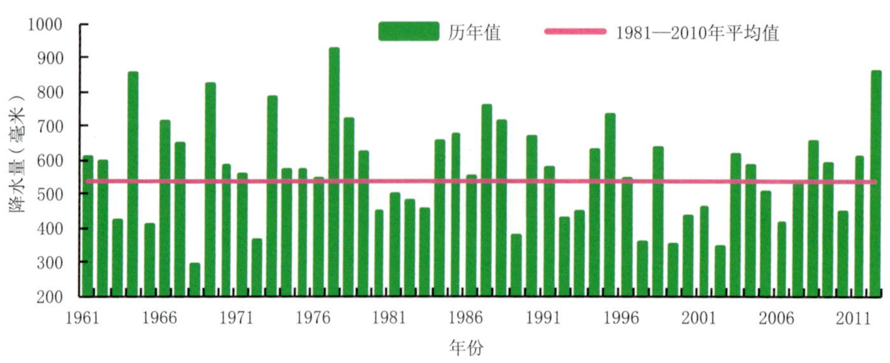


图 4.2.2 1961—2012 年天津市年降水量历年变化图(毫米)

Fig. 4.2.2 Annual precipitation in Tianjin during 1961—2012(unit:mm)

### 4.2.2 主要气象灾害及影响

#### 1. 暴雨洪涝

夏季天津市共出现暴雨 40 站次,其中出现了 4 次区域性暴雨天气过程,分别出现在 7 月 22 日、26 日、7 月 31 日至 8 月 1 日、8 月 12 日。7 月 22 日,全市共 5 个区(县)出现暴雨,4 个区(县)出现大暴雨,1 个区出现特大暴雨,最大降水量出现在武清,为 257.2 毫米。7 月 26 日,全市共有 2 个区(县)出现暴雨,6 个区(县)出现大暴雨,2 个区出现特大暴雨,为津南和大港,降水量分别为 255.8 毫米和 253.3 毫米,均突破最大日降水量历史记录。

2012 年,暴雨共造成天津市农作物受灾面积 11.8 万公顷,绝收面积 1.4 万公顷(图 4.2.3);受灾人口 62.9 万人;损坏房屋 3.1 万间,倒塌房屋 1000 间;直接经济损失达 29.7 亿元。

图 4.2.3 7 月 23 日武清大良镇安家务村积水的夏玉米地(天津市气候中心提供)

Fig. 4.2.3 Flooded summer corn in Anjiawu village, Daliang Town, Wuqing on July 23 (By Tianjin Climate Center)

#### 2. 局地强对流

2012 年,风雹灾害造成全市直接经济损失 2.8 亿元。其中,农作物受灾面积 1.6 万公顷,农业损失达 2.6 亿元。

6月3日，受强风冰雹天气影响，静海县杨成庄乡梅厂村13.3公顷棉花和13.3公顷玉米受灾，造成直接经济损失46万元。6月6日武清区白古屯乡普降大雨，并伴有短时大风，造成小麦大面积倒伏，直接经济损失约600万元。

5月25日，静海梁头镇于庄子村天津派瑞斯印刷有限公司遭雷击，直接经济损失约10万元，间接经济损失10万元左右。6月24日，蓟县泗溜镇红新奶牛场遭雷击，击死47头奶牛，直接经济损失70万元，间接经济损失90万元。

**3. 大雾**

2012年，全市平均大雾日数为14天，比常年同期少8天。各区县大雾日数为8～33天，汉沽最多，市区、东丽、大港和塘沽最少。除东丽和西青较常年同期偏多外，其余区县均偏少。大雾在各月均有出现，其中秋、冬季大雾日数较多，分别为4.6天和5.5天。2月22日，受大雾影响，京沪高铁部分列车晚点，G119次和G121次列车停运。天津滨海国际机场11个国内航班取消，55个国内航班延误，出港准点率仅为6.3%，进港准点率为25%，千余名旅客滞留机场。

### 4.2.3 气象减灾服务简介

2012年盛汛期，天津和海河流域出现了历史罕见的连续强降雨过程，多位市领导在市气象局报送的《重要天气报告》等决策气象服务材料上做出重要批示。李文喜副市长分别于7月21日、25日和8月3日到市气象局会商室当面听取汇报，3次签发了启动全市气象灾害Ⅲ级响应命令。针对3次强降雨过程和台风“达维”，市气象台共发布暴雨、雷电、台风预警信号15期，山洪地质灾害气象风险Ⅳ级预警3期，中小河流洪涝灾害气象风险Ⅳ级预警1期，台风Ⅳ级预警1期，暴雨Ⅳ级预警3期、Ⅲ级预警1期，市国土资源和房屋管理局与市气象局联合发布地质灾害Ⅲ级预警信息4期。

## 4.3 河北省主要气象灾害概述

### 4.3.1 主要气候特点及重大气候事件

2012年河北省年平均气温为12.4℃，比常年偏高0.6℃(图4.3.1)。春季气温偏高，冬季气温偏低，夏、秋两季气温接近常年。平均年降水量为636.9毫米，比常年(503.4毫米)偏多26.5%，为1996年以来降水量最多的一年，属偏多年份(图4.3.2)。冬季，平均降水量为2.8毫米，比常年偏少74%，属异常偏少年份，为2000年以来最少；春季接近常年，夏、秋季偏多。

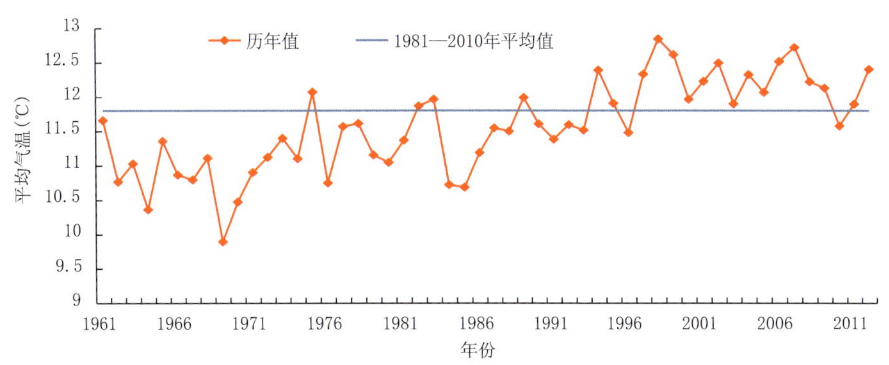


图4.3.1 1961—2012年河北省年平均气温历年变化图(℃)

Fig. 4.3.1 Annual mean temperature in Hebei Province during 1961—2012(unit:℃)

2012年河北省主要出现了干旱、大风、冰雹、低温冻害、高温、雷电、暴雨洪涝、台风、大雾等气象

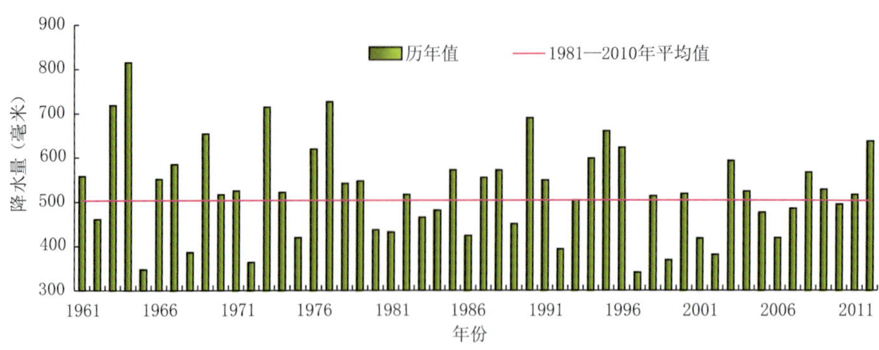


图 4.3.2　1961—2012 年河北省年降水量历年变化图(毫米)

Fig. 4.3.2　Annual precipitation in Hebei Province during 1961—2012(unit:mm)

灾害，以及暴雨引发的局地山洪、滑坡泥石流等地质灾害。2012 年河北省因灾造成农作物受灾面积 132.8 万公顷，绝收 12.3 万公顷；受灾人口 1922.7 万人，其中死亡 58 人，失踪 15 人；直接经济损失 394.6 亿元。2012 年河北省气象灾害发生的频率和损失程度高于 20 世纪 90 年代以来的平均水平，也高于 2011 年，属于中等偏重年份。

### 4.3.2　主要气象灾害及影响

#### 1. 暴雨洪涝

2012 年，河北省因暴雨洪涝造成 498.9 万人受灾，死亡 48 人，失踪 15 人；倒塌房屋 2.2 万间，损坏房屋 10.7 万间；农作物受灾面积 35.8 万公顷，绝收 4.9 万公顷；直接经济损失 171.4 亿元。

2012 年 4 月 21 日望都最早出现暴雨天气，4 月 24 日平原东部地区 8 个县(市)出现暴雨，暴雨开始时间比较早。盛汛期(7 月下旬至 8 月 4 日)连续出现 6 次暴雨天气过程，时间集中、强度大，5 个县(市)降雨量突破历史极值，造成严重损失。11 月 2—4 日的强雨雪天气过程中，东北部地区 16 个县(市)4 日出现暴雨，是有记录以来出现最晚的大范围暴雨天气。7 月 21—22 日，出现今年强度最大的降雨天气，全省平均降水量 50.6 毫米，中北部地区 26 个县(市)超过 100 毫米，固安最大，为 372.6 毫米，16 个县(市)达到极端日降水量标准，其中 5 个县(市)突破历史极值，强暴雨引发了自“96.8”以后最为严重的洪涝灾害(图 4.3.3)。

图 4.3.3　2012 年 7 月 21—22 日，强降水造成涞源、易县多地路基、树木被冲毁(河北省气象局提供)

Fig. 4.3.3　Roadbed and trees damaged by heavy rainfall in Laiyuan and Yixian City on July 21—22, 2012 (By Hebei Meteorological Bureau)

2. 热带气旋

2012 年 8 月 3—4 日，热带气旋“达维”影响河北省，造成 453.9 万人受灾，死亡 3 人，紧急转移安置 24.3 万人；农作物受灾面积 1.7 万公顷，倒塌房屋 2.4 万间；直接经济损失 143.8 亿元。

受强台风“达维”影响，8 月 3 日 08 时至 4 日 08 时，秦皇岛、唐山南部和东部、沧州东部出现强降雨天气，雨量普遍在 50 毫米以上，秦皇岛、昌黎、乐亭超过 200 毫米，达到极端日降水量标准，秦皇岛最大，为 223.8 毫米，超过了 8 月上旬降水量的历史极值。沧州、唐山、秦皇岛三个地区的沿海平均风力达到 7～8 级，阵风 9 级，秦皇岛的翡翠岛、唐山沿海的大浮标阵风达到 10 级。

3. 局地强对流

2012 年，局地强对流给河北省造成的损失仅次于洪涝和台风的影响。据统计，2012 年局地强对流造成河北省 538.9 万人受灾，因灾死亡 6 人；农作物累计受灾面积 26.9 万公顷，其中绝收 1.2 万公顷；倒塌房屋 0.4 万间，损坏房屋 2.3 万间；直接经济损失 46.5 亿元。

2012 年河北省共出现 28 个冰雹日，比常年偏少 39%，为 1981 年以来第三个少雹年，比 2011 年少 1 天。全年共出现冰雹 53 个站日，50%以上发生在 6—7 月。9 月 27 日 8 个县(市)出现冰雹，为 2012 年影响范围最大的一次，也是 2004 年以来 9 月份以后冰雹出现范围最大的一次。

4. 干旱

2012 年，河北省以阶段性干旱为主。夏秋时节发生的阶段性干旱给部分地区农业生产带来严重影响，农作物大面积绝收，大量人员及大牲畜出现临时性饮水困难，张家口和承德北部地区受灾较重。据统计，2012 年全省因旱受灾人口 299.5 万人，造成 35.5 万人饮水困难；农作物受灾面积 43 万公顷，其中绝收 2.5 万公顷；直接经济损失 16 亿元。

2011 年 12 月 9 日至 2012 年 3 月 15 日，河北省大部分地区降水持续偏少，23%的县(市)无有效降水，全省平均降水量 2 毫米，比常年同期偏少 8 成以上，为历史同期第三少雨时段。2012 年 8 月，张家口和承德地区平均降水量 39.2 毫米，较常年同期偏少 58%，为历史同期第三少雨时段。

### 4.3.3 气象减灾服务简介

2012 年，河北省气象台共完成 47 次重大天气过程的公共气象服务工作，向省委省政府主要领导及有关部门发布各种气象服务材料 656 期，省委省政府主要领导和相关部门对公共服务工作的批示、表扬、引用达 83 人次。特别是在春季抗低温干旱、森林草原防火、保夏粮夺丰收、汛期等关键期的决策气象服务工作中卓有成效，为省领导指挥防灾减灾科学决策发挥了重要作用，受到政府领导和有关部门的高度赞扬。

## 4.4 山西省主要气象灾害概述

### 4.4.1 主要气候特点及重大气候事件

2012 年，山西省年平均气温为 9.4℃，较常年偏低 0.4℃，为近 15 年来最低(图 4.4.1)。全省年平均降水量为 474.1 毫米，较常年偏多 5.8 毫米(图 4.4.2)。夏季，山西省平均降水量为 293.2 毫米，较常年同期偏多 25.0 毫米；春季、秋季和冬季降水量偏少。

2012 年山西省主要气象灾害有暴雨、冰雹、大风、高温、寒潮、雾霾、霜冻等，灾害性天气给工农业生产及人民生活造成了一定的影响，其中暴雨、冰雹、大风、干旱、低温冷冻害等造成的影响较为严重。但总体看，2012 年山西省极端天气气候事件较往年偏少。全年因气象灾害造成农作物受灾面积 93.0 万公顷，绝收 7.0 万公顷；受灾人口 542.2 万人次，死亡 38 人，失踪 4 人；直接经济损失 63.3 亿元。

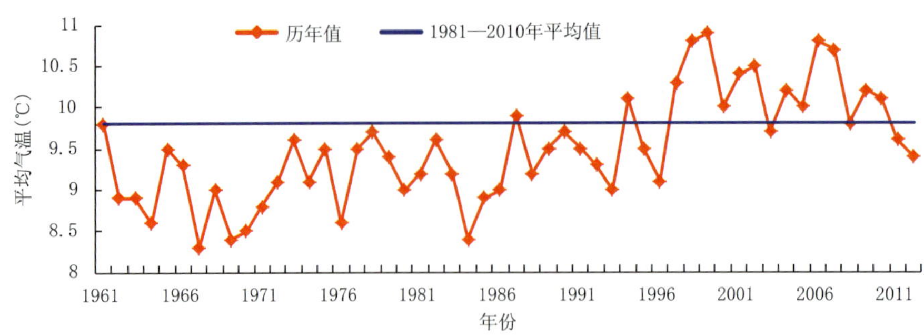


图 4.4.1 1961—2012 年山西省年平均气温历年变化图(℃)

Fig. 4.4.1 Annual mean temperature in Shanxi Province during 1961—2012(unit:℃)

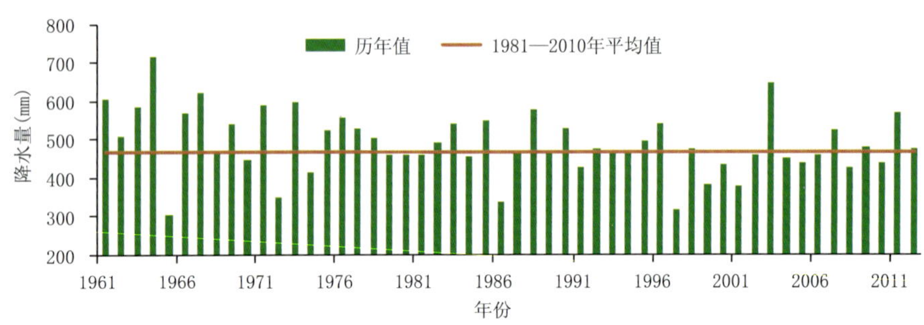


图 4.4.2 1961—2012 年山西省年降水量历年变化图(毫米)

Fig. 4.4.2 Annual precipitation in Shanxi Province during 1961—2012(unit:mm)

### 4.4.2 主要气象灾害及影响

#### 1. 暴雨洪涝

2012 年,山西省因暴雨洪涝造成 252 万人受灾,死亡 31 人;倒塌房屋 2.1 万间,损坏房屋 8.8 万间;农作物受灾面积 26.1 万公顷,绝收 4.8 万公顷;直接经济损失 41.7 亿元。

7 月 30 日夜间,晋城市市区、阳城县南部、泽州县大部、陵川县东部和南部突降大暴雨到特大暴雨。至 31 日 08 时,市区雨量达到 223.7 毫米,突破了有气象记录以来的历史极值,有 6 个区域雨量站超过 200 毫米、19 个站超过 100 毫米、58 个站超过 50 毫米。由于降雨强度大,短时间内晋城市市区多条道路积满雨水,街道变成"河流",低洼处房屋进水。特大暴雨导致山洪暴发、河水暴涨,淹没冲毁多处农田、道路、桥梁和水利设施,给群众生产生活、城市设施等造成巨大损失。

#### 2. 局地强对流

2012 年,山西省局地强对流天气共造成 12.3 万公顷农作物受灾,其中绝收面积 1.2 万公顷;受灾人口 133.7 万人,死亡 7 人;倒塌房屋 0.1 万间,损坏房屋 0.6 万间;直接经济损失 13.7 亿元。尤其夏季,频繁出现的局地大风、冰雹(图 4.4.3)等灾害性天气,给工农业生产及人民生命财产等造成较大损失。

#### 3. 低温冷冻害和雪灾

2012 年,山西省因低温冷冻害和雪灾造成 68.7 万人受灾;农作物受灾面积 14.2 万公顷,绝收 0.5 万公顷;直接经济损失 4.4 亿元。

#### 4. 干旱

2012 年,山西省因旱造成 87.8 万人次受灾,4.4 万人次饮水困难;农作物受灾面积 40.4 万公顷,绝收 0.5 万公顷;直接经济损失 3.5 亿元。

图 4.4.3　2012 年 7 月 10 日清徐县受灾玉米(清徐县气象局提供)
Fig. 4.4.3　The stricken corn in Qingxu County on July 10, 2012 (By Qingxu Meteorological Service)

### 4.4.3　气象减灾服务简介

2012 年,山西省气象局对各类重大天气气候事件采取了及时预警、密切跟踪的方式,制作发布各类服务材料,并及时通过传真、函送等方式报省委省政府领导,还通过报纸、电台、电视、手机短信、传真等及时向社会公众、专业服务单位发布,气象服务在山西省抗旱防汛工作中起到了重要的作用。另外,还针对农事生产活动提供了专题服务材料。2012 年山西省气象局共向社会和政府部门提供决策服务材料 575 期,其中得到省委省政府领导批示 20 次,发布各类气象灾害预警信息 46 期,提供天气快报 156 期,专题气象预报 233 期,重大突发事件报告 18 篇,多次召开新闻发布会。

## 4.5　内蒙古自治区主要气象灾害概述

### 4.5.1　主要气候特点及重大气候事件

2012 年,内蒙古年平均气温 5.0℃,较常年偏低 0.5℃,比 2011 年偏低 0.1℃(图 4.5.1);年降水量 427.0 毫米,较常年偏多 121.0 毫米,比 2011 年偏多 172.0 毫米(图 4.5.2)。1 月下旬至 2 月上旬中东部部分地区出现极端低温天气。夏季中西部大部地区降水量较常年偏多,全区局地暴雨洪涝、雷雨大风冰雹等灾害频发导致人员和财产损失。全年因气象灾害及其引发的次生灾害造成 534.4 万人受灾,死亡 61 人;农作物受灾面积 206.2 万公顷,其中 37.9 万公顷绝收;倒塌房屋 1.7 万间,死亡牲畜 12.9 万头(只);直接经济损失约 144.7 亿元。

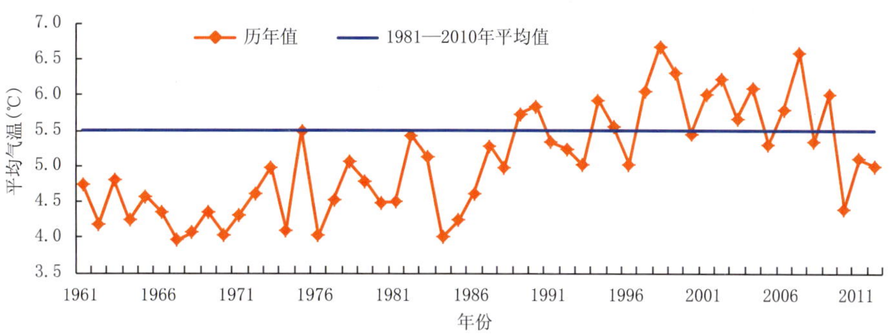


图 4.5.1　1961—2012 年内蒙古年平均气温历年变化图(℃)
Fig. 4.5.1　Annual mean temperature in Inner Mongolia during 1961—2012(unit:℃)

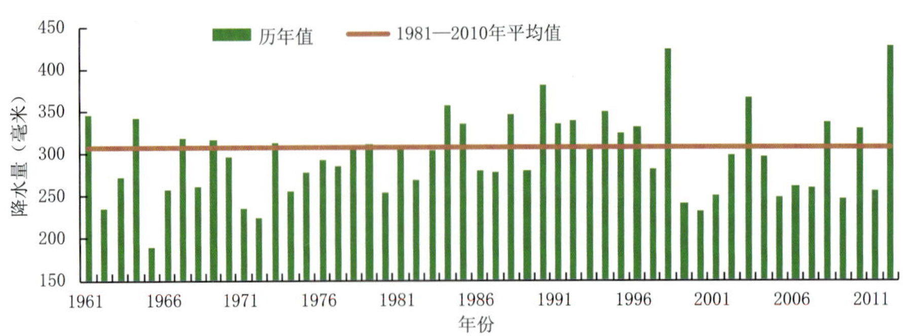


图 4.5.2　1961—2012 年内蒙古年降水量历年变化图(毫米)

Fig. 4.5.2　Annual precipitation in Inner Mongolia during 1961—2012(unit:mm)

### 4.5.2　主要气象灾害及影响

#### 1. 暴雨洪涝

内蒙古 11 个盟(市)发生暴雨洪涝,受灾 222.4 万人,死亡 46 人;农作物受灾面积 96.6 万公顷;绝收 28.4 万公顷;倒塌房屋 1.7 万间;直接经济损失 117.3 亿元。

2012 年 6 月 20—28 日,内蒙古出现强降雨过程,部分地区遭受暴雨袭击,形成严重洪涝灾害(图 4.5.3),102 万人受灾,因灾死亡 20 人,紧急转移安置 2.5 万人;农作物受灾面积 58.6 万公顷,绝收 15.1 万公顷;死亡牲畜 11372 头(只);倒塌房屋 4355 间;直接经济损失 72 亿元,其中农业损失 56 亿元。

图 4.5.3　2012 年 6 月 24 日乌兰察布市化德县强降雨导致洪涝灾害(化德县气象局提供)

Fig. 4.5.3　Heavy rainfall induced flood disaster in Huade County, Ulanqab on June 24, 2012 (By Huade Meteorological Service)

#### 2. 局地强对流

内蒙古 12 个盟(市)均有风雹雷电等灾害发生,63.3 万人受灾,死亡 15 人,其中雷电灾害造成 11 人死亡;24.4 万公顷农作物受灾,绝收 2.1 万公顷;直接经济损失 11.3 亿元。

2012 年 6 月 17 日下午,通辽市科左中旗出现强对流天气,最大冰雹直径 4 厘米(图 4.5.4),受灾人口 5.3 万人;受灾农作物面积 1.3 万公顷,绝收 0.3 万公顷;59 只羊死亡;6 间房屋倒塌,3 座温室大棚损坏;直接经济损失 9937.6 万元。

#### 3. 干旱

内蒙古因干旱导致 146.6 万人受灾,43.1 万人饮水困难;农作物受灾面积 45.4 万公顷,绝收 1.1 万公顷;直接经济损失 5.3 亿元。其中 2012 年 6 月,鄂托克前旗高温少雨,52 个嘎查村发生旱灾,受灾

图 4.5.4 2012 年 6 月 17 日通辽市科左中旗地面积雹情况(通辽市气象局提供)
Fig. 4.5.4 Hail occurred in Tongliao City on June 17, 2012
(By Tongliao Meteorological Service)

人口 3.5 万人,2597 人饮水困难;受灾农作物面积 2 万多公顷,草牧场均发生不同程度的旱灾。

**4. 低温冷冻害和雪灾**

内蒙古多个盟市发生雪灾和低温冷害,102.1 万人受灾;受灾农作物面积 39.8 万公顷,绝收 6.3 万公顷;直接经济损失 10.8 亿元。其中,2012 年 11 月 2—6 日、9—12 日内蒙古分别出现较大范围降雪天气,30 万人受灾,转移安置 1863 人;1000 多座蔬菜大棚被压垮,1 万多座大棚受损;部分作物收获后未来得及归仓遭受损失,死亡牲畜 6140 头(只);直接经济损失 3.7 亿元;2012 年 8 月 22—23 日,内蒙古 8 个旗(县、区)遭受低温冷冻灾害,共造成 8.9 万人受灾;农作物受灾面积 4 万多公顷,绝收 1.3 万公顷;直接经济损失 1.9 亿元。

### 4.5.3 气象减灾服务简介

2012 年内蒙古自治区气象局面向民生、面向生产、面向决策,全力以赴做好防灾减灾气象服务。针对年内内蒙古出现的十年来最大草原火灾、二十年来最大黄河汛情(凌汛)、三十年来极端低温天气、五十年来罕见暴雪天气,以及夏季局地强降水、秋季强霜冻等重大自然灾害,全力加强预测预报预警服务工作,共发布预警信息 1576 次,受众达 4170 余万人次,经济社会效益明显,被内蒙古自治区评为“抗洪抢险先进集体”和“森林草原防扑火先进集体”。

## 4.6 辽宁省主要气象灾害概述

### 4.6.1 主要气候特点及重大气候事件

2012 年,辽宁省年平均气温为 7.7℃,比常年(8.5℃)偏低 0.8℃(图 4.6.1);年平均降水量为 919 毫米,比常年(662 毫米)偏多约 4 成(图 4.6.2)。

2012 年辽宁省主要气象灾害有暴雨、热带气旋、大雾、雷电、大风、冰雹和沙尘等。2012 年辽宁省受到 2 个热带气旋影响,产生了 2 次大范围的暴雨天气过程和海面大风过程,还引发了泥石流、滑坡等次生灾害。全年因气象灾害造成辽宁省农作物受灾面积 35.5 万公顷,绝收 2.7 万公顷;受灾人口 458.4 万人,死亡 12 人,失踪 9 人;直接经济损失 193.9 亿元。

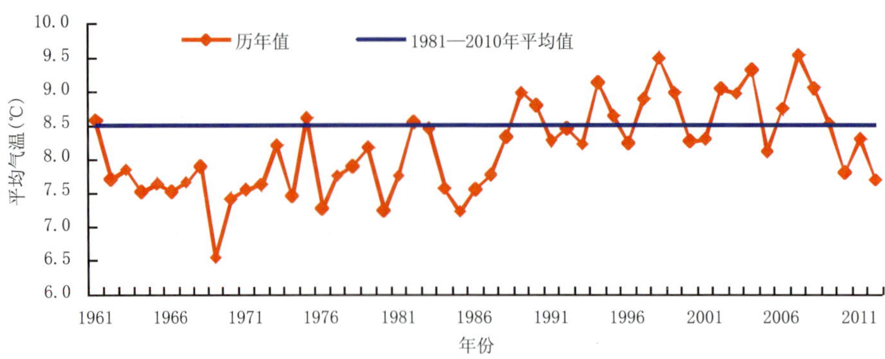


图 4.6.1 1961—2012 年辽宁省年平均气温历年变化图(℃)

Fig. 4.6.1 Annual mean temperature in Liaoning Province during 1961—2012(unit:℃)

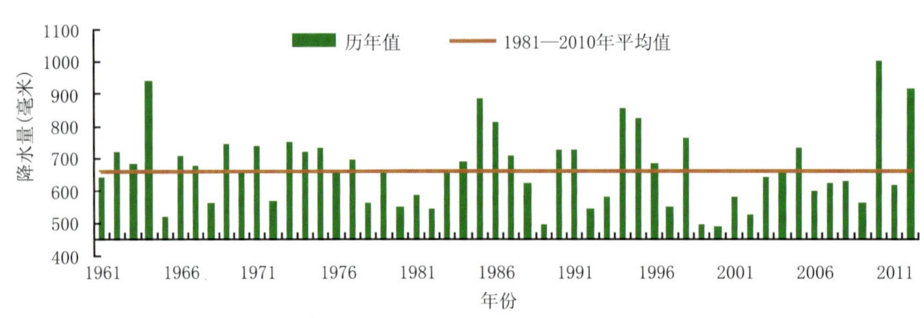


图 4.6.2 1961—2012 年辽宁省年降水量历年变化图(毫米)

Fig. 4.6.2 Annual precipitation in Liaoning Province during 1961—2012(unit:mm)

### 4.6.2 主要气象灾害及影响

#### 1. 暴雨洪涝

辽宁省共出现暴雨洪涝灾害 7 次,造成农作物受灾面积 1.8 万公顷;25.6 万人受灾;损坏房屋 0.5 万余间;直接经济损失约 4.1 亿元。

4 月 24—25 日,辽宁省出现年内第一场区域性大雨到暴雨天气,最大降水量出现在大洼,达 119 毫米。沈阳、大连、鞍山、锦州、营口、阜新、辽阳、盘锦地区出现暴雨及大暴雨,其中大洼、台安、皮口、庄河、新民、彰武、熊岳降水量超过 100 毫米,是自 1951 年以来发生时间最早的大暴雨天气过程。

7 月 9—11 日,辽宁省出现区域性暴雨、局部大暴雨天气,全省 61 个国家气象观测站平均降雨量 73 毫米,最大降雨量 151 毫米,出现在凌海;省级自动站中,最大降雨量 224.1 毫米,出现在大石桥汤池。

#### 2. 热带气旋

2012 年有 2 个热带气旋"达维"和"布拉万"影响辽宁省,导致 411.8 万人受灾,紧急转移安置 41.3 万人,死亡 10 人;倒塌房屋 1.7 万间;农作物受灾面积 30.5 万公顷,绝收 2.6 万公顷;直接经济损失约 188.4 亿元。

受"达维"外围云系影响,8 月 2—4 日辽宁省出现区域性大暴雨天气(图 4.6.3)。辽宁省 61 个国家气象观测站平均降雨量 97 毫米,最大降雨量 264 毫米出现在盖州,盖州和大石桥连续两天降大暴雨。

受"布拉万"影响,8 月 28—29 日辽宁省中东部地区出现暴雨、局部大暴雨天气。全省 61 个国家气象观测站中有 53 个站出现降雨,平均降雨量 41 毫米,最大降雨量 144 毫米出现在本溪县;过程极大风速出现在8月28日20时庄河大郑观测站，为13级（38.2米/秒），有3个站超过12级（32.7米/秒），有27个站超过10级（24.5米/秒）。

图4.6.3　2012年8月4日辽宁省本溪市暴雨洪涝造成道路冲毁（本溪市气象局提供）
Fig. 4.6.3　Road damaged by flood in Benxi City, Liaoning Province on August 4, 2012 (By Benxi Meteorological Service)

#### 3. 局地强对流

2012年辽宁省共发生雷电灾害169次，风灾11次，冰雹灾害14次。局地强对流天气导致农作物受灾面积3.2万公顷，21万人受灾，损坏房屋0.1万间，直接经济损失约1.4亿元。

6月2日下午，沈阳市区出现了强对流天气，暴雨、冰雹和雷电同时袭击沈阳，1人遭雷击身亡。6月5日，鞍山台安遭受冰雹袭击，约1.2万人受灾，直接经济损失近400万元。7月1日，朝阳北票遭受冰雹袭击，约5.0万人受灾，直接经济损失近580万元。7月29日，丹东宽甸发生雷雨大风灾害，导致13.6万人受灾，1.1万公顷农作物受灾，105座大棚被毁，损失粮食4400万千克。

#### 4. 大雾

2012年辽宁省共出现大雾灾害10次。特别是9—11月，辽宁地区大雾天气频发，以沈阳、抚顺和大连最为严重，局部地区清晨能见度不足100米。大雾天气给运输带来严重影响，部分高速公路关闭、航班延误或取消、船舶滞留或停航。

### 4.6.3　气象减灾服务简介

2012年辽宁省共发布气象灾害预警信号2589次，发送预警信息2082万人次，报送决策气象信息172期。省政府建立了气象灾害红色预警和地质灾害5级预警短信全网发布和广播电视插播机制。省气象局与省水利厅实时共享雨情、水情、灾情及预报预警信息，与省环保厅联合发布空气质量预报，与省国土资源厅联合发布地质灾害气象等级预警信息，与省交通厅合作发布交通气象信息，与省农委合作发布气象与农情，与省林业厅联合发布高森林火险气象等级预报和警报；组织大规模人工增雨作业10次，完善了人工影响天气机构和队伍。

## 4.7　吉林省主要气象灾害概述

### 4.7.1　主要气候特点及重大气候事件

2012年，吉林省年平均气温为4.6℃，比常年偏低0.8℃（图4.7.1）；年平均降水量为745.7毫米，比常年偏多22%（图4.7.2）。春季气温略低，降水略多，日照略多；气温前低后高，阶段性变化明显,降水呈前多后少的变化特征,且降水空间分布不均;4 月下旬低温多雨,后春大部地区降水偏少,西部和中南部大部分地方出现旱情。夏季气温略低,降水略多,日照略少;气温冷暖波动频繁,尤其是 7 月下旬延边州出现低温,降水时空分布不均,部分地方出现旱象;8 月末吉林省受台风影响出现大范围强降水和大风天气,另外还出现了暴雨、冰雹、高温、雷击、龙卷风、大风和大雾等灾害性天气。秋季气温稍高,降水特多。2012 年初霜晚,农作物均于霜前正常成熟。

2012 年吉林省由于气象灾害导致 498.4 万人受灾,死亡 5 人;农作物受灾面积 63.3 万公顷,其中绝收 1.6 万公顷;直接经济损失达 36.4 亿元。总体来看,2012 年属丰收年景。

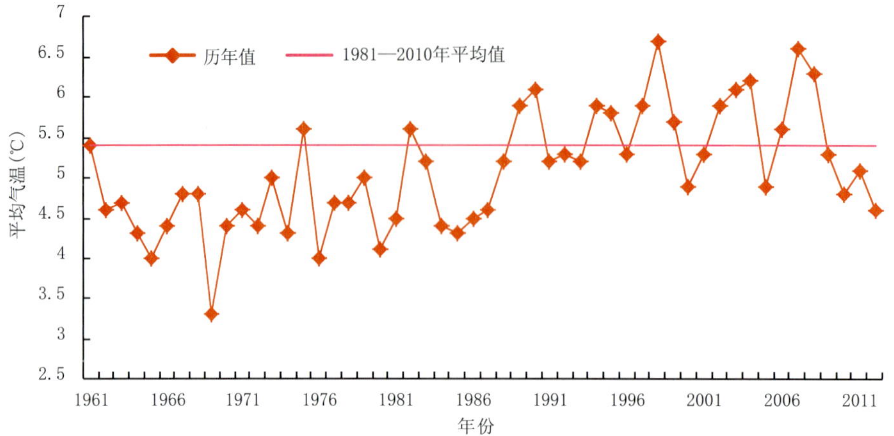


图 4.7.1 1961—2012 年吉林省年平均气温历年变化图(℃)

Fig. 4.7.1 Annual mean temperature in Jilin Province during 1961—2012(unit:℃)

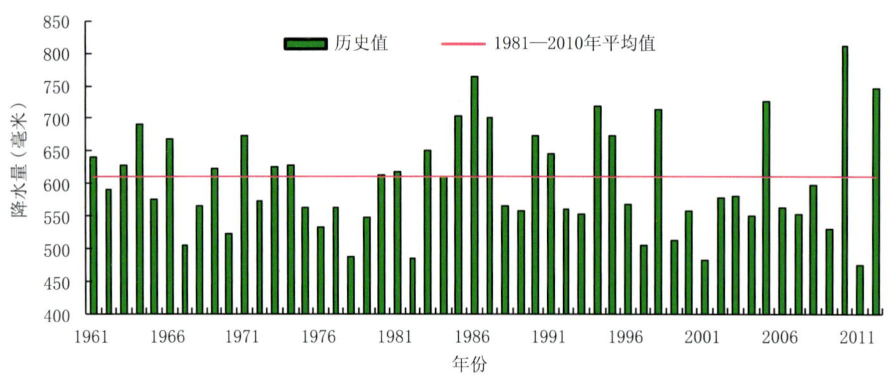


图 4.7.2 1961—2012 年吉林省年降水量历年变化图(毫米)

Fig. 4.7.2 Annual precipitation in Jilin Province during 1961—2012(unit:mm)

### 4.7.2 主要气象灾害及影响

#### 1. 热带气旋

2012 年夏季吉林省先后受“达维”、“布拉万”、“天秤”和“三巴”台风影响,特别是受台风“布拉万”影响,吉林省出现 2012 年最强的降水过程(图 4.7.3)。受热带气旋影响,吉林省有 338.5 万人受灾,转移安置 9000 人;倒塌房屋 1000 间;农作物受灾面积 20 万公顷;直接经济损失 16.9 亿元。

#### 2. 暴雨洪涝

2012 年夏季吉林省降水略多,降水过程频繁,导致 34.9 万人受灾;农作物受灾面积 7.0 万公顷,绝收 0.3 万公顷;直接经济损失 7.6 亿元。

图 4.7.3 2012 年 8 月 28 日吉林省白山市靖宇县遭受台风“布拉万”袭击(靖宇县气象局提供)
Fig. 4.7.3 Typhoon Bolaven attacked Jingyu County, Baishan City, Jilin Province on August 28, 2012
(By Jingyu Meteorological Service)

7 月 24—25 日，受副热带高压后部切变影响，临江市大部出现暴雨天气。受暴雨影响，鸭绿江及其支流水位迅速上涨，造成山洪暴发、山体滑坡、房屋倒塌、农作物被淹。全市 5574 人受灾，紧急转移安置 858 人；倒塌损坏房屋 194 间；直接经济损失 1.2 亿元。

### 3. 局地强对流

2012 年吉林省因雷雨大风、冰雹、龙卷等局地强对流天气导致农作物受灾面积 5.2 万公顷；58.7 万人受灾，死亡 5 人；直接经济损失 6.6 亿元。

2012 年 5—9 月，吉林省 116 个站次出现大风，27 个站次出现冰雹，3 次龙卷天气。其中，白城市洮北区和大安市先后于 2012 年 6 月 12 日和 7 月 1 日遭受龙卷袭击，导致乐胜乡、龙沼镇、太山镇、联合乡等乡镇的 20 个村受灾，受灾人口 6227 人，2 人死亡，59 人受伤；农作物受灾面积 2544 公顷；直接经济损失 2047.4 万元(图 4.7.4)。

图 4.7.4 2012 年 6 月 12 日吉林省白城市洮北区出现龙卷(白城市气象局提供)
Fig. 4.7.4 Tornado attacked Taobei District, Baicheng City, Jilin Province on June 12, 2012
(By Baicheng Meteorological Service)

#### 4. 干旱

2012 年后春及夏季，吉林省出现了不同程度的干旱，特别是 2012 年 7 月 20 日至 8 月 2 日，延边地区平均降水量为 21.3 毫米，为历史同期第四少；与此同时出现了高温天气，导致夏旱较严重。2012 年吉林省因干旱导致 62.6 万人受灾，0.2 万人饮水困难；农作物受灾面积 30.4 万公顷，其中绝收面积 9300 公顷；直接经济损失达 5.0 亿元。

### 4.7.3 气象减灾服务简介

7 月 22 日、8 月 28 日、11 月 10 日，分别受暴雨、台风“布拉万”和暴雪天气影响，吉林省气象灾害防御指挥部先后启动Ⅳ级和Ⅲ级应急响应，全省各相关部门和各级气象部门进入应急响应状态，服务效果显著。全年为吉林省委、省政府及各职能部门提供气象信息 527 份，得到省级领导的批示 48 次。

## 4.8 黑龙江省主要气象灾害概述

### 4.8.1 主要气候特点及重大气候事件

2012 年黑龙江省年平均气温 2.5℃，比常年偏低 0.5℃（图 4.8.1）；年降水量 619.3 毫米，比常年偏多 18%，为近 10 年来历史同期最多（图 4.8.2）。2012 年 1 月黑龙江省低温少雪；初夏局地强对流天气较多，暴雨洪涝灾害严重，盛夏东部地区出现干旱，季末热带气旋北上影响较重；秋季北部和西部地区发生低温冻害；11 月降水异常偏多，局地雪灾严重。全年因气象灾害共造成 707.8 万人受灾；农作物受灾面积 243.0 万公顷，绝收 13.4 万公顷；直接经济损失 64.3 亿元。总体来看，2012 年黑龙江省气候条件属正常略好年景。

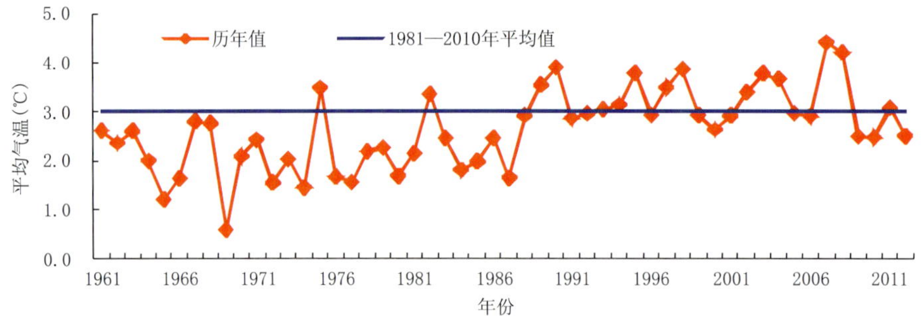


图 4.8.1 1961—2012 年黑龙江省年平均气温历年变化图（℃）

Fig. 4.8.1 Annual mean temperature in Heilongjiang Province during 1961—2012(unit: ℃)

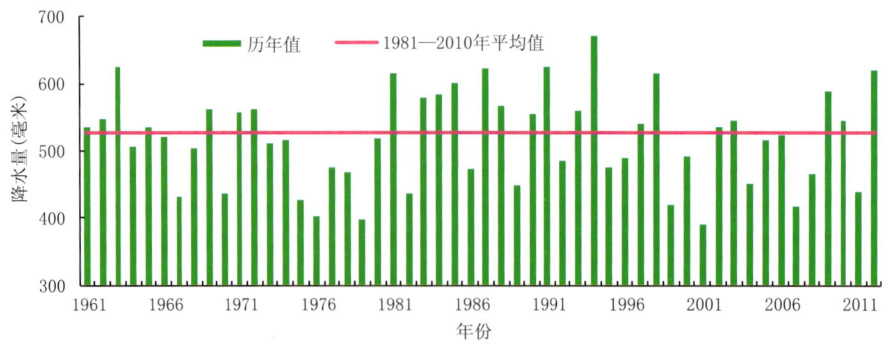


图 4.8.2 1961—2012 年黑龙江省年降水量历年变化图（毫米）

Fig. 4.8.2 Annual precipitation in Heilongjiang Province during 1961—2012(unit: mm)

### 4.8.2 主要气象灾害及影响

**1. 暴雨洪涝**

2012 年黑龙江省暴雨洪涝造成 176.5 万人受灾，农作物受灾面积 35.0 万公顷，直接经济损失 30.2 亿元。暴雨洪涝主要集中在 6 月和 7 月，黑龙江省有 12 个市的 69 个县(区、市)发生洪涝灾害。7 月 29 日大庆市多个县(市)遭受洪涝灾害，15.3 万人受灾；农作物受灾面积 5.1 万公顷；直接经济损失 2.5 亿元，其中农业直接经济损失 2.1 亿元。

**2. 干旱**

5 月至 7 月中旬，哈尔滨东部及三江平原地区降水持续偏少，出现中等程度气象干旱，其中双鸭山市区及宝清、五常、通河、方正等县出现重旱。干旱导致七台河、鸡西等城市水库水位偏低，用水紧张。2012 年气象干旱导致黑龙江省农作物受灾面积 120.0 万公顷，直接经济损失 12.3 亿元。

**3. 热带气旋**

2012 年黑龙江省受 2 个热带气旋影响，导致 298 万人受灾，农作物受灾面积 69.3 万公顷，直接经济损失 11.3 亿元。8 月 28—29 日，台风"布拉万"北上致使黑龙江省大部市县出现大风伴随强降雨天气，台风导致伊春、绥化、三江平原中部市县农作物大面积倒伏，哈尔滨市区树木折断或倒伏，城市内涝严重。9 月 17—18 日，台风"三巴"北上影响黑龙江省东部，降水缓解了东部地区前期干旱和水库缺水状况，同时导致 9 月降水偏多，为 1961 年以来历史同期第 2 位。

**4. 局地强对流**

2012 年黑龙江省 13 个市(地)的 48 个县(区、市)发生局地强对流天气，导致农作物受灾面积 18.7 万公顷，直接经济损失 9.7 亿元。其中，6 月 4 日齐齐哈尔克山县曙光乡的 3 个村屯遭受冰雹袭击，冰雹最大直径 3 厘米，降雹过程持续 30 分钟，导致 4005 人受灾，农作物受灾面积 1400 公顷，直接经济损失 573 万元。

**5. 低温冷冻害和雪灾**

2012 年 1—2 月黑龙江气温偏低，1 月平均气温为近 10 年来历史同期最低。10—12 月，黑龙江省 3 个市的 7 个县(市)发生了低温冷冻灾害，其中 10 月 12 日黑河北安市受低温冷冻影响，导致农作物受灾面积 3.6 万公顷，直接经济损失 6500 万元。11 月降水异常偏多，29 个台站出现历史极值，其中 11 月 11 日鹤岗出现特大暴雪，降水量达 37.3 毫米，雪深 31 厘米，为 1957 年以来的最大降雪。暴雪导致部分市县电力设施中断，学校停课和交通受阻，受灾人口 8490 人；农作物受灾面积 1996 公顷；直接经济损失 3526.5 万元，其中农业经济损失 148 万元(图 4.8.3)。

图 4.8.3 2012 年 11 月 11 日黑龙江省鹤岗市发生特大暴雪(鹤岗市气象局提供)

Fig. 4.8.3 Blizzard occurred in Hegang City, Heilongjiang Province on November 11, 2012 (By Hegang Meteorological Service)

### 4.8.3 气象减灾服务简介

2012 年黑龙江省气象灾害较多，极端气候事件频发，气象部门严密监测、及时预警，气象服务能力显著提升。在暴雨洪涝、台风、暴雪等灾害发生时能够准确预测、实时监测、及时启动应急响应、多次发布预警，取得了显著的防灾减灾效果。

## 4.9 上海市主要气象灾害概述

### 4.9.1 主要气候特点及重大气候事件

2012 年上海市年平均气温 16.6℃，比常年偏高 0.3℃，与 2011 年持平，自 2000 年以来已连续第 13 年高于常年平均值(图 4.9.1)。冬季和秋季气温正常略偏低，春季和夏季气温偏高。年平均降水量 1312 毫米，比常年偏多 11%(图 4.9.2)，各区县年降水量在 1042～1540 毫米之间，降水量呈现出“北少南多”的分布格局。冬季、春季和秋季降水略偏多，夏季降水接近常年，梅雨降水量较常年偏少 2 成。

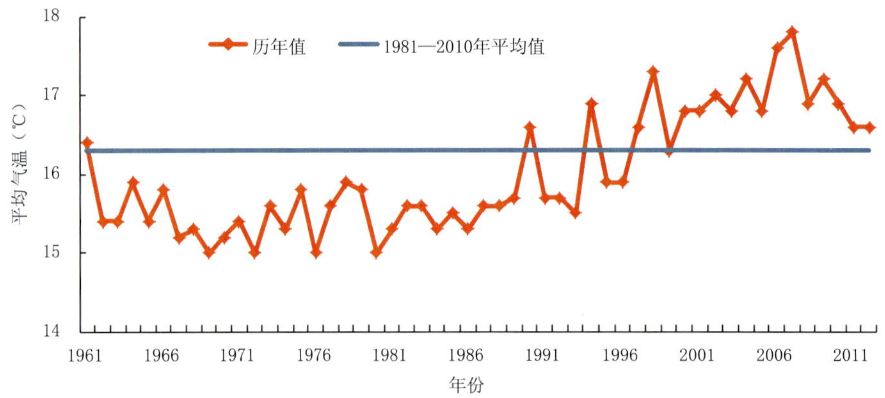


图 4.9.1 1961—2012 年上海市年平均气温历年变化图(℃)

Fig. 4.9.1 Annual mean temperature in Shanghai during 1961—2012(unit: ℃)

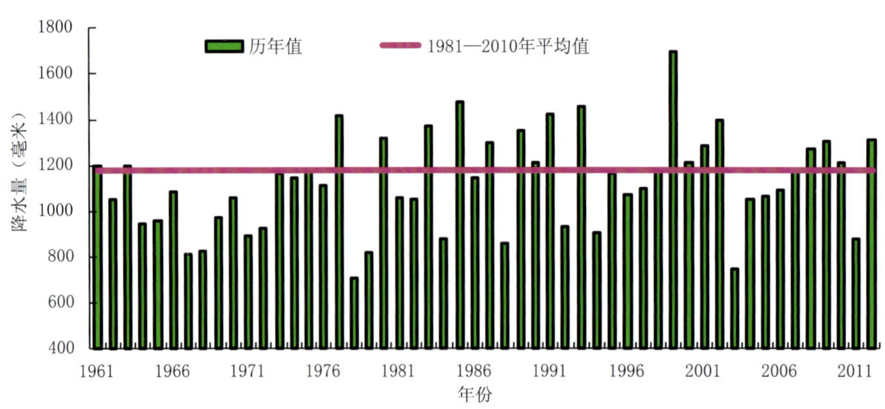


图 4.9.2 1961—2012 年上海市年降水量历年变化图(毫米)

Fig. 4.9.2 Annual precipitation in Shanghai during 1961—2012(unit: mm)

2012 年上海市主要气象灾害有台风、暴雨、雷电、雷雨大风、高温和大雾。全市因气象灾害造成 42.0 万人受灾，6 人死亡；农作物受灾面积 1.5 万公顷，绝收 0.2 万公顷；直接经济损失 5.2 亿元。总体评价，2012 年属气象灾害正常略重年份。

### 4.9.2 主要气象灾害及影响

**1. 暴雨洪涝**

2012年上海市平均暴雨日数(11站平均)2.0天,比常年少1.0天,暴雨出现在6—8月。6月梅雨期间出现全市普降暴雨、局地大暴雨。7—8月的暴雨以短时局地性强降水为主,并伴有雷电大风。暴雨造成近80条马路、70多处厂房和小区及立交桥下积水,663户民宅进水,5个以上地区雨水管网雨水倒灌至污水管网使污水漫溢,约0.7万公顷农田受淹,两机场近百航班延误。

**2. 热带气旋**

台风"海葵"于2012年8月7—8日影响上海,上海11个气象站过程雨量一般有63.7～217.4毫米,各站出现的极大风速一般有12.4～29.2米/秒。台风"海葵"对上海各行各业均有较大影响,全市受灾人口42.0万人,紧急转移安置35.0万人,死亡2人;农作物受灾面积1.5万公顷,绝收0.2万公顷;直接经济损失5.2亿元(图4.9.3)。

图4.9.3　2012年8月8日上海市金山区台风"海葵"造成部分大棚薄膜被吹毁(上海市金山区气象局提供)
Fig. 4.9.3　Greenhouse film damaged by typhoon HAIKUI in Jinshan District, Shanghai on August 8, 2012 (By Jinshan Meteorological Service)

**3. 高温**

7月上海地区持续高温,上海电网最高用电负荷突破了2011年全网2548.9万千瓦的最高负荷,局部出现供电缺口。高温日"空调病"引起上海市颈椎病患者上升。

**4. 大雾**

2012年2—4月、10月上海市多次出现大雾天气,严重影响交通。上海虹桥机场、浦东机场因大雾近1400个航班延误或取消;上海港至少560艘船舶推迟或取消出航;上海市区黄浦江轮渡及通往崇明三岛、浙江的客轮多次全线停航,大雾还多次造成部分高速公路临时封闭和长途客运延误。

### 4.9.3 气象减灾服务简介

2012年上海市的气象灾害主要是由台风"海葵"造成的。上海市气象局在台风来临时主动做好决策服务,提前发布了台风警报、紧急警报、预警信号,发布"重要气象信息市领导专报",与应急联动中心、应急办、农委等进行部门联动沟通。市政府根据气象预报,在台风来临前紧急转移35.3万人,将灾害损失降到最低限度。

## 4.10 江苏省主要气象灾害概述

### 4.10.1 主要气候特点及重大气候事件

2012 年江苏省年平均气温 15.3℃，与常年同期(15.3℃)持平(图 4.10.1)，空间分布为南高北低，年内气温起伏大。春季、夏季气温偏高，秋季、冬季气温偏低。全省年降水量 994.5 毫米，较常年同期(1024.4 毫米)略偏少(图 4.10.2)，时空分布不均，苏南南部和江淮东北部地区偏多，其他地区偏少。冬季、春季降水偏少，夏季、秋季降水基本持平。

2012 年江苏主要气象灾害有暴雨、热带气旋、局地强对流、雾、干旱等。据不完全统计，全省共有 867.1 万人受灾，死亡 53 人，失踪 2 人；农作物受灾面积 69.9 万公顷，绝收 4.3 万公顷；直接经济损失 91.0 亿元。2012 年对农业、林业、旅游、水环境为较好的气候年景，对水资源、人体健康、交通、水产养殖业等行业气候年景正常或正常偏差。

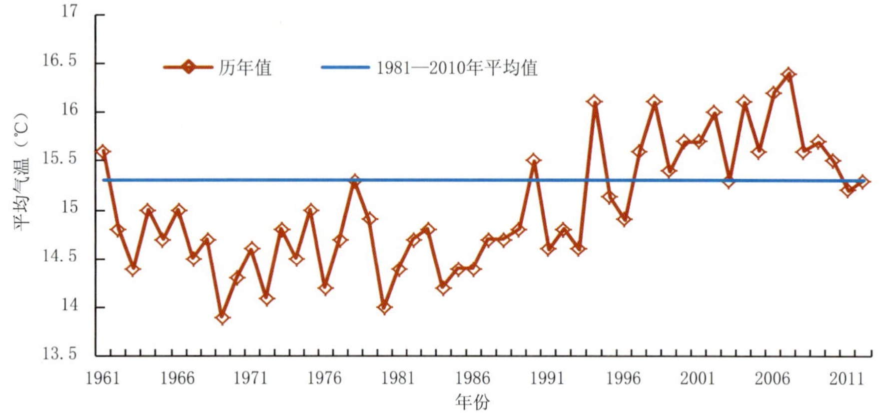


图 4.10.1 1961—2012 年江苏省年平均气温历年变化图(℃)

Fig4.10.1 Annual mean temperature in Jiangsu Province during 1961—2012(unit:℃)

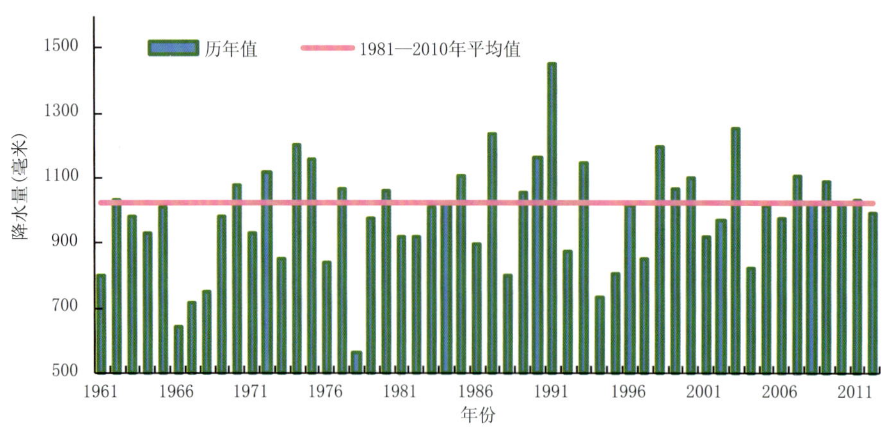


图 4.10.2 1961—2012 年江苏省年降水量历年变化图(毫米)

Fig4.10.2 Annual precipitation in Jiangsu Province during 1961—2012(unit:mm)

### 4.10.2 主要气象灾害及影响

#### 1. 干旱

2012 年，江苏省因干旱约造成 310.2 万人受灾；农作物受灾面积 36.7 万公顷，绝收 0.9 万公顷；直接经济损失 6.3 亿元。1 月至 3 月上旬，江苏省淮北和江淮北部地区降水异常偏少，连续无降水日均在 30 天以上。5 月至 6 月下旬，徐州市遭受了 50 年不遇的夏旱，高亢及丘陵地区秋季作物几近绝收。南京市六合区、镇江市丹徒区部分丘陵地区因连续高温少雨多处干旱。9 月中旬到 10 月中旬，淮河以南地区出现干旱，干旱对冬小麦的播种和生长产生不利影响。

**2. 暴雨洪涝**

2012 年江苏省因暴雨洪涝约造成 133.8 万人受灾；房屋损坏 1.4 万间，倒塌 0.2 万间；农作物受灾面积 15.7 万公顷，绝收面积 2.8 万公顷；直接经济损失约 27.5 亿元。7 月 8—9 日，江苏省共出现 6 个大暴雨站日、16 个暴雨站日，日降水极值为 181.4 毫米，8 日出现在赣榆站。降水主要集中在连云港东北部地区。由于降雨强度大、雨量大，部分河道河水漫道，连云港市城区约 80% 地区积水（图 4.10.3）。

图 4.10.3　2012 年 7 月 8—9 日连云港市城区因暴雨造成积水（连云港市气象局提供）

Fig. 4.10.3　Rainstorm induced waterlogging in urban area of Lianyungang City on July 8—9, 2012 (By Lianyungang Meteorological Service)

**3. 热带气旋**

2012 年江苏省因热带气旋共造成 180.0 万人受灾，死亡 1 人，紧急转移 26.5 万人；倒塌房屋 0.2 万间；农作物受灾面积 14.0 万公顷；直接经济损失 34.5 亿元。8 月，江苏省先后受到 5 个热带气旋影响，影响个数偏多。5 个热带气旋分别是 9 号台风"苏拉"、10 号台风"达维"、11 号强台风"海葵"、14 号台风"天秤"和 15 号超强台风"布拉万"。其中，"海葵"对江苏省的影响特别严重，是 1991 年以来影响江苏最严重的台风。

**4. 局地强对流**

2012 年江苏省遭遇龙卷风、雷雨大风和雷电等局地强对流天气影响，共造成 243.0 万人受灾，死亡 16 人；倒塌房屋 0.2 万间，损坏房屋 2.1 万间；农作物受灾面积 3.6 万公顷；直接经济损失 22.7 亿元。其中，发生雷灾 272 起，雷击引发火灾或爆炸事故 3 起；雷击建筑物受损 14 起；办公电子设备受损 50 起，受损设备 224 件；家用电子设备受损 180 起，受损设备 1147 件。

**5. 大雾**

2012 年江苏省全年雾日数 56 天，其中 5 月、9 月、11 月和 12 月雾日较多，都在 9 天以上。雾引发多起交通事故，造成高速公路关闭、汽渡临时停航、航班延误。在雾霾天气的多发期，江苏省多个地区都处于重度污染，给人民健康带来不利影响。

### 4.10.3 气象减灾服务简介

2012 年，江苏省先后经历了干旱、持续性强降水、高温、强对流、台风等灾害性天气，江苏省气象局预报准确、服务及时。共发布 42 期《重要天气报告》、28 期《气候监测分析报告》、17 期《决策气象服务专报》、52 期《一周天气》、27 期《专项天气报告》、220 期《太湖地区气象卫星监测预警日报》、30 期《太湖蓝藻气象周报》、77 期《秸秆焚烧气象卫星监测报告》、14 份专题材料以及霾、雷电、太湖蓝藻 2011 年度监测报告。省领导先后 14 次对江苏省气象局报送的各类服务材料给予了表扬或者批示。

## 4.11 浙江省主要气象灾害概述

### 4.11.1 主要气候特点及重大气候事件

2012 年浙江省年平均温度 17.1℃，与常年持平(图 4.11.1)；年平均降水量 1959.0 毫米，比常年偏多 3 成，创近 50 年以来新高(图 4.11.2)。全年气候异常多变，1 月多大雪天气；一季度出现严重阴雨寡照天气，日照为 1961 年以来最少；4 月初浙中北遭受冷空气偏北大风袭击；8 月浙北遭遇 1957 年以来最强台风"海葵"正面袭击；9 月雷暴天气频发，地闪次数为近 6 年最高；夏季持续高温热浪，部分地区最高气温突破 40℃；10 月下旬出现持续灰霾天气。全年气象灾害造成农作物受灾面积 55.4 万公顷，绝收面积 4.2 万公顷；受灾人口 1126.7 万人，死亡 20 人；直接经济损失 309.9 亿元。

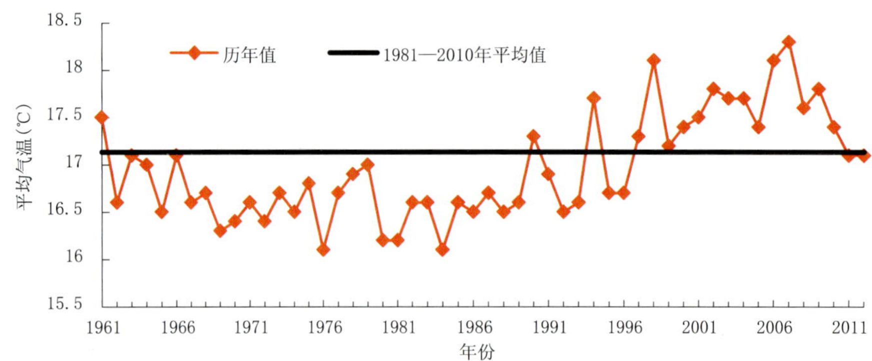


图 4.11.1 1961—2012 年浙江省年平均气温历年变化图(℃)

Fig. 4.11.1 Annual mean temperature in Zhejiang Province during 1961—2012(unit:℃)

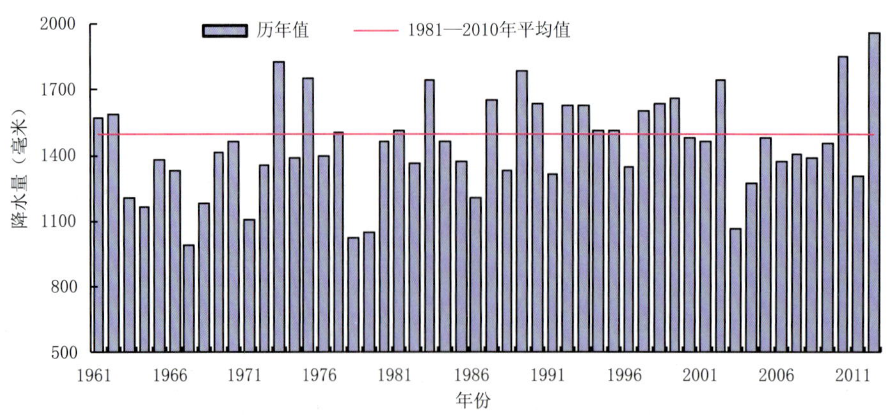


图 4.11.2 1961—2012 年浙江省年降水量历年变化图(毫米)

Fig. 4.11.2 Annual precipitation in Zhejiang Province during 1961—2012(unit:mm)

### 4.11.2 主要气象灾害及影响

**1. 热带气旋**

8月，浙江接连受到台风"苏拉"、"海葵"及"布拉万"的影响，共造成直接经济损失275.5亿元，受灾人口891.2万人，农作物受灾面积37.8万公顷。尤其是强台风"海葵"，8月8日登陆宁波市象山县，并先后穿过宁波、绍兴、杭州和湖州等地，是继1956年12号台风后登陆浙北最强台风。"海葵"影响期间，浙江省平均降水量118毫米，547个乡镇雨量超过100毫米，16个乡镇超过400毫米，临安、宁海等地超500毫米；安吉等3县(市)日降水量破历史极值。

**2. 连阴雨**

一季度，浙江省出现严重连阴雨，日照时数位居1961年以来最少，降水日数为最多，期间相继出现7次连阴雨过程，其中1月12—31日连阴雨长达20天。持续阴雨对人民生活、农作物生长、交通安全等造成严重影响；缙云、龙泉等地出现山体滑坡；由于缺少光照，洗衣店生意兴隆，运动器械、冬季保暖服装销量大增。

**3. 暴雨洪涝**

2012年暴雨过程主要出现在第二及第三季度，除梅汛期外，共有5次明显暴雨过程，共造成全省672个乡镇受灾，受灾人口205.4万人，死亡3人；农作物受灾面积14.5万公顷；直接经济损失31.1亿元。

浙江省梅雨期间共出现三轮强降雨，首场暴雨强度罕见，6月17—19日31个乡镇小时雨量超50毫米。梅雨期间共有50余座大中型水库先后泄洪。持续强降雨引发部分地区发生山洪、城乡内涝等灾害(图4.11.3)，农业也遭受严重损失，造成直接经济损失约17.6亿元。

图4.11.3　2012年6月18日杭州市滨江区城市内涝(浙江省气象服务中心提供)
Fig. 4.11.3　Urban waterlogging in Binjiang District, Hangzhou City on June 18, 2012
(By Zhejiang Meteorological Service Center)

**4. 高温热浪**

6月29日至7月15日、7月19日至8月1日、8月12—21日浙江省共出现3次范围广、强度强的持续高温天气。其中，第一次高温范围最广、时间最长，除沿海以外的大部分地区在该时段出现12天以上的高温。全省有244个乡镇最高气温突破40℃，最高为42.8℃。持续高温造成高速公路日平均事故量多达50余起；各大医院门诊量剧增，萧山一工人在户外作业时中暑身亡。

**5. 雪灾**

2012 年,雪灾共造成浙江 20 万人受灾,农作物受灾面积 0.9 万公顷,直接经济损失 2.4 亿。1 月浙江出现 3 次降雪过程,尤其是春节期间频现低温雨雪天气。1 月 22—24 日和 27—28 日,全省均为阴雨雪天气,其中 22 日(除夕)和 24 日(初二)全省大部分地区出现降雪,积雪深度最大的遂昌高坪 15 厘米。雨雪天气期间,省内部分高速公路封道,交通事故是平时的三四倍,给人们春节走亲访友带来极大不便。

**6. 局地强对流**

2012 年浙江省共发生雷电灾害 1227 起,其中人员伤亡事故 13 起,死亡 9 人,受伤 6 人。全省共发生地闪 36 万余次,其中 9 月 10 万余次,为近 6 年同期最高。9 月 7—9 日杭州、宁波及湖州等地连续出现大范围强雷暴天气,造成 2 人死亡,多处建筑物、通信设备以及家用电子设备受损;富阳市遭受 9 月历史最大强风(31.5 米/秒)及冰雹袭击,造成多处大树折断、大棚损坏,并有多人受伤。4 月 2—3 日,浙中北地区出现 7～9 级偏北大风,13 个乡镇达 11 级(30 米/秒)以上,杭嘉湖地区多县农业损失惨重,其中长兴县和平镇横山群叶茶场房屋倒塌,致 7 人死亡,25 余人受伤。

### 4.11.3 气象减灾服务简介

对全年 37 次重大灾害天气过程都做到严密监测、滚动预报、有效预警和实时评估。通过 150 个电视频道 178 套节目、4900 多块气象显示屏及各类媒体发布气象信息,每天为 1600 万公众提供短信服务,为 18 万人提供电话咨询服务,浙江天气网日均点击 57 万次。建立了预警信息全网发布机制,“海葵”期间全网发布预警短信 6665 万条。通过与省应急办联合发文、联合民政部门开展综合减灾示范社区建设等,大力加强防灾减灾体系建设。开展了 19 类特色农产品气候品质认证工作。全面完成了气象频道落地等为民服务十件实事。

## 4.12 安徽省主要气象灾害概述

### 4.12.1 主要气候特点及重大气候事件

2012 年安徽省年平均气温 15.9℃,与常年持平(图 4.12.1)。冬季和秋季气温偏低,其中冬季平均气温 3.1℃,为 1987 年以来最低;春、夏季偏高,其中夏季为 2007 年以来最高。2012 年全省年降水量 1161 毫米,接近常年(图 4.12.2)。春季及年末多雨雪过程,汛期降水总量偏少。

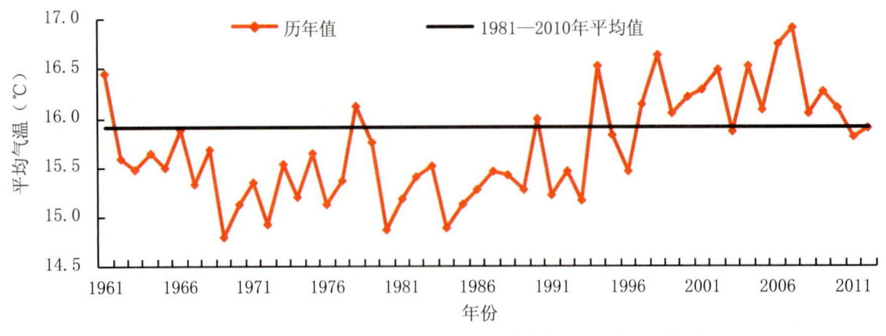


图 4.12.1 1961—2012 年安徽省年平均气温历年变化图(℃)

Fig. 4.12.1 Annual mean temperature in Anhui Province during 1961—2012(unit: ℃)

年内安徽省先后遭遇早春低温雨雪、春夏阶段性干旱、强对流、高温、台风、年末暴雪等极端气候事件,但影响程度总体较轻。全省气象灾害造成农作物受灾面积 115.2 万公顷,其中绝收面积 6.0 万公顷;受灾人口 2164.1 万人,死亡 64 人;倒塌房屋 1.4 万间;直接经济损失 85.7 亿元。全年

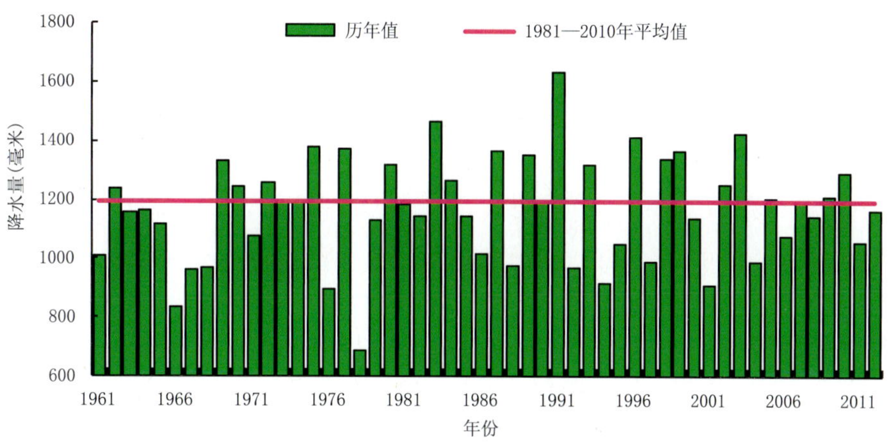


图 4.12.2　1961—2012 年安徽省年降水量历年变化图(毫米)

Fig. 4.12.2　Annual precipitation in Anhui Province during 1961—2012(unit:mm)

灾损为 2007 年以来最轻。气候年景等级评估,安徽省 2012 年属较好气候年景。

### 4.12.2　主要气象灾害及影响

#### 1. 热带气旋

8 月份先后有 4 个台风影响,以"海葵"影响最为严重。8 月 7—11 日台风"海葵"正面侵袭安徽,南部出现暴雨、大暴雨,黄山风景区超过 700 毫米,沿江江南 7 条中小河流超警戒水位,部分水利工程水毁。从过程暴雨及大暴雨站次、强降水范围综合来看,"海葵"为安徽有气象记录以来第二强台风。

#### 2. 干旱

5 月 1 日至 8 月 7 日安徽省平均降水量 385 毫米,较常年同期偏少 3 成,为 2002 年以来最少。降水持续偏少、气温偏高,出现全省性初夏旱,合肥以北及江南西南部遭遇伏旱。全省因旱受灾人口 1414.2 万人,饮水困难 35.1 万人;农作物受灾面积 61.6 万公顷;直接经济损失 27.9 亿元。

#### 3. 低温冷冻害与雪灾

1 月下旬及 12 月下旬,安徽出现低温雨雪天气,2 月 20 日至 3 月 23 日遭遇长时间低温连阴雨。1 月下旬气温持续下降,21—22 日出现雨夹雪或雪,22 日有 46 个县(市)出现积雪,部分路段结冰,不利春运;23 日(正月初一)全省平均气温仅 −4.6℃,出现全年最低值。全省低温冷冻害与雪灾造成 48.1 万人受灾,农作物受灾面积 1300 公顷,直接经济损失 3000 万元。

#### 4. 高温热浪

2012 年安徽高温初日为 6 月 8 日,较常年偏晚 13 天。夏季高温日数(22 天)偏多 7 天,为 2004 年以来最多,先后出现 4 段高温天气。其中,7 月下旬出现全省性高温,沿江江南连续高温日数在 8 天以上,居民用电负荷不断刷新纪录。

#### 5. 暴雨洪涝

梅雨期雨带南北摆动,安徽出现 3 次降水过程,分别为 6 月 25—27 日淮河以南、6 月 28 日至 7 月 8 日沿淮淮北、7 月 12—20 日合肥以南。全省因暴雨洪涝受灾人口 356 万人,死亡 3 人;农作物受灾面积 29 万公顷;直接经济损失 12.4 亿元。受灾程度为 2005 年以来最轻。

#### 6. 局地强对流

2012 年局地强对流时有发生,造成 60.9 万人受灾,因灾死亡 21 人(其中雷击 16 人);农作物受灾面积 2.2 万公顷;直接经济损失 1.7 亿元。3 月 19 日下午,江淮至沿江 28 个县(市)出现雷暴,合肥等地出现冰雹,其中肥东最大冰雹直径约 5～6 毫米,持续约 9 分钟,为近年来罕见。

7. 雾霾

年内雾霾日数(29 天)接近常年,冬春季及秋季雾霾集中,但由于交通气象服务及交管措施得力,全年雾霾天气诱发的事故起数及伤亡情况明显减轻。3 月 16—18 日,江北地区连续三天出现大雾,其中 17 日、18 日早晨分别有 37 个、43 个县(市)出现大雾,公路、航运受阻并引发多起交通事故。

### 4.12.3 气象减灾服务简介

2012 年,安徽省先后经历低温连阴雨、干旱、暴雨、台风等灾害性天气,针对重大天气过程和气象服务关键期,全省各级气象部门加强监测预警、预报服务、应急处置,为党委政府和有关部门有效组织防灾减灾救灾及群众避灾自救提供了有力保障。省气象局决策气象服务中心共向省委省政府以及相关部门报送决策服务材料 140 期,其中《重大气象信息专报》16 期、《天气情况快报》56 期、《一周天气趋势》48 期、《气象预警信息快报》20 期;累计发布气象灾害预警信息 15733 条,手机短信 6842 万人次,并通过影视、广播、电子显示屏、乡村大喇叭等多种方式向社会公众传播。气象服务工作得到省、市、县各级党委政府领导的充分肯定。

## 4.13 福建省主要气象灾害概述

### 4.13.1 主要气候特点及重大气候事件

2012 年福建省年平均气温 19.5℃,与常年持平(图 4.13.1);平均年降水量 1897.0 毫米,较常年偏多约 1.7 成(图 4.13.2)。冬季呈现明显的低温、多雨、寡照特征,日照为 1961 年以来最少,出现多次寒潮、降雪和低温阴雨过程;春季强对流天气频发,闽清县遭受百年罕见龙卷袭击;雨季开始

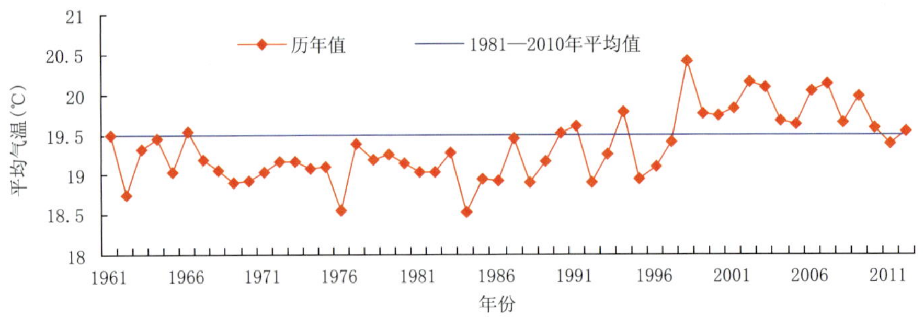


图 4.13.1 1961—2012 年福建省年平均气温历年变化图(℃)

Fig. 4.13.1 Annual mean temperature in Fujian Province during 1961—2012(unit:℃)

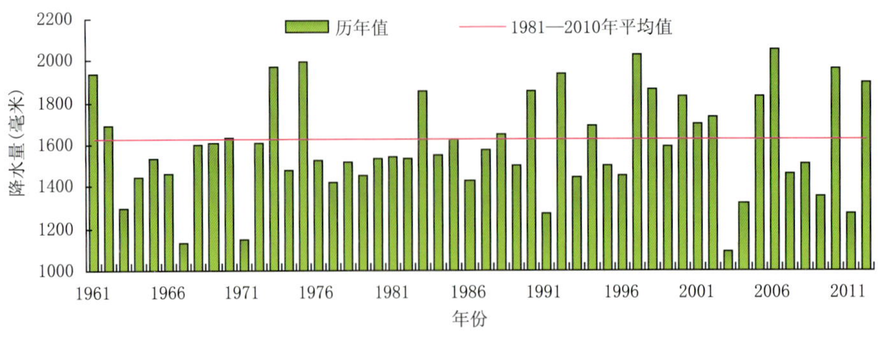


图 4.13.2 1961—2012 年福建省年降水量历年变化图(毫米)

Fig. 4.13.2 Annual precipitation in Fujian Province during 1961—2012(unit:mm)

偏早，结束正常，首尾暴雨过程引发局地内涝和地质灾害；初夏高温范围广、日数多、极值高；秋季降水为1961年以来最多，尤其晚秋暴雨频发，历史罕见。全年有8个登陆影响热带气旋，个数偏多，影响时段集中，台风结对来，路径怪，但灾害影响整体偏轻。

2012年福建省因气象灾害导致222.6万人受灾，死亡11人，直接经济损失47.4亿元，气象灾害损失偏轻。总体而言，2012年福建省气候属较好年景。

### 4.13.2 主要气象灾害及影响

#### 1. 暴雨洪涝

2012年福建省共出现20次暴雨过程，造成71.4万人受灾，直接经济损失19.5亿元。其主要特点体现在以下三个方面。其一，冬季暴雨致灾。2月24日内陆部分县市出现暴雨，导致农作物、房屋出现不同程度受灾，并造成三明永安市局地山体塌方。其二，雨季整体强度明显偏弱，但首尾暴雨过程强、影响大。4月29日至5月1日的暴雨造成长乐市严重内涝，6月22—24日端午节前后的强降水引发福清城区内涝和地质灾害。其三，晚秋暴雨频发，历史罕见。11月下旬出现3次暴雨过程，宁化、明溪、古田、三明等县(市)日雨量打破历史同期纪录。

#### 2. 热带气旋

2012年共有8个热带气旋登陆影响福建省，其中9号强台风“苏拉”登陆福鼎。热带气旋的影响特点体现在以下三个方面。其一，影响时段集中。8月有4个热带气旋集中影响，个数明显偏多。其二，台风结对来，路径怪。3次出现“双台”现象，“双台”的互旋作用使“苏拉”、“天秤”移动路径诡异。其三，灾害影响整体偏轻。影响最重的“苏拉”造成全省直接经济损失14.8亿元，与历史登陆台风相比灾害影响属较轻。

#### 3. 局地强对流

2012年福建省强对流天气共造成29.9万人受灾，直接经济损失10.7亿元。年内出现的强对流天气主要有5次，集中在4月和5月上旬。其中4月15日16点15分左右，福州市闽清县金沙镇宝峰村遭受百年罕见的龙卷风袭击，几秒钟内大树被连根拔起，电线杆被拦腰截断，多户人家的屋顶被掀飞(图4.13.3)。2012年福建省共发生雷灾316起，造成8人死亡，5人受伤，直接经济损失0.1亿元。

图4.13.3 2012年4月15日福建省闽清县金沙镇宝峰村遭百年罕见龙卷袭击(福州市气象局提供)

Fig. 4.13.3 Once-in-a-century tornado attacked Baofeng village, Jinsha Town, Minqing County of Fujian Province on April 15, 2012 (By Fuzhou Meteorological Service)

#### 4. 低温冷冻害和雪灾

2012年冬季，福建省出现多次寒潮、降雪、低温阴雨过程，造成1.2万人受灾，直接经济损失0.1亿元。1月有2次较大范围的降雪，其中1月21—25日全省大部分县市持续低温阴雨(雪)，北部部分县(市)出现降雪,并伴有结冰和积雪现象。

5. 高温热浪

2012 年福建省共出现 5 次高温过程,其中 7 月上半月福建省≥37℃的高温日数多达 13 天。宁德、沙县、福州、连江、罗源等地日最高气温或连续≥37℃的高温日数均位居 1961 年以来历史同期前二位。受高温影响,全省最高用电负荷、日用电量双双创下历史新高。

### 4.13.3 气象减灾服务简介

2012 年,福建省各级气象部门围绕重大灾害性天气过程及时启动应急响应,上下联动,加强监测预警,全力以赴做好气象减灾服务工作。全年福建省气象局共启动应急 13 次,44 天;报送决策气象服务材料 676 份,获省委省政府和中国气象局领导批示 31 份;发布警报 1129 次;全省各级气象部门共发布预警信号 5276 次,预警短信 22618 条,接收达 1.2 亿余人次,气象灾害预警信息覆盖面达 93%。特别在防御台风"苏拉"服务中,及时、准确、有效的气象预报预警得到了省委省政府的高度肯定,称赞"气象部门在这次防抗'苏拉'中,工作做得非常好,非常到位"。

## 4.14 江西省主要气象灾害概述

### 4.14.1 主要气候特点及重大气候事件

2012 年江西省平均气温 17.9℃,接近常年,为 2001 年以来最低(图 4.14.1);年降水量 2174.9 毫米,较常年偏多 3 成,为 1961 年以来最多(图 4.14.2)。年内,春、夏、秋季气温偏高,冬季气温偏低;各季降水均偏多,其中秋季降水较常年偏多 1.8 倍,为历史同期最多。

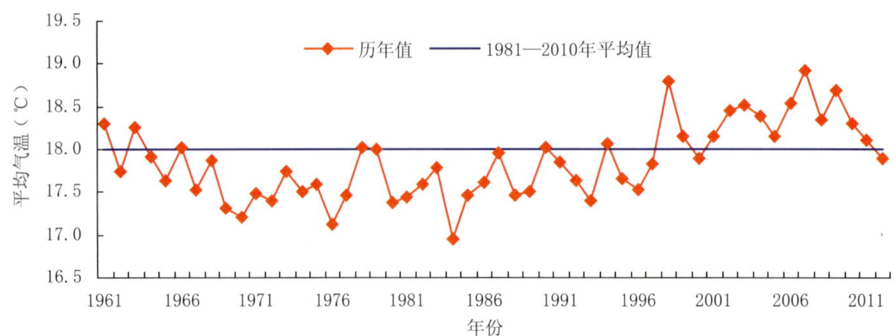


图 4.14.1 1961—2012 年江西省年平均气温历年变化图(℃)

Fig. 4.14.1 Annual mean temperature in Jiangxi Province during 1961—2012(unit:℃)

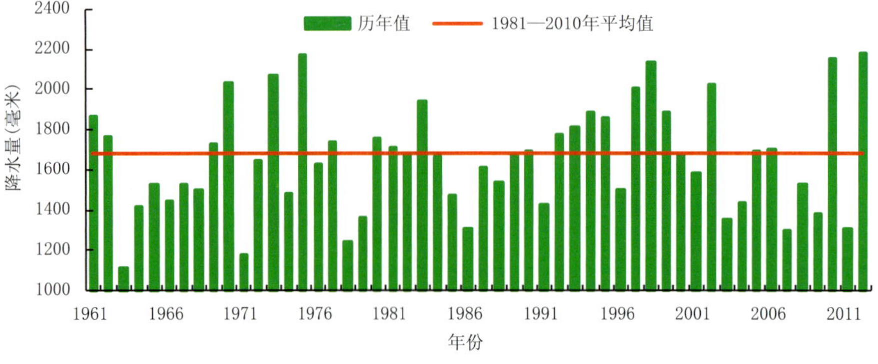


图 4.14.2 1961—2012 年江西省年降水量历年变化图(毫米)

Fig. 4.14.2 Annual precipitation in Jiangxi Province during 1961—2012(unit:mm)

年内主要的气候事件有:1月至3月上旬出现罕见持续低温阴雨寡照;3月上旬出现早汛;4月局地强对流天气频发;汛期暴雨过程多,7月中旬出现同期少见强降水过程;8月上旬强台风"海葵"造成赣东北出现严重的洪涝和内涝;秋冬季节大雾或浓雾范围广、强度大。年内以洪涝、局地强对流和台风灾害最为突出,但没有出现流域性严重洪涝灾害。全年因气象灾害或由气象灾害引发的次生灾害,导致全省775.9万人受灾,因灾死亡44人;农作物受灾面积67.4万公顷,绝收4.7万公顷;直接经济损失达113.3亿元。总体来看,2012年气象灾害属于中等年份,农业气象年景为丰收年景。

### 4.14.2 主要气象灾害及影响

#### 1. 暴雨洪涝

2012年江西省暴雨过程频繁,各个季节均出现过不同程度的暴雨过程,但大部分暴雨过程持续时间短,且空间分布较为分散,未出现流域性严重洪涝灾害。全年先后出现了15次区域性暴雨过程,其中汛期出现9次,秋季出现3次。据统计,全年洪涝灾害(含山体崩塌、滑坡)共造成江西省505.8万人受灾,死亡5人;农作物受灾面积34.3万公顷,绝收3.3万公顷;倒塌房屋1.8万间,损坏3.1万间;因灾直接经济损失59.9亿元。

#### 2. 局地强对流

4月份强对流过程频发,江西省先后遭遇了4月10—11日、4月23—25日、4月28日至5月1日3次大暴雨、雷雨大风、冰雹等强对流天气过程。全年局地强对流天气共造成江西省116.8万人受灾,死亡39人;农作物受灾面积8.4万公顷,绝收0.2万公顷;倒塌房屋1.1万间,损坏房屋4.4万间;直接经济损失17.7亿元。全年共发生雷灾事故126起,死亡33人,受伤2人,时间主要集中在4—8月,雷击伤亡人数以南昌和赣州两市居多。

#### 3. 热带气旋

2012年对江西影响较大的台风主要有"苏拉"和"海葵"。热带风暴"苏拉"和强台风"海葵"在8月上旬先后影响江西,间隔时间仅2天,导致局部地区遭受严重灾害。"海葵"带来的强降雨致使昌江、乐安河水位一度全线超警戒,景德镇、上饶、鹰潭部分地方出现洪涝、内涝,其中景德镇市灾害最为严重(图4.14.3),经济损失达22.0亿元。年内台风共造成江西省153.3万人受灾,紧急转移安置27.6万人;农作物受灾面积10.6万公顷,绝收面积3900公顷;倒塌居民房屋3000间;直接经济损失35.7亿元。

图4.14.3 2012年8月10日"海葵"致使景德镇市区一片汪洋(景德镇市气象局提供)

Fig. 4.14.3 Typhoon HAIKUI flooded the urban area of Jingdezhen City on August 10, 2012 (By Jingdezhen Meteorological Sevrice)

4. 低温阴雨寡照

1月1日至3月10日江西出现了历史罕见的持续低温连阴雨寡照天气，全省雨日突破历史同期纪录；雨量仅次于1998年，为历史同期第二多；无日照总日数多，也突破历史极值。受持续阴雨寡照影响，在田蔬菜、油菜田间渍水严重，生长缓慢，叶类菜复种指数下降，部分蔬菜大棚内出现绵腐病，局部油菜田块发生菌核病。

### 4.14.3 气象减灾服务简介

针对2012年的天气气候形势，江西省气象部门立足天气气候异常，严密监视天气变化，准确预报、及时预警。全年共启动气象灾害应急Ⅳ级响应3次，向联动单位发送气象灾害预警信息5次。全年向省委省政府领导及有关部门共报送《气象呈阅件》《气象地质灾害呈阅件》《气象情况反映》等决策服务材料298期，针对2012年全省出现的各种重大气象灾害事件，制作灾害影响评估材料10期。为党政领导和重点用户发布各类气象短信约47万人次，向公众发送预警短信164次，共计22344万人次，通过绿色通道全网发送预警信息3580万人次，为重点用户制作各类专题321期，发布新闻通稿51次，通过省卫视各频道、电台各频率、南昌市电视等媒体滚动插播预警信息约6500条次，专门致电给水库、铁路、电力等单位1000余次。

## 4.15 山东省主要气象灾害概述

### 4.15.1 主要气候特点及重大气候事件

2012年，山东省年平均气温13.3℃，较常年偏低0.1℃(图4.15.1)，年内秋、冬季气温偏低，春、夏季偏高；年平均降水量615.2毫米，较常年偏少4.7%(图4.15.2)。2012年山东台风影响次数多，风雨灾害严重；春季强对流天气频发，风雹灾害多；汛期出现10次暴雨过程，强降雨导致部分地

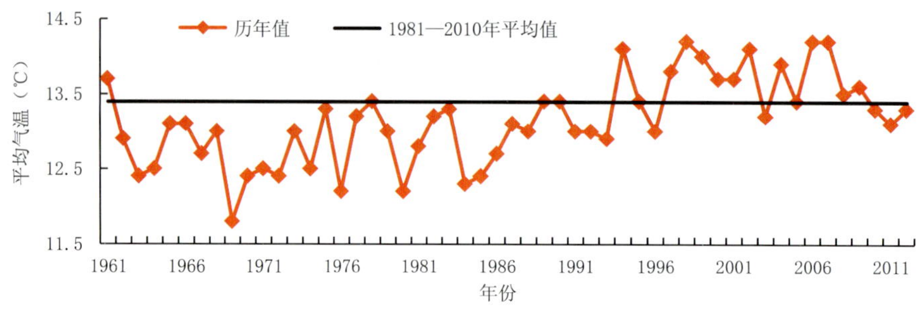


图4.15.1 1961—2012年山东省年平均气温历年变化图(℃)

Fig. 4.15.1 Annual mean temperature in Shandong Province during 1961—2012(unit: ℃)

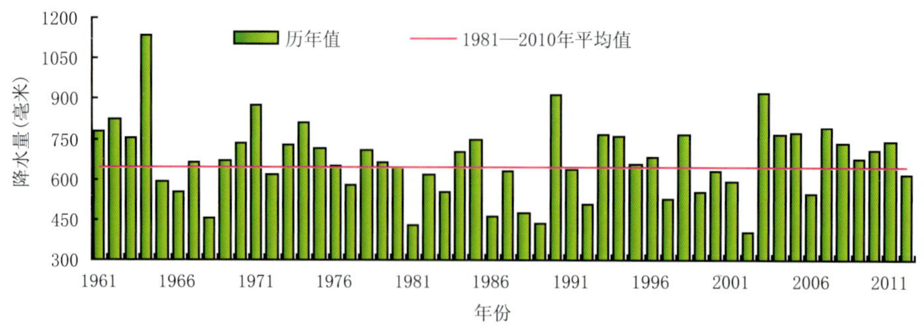


图4.15.2 1961—2012年山东省年降水量历年变化图(毫米)

Fig. 4.15.2 Annual precipitation in Shandong Province during 1961—2012(unit: mm)

区内涝严重；初夏高温少雨，出现旱灾；盛夏连续高温日数突破极值，用电负荷屡创新高；秋末以来气温持续偏低；年末大雾、雨雪多。

2012 年，山东气象灾害及其衍生灾害共造成 1939.1 万人次受灾，45 人死亡，1 人失踪；农作物受灾面积 182.2 万公顷，绝收面积 9.0 万公顷；直接经济损失 244.5 亿元。总体而言，2012 年山东气象灾害属一般年份。

### 4.15.2 主要气象灾害及影响

#### 1. 热带气旋

2012 年，1209 号“苏拉”、1210 号“达维”、1211 号“海葵”、1215 号“布拉万”、1216 号“三巴”共 5 个热带气旋影响山东，是 1994 年以来热带气旋影响山东最多的年份。其中，“达维”正面袭击山东，历时 22 小时 20 分钟，是有气象记录以来在山东持续时间最长的台风，给山东造成严重影响(图 4.15.3)，直接经济损失 128.3 亿元。全年因热带气旋共造成 561.4 万人受灾，死亡 7 人，失踪 1 人，紧急转移人口 34.6 万人；农作物受灾面积 59.2 万公顷，绝收 7.6 万公顷；倒塌房屋 3.4 万间；直接经济损失 148.4 亿元。

图 4.15.3　2012 年 8 月 3 日山东省青州市遭台风袭击(山东省气象局提供)
Fig. 4.15.3　The typhoon attacked Qingzhou City of Shandong Province on August 3, 2012 (By Shandong Meteorological Bureau)

#### 2. 暴雨洪涝

2012 年，暴雨洪涝共造成山东 587.4 万人受灾，死亡 8 人；农作物受灾面积 34.2 万公顷；倒塌房屋 3.5 万间，损坏房屋 10.0 万间；直接经济损失 64.5 亿元。年内强降水主要集中在 7—8 月。7 月上旬，山东平均降水量较常年偏多 158%，是 1951 年以来历史同期第 4 位多值；临沂平均降水量 319 毫米，偏多 475%，超过 1951 年以来历史极值。7 月 29 日至 8 月 1 日，德州、聊城部分地区累计雨量超过 200 毫米，德州辛店最大为 340.8 毫米。持续强降雨造成鲁西北大部地区内涝严重，漳卫新河的部分河段超过警戒水位。

#### 3. 局地强对流

2012 年，山东局地强对流灾害具有点多面广、持续时间长、局部损失重的特点。全年有 231.7 万人受灾；21.5 万公顷农作物受灾，其中绝收 7100 公顷；损坏房屋 2000 间；直接经济损失 18.3 亿元。2012 年山东发生雷电灾害 102 起，因雷击死亡 3 人，受伤 2 人；直接经济损失 282.1 万元，间接经济损失 303.3 万元。

4. 干旱

2012 年 5—6 月，山东平均降水量仅 28.5 毫米，比常年同期偏少 67.3%，干旱少雨导致鲁南、鲁中山区农作物大面积受旱。2012 年，干旱共造成山东 558.6 万人受灾，44.4 万人饮水困难；67.3 万公顷农作物受旱，其中绝收 7400 公顷；直接经济损失 13.3 亿元。

### 4.15.3 气象减灾服务简介

2012 年，山东省气象部门针对“第三届亚洲沙滩运动会”、泰山国际登山节、青岛国际帆船赛、黄河口国际马拉松赛等重大社会活动，春节、国庆等节假日和台风、暴雨、强对流、雾霾、干旱等重大天气气候事件，启动应急响应 3 次，向省委、省人大、省政府等有关部门报送《呈阅件》、《重要天气预报》、《第三届亚洲沙滩运动会气象服务专报》、《雨情简报》、《春运气象服务简报》等省级决策气象服务材料 388 期、短信 16 万余条；得到了山东党政部门和公众的认可和肯定，2012 年省政府领导对决策服务材料批示 13 次。

## 4.16 河南省主要气象灾害概述

### 4.16.1 主要气候特点及重大气候事件

2012 年，河南省年平均气温接近常年(图 4.16.1)，除冬季气温偏低外，其余季节均偏高；全省年降水量较常年偏少(图 4.16.2)，四季降水均偏少。冬春季大雾频繁；春季出现了大风天气；初夏部分地区出现干旱，其中信阳干旱严重；夏季高温日数多、强度大、范围广；7 月上旬强降水造成严重洪涝灾害。2012 年全省因各种气象灾害造成农作物受灾面积 138.9 万公顷，其中绝收面积 2.3 万公顷；受灾人口 1149.3 万人，因灾死亡 44 人；直接经济损失 25.1 亿元。总体来看，2012 年河南省气象灾害为偏轻年份。

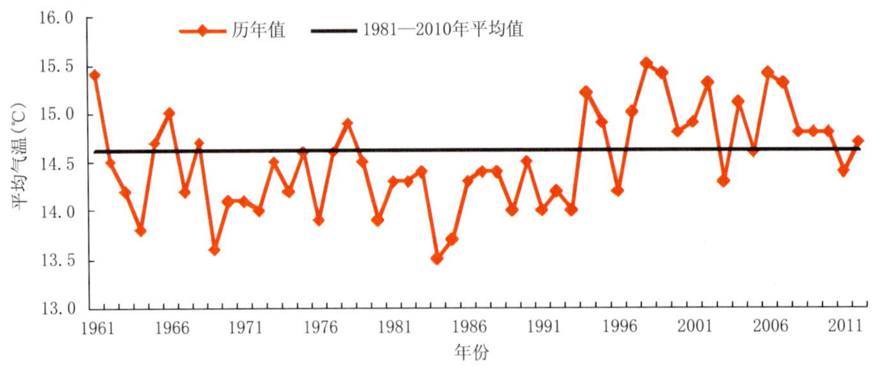


图 4.16.1 1961—2012 年河南省年平均气温历年变化图(℃)

Fig. 4.16.1 Annual mean temperature in Henan Province during 1961—2012(unit: ℃)

### 4.16.2 主要气象灾害及影响

1. 干旱

2012 年 5 月 1 日至 6 月 25 日，全省降水明显偏少，特别是 6 月 1—25 日，全省平均降水量仅 4.3 毫米，为 1961 年以来同期最少值，同期气温明显偏高，高温少雨导致全省有 46%的测站土壤缺墒，其中 11.5%的测站缺墒严重。信阳市干旱持续到 8 月中旬，致使水库蓄水量严重不足，水田缺水无法灌溉，全市有 70%的水稻田受旱，其中有 28%严重受旱。全年河南省农作物受旱面积 100.2

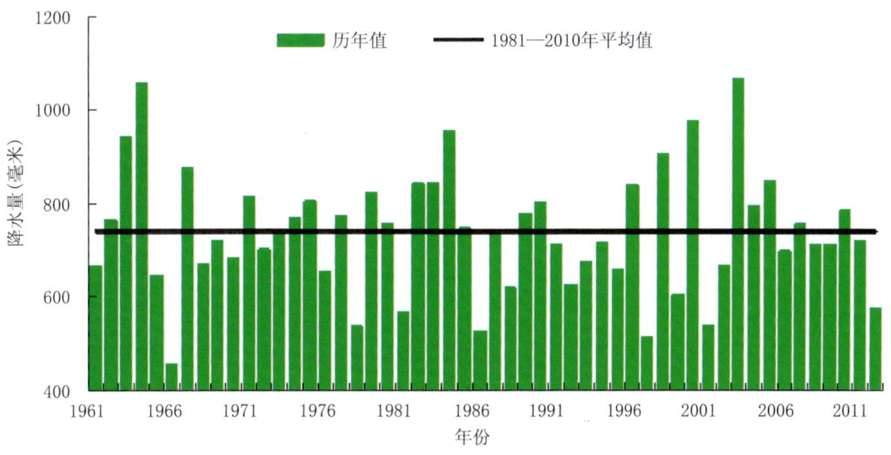


图 4.16.2 1961—2012 年河南省年降水量历年变化图(毫米)

Fig. 4.16.2 Annual precipitation in Henan Province during 1961—2012(unit:mm)

万公顷,其中绝收面积 0.3 万公顷,直接经济损失为 9.4 亿元。与常年相比,干旱灾害为偏轻年份。

### 2. 暴雨洪涝

2012 年,河南省因暴雨洪涝造成农作物受灾面积 35.9 万公顷,其中绝收面积 1.9 万公顷;倒塌房屋 0.9 万间,损坏房屋 1.9 万间;因灾死亡 5 人;直接经济损失 13.9 亿元。

7 月上旬,河南省出现了 2 次大范围强降水过程。7 月 4—5 日,中东部地区普降暴雨到大暴雨,有 23 个站过程降水量超过 100 毫米,其中叶县(274 毫米)、西华(230.2 毫米)、商丘(213.2 毫米)3 站超过 200 毫米。7 月 7—9 日,雨带北移,北中部地区出现强降水过程,虞城(221.4 毫米)、济源(141.3 毫米)2 站创建站以来日降水量极值;商丘市再次遭受暴雨袭击,虞城谷熟镇降水量最大达 372 毫米。强降水造成商丘、周口、平顶山、南阳北部山区受灾严重(图 4.16.3)。

图 4.16.3 2012 年 7 月 9 日南阳市西峡县暴雨受灾图片(由西峡县气象局提供)

Fig. 4.16.3 Rainstorm induced disasters in Xixia County, Nanyang City on July 9, 2012 (By Xixia Meteorological Service)

### 3. 高温热浪

2012 年夏季,河南出现了多次大范围高温天气,全省平均高温日数 20.5 天,比常年同期偏多 7.1 天,其中宜阳、唐河最多达 31 天;全省平均连续高温日数为 7.6 天,有 21 个站达 10~16 天,有 10 个站连续高温日数达到历史极值。6 月 13 日,全省有 65 个站最高气温在 40℃以上,宜阳最高达 42.8℃,为历史第二极值。高温天气造成城市供电、供水紧张,对人体健康极为不利。7 月 12—13 日,由于高温高负荷造成郑州市发生 488 起低压电气故障,13 个区域大面积停电,影响数十万居民;

7 月 25—29 日，郑州市区有 3 人因高温引发疾病猝死。

4. 大雾

冬春季节河南出现了多次雾霾天气，导致空气质量下降，交通事故频发。全年因大雾引发的交通事故共造成 31 人死亡，68 人受伤。1 月 8—20 日连续出现区域性大雾天气，其中 1 月 8 日，许平南高速公路一辆卧铺客车与货车相撞，造成 7 人死亡，32 人受伤；9 日全省有 67 个站出现大雾，其中扶沟为能见度不足 20 米的强浓雾。

### 4.16.3 气象减灾服务简介

河南省气象减灾服务成效突出，全年重大灾害性天气过程无一漏报，及时主动做好春播、三夏、汛期等关键时段气象服务，南阳市气象局第七届全国农民运动会服务保障出色，第七届中国河南国际投资贸易洽谈会等重大活动气象服务受表彰。适时开展人工增雨(雪)、防雹作业，气象服务工作得到了省委省政府领导的充分肯定，省政府连续四年进行嘉奖。2012 年河南公众气象服务满意度位居全国第二名。

## 4.17 湖北省主要气象灾害概述

### 4.17.1 主要气候特点及重大气候事件

2012 年，湖北省年平均气温 16.4℃，较常年略偏低(图 4.17.1)；年内冬寒春暖、夏热秋凉，但冬季极端低温和夏季极端高温均不强。年平均降水量 1062.5 毫米，较常年偏少 10%(图 4.17.2)；年内降水时空分布不均，江汉平原北部、鄂北共 24 站年降水量居历史倒数前 10 位，其中随州年降水量创历史新低。入春、入夏、入秋较常年推迟，入冬较常年提前。

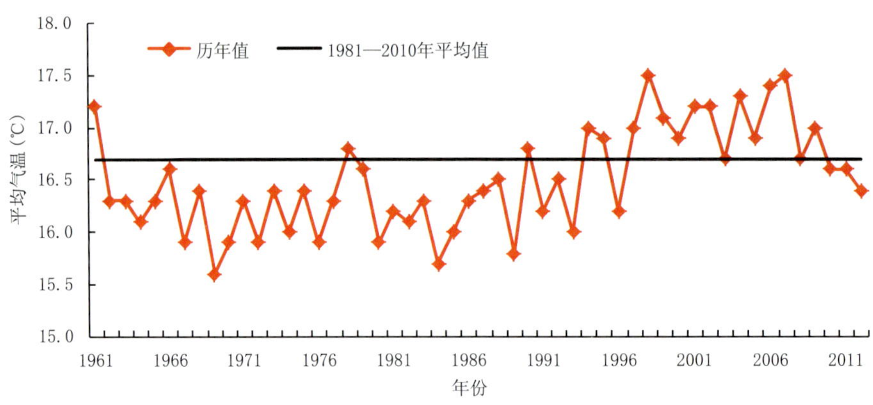


图 4.17.1 1961—2012 年湖北省年平均气温历年变化图(℃)

Fig. 4.17.1 Annual mean temperature in Hubei Province during 1961—2012(unit：℃)

2012 年，湖北省重大气候事件主要包括鄂北持续干旱、夏季暴雨洪涝和高温、春季大风、雾霾和秋季低温。全省因气象灾害造成 1714.6 万人次受灾，69 人死亡，7 人失踪；农作物受灾面积 171.8 万公顷，其中绝收面积 11.2 万公顷；造成直接经济损失 131.7 亿元，低于近五年平均值。总体来看，2012 年湖北省气象灾害属中等年份，但局部旱灾和洪涝灾害造成的损失重。

### 4.17.2 主要气象灾害及影响

1. 干旱

2012 年 1—8 月，湖北省中北部地区先后遭遇了冬干、春旱、初夏旱和伏旱，随州、钟祥、大悟、广水、襄阳、竹山 6 县(市)降水量排历史同期倒数前 5 位，其中随州、钟祥排倒数第 1 位。特别是鄂北

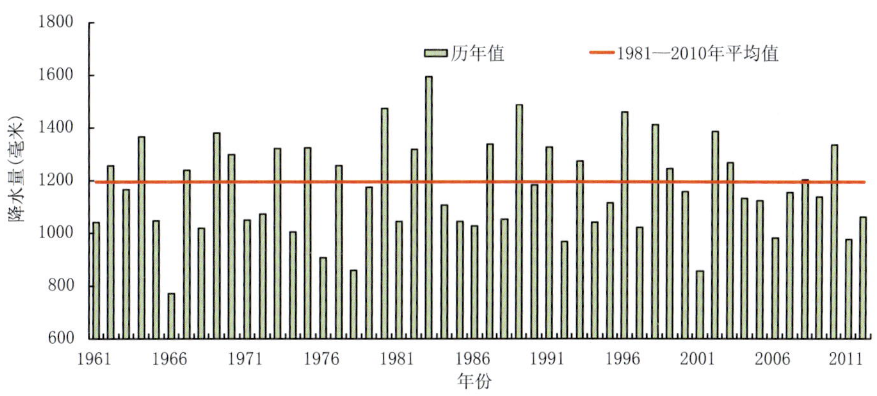


图 4.17.2　1961—2012 年湖北省年降水量历年变化图(毫米)

Fig. 4.17.2　Annual precipitation in Hubei Province during 1961—2012(unit:mm)

岗地和江汉平原北部局部地区(京山县、钟祥市等地)出现了连续八季干旱(2010 年秋季至 2012 年夏季),时间之长超过了大旱之年的 1988 年。2012 年因干旱造成全省农作物受灾面积 93.9 万公顷,绝收面积 4.0 万公顷;直接经济损失 42.5 亿元。

**2. 暴雨洪涝**

2012 年,湖北省共出现较明显的暴雨天气过程 9 次,有 240 站次暴雨,其中以 6 月 25—28 日、7 月 12—14 日和 8 月 4—6 日 3 次强降水过程影响最大。7 月 13 日黄陂站日降水量超历史极值;8 月 4—6 日鄂西北强降水中心的乡镇雨量站 2 日累计降水量超百年一遇(图 4.17.3),郧县、保康 3 日降水量和郧县日降水量均达极端气候事件标准。2012 年因暴雨洪涝及其引发的滑坡、泥石流等地质灾害造成全省 727.6 万人受灾,21 人死亡;农作物受灾面积 63.1 万公顷;直接经济损失 45.7 亿元。

图 4.17.3　2012 年 8 月 6 日一辆大卡车被洪水冲到十堰市茅箭区马家河中(十堰市气象局提供)

Fig. 4.17.3　Truck washed into Majia river of Maojian District, Shiyan City by flood on August 6, 2012 (By Shiyan Meteorological Service)

**3. 高温热浪**

2012 年,湖北省夏季平均高温日数 24 天,较常年同期偏多 9 天,期间共出现两段持续高温过程,分别为 6 月 29 日至 7 月 11 日和 7 月 20 日至 8 月 2 日。2012 年高温具有持续时间长、影响范围广、强度大等特点。

#### 4. 大风

2012 年湖北省共发生 6 次较明显大风过程，主要出现在 4 月、5 月和 9 月。其中，4 月 2—3 日全省 62 县(市)出现致灾性大风(≥12 米/秒)，11 县(市)出现≥18 米/秒的风速，极大风速为 23.4 米/秒，黄石地区强风刮倒围墙，致 1 人死亡。

### 4.17.3 气象减灾服务简介

2012 年湖北省气象局积极应对每次灾害性天气过程，准确预报，主动服务，为省委省政府防汛抗洪工作当好决策参谋，受到省委省政府高度评价。本年发布《重大气象信息专报》21 期，《长江流域重要气象报告》8 期，《春运气象保障服务专报》41 期，《专题气象服务材料》5 期，《天气公报》215 期，《每日天气快报》360 期，《雨情快报》86 期，《两会服务专报》13 期，《防汛应急气象服务》15 期，《抗旱专题气象服务》50 期(春季、夏季)，《应急响应工作报告》19 期，《一周天气预报》36 期(春运)，2012 年《重大灾害性天气报告》4 期，提供临时服务和会议材料共 34 次，和国土资源厅联合发布地质灾害预报 42 期。为各级政府、部门和社会防灾减灾提供了科学决策依据，得到省委省政府领导以及社会的认可，省政府领导在决策服务材料上批示 26 次，省政府向各地市转发 20 次。

## 4.18 湖南省主要气象灾害概述

### 4.18.1 主要气候特点及重大气候事件

2012 年湖南省年平均气温 17.0℃，较常年偏低 0.4℃，为 1997 年以来最低(图 4.18.1)；年平均降水量 1600 毫米，较常年偏多 14.1%，为近 10 年最多(图 4.18.2)。年内主要气象灾害有干旱、暴雨洪涝、低温冷害、雨雪冰冻、高温热浪等，其中暴雨洪涝影响最重。全省因气象灾害共造成 1622.4

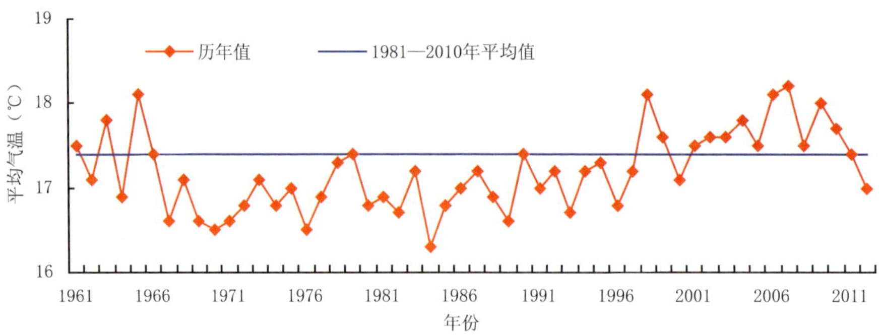


图 4.18.1 1961—2012 年湖南省年平均气温历年变化图(℃)

Fig. 4.18.1 Annual mean temperature in Hunan Province during 1961—2012(unit:℃)

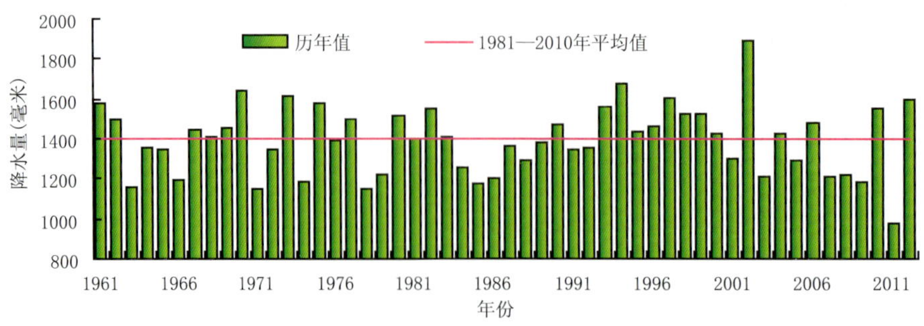


图 4.18.2 1961—2012 年湖南省年降水量历年变化图(毫米)

Fig. 4.18.2 Annual precipitation in Hunan Province during 1961—2012(unit:mm)

万人次受灾，因灾死亡 61 人；农作物受灾面积 123.4 万公顷，绝收面积 6.5 万公顷；直接经济损失 149.2 亿元。综合评估，2012 年湖南气候为偏好年份。

### 4.18.2 主要气象灾害及影响

#### 1. 暴雨洪涝

2012 年湖南先后出现了 19 次暴雨过程，多以短时高强度暴雨为主，有 8 次形成了较大的洪涝灾害。以 4 月末至 5 月初、5 月上中旬、6 月上旬、6 月下旬、7 月中旬 5 次过程灾情较重，并且出现多地重复受灾。全年洪涝共造成 767.6 万人受灾，30 人死亡；2.9 万间房屋倒塌；75.6 万公顷农作物受灾，其中 5.5 万公顷绝收；直接经济损失 86.5 亿元。

#### 2. 局地强对流

2012 年强对流天气致多地出现大风、雷暴、冰雹天气。全年局地强对流天气共导致 817 万人受灾，29 人死亡；农作物受灾面积 33.6 万公顷；直接经济损失 61.8 亿元。共发生雷灾 551 起，造成人员伤亡 30 人，其中死亡 18 人；直接经济损失 0.1 亿元。

#### 3. 连阴雨

2012 年湖南 1—3 月、4—6 月、11—12 月出现了多段较长时间的低温、阴雨、寡照天气。1—3 月湖南出现长时间的低温连阴雨天气，日照总时数及有日照天数均创历史同期新低；有 79 个县达到连阴雨灾害标准，其中靖州、桂阳 2 个县(市)连续阴雨日数长达 19 天。该过程造成全省农作物累计受灾面积 1.1 万公顷，成灾 5000 公顷，绝收 1600 公顷；直接经济损失 0.5 亿元。

#### 4. 低温雨雪冰冻

2012 年湖南共出现 3 次较明显的低温雨(雪)冰冻天气，以 1 月 19—25 日、12 月 25—30 日两次影响较大。雨雪冰冻对交通、电力、农业等产生了不利影响，造成 31.6 万人受灾，农作物受灾面积 14.0 万公顷；直接经济损失超过 0.6 亿元。

#### 5. 高温热浪

2012 年湖南平均高温日数 23.8 天，有 94 个县(市)出现高温天气；年内共出现 5 段高温热浪天气，其中 7 月 18 日至 8 月 4 日时间最长。有 52 个县(市)相继出现高温热浪，其中 24 个县(市)出现 2 段以上热浪天气；全省先后有 36 个县(市)出现中度高温热浪，醴陵、衡山 2 个县(市)达重度。

#### 6. 干旱

2012 年大部分地区降水偏多，气象干旱影响程度明显轻于常年。中等以上的干旱主要出现在 7—9 月，发生地域以湘西南偏重。年内有 83 个县(市)出现中度以上气象干旱，其中 14 个县(市)一度出现特旱。全省 1.0 万人因旱受灾，1000 人饮水困难；直接经济损失 100 万元。

### 4.18.3 气象减灾服务简介

2012 年共出现了 3 次较明显的雨雪冰冻天气过程、19 次暴雨天气过程、3 次低温连阴雨天气过程，有 3 个台风外围云系影响省南部地区。湖南气象部门及时发布各类灾害性天气预警预报信息，启动气象灾害预警Ⅲ级应急响应命令 4 次，发布《重大气象信息专报》、《气象专题汇报》、《为农气象服务专题》等决策气象服务材料 164 期、《地质灾害气象预警消息》33 期，发送灾害性天气预警短信 1195 条，其中灾害性天气红色预警短信 221 条、橙色预警短信 716 条，共有 2161 万多人次接收气象预警短信，通过通信运营商绿色通道共向 9174 万多人次社会公众发送了灾害性天气预警短信。

## 4.19 广东省主要气象灾害概述

### 4.19.1 主要气候特点及重大气候事件

2012年广东省年平均气温21.8℃，接近常年（图4.19.1）；平均降水量1847.6毫米，较常年略偏多（图4.19.2）。年内气温变化起伏大：1月、2月气温显著偏低，4月、5月显著偏高。降水量秋冬季偏多，夏季偏少，其中11月较常年同期偏多3倍，为历史同期最多；4月6日全省开汛，与常年平均开汛日期一致；"龙舟水"雨量前少后多，后期暴雨过程影响较重；年内共3个热带气旋登陆广东，较常年偏少，但造成的灾损程度重于2011年；4月、5月全省强对流天气频繁，冰雹异常偏多。2012年各种气象灾害造成广东省农作物受灾面积41.5万公顷；受灾人口499.5万人；53人死亡；直接经济损失76.0亿元。

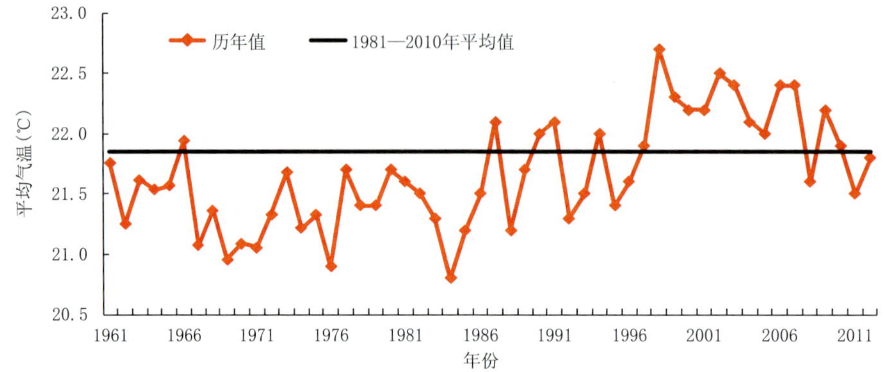


图4.19.1 1961—2012年广东省年平均气温历年变化（℃）

Fig. 4.19.1 Annual mean temperature in Guangdong Province during 1961—2012(unit:℃)

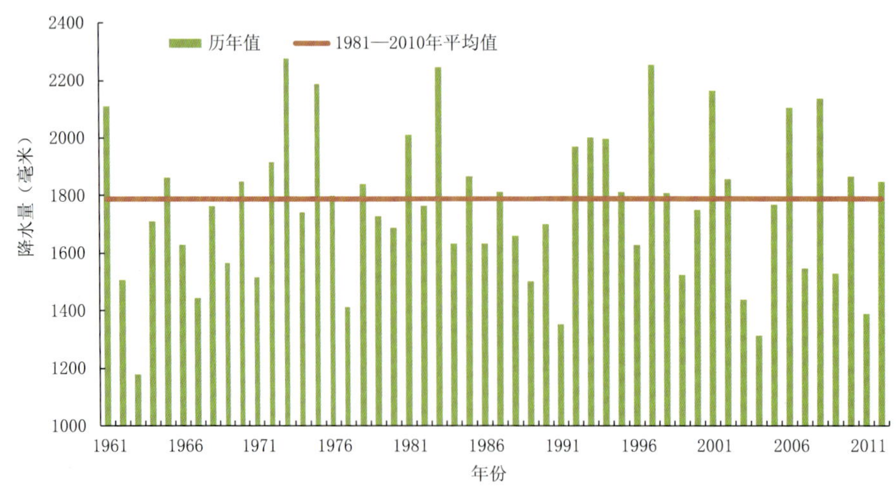


图4.19.2 1961—2012年广东省年降水量历年变化（毫米）

Fig. 4.19.2 Annual precipitation in Guangdong Province during 1961—2012(unit:mm)

### 4.19.2 主要气象灾害及影响

#### 1. 热带气旋

2012年有5个热带气旋登陆或严重影响广东，较常年略偏少。此外，强热带风暴"泰利"和强台风"天秤"擦过东部沿海，对广东也造成一定影响。

强热带风暴“杜苏芮”6月30日登陆，为2012年登陆广东的首个热带气旋。台风“韦森特”正面袭击珠三角，是年内登陆广东最强的热带气旋，造成15.2亿元的直接经济损失(图4.19.3)。台风“启德”登陆湛江，给粤西造成严重损失。年内，热带气旋共造成11人死亡，直接经济损失44.3亿元，灾损重于2011年。

图4.19.3 2012年7月24日，台风“韦森特”造成珠海船只撞击岸边，护堤受损(广东省气候中心提供)
Fig. 4.19.3 Levee damaged by typhoon VICENTE induced collision with ship on July 24, 2012 (By Guangdong Climate Center)

**2. 暴雨洪涝**

2012年广东暴雨特点为时空分布不均，前汛期暴雨明显偏多。3月4—6日出现2012年首场暴雨过程，较常年异常偏早，3月6日清新县龙颈镇立坑村迳尾农场一处山体发生滑坡，造成7人死亡、1人受伤。4月6日正常开汛。“龙舟水”期间(5月21日至6月27日)，全省平均降水量352.9毫米，较常年同期偏少8.8%，其中徐闻录得历史同期最高雨量记录。6月21—27日，出现“龙舟水”期间范围最广、强度最强、持续时间最长的降水过程，西北部以及南部局部地区共25个县(市)过程雨量在200～480毫米之间。全年暴雨灾害共造成全省直接经济损失22.4亿元，死亡22人。

**3. 低温冷冻害**

2012年全省平均低温日数(日最低气温≤5℃)为7.3天，较常年偏少2.4天。全省最低气温－2.2℃，出现在连山。1—3月冷空气活动频繁，特别是春节期间出现大范围低温阴雨天气，对春运造成一定影响；年底连续2次寒潮袭击广东，造成全省各地大幅降温。年内低温冷冻灾害共造成农作物受灾面积200公顷，直接经济损失0.1亿元。

**4. 局地强对流**

年内强对流天气主要为雷雨大风、短时强降水、龙卷风、冰雹、雷击等，共造成直接经济损失9.2亿元，死亡20人。4月，广东出现多场大范围暴雨过程，伴有8级雷雨大风、冰雹、局地龙卷等强对流天气，表现出种类多、范围广、瞬时风速大、冰雹异常多的特点，清远、湛江、广州、韶关、惠州、东莞、茂名、佛山、云浮、梅州、肇庆、潮州12个市先后观测到降雹。

### 4.19.3 气象减灾服务简介

2012年，广东省气象部门发布《重大气象信息快报》148期、《重大气象信息专报》14期，为领导决策提供了有效依据。针对春节、高考、台风“启德”、中秋国庆和元旦等共举行了5次新闻发布会。省委省政府领导在多种场合对广东省气象服务工作表示了肯定。2012年全省气象部门共开展飞机播撒作业13架次、作业33小时，地面火箭人工增雨18次，发射火箭弹92枚，初步估算全省增加降雨量3亿立方米以上，取得了较好的增雨抗旱效果。

## 4.20 广西壮族自治区主要气象灾害概述

### 4.20.1 主要气候特点及重大气候事件

2012 年广西年平均气温 20.6℃，接近常年(图 4.20.1)；年降水量 1669.4 毫米，较常年偏多近 1 成(图 4.20.2)。年内，广西主要气象灾害有持续低温阴雨寡照、暴雨洪涝、热带气旋、干旱、局地强对流等。其中，1—3 月的持续低温阴雨寡照天气为历史罕见，多地日照偏少，打破同期历史纪录；5—6 月暴雨洪涝频繁；10 月底 23 号强台风"山神"在越南登陆后北上影响广西，亦为历史同期少见；11—12 月出现历史同期罕见的多雨寡照天气。年内有 4 个热带气旋影响广西，个数接近常年。此外，高温、寒露风也给广西造成不同程度的影响。全年因气象灾害共造成农作物受灾面积 57.6 万公顷，绝收面积 2.3 万公顷；受灾人口 861.1 万人，死亡 47 人，失踪 1 人；直接经济损失 45.7 亿元。

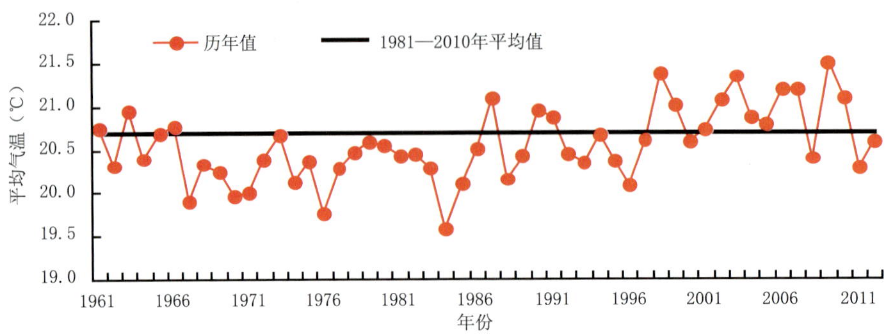


图 4.20.1 1961—2012 年广西年平均气温历年变化图(℃)

Fig. 4.20.1 Annual mean temperature in Guangxi during 1961—2012(unit:℃)

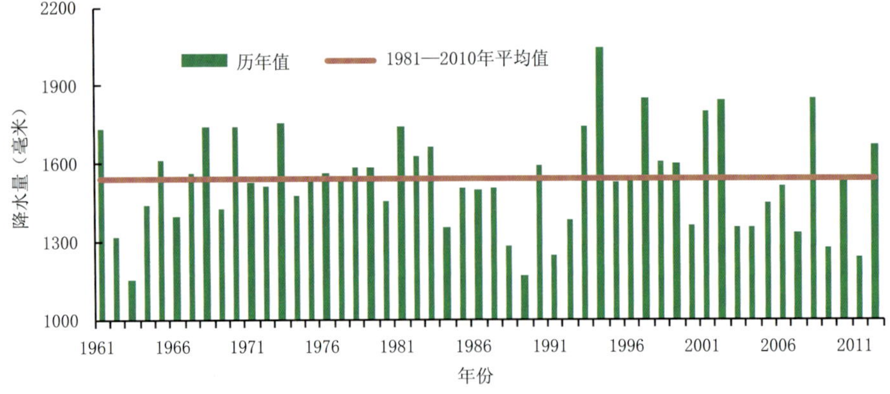


图 4.20.2 1961—2012 年广西年降水量历年变化图(毫米)

Fig. 4.20.2 Annual precipitation in Guangxi during 1961—2012(unit:mm)

### 4.20.2 主要气象灾害及影响

**1. 低温阴雨寡照**

2012 年，1—3 月和 11—12 月，广西 2 次出现历史同期罕见的低温阴雨寡照天气，多地日照偏少或降水偏多打破当地同期纪录。全年低温阴雨寡照天气造成农作物受灾面积 1.2 万公顷，果树受灾面积 3760 公顷，早稻烂种 10.4 万千克，烂秧 33.7 公顷，玉米烂种 9.7 万千克。

**2. 暴雨洪涝**

2012 年广西暴雨总站次达 566 站次，比常年偏多 47 站次，5 月下旬强降雨和 6 月上、下旬暴雨洪涝导致的损失较重。除热带气旋引起的暴雨洪涝外，全年受其他天气系统影响引起的暴雨洪涝共造成 334.5 万人受灾，死亡 33 人；农作物受灾面积 15.0 万公顷，绝收面积 1.6 万公顷；直接经济损失 15.7 亿元。

### 3. 热带气旋

2012 年，进入广西影响区（19°N 以北，112°E 以西地区）的热带气旋有 4 个，与常年持平。6 月中旬后期，第 5 号强热带风暴“泰利”影响微弱；7 月下旬初，第 8 号台风“韦森特”造成风涝灾害；8 月中旬后期，第 13 号台风“启德”给桂南造成严重风雨影响；第 23 号强台风“山神”是 10 月下旬以后首个在越南登陆后北上影响广西的热带气旋，也是 1951 年以来 10 月下旬以后影响广西的热带气旋中风雨影响最大的一个（图 4.20.3）。此外，6 号强热带风暴“杜苏芮”和 9 号台风“苏拉”也对广西造成了较明显的间接影响。全年热带气旋灾害共造成 398.3 万人受灾，死亡 4 人；倒塌房屋 1 万间；农作物受灾面积 34.1 万公顷，绝收面积 0.3 万公顷；直接经济损失 27.3 亿。

图 4.20.3　2012 年 10 月 28 日广西防城港市遭受台风“山神”袭击（防城港市气象局提供）
Fig. 4.20.3　Typhoon Son-Tinh hit Fangchenggang City on October 28, 2012
(By Fangchenggang Meteorological Service)

### 4. 干旱

2012 年，广西未出现大范围干旱，仅局部地区出现春旱或秋旱。3 月中旬至 4 月上旬，桂西大部地区气温较常年同期偏高 0.7～2.0℃，降水量偏少 2～9 成，高温少雨导致气象干旱的发生。4 月中旬，桂西部分地区出现旱象，5 月上旬，桂西降水持续偏少，干旱迅速发展。10 月上旬至下旬前期，广西平均降雨量比常年同期偏少 7.5 成，桂南局部地区发生旱灾。全年干旱造成 77.2 万人受灾；农作物受灾面积 7.7 万公顷，绝收面积 0.3 万公顷；直接经济损失 1.7 亿元。

### 5. 局地强对流

2012 年，广西局部地区出现大风、冰雹、雷电等局地强对流天气，共造成 30.9 万人受灾，死亡 10 人；农作物受灾面积 0.7 万公顷，绝收面积 0.1 万公顷；直接经济损失 0.9 亿元。雷电灾害主要发生在 3 月和 5—9 月，共 97 起，死亡 10 人，直接经济损失 614.6 万元。

## 4.20.3　气象减灾服务简介

2012 年广西气象部门先后有效应对低温连阴雨天气、汛期 15 次区域性暴雨天气过程，以及“韦森特”、“启德”、“山神”等 3 个热带气旋影响等重大气象灾害，全年因气象灾害导致的伤亡人数为近 5 年来最少。全年各级气象台站共发布预警信息 3225 次，发送 4.5 亿人次，实施人工影响天气作业累计增加降水约65亿立方米，防雹保护面积约1.7万平方千米。

## 4.21 海南省主要气象灾害概述

### 4.21.1 主要气候特点及重大气候事件

2012年海南省平均气温24.9℃，较常年偏高0.5℃，为1961年以来第4位高值(图4.21.1)。春、秋季平均气温偏高；冬、夏季平均气温正常。全省平均年降水量1905.8毫米，较常年偏多5%(图4.21.2)。春季降水偏多，秋季降水偏少，冬、夏季接近常年。年内有4个热带气旋影响海南，没有登陆气旋。热带气旋的活动时间偏长，开始时间正常，结束时间偏晚4旬，造成的灾害轻于常年。年内还发生多起雷击、大雾和强对流等气象灾害事件。全年因气象灾害造成200.5万人次受灾，死亡4人，失踪6人，倒塌(损坏)房屋2000间；农作物受灾面积6.3万公顷，绝收面积1.3万公顷；直接经济损失15.5亿元。总体评价，2012年气象灾害属于偏轻年景。

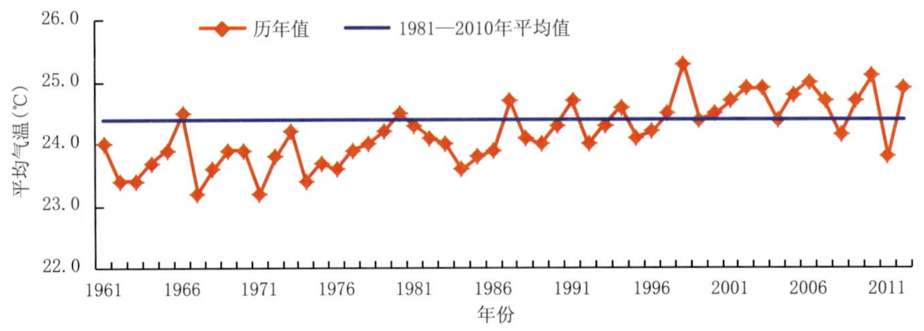


图4.21.1 1961—2012年海南省年平均气温历年变化图(℃)

Fig. 4.21.1 Annual mean temperature in Hainan Province during 1961—2012(unit: ℃)

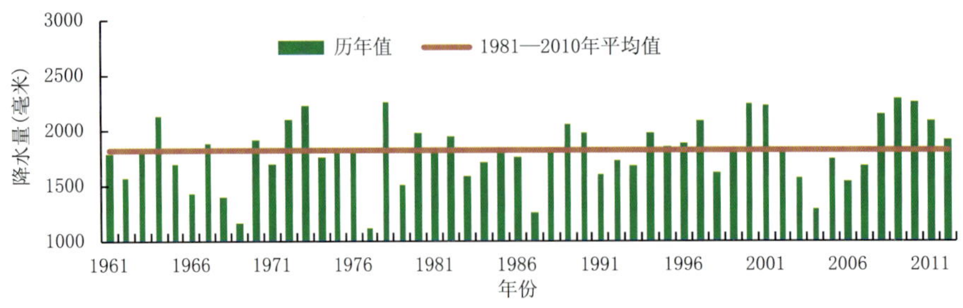


图4.21.2 1961—2012年海南省年降水量历史变化图(毫米)

Fig. 4.21.2 Annual precipitation in Hainan Province during 1961—2012(unit: mm)

### 4.21.2 主要气象灾害及影响

#### 1. 热带气旋

2012年，海南省先后受4个热带气旋影响，没有登陆气旋。热带气旋的活动时间偏长，开始时间正常，结束时间偏晚4旬。1223号台风“山神”影响相对较重。10月26—29日，受“山神”影响，海南岛南部沿海陆地普遍出现10～12级大风，其余沿海陆地普遍出现7～9级大风。全岛有40个乡镇雨量超过200毫米，14个乡镇雨量超过300毫米，最大为保亭县毛感乡的608.1毫米。全年因热带气旋导致全省15个市(县)150.7万人次受灾，死亡1人，失踪6人，紧急转移安置25.1万人；农作物受灾面积4.6万公顷，绝收面积1.2万公顷；倒塌房屋1000间；直接经济损失12.6亿元。2012年热带气旋灾害属于偏轻影响年份。

2. 暴雨洪涝

2012年,海南省因暴雨洪涝灾害导致6.4万人次受灾;农作物受灾面积1400公顷,绝收面积400公顷;直接经济损失0.2亿元。2012年暴雨洪涝灾害属偏轻影响年份。10月22日,受南海辐合带和冷空气共同影响,海南岛部分地区出现强降水,个别地区出现暴雨、局地大暴雨,强降水造成乐东县、定安县受灾。

3. 局地强对流

2012年,海南省发生局地强对流天气(雷雨大风、冰雹、雷电等)过程11次。强对流天气共造成全省受灾人口19.5万人,农作物受灾面积1.3万公顷,损坏房屋1000间,直接经济损失1.9亿元。雷电灾害事件5起,造成3人死亡,部分建筑物和办公(家用)电子电器设备受损,直接经济损失15.6万元。

4月21日0时至12时,东方市普降大到暴雨、局部大暴雨,部分地区出现强雷电、雷雨大风和冰雹等强对流天气,部分地区出现8级以上大风,极大风力出现在上红兴小学24.4米/秒(9级)。造成东方市10个乡镇和华侨经济区2.5万人受灾,直接经济损失2019万元。

4. 干旱

2012年,海南省西部部分地区出现冬春连旱,全省23.9万人次受灾;农作物受旱面积3010公顷,其中绝收面积700公顷;全年因旱造成直接经济损失0.8亿元。2012年干旱影响程度为偏轻灾害年景。

### 4.21.3 气象减灾服务简介

2012年海南省气象灾害偏轻,但省气象局仍坚持"一年四季不放松,每次过程不放过"的服务宗旨,及时准确地向社会发布预警信号、预警和警报。全年累积发布各类预警信号133次、预警703次;向省委省政府和相关部门累计报送《重要气象信息专报》79期、《重要气象信息快报》50期。每周按时发布"一周天气报告",先后为春运气象保障服务、春节黄金周、博鳌亚洲论坛、环海南岛国际大帆船赛、三沙市成立、元宵节、清明节、五一节、端午节、高考、中秋国庆双节和环海南岛国际公路自行车赛等重大社会活动提供专题气象服务报告。尤其是在针对热带气旋"启德"和"韦森特"服务过程中,省政府领导多次对省气象局报送的《重要气象信息快报》材料做出重要批示。

## 4.22 重庆市主要气象灾害概述

### 4.22.1 主要气候特点及重大气候事件

2012年重庆市平均气温17.1℃,较常年偏低0.4℃,自2001年以来第一次低于气候平均值(图4.22.1);平均降水量1069毫米,接近常年(图4.22.2)。冬季整体呈现冷、干的气候特点,春季出现

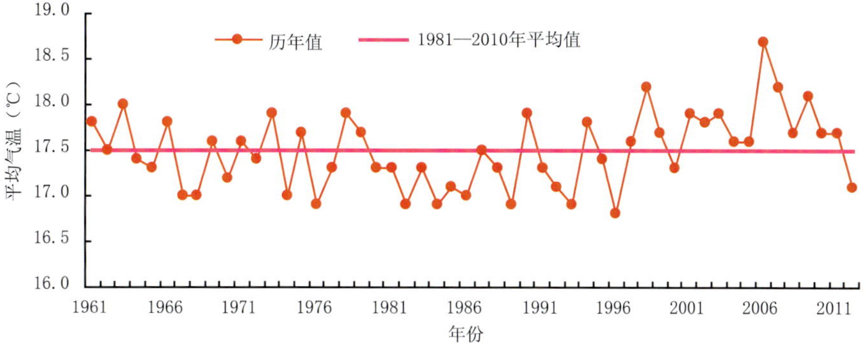


图4.22.1 1961—2012年重庆市年平均气温历年变化图(℃)

Fig. 4.22.1 Annual mean temperature in Chongqing during 1961—2012(unit:℃)

2 次强降温和 3 段连阴雨天气过程，夏季出现了 3 段连晴高温天气及 9 次区域暴雨天气过程，秋季共出现 4 段明显的连阴雨天气过程，连阴雨较常年同期偏重。

2012 年重庆市发生的气象灾害主要有暴雨洪涝、大风冰雹，及局地的干旱、雷电等。年内，暴雨洪涝灾害严重，先后出现了"5・11"、"7・11"、"8・30"、"9・11"等 9 次区域暴雨天气过程，造成全市 32 个区(县)发生暴雨洪涝灾害；大风冰雹、干旱灾害偏轻。全年气象灾害造成农作物受灾面积 40.6 万公顷，绝收面积 4.5 万公顷；受灾人口 795.4 万人，死亡 33 人；2012 年直接经济损失 56 亿元。2012 年气象灾害总体属中等程度，轻于 2011 年。

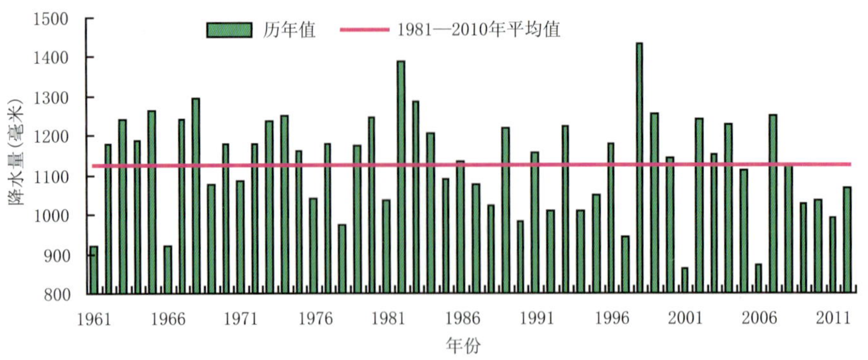


图 4.22.2　1961—2012 年重庆市年降水量历年变化图(毫米)

Fig. 4.22.2　Annual Precipitation in Chongqing during 1961—2012(unit: mm)

## 4.22.2　主要气象灾害及影响

### 1. 暴雨洪涝

2012 年夏季，重庆市暴雨、强降水天气过程频繁，先后出现了"5・11"、"5・21"、"5・29"、"6・25"、"7・4"、"7・11"、"7・22"、"8・30"、"9・11"等 9 次区域暴雨天气过程。频繁出现的暴雨、强降水天气造成全市 32 个区(县)发生了暴雨洪涝灾害(图 4.22.3)，西部部分区(县)还受上游的强降水天气影响出现了过境洪峰。年内暴雨洪涝灾害共造成重庆市 655.3 万人受灾，30 人死亡，3 人失踪；农作物受灾 32.9 万公顷；房屋损坏 6.3 万间，倒塌 1.8 万间；造成直接经济损失 53.5 亿元。

图 4.22.3　2012 年 5 月 22 日重庆市酉阳县暴雨(酉阳县气象局提供)

Fig. 4.22.3　Rainstorm in Youyang County of Chongqing City On May 22, 2012 (By Youyang Meteorological Service)

### 2. 局地强对流

2012 年，重庆市忠县、丰都、彭水、万盛、万州、巫溪、城口、长寿、永川 9 个区(县)发生了大风、冰雹等局地强对流天气，总体灾情偏轻，且较 2011 年轻。出现的大风、冰雹天气均为分散的局地过程，无大范围的风雹灾害。全年局地强对流灾害共造成29.4万人受灾,3人死亡;农作物受灾1.5万公顷,绝收1482.4公顷;房屋损坏0.5万间,倒塌134间;直接经济损失0.8亿元。

3. 干旱

2012年重庆市干旱总体偏轻,共造成110.7万人受灾,34.5万人饮水困难;农作物受灾6.2万公顷,绝收1000公顷;直接经济损失1.7亿元。

### 4.22.3 气象减灾服务简介

2012年,重庆市天气气候复杂,重大灾害性天气过程频繁,出现了9次区域暴雨、2次强降温、2段连晴高温天气。市气象台密切监视天气变化,准确预报各次灾害性天气过程,及时发布气象预报预警,决策服务主动及时,得到了市委市府领导及有关部门的好评。准确预报了"7.22区域暴雨"、"8.30区域暴雨"等重大灾害性天气过程,并及时主动开展服务。对盛夏期间的连晴高温天气也提前做出了预报服务。同时,为第11届西部农交会、重庆2012事故灾难综合应急演练、春节、国庆等13次重大活动及重要节日提供了气象保障服务。

## 4.23 四川省主要气象灾害概述

### 4.23.1 主要气候特点及重大气候事件

2012年四川省年平均气温14.9℃,较常年略偏高(图4.23.1);年降水量1016.1毫米,较常年偏多65.7毫米(图4.23.2)。春旱较常年偏重,重旱区主要在攀西地区南部、盆地西北部和中南部,

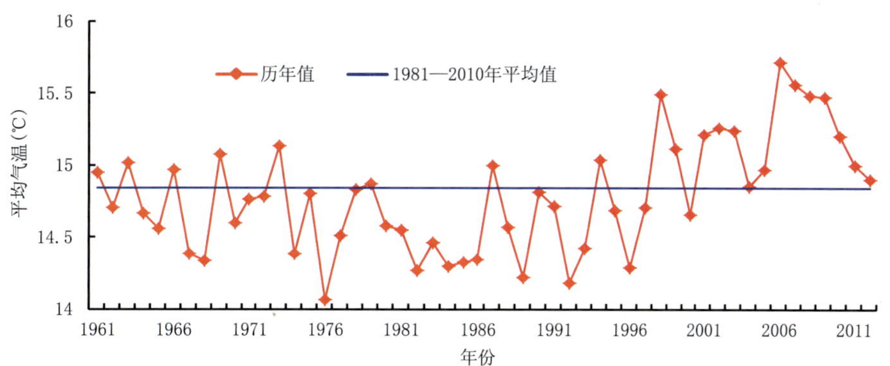


图4.23.1 1961—2012年四川省年平均气温历年变化图(℃)

Fig. 4.23.1 Annual mean temperature in Sichuan Province during 1961—2012(unit: ℃)

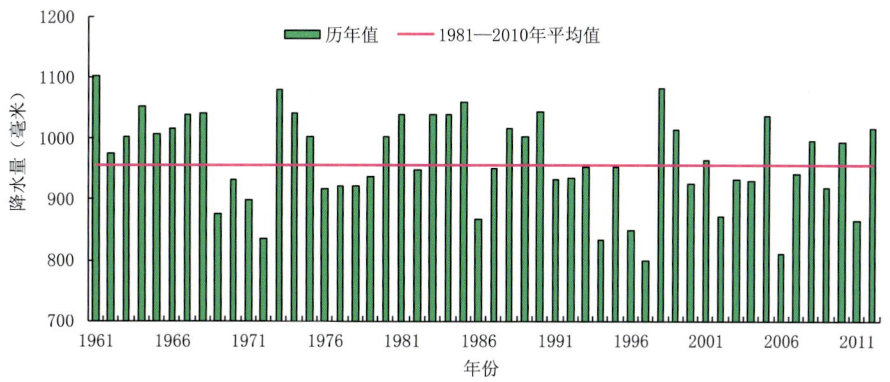


图4.23.2 1961—2012年四川省年降水量历年变化图(毫米)

Fig. 4.23.2 Annual precipitation in Sichuan Province during 1961—2012(unit:mm)

夏、伏旱较常年偏轻；汛期出现5次区域性暴雨天气过程，其中盆地东部暴雨过程较为频繁；冬季和夏季发生了较长时段的低温阴雨天气；秋季绵雨偏重发生；大风冰雹灾害性天气次数少；8月上中旬盆地大部出现持续高温闷热天气，全省有31站达到极端高温天气标准。

2012年，四川省因气象及其衍生灾害共造成3644.3万人次不同程度受灾，因灾死亡167人、失踪59人，紧急转移安置132.1万人次；农作物受灾94.3万公顷，绝收4.8万公顷；因灾倒塌农房13.2万户、23.6万余间；直接经济损失398.2亿元。总的来看，2012年四川省气候年景为一般年份。

### 4.23.2 主要气象灾害及影响

#### 1. 暴雨洪涝

2012年四川省先后出现12次强降雨天气过程，其中有5次区域性暴雨天气过程。与常年比较，本年度区域性暴雨次数正常。全省因暴雨洪涝灾害造成2955.4万人次受灾，因灾死亡156人，紧急转移安置127.1万人次；农作物受灾面积64.4万公顷，其中绝收2.5万公顷；因灾倒塌农房24.5万余间，损坏农房56.5万间；直接经济损失360.3亿元。

8月30日至9月1日四川省出现了2012年第四场区域性暴雨天气过程(图4.23.3)，暴雨发生站数和洪涝发生站数分别为历史同期第四多及第二多。暴雨洪涝造成四川省260.2万人受灾，15人死亡，17人失踪，紧急转移24.4万人，直接经济损失59.4亿元。

图4.23.3　2012年8月30日四川省内江市隆昌县云顶镇被水淹的牛牯桥(内江市气象局提供)

Fig. 4.23.3　Niugu bridge inundated by flood in Yunding Town, Longchang County, Neijiang City of Sichuan Province on August 30, 2012 (By Neijiang Meteorological Service)

#### 2. 干旱

2012年四川省干旱程度总体一般，春旱为一般偏重年份，夏旱、伏旱为偏轻年份。全省有82县市(盆地60县市)先后发生了春旱，有66县市(盆地37县市)发生了夏旱，有62县市(盆地53县市)发生了伏旱。全年干旱灾害造成58个县(区、市)不同程度受灾，受灾人口545.1万人，209.6万人饮水困难；农作物受灾面积22.2万公顷，绝收面积1.7万公顷；直接经济损失28.5亿元。

#### 3. 局地强对流

2012年，大风、冰雹等局地强对流天气主要发生在春季与初夏时期，发生地主要在攀枝花、凉山、达州等市(州)的部分地方。年内局地强对流天气造成全省126.2万人受灾，10人死亡；农作物受灾面积4.7万公顷；倒塌房屋2000间，损坏房屋3.6万间；直接经济损失8.4亿元。其中4月20日晚，达州市万源县境内河口、大沙、石窝等21个乡镇大面积遭受严重大风、冰雹灾害，冰雹直径最大达 5 厘米，造成直接经济损失 2.1 亿元。

2012 年四川省共发生雷电灾害 15 起，造成人身伤亡 3 起，8 人受伤，5 人死亡，直接经济损失 823.6 万元。

**4. 低温阴雨**

2012 年冬季，盆地持续性低温多雨对农业和人民生活的影响较大。入夏以后，盆地出现历史少见的低温阴雨时段，一定程度制约了大春粮食进一步增产。

2011 年 12 月至 2012 年 3 月上旬，盆地出现了持续性低温多雨天气。全省平均气温较常年同期偏低 0.4℃，其中盆地偏低 0.8℃，盆南农区大多偏低 1℃以上；全省平均降水量较常年同期偏多 31%，平均降水日数 30.9 天，比常年同期偏多 7.3 天；全省有 64 站雨日数居历史同期第三多，有 31 站居历史同期之最。

**5. 华西秋雨**

2012 秋季(9—11 月)，四川省平均最长连续降雨日数为 10.3 天，居历史同期第五多，有 25 站居历史前 3 位，筠连、长宁、珙县等 7 站突破历史极值。秋绵雨对红苕等晚秋作物产量提高及盆南地区再生稻籽粒灌浆成熟带来一定的影响，对盆周山区及攀西地区的秋收带来影响，同时多雨也导致油菜播种育苗期有所推迟。

### 4.23.3 气象减灾服务简介

2012 年汛期，四川省气象局启动和维持应急响应 5 次，共计 23 天，先后派出现场应急服务保障小组 2 次。针对川西高原南部滑坡、泥石流等地质灾害频发，制作了"盐源洼里乡手爬村抢险救灾专题天气预报"、"凉山州宁南泥石流气象保障专题"、"凉山州喜德堰塞湖气象预报专题"共 12 期，为凉山州宁南白鹤滩抢险提供手机短信服务 7 次。为宁蒗县—盐源县 5.7 级地震和云南省彝良县地震制作了抗震救灾保障专题材料 23 期。为省委省政府及省防汛办、省接待办等有关单位举行的活动提供了准确的气象保障。

## 4.24 贵州省主要气象灾害概述

### 4.24.1 主要气候特点及重大气候事件

2012 年贵州省年平均气温 15.1℃，较常年偏低(图 4.24.1)；年降水量 1169.7 毫米，与常年基本持平(图 4.24.2)。2012 年，贵州各地遭受了低温雨雪冰冻、阴雨寡照、暴雨洪涝、干旱、大风冰雹、雷击等灾害影响，局地交叉重复受灾，损失严重，尤其以 4 月份大面积风雹灾害和 6—7 月的洪涝灾害为重，给全省经济社会发展和人民群众生活生产造成不利影响。全年农业气象条件属于一般偏差年景。

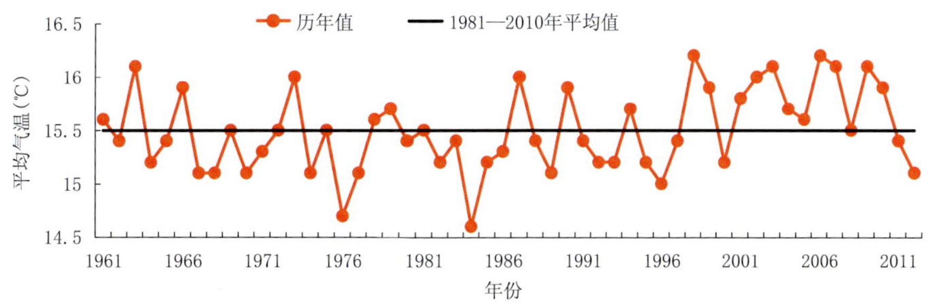


图 4.24.1 1961—2012 年贵州省年平均气温历年变化图(℃)
Fig. 4.24.1 Annual mean temperature in Guizhou Province during 1961—2012(unit:℃)

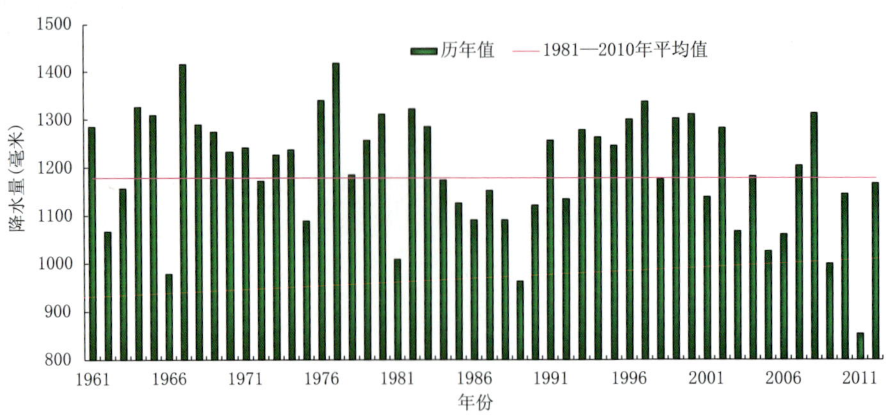


图 4.24.2 1961—2012 年贵州省年降水量历年变化图(毫米)

Fig. 4.24.2 Annual precipitation in Guizhou Province during 1961—2012(unit:mm)

### 4.24.2 主要气象灾害及影响

#### 1. 低温雨雪冰冻

2012 年 1 月贵州省天气以低温雨雪冰冻天气为主,与常年比较,全省气温偏低 0.8～3.3℃。其中,5—7 日和 12 日的低温雨雪冰冻天气造成省内多条干线公路封闭,交通中断。对蔬菜、畜牧也造成了一定的影响,气候条件不利于冬小麦和油菜的生长。

#### 2. 干旱

贵州省春季降雨时空分布不均,西部大部、中部局部降雨偏少,黔西南州大部、毕节市和安顺市局部出现旱情。本次干旱程度不强、范围较小,仅造成部分地区表墒差,不利于夏季作物播种育苗,但高峰时有 48.2 万人、18.7 万头大牲畜发生临时饮水困难。

#### 3. 局地强对流

4 月份,贵州省有 40 多个县出现雷雨伴随大风、冰雹等短时强对流天气(图 4.24.3)。与往年相比,降雹时间集中、范围广,中部、东南部多个县市遭受冰雹袭击,特别是黔东南州 62.5%的县、黔南

图 4.24.3 贵州省长顺县 4 月 5 日冰雹灾害(贵州省气象局提供)

Fig. 4.24.3 Hail in Changshun County of Guizhou Province on April 5, 2012

(By Guizhou Meteorological Bureau)

州 58.3%的县遭受了风雹灾害,黔东南州台江县在 3 天内遭两轮冰雹袭击。全省因风雹灾害倒塌和严重损坏农房 1.1 万户、2.6 万间,此外还造成部分乡镇供电、通讯一度中断,部分基础设施、公益设施损坏。

**4. 暴雨洪涝**

入汛后,受集中强降雨影响,贵州省出现洪涝灾害。其中,6 月 25—28 日的暴雨洪涝使 62.5%的县受灾;7 月 13—16 日,持续强降雨共造成全省 9 个市(州)71 个县(区、市)不同程度遭受洪涝,局地山洪暴发,诱发滑坡地质灾害,全省 271 万人受灾,紧急转移安置 31.1 万人,因灾死亡 18 人、失踪 1 人;倒塌房屋 4501 间;农作物受灾面积 10.9 万公顷;因灾造成直接经济损失 20.6 亿元,其中农业直接经济损失 6.7 亿元。2012 年暴雨洪涝(滑坡、泥石流)造成贵州 759 万人受灾,43 人死亡;农作物受灾面积 30.1 万公顷;直接经济损失 43.3 亿元。

**5. 大雾**

2012 年冬、春、秋季及 12 月,贵州省部分地区出现大雾天气,导致贵阳龙洞堡机场多个进出港航班取消,旅客行程受到影响。公路交通也受到不同程度的影响,出现多起交通事故。

### 4.24.3 气象减灾服务简介

2012 年,贵州省气象局努力践行"防灾减灾 · 气象先行"的服务品牌,将防灾减灾决策气象服务工作作为重要任务,加强灾害性、关键性、转折性天气的跟踪监测和预报,提前向省委省政府和相关部门报送《重要气象信息专报》、《气象信息报告》、《气象信息快报》等决策气象服务材料 216 期。通过加强间断性低温雨雪天气及大雾天气服务,确保交通运输安全;加强雷电冰雹监测预警,开展防雹作业,尽力减轻灾害损失;跟踪监视春旱演变趋势,为春耕生产和蓄水保水提供气象决策依据;加强为农服务,为粮食丰产丰收提供科学帮助。另外,精心组织,较好完成了节假日和贵州省第七届旅游产业发展大会、2012 年中国(贵州)国际酒类博览会等重大活动的气象保障服务任务。

## 4.25 云南省主要气象灾害概述

### 4.25.1 主要气候特点及重大气候事件

2012 年云南省大部地区呈现连续 4 年气温偏高、降水偏少的异常气候特征。年平均气温 17.3℃,较常年偏高 0.7℃,与 2009 年并列为 1961 年以来的第二高年份(图 4.25.1)。气温除 9 月略低外,其余月份均较常年偏高,5 月和 11 月列 1961 年以来的最高值和次高值。全省平均年降水量 921 毫米,较常年偏少 14.9%,是自 1961 年以来的第三偏少年(图 4.25.2),夏季降水量较常年偏少 4%,但却是 2009 年以来的最多年。

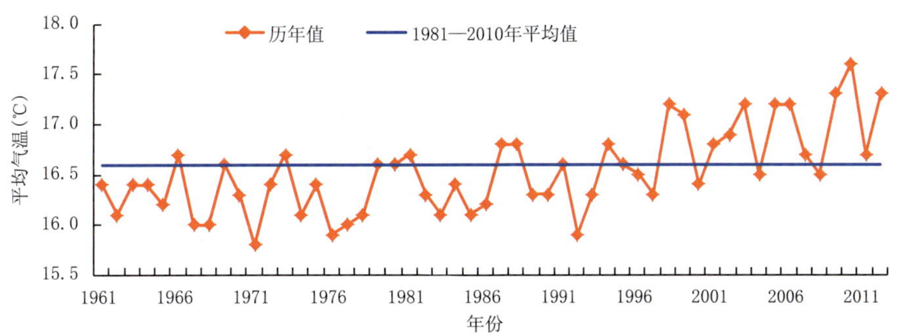


图 4.25.1 1961—2012 年云南省年平均气温历年变化图(℃)

Fig. 4.25.1 Annual mean temperature in Yunnan Province during 1961—2012(unit:℃)

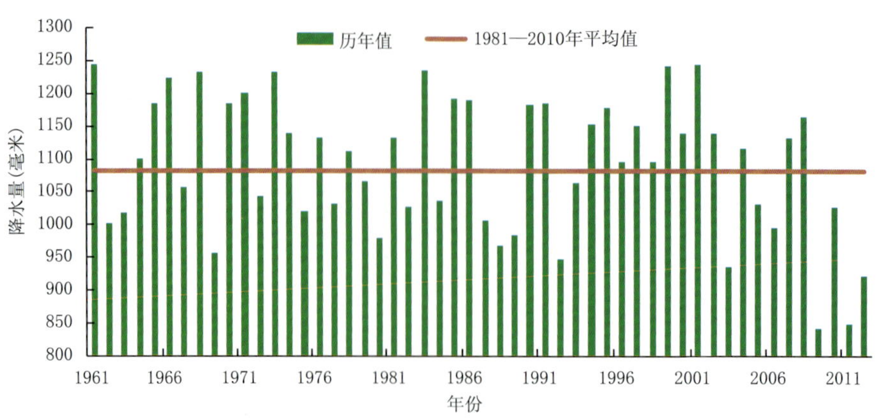


图 4.25.2 1961—2012 年云南省年降水量历年变化图(毫米)

Fig. 4.25.2 Annual precipitation in Yunnan Province during 1961—2012(unit:mm)

年内,发生春季干旱、夏季局地强降水突出、秋季连阴雨偏重等异常天气气候事件,造成气象及其衍生灾害频繁,干旱、暴雨洪涝(滑坡、泥石流)灾害尤为突出。灾害共造成云南 1641.8 万人受灾,162 人死亡,14 人失踪;农作物受灾面积 157.7 万公顷,绝收面积 14.2 万公顷;直接经济损失 113 亿元。总体上,2012 年气象灾害造成的直接经济损失高于近 10 年的平均值,死亡和失踪人数低于近 10 年的平均值,但较去年偏多。2012 年农业气候属中等偏上年景。

### 4.25.2 主要气象灾害及影响

#### 1. 干旱

2—5 月,云南省平均降水量较常年同期偏少 34%,加上 2011/2012 年秋冬降水持续偏少,全省大部地区发生春旱。昆明、楚雄、玉溪、大理、临沧、丽江、普洱北部、红河南部、昭通南部和曲靖西部地区旱情明显,主要对小春作物及供水造成不利影响。这次云南冬春连旱的范围和影响不及异常干旱的 2010 年。年内干旱共造成云南省 923.9 万人受灾,518 万人饮水困难;农作物受灾面积 107.3 万公顷,绝收面积 10.7 万公顷;直接经济损失 43.9 亿元。

#### 2. 暴雨洪涝

2012 年洪涝和地质灾害造成云南 594.7 万人受灾,132 人死亡,10 人失踪;房屋受损 8.0 万间,倒塌 1.7 万间;农作物受灾面积 37.4 万公顷,绝收面积 2.3 万公顷;直接经济损失 60.8 亿元。造成的人员伤亡较近 3 年偏多。

6 月至 9 月中旬初,云南东北部、西部和南部边缘地区的暴雨洪涝灾害突出,造成的损失较常年偏重,基础设施和家庭财产损失在直接经济损失中的比重也较大。3—10 月,大理、昭通、曲靖、普洱、昆明、迪庆等州(市)滑坡、泥石流、崩塌等地质灾害偏重发生,造成人员伤亡最严重的是彝良县"10.4"滑坡灾害,有 19 人死亡,1 人受伤,转移安置 820 人。

#### 3. 局地强对流

3—9 月,云南的冰雹灾害多于大风灾害。其中 4—5 月,滇西、滇南及滇东北等地局部冰雹、大风灾害频繁;6—8 月,滇西的丽江和大理、滇中及以东地区受灾严重(图 4.25.3)。雷电灾害初发期偏晚,造成的人员伤亡是近 10 年来最少的。4—9 月,昆明、昭通、曲靖、玉溪、西双版纳、红河、文山、普洱、保山等 9 州(市)发生雷电灾害。

年内局地强对流灾害造成云南 99.9 万人受灾,14 人死亡;房屋受损 2.8 万间,倒塌 1000 间;农作物受灾面积 7.3 万公顷,绝收面积 0.8 万公顷;直接经济损失 6.3 亿元。

图 4.25.3 2012 年 8 月 5 日华坪县新庄乡冰雹使烤烟受灾(丽江市气象局提供)
Fig. 4.25.3 Tobacco damaged by hail in Xinzhuang Town, Huaping County on August 5, 2012
(By Lijiang Meteorological Service)

**4. 热带气旋**

年内,热带气旋造成云南 21.6 万人受灾,2 人死亡;农作物受灾面积 1.7 万公顷,绝收面积 0.3 万公顷;直接经济损失 1.9 亿元。其中 7 月 24—27 日,受台风"韦森特"减弱后的热带低压影响,云南南部的文山、红河南部、西双版纳、普洱西南部、临沧西部和红河南部地区出现强降水天气,造成暴雨洪涝、滑坡和泥石流灾害。

**5. 低温冷冻害和雪灾**

2012 年,低温冷冻害和雪灾造成云南 1.7 万人受灾;农作物受灾面积 4.0 万公顷,绝收面积 0.1 万公顷;直接经济损失 0.1 亿元。其中 1 月上旬,香格里拉县、维西县、德钦县和贡山县发生雪灾;1 月中下旬,昭阳、水富、易门、石屏、弥勒、泸西、施甸、昌宁、孟连、镇康、耿马等 11 县区发生低温霜冻灾害,农作物及滇西南部分地区的橡胶、咖啡、香蕉等经济作物受灾。

### 4.25.3 气象减灾服务简介

2012 年,云南省气象局圆满完成了抗击春季干旱、森林火灾、暴雨洪涝、地质灾害、局地强对流、地震灾害的气象服务,为"春运"、"两会"、"昆交会"等重大社会活动提供了周到的气象保障。面对持续 4 年降水偏少,干旱灾害对小春作物和供水造成的不利影响,云南省气象局密切关注全省蓄水情况,干旱监测不放松。2 月 14 日,李济恒代省长在题为"云南近期干旱严重,森林火险等级很高,人畜饮水十分困难"的《重要气象信息专报》上做出重要批示,印发有关部门学习,抓好落实抗旱防火工作。在"韦森特"台风低压引发的洪涝灾害、彝良地震、彝良"10·4"滑坡灾害等重大服务中,开展多方位合作,发挥上下联动作用,及时向有关部门发送了监测、预报、灾情等信息,为防灾减灾提供了重要决策依据。

## 4.26 西藏自治区主要气象灾害概述

### 4.26.1 主要气候特点及重大气候事件

2012 年,西藏地区年平均气温 5.1℃,较常年偏高 0.4℃(图 4.26.1)。冬季和夏季气温普遍偏高,春季气温正常,秋季各地气温正常或偏低。西藏平均年降水量 436.4 毫米,接近常年(图

4.26.2）。冬、春季大部分地区降水偏少，沿雅鲁藏布江一线11个站点冬季无降水；夏季降水正常；秋季大部分地区降水正常或偏少。

年内出现了暴雨洪涝、暴风雪、冰雹、雷电、干旱、大风、泥石流等灾害性天气，造成西藏48.1万人受灾，23人死亡；农作物受灾面积1.5万公顷，绝收0.2万公顷；直接经济损失2.5亿元。

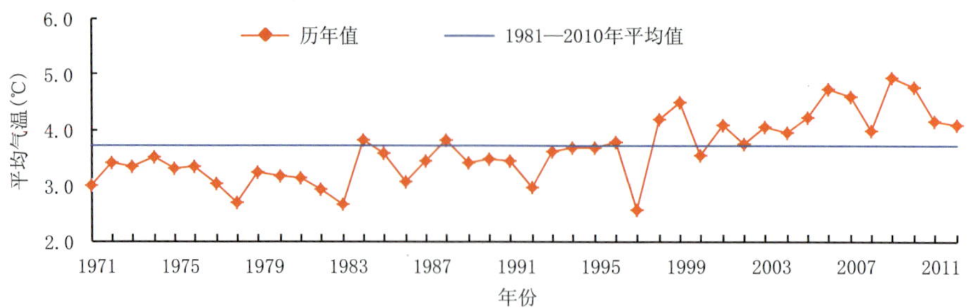


图4.26.1　1971—2012年西藏年平均气温历年变化图（℃）
Fig. 4.26.1　Annual mean temperature in Xizang during 1971—2012(unit:℃)

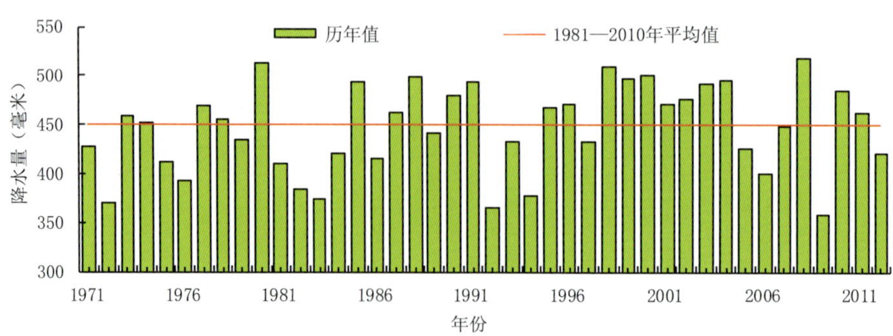


图4.26.2　1971—2012年西藏年降水量历年变化图（毫米）
Fig. 4.26.2　Annual precipitation in Xizang during 1971—2012(unit:mm)

### 4.26.2　主要气象灾害及影响

#### 1. 暴雨洪涝

2012年暴雨洪涝造成西藏9.1万人受灾，6人死亡；农作物受灾面积0.7万公顷，绝收面积0.1万公顷；损坏房屋0.1万间；牲畜死亡2.3万头（只、匹）；直接经济损失约0.5亿元。6月21—26日，林芝、米林、波密和察隅累计降水量分别达80.2毫米、89.8毫米、90.1毫米、53.3毫米，强降水致使林芝地区出现不同程度的洪涝灾害，并引发山体滑坡、泥石流等次生灾害，造成318国道交通中断；米林县和波密县洪水上涨，淹没农田100.5公顷；冲毁电力线路约300米；冲垮路基205米；冲毁水渠507米；200米输水管道断裂；山体滑坡约20处；冲毁4根电线杆，11根电杆受损；损坏桥梁1座；公路受损670米；还有部分民房、温室大棚和耕地被淹没。

#### 2. 雪灾

2012年雪灾造成西藏19.5万人受灾，5人死亡；农作物受灾面积1100公顷；损坏房屋2443间，倒塌房屋460间；牲畜死亡31.9万头（只、匹）；直接经济损失1.2亿元。2月7—8日，西藏南部普兰—聂拉木—帕里一线出现了暴风雪天气。其中，聂拉木和帕里过程降雪量分别达105.2毫米和21.7毫米，最大积雪深度分别达61厘米和37厘米。8日，聂拉木最大日降雪量达84.1毫米，为1989年以来最大值；最大风速达38米/秒（13级）。造成12个县88个乡（镇）413个村7.9万人受灾，死亡3人；损坏房屋1324间，倒塌房屋177间；牲畜死亡5.0万头（只、匹）。

### 3. 局地强对流

2012 年冰雹、雷电、大风共造成 9.7 万人受灾，12 人死亡；农作物受灾面积 0.7 万公顷，绝收 1400 公顷；损坏房屋 1946 间，倒塌房屋 352 间；牲畜死亡 280 头（只、匹）；直接经济损失约 0.6 亿元。昌都地区类乌齐县 2 月 17 日出现冰雹天气，冰雹最大直径约 40 毫米，最大平均重量约 30 克，气象局个别观测设备受损。6 月份拉萨市尼木县小学供电线路遭雷击，3 台电视、2 台电脑、2 台 DVD 播放器被烧毁；昌都地区丁青县 2 名放牧人员遭雷击身亡。

### 4. 干旱

2012 年干旱造成西藏地区 9.8 万人受灾；0.5 万人饮水困难；3.3 万头（只、匹）牲畜饮水困难；直接经济损失约 0.2 亿元。其中 3—4 月，雅鲁藏布江中游主要农区降水偏少 3 成以上，部分地区出现旱情。

### 4.26.3 气象减灾服务简介

2012 年，西藏气象局向中国气象局以及区党委办公厅、政府办公厅、自治区抗灾办公室等有关部门共发布《重要气象报告》13 期、《灾情公报》107 期、《地质灾害预报信息》170 期、《波密林火服务专报》19 期、《天气信息》9 期、《天气公报》13 期、《专题汇报》27 期、《春运专项预报》55 期。2 月上旬向自治区党委、政府及相关部门上报了“重要气象报告”，针对南部边缘一线强降雪天气进行了分析汇报。指导日喀则和阿里地区气象局及时发布了《降雪天气消息》、《天气预测预报服务信息》，此次强降雪天气气象预报服务准确及时，得到了政府主管领导及各级部门的好评。3—4 月，雅江中游主要农区降水偏少 3 成以上，西藏气象局向政府部门和相关职能部门及时制作发布了 6 期周预报，并提交 3 期抗旱会议专题材料。

## 4.27 陕西省主要气象灾害概述

### 4.27.1 主要气候特点及重大气候事件

2012 年陕西省年平均气温 12.1℃，较常年偏低 0.1℃，是 1997 年以来仅次于 2011 年的第二偏低年份（图 4.27.1）。秋、冬季气温分别比常年同期偏低 0.4℃、0.6℃，春、夏季气温分别比常年同期偏高 0.6℃、0.4℃。陕西省平均年降水量 569.1 毫米，较常年偏少 10%，属正常略偏少年份（图 4.27.2）。降水季节分布不均，1、5、7、9 月降水较常年略偏多，其余各月均偏少。

2012 年陕西先后遭受了低温、干旱、暴雨洪涝、高温、雷电等多种气象灾害，共造成 42 人死亡，16 人失踪，直接经济损失 86.0 亿元。总体上看，2012 年属气象灾害较轻年份。

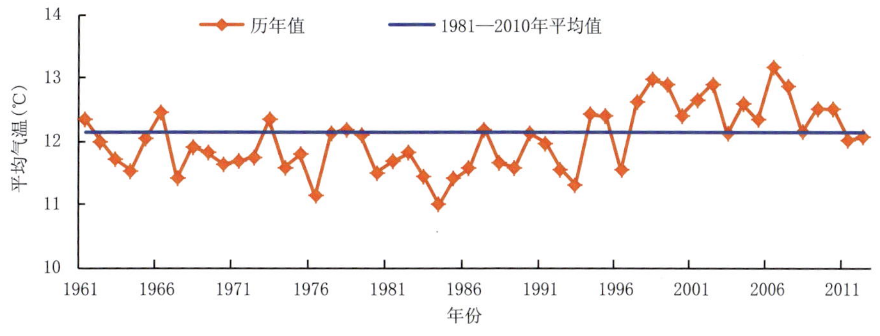


图 4.27.1 1961—2012 年陕西省年平均气温历年变化图（℃）

Fig. 4.27.1 Annual mean temperature in Shaanxi Province during 1961—2012(unit: ℃)

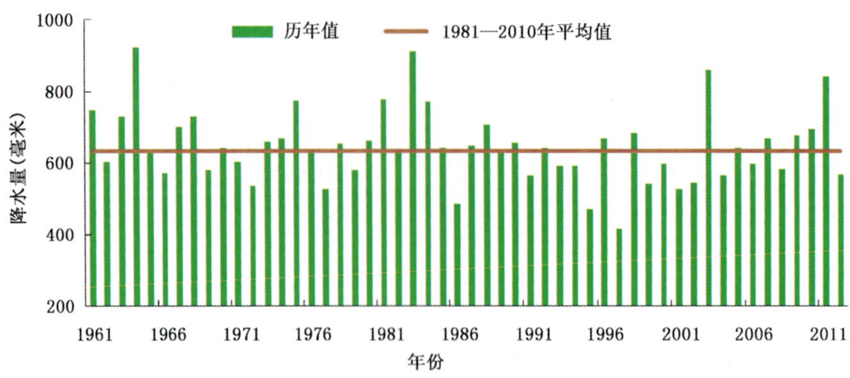


图 4.27.2　1961—2012 年陕西省年降水量历年变化图(毫米)

Fig. 4.27.2　Annual precipitation in Shaanxi Province during 1961—2012(unit:mm)

## 4.27.2　主要气象灾害及影响

### 1. 干旱

6 月上中旬持续高温少雨天气导致陕西省出现干旱,中旬陕北、关中大部、陕南部分地方有轻到中旱,陕北、渭北局地重旱,干旱灾害属于中度。2012 年陕西省 217.9 万人受灾,2.2 万人饮水困难;农作物受灾面积 22.8 万公顷,绝收 7000 公顷;直接经济损失 4.9 亿元。

### 2. 暴雨洪涝

2012 年陕西省共出现 32 个暴雨日,121 站次暴雨,8 站次大暴雨,年暴雨日数和站次数均较常年同期偏多。暴雨引发洪涝灾害 273 次,98 个县(区、市)355.9 万人受灾,因灾死亡 32 人,失踪 16 人;倒塌房屋 5.9 万间,损坏房屋 18.6 万间;农作物受灾面积 20.9 万公顷,绝收 2.8 万公顷;直接经济损失 65 亿元。

### 3. 局地强对流

2012 年陕西省大风、雷雨和冰雹等强对流天气频发,共发生风雹灾害 100 次,53 个县(区、市)144.7 万人受灾,8 人死亡;6.3 万公顷农作物受灾,5000 公顷农作物绝收;倒塌房屋 2000 间,损坏房屋 7000 间;直接经济损失 15.4 亿元。

2012 年陕西省共有 106 个雷暴日,共发生闪电 12.3 万次,比去年(15.3 万次)明显偏少,主要雷电活动集中发生在 6—8 月,雷电次数最多为 7 月份,共发生闪电约 4 万次。首次雷暴日为 3 月 19 日,终雷暴日为 11 月 3 日。陕西省雷电区域分布很不均匀,其中延安地区发生雷电最多,达 3.8 万次,其次为榆林地区,达 1.9 万次,而发生雷电最少的是宝鸡地区,仅 2000 多次。2012 年全省共发生雷电灾害 18 起,造成 2 人死亡,3 人受伤,经济损失严重。

### 4. 低温冷冻害

2012 年 1 月、2 月、3 月上旬、11 月及 12 月影响陕西的冷空气活动频繁,气温大部持续偏低。1—3 月陕西省平均气温为 1997 年以来仅次于 2011 年(1.0℃)的第二偏低年,11—12 月平均气温为 1994 年以来仅次于 2009 年(1.9℃)的第二偏低年。低温冷冻害致使 11.8 万人受灾;农作物受灾面积 9000 公顷,绝收面积 800 公顷;直接经济损失 7000 万元。

## 4.27.3　气象减灾服务简介

2012 年向省委省政府报送《重要信息专报》35 期,专题决策气象服务文件及信函 14 件次。省领导批示各类决策气象服务材料 23 次。全年共发布《气象信息快报》367 期。汛期共发布应急命令 15 次,启动重大气象灾害应急 8 次,省级发布预警 22 期、预警信号 38 期,市级发布预警信号 254 期,县级发布预警信号799期。实现重大气象灾害预警信息手机分区域全网免费发送，全年免费发送手机短信息2480万人次。此外，通过建设及共享大喇叭、电子显示屏、电视台气象节目、中国天气网陕西站、声讯电话等多种方式及时发布气象减灾信息，取得了较好的社会效益。

## 4.28 甘肃省主要气象灾害概述

### 4.28.1 主要气候特点及重大气候事件

2012年甘肃省年平均气温8.0℃，接近常年，为1997年以来最低（图4.28.1）；平均年降水量439.2毫米，较常年偏多1成，为近5年最多（图4.28.2）。年内，甘肃省暴雨日数偏少，为近10年最少，出现2次区域性暴雨，局地暴雨强度大，部分地方受灾严重；冰雹日数少，但局地雹灾严重；夏季干热风和高温日数均为近9年最少；干旱范围小、影响轻；沙尘暴日数为近52年最少。2012年因气象灾害共造成930.1万人受灾，死亡101人，失踪25人，转移安置18.1万人，61.3万人出现饮水困难；农作物受灾面积101.6万公顷，绝收面积7万公顷；损坏房屋16.1万间，倒塌房屋3.6万间；直接经济损失123.8亿元。总体评价，2012年的气候条件属较好年景。

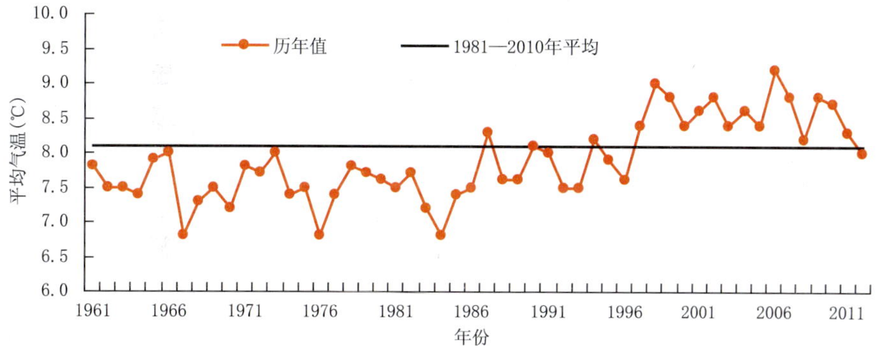


图4.28.1 1961—2012年甘肃省年平均气温历年变化图(℃)

Fig. 4.28.1 Annual mean temperature in Gansu Province during 1961—2012(unit:℃)

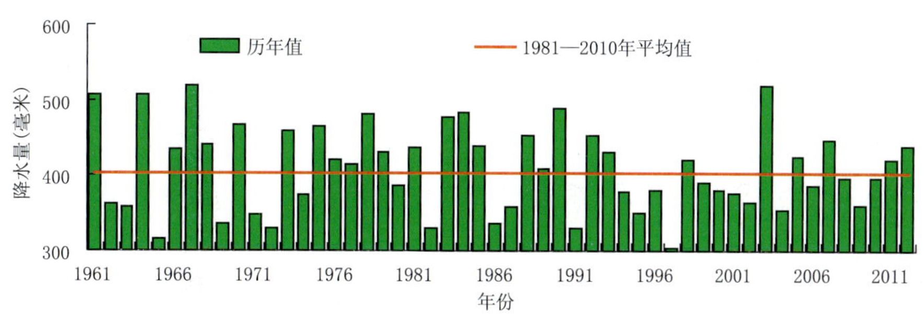


图4.28.2 1961—2012年甘肃省年降水量历年变化图(毫米)

Fig. 4.28.2 Annual precipitation in Gansu Province during 1961—2012(unit:mm)

### 4.28.2 主要气象灾害及影响

#### 1. 暴雨洪涝

2012年因暴雨洪涝灾害造成273.3万人受灾，死亡87人，失踪25人，转移18.1万人；农作物受灾面积19.5万公顷，绝收面积3.4万公顷；损坏房屋15万间，倒塌房屋3.4万间；直接经济损失92.1亿元。

5月10日，甘肃省定西市岷县、漳县、渭源县出现短时强降水，造成20.4万人受灾，死亡53人，失踪18人，转移15.2万人；倒塌房屋2万间，损坏房屋9.3万间；农作物受灾面积3.6万公顷，绝收面积1.5万公顷；直接经济损失82.4亿元（图4.28.3）。

图4.28.3　2012年5月10日定西市岷县茶埠镇遭受暴雨洪涝灾害（兰州中心气象台提供）

Fig. 4.28.3　Rainstorm induced flood disasters in Chabu Town, Min County of Dingxi City on May 10, 2012 (By Lanzhou Center Meteorological Observatory)

**2. 局地强对流**

2012年因局地强对流灾害造成195.7万人受灾，死亡4人；农作物受灾面积22万公顷，绝收面积1.7万公顷；损坏房屋1.1万间，倒塌房屋2000间；直接经济损失22.5亿元。

6月23日，甘肃省定西、临夏、平凉、庆阳等市（州）部分地方出现冰雹，造成2.1万人受灾；倒塌房屋133间，损坏房屋3160间；农作物受灾面积2.9万公顷，绝收面积6000公顷；直接经济损失1.6亿元。

**3. 干旱**

2012年甘肃省因干旱造成402.9万人受灾，61.3万人出现饮水困难；农作物受灾面积49.8万公顷，绝收面积1.6万公顷；直接经济损失5.2亿元。

**4. 低温冷冻害和雪灾**

2012年甘肃省因低温冷冻害和雪灾造成58.2万人受灾，死亡10人；农作物受灾面积10.3万公顷，绝收面积3000公顷；直接经济损失4.0亿元。

### 4.28.3　气象减灾服务简介

2012年5月10日，甘肃省定西市岷县出现历史同期最强特大冰雹山洪泥石流灾害，对这次灾害性天气，省、市、县三级气象部门都提前做出预警服务。有关省领导指出，气象预警预报超前和基层工作扎实，是这次灾害降低到最低程度的最重要原因，对气象部门在"5.10"岷县特大冰雹山洪泥石流灾害中的预报预警服务工作给予了充分肯定。民政部有关领导也指出，气象部门提前发布预警预报信息，信息员及时传播预警信息并组织群众转移，有效避免了成片人员伤亡，最大程度降低了损失。

## 4.29　青海省主要气象灾害概述

### 4.29.1　主要气候特点及重大气候事件

2012年青海省年平均气温2.5℃，较常年偏高0.3℃（图4.29.1），冬、秋季气温接近常年，春、夏季气温高于常年。平均年降水量434.1毫米，较常年偏多近2成，为1961年以来第四多（图

4.29.2)，秋季降水偏少，其余各季降水偏多。1—3月，青海南部降水量及降水日数均创历史同期最多，出现大范围、长时间的积雪，发生轻到重度雪灾；夏季，降水量、降水日数创历史极值，各地频发强降水引起的洪涝灾害及地质灾害；7月，黄河上游出现1989年以来最强汛情等。

2012年发生的气象灾害及气象因素诱发的灾害共造成青海省157.4万人受灾，死亡11人，失踪2人；农作物受灾面积15.4万公顷，绝收面积8000公顷；死亡大牲畜39.1万头(只、匹)；倒塌房屋4000间；直接经济损失14.5亿元。总体而言，2012年气象条件对农作物和牧草生长的影响利大于弊，属"平偏丰"气候年景。

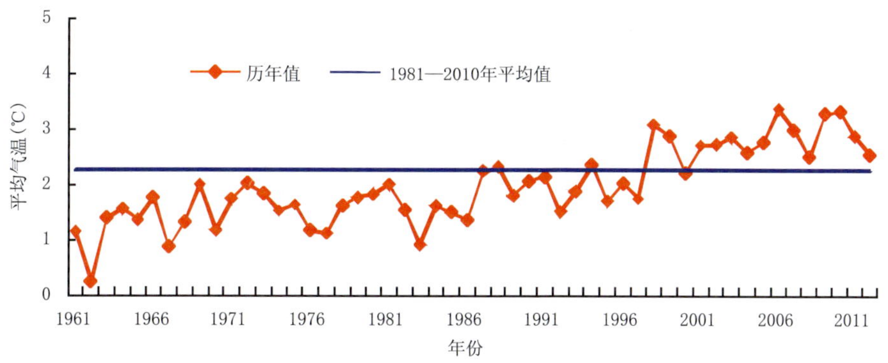


图4.29.1 1961—2012年青海省年平均气温历年变化图(℃)

Fig. 4.29.1 Annual mean temperature in Qinghai Province during 1961—2012(unit:℃)

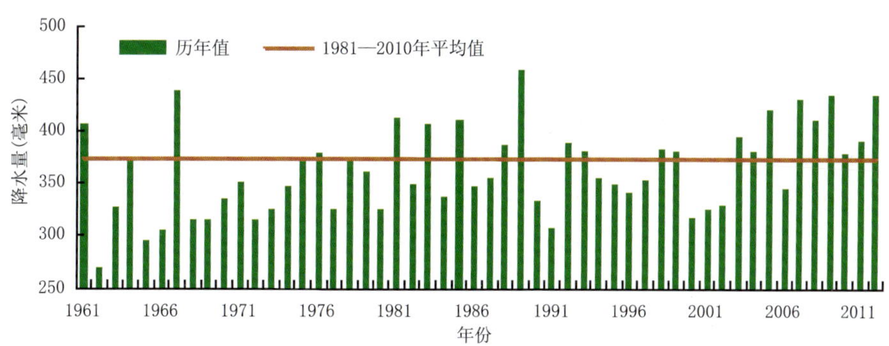


图4.29.2 1961—2012年青海省年降水量历年变化图(毫米)

Fig. 4.29.2 Annual precipitation in Qinghai Province during 1961—2012(unit:mm)

### 4.29.2 主要气象灾害及影响

#### 1. 暴雨洪涝

2012年青海省雨季与入汛提前，5月东部农业区出现强降水天气，部分地区出现暴雨洪涝灾害，造成农作物受灾。夏季出现历史少有的大范围暴雨天气，强降水引起的洪涝灾害及地质灾害频发。5—8月共发生暴雨洪涝(滑坡、泥石流)灾害80起(图4.29.3)，发生频次在近5年内最高，造成人员伤亡，农田、水利设施、道路、桥梁等遭受不同程度的损坏。暴雨洪涝灾害共造成青海省30个县49.7万人受灾，死亡9人，失踪2人；农作物受灾面积3.6万公顷，绝收面积2000公顷；倒塌房屋4000间，损坏房屋7000间；死亡大牲畜2.8万头(只、匹)；直接经济损失5.2亿元。

#### 2. 低温冷冻害及雪灾

2012年5月12日和9月2日，青海省德令哈地区出现霜冻灾害，造成小麦、油菜、马铃薯、枸杞等农作物受害；1—3月，青海南部地区由于降水偏多，大范围长时间的积雪，导致发生轻到重度雪灾，造成人员冻伤、雪盲，牲畜大量死亡，房屋受损或倒塌，对当地的牧业生产和人民生活造成严重

图 4.29.3 2012 年 7 月 29—30 日青海省民和县暴雨洪涝灾害(民和县气象局提供)
Fig. 4.29.3 Rainstorm induced flood disasters in Minhe County of Qinghai Province on on July 29—30, 2012 (By Minhe Meteorological Service)

影响。2012 年因低温冷冻害及雪灾共计造成 52.2 万人受灾;农作物受灾面积 3.6 万公顷;死亡大牲畜 36.1 万头(只、匹);直接经济损失 6.6 亿元。

#### 3. 局地强对流

2012 年青海省大风、冰雹、雷电等灾害发生频次相对较少,共计造成 40.4 万人受灾,死亡 2 人,农作物受灾面积 4.9 万公顷,绝收面积 5000 公顷;直接经济损失 2 亿元。雷电灾害发生 3 起,造成 6 人受伤,直接经济损失 7 万元。

#### 4. 干旱

2012 年前汛期,青海省出现阶段性干旱,造成冬小麦、油菜、马铃薯、蚕豆等作物生育期推迟。干旱灾害共造成 15 万人受灾,4000 人饮水困难;农作物受灾面积 3.3 万公顷,绝收面积 1000 公顷;直接经济损失 7000 万元。

### 4.29.3 气象减灾服务简介

2012 年青海省极端天气气候事件多发,青海省气象局积极组织应对,面对青南地区发生雪灾、黄河上游出现强汛情、夏季强降水频发等重大天气气候事件,多次启动应急响应,及时组织开展有针对性的气象服务及气象灾害现场调查工作。全年共制作报送各类决策气象服务产品 185 期,积极向决策用户提供天气气候监测、预报预警、气象灾害影响评估分析及防灾减灾建议等决策气象服务信息。特别是,青南地区雪灾气象服务取得了良好的服务效果,在救灾工作中发挥了积极的作用,成效显著。

## 4.30 宁夏回族自治区主要气象灾害概述

### 4.30.1 宁夏主要气候特点及重大气候事件

2012 年,宁夏全区年平均气温 8.6℃,较常年偏高 0.1℃(图 4.30.1);平均年降水量 323.1 毫米,较常年偏多 2 成,为 2000 年以来仅次于 2003 年的第二多雨年(图 4.30.2)。1—2 月出现少有的冬季持续低温；6月下旬至7月降水集中、显著偏多，区内出现的强降水日数多、强度强，历史罕见；11月上旬全区降温明显、气温显著偏低。年内，暴雨洪涝、干旱、冰雹、大风沙尘、霜冻、低温冻害、雷击等气象灾害造成宁夏回族自治区12人死亡，138万人受灾；直接经济损失7.9亿元。

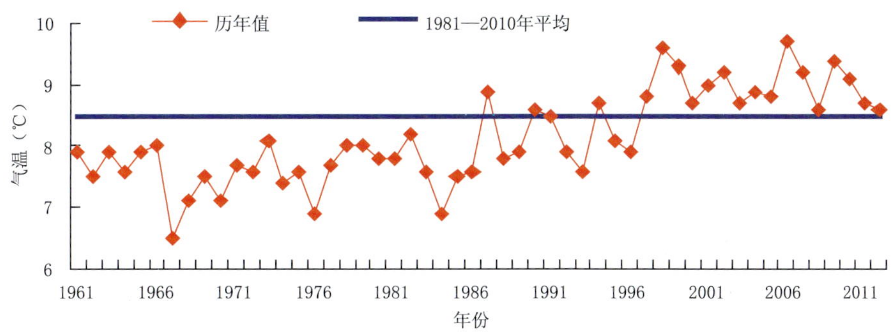


图4.30.1 1961—2012年宁夏年平均气温历年变化图(℃)

Fig. 4.30.1 Annual Temperature in Ningxia during 1961—2012(unit:℃)

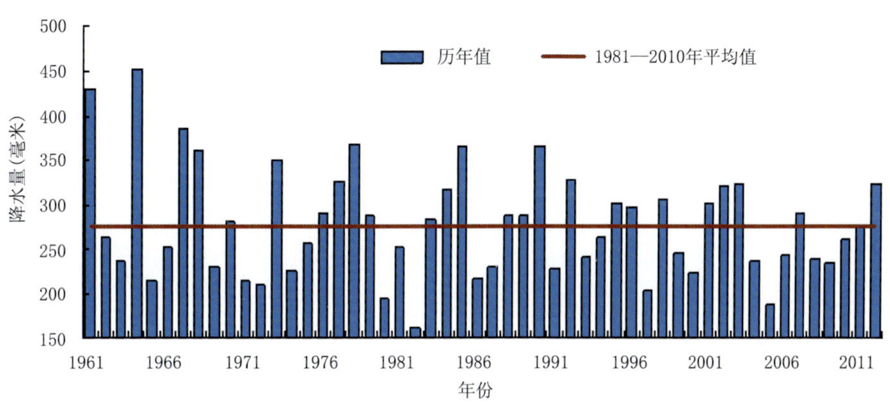


图4.30.2 1961—2012年宁夏年降水量历年变化图(毫米)

Fig. 4.30.2 Annual Precipitation in Ningxia during 1961—2012(unit:mm)

### 4.30.2 宁夏主要气象灾害及影响

**1. 干旱**

2012年3—5月，银川、贺兰、吴忠、青铜峡、灵武、盐池等地降水量偏少1～3成，中部干旱带和南部山区部分县(区)不同程度地遭受阶段性干旱，受旱灾影响区域主要分布在吴忠市利通区、同心县、盐池县、红寺堡区，中卫市沙坡头区、中宁县、海原县和固原市原州区、西吉县、隆德县、彭阳县等11个县(区)。干旱造成中部干旱带和南部山区58个乡镇627个行政村的85.8万人受灾，48.7万人、25.4万头大牲畜不同程度出现饮水困难，31.5万人存在口粮困难；农作物受灾面积10.4万公顷；直接经济损失1.7亿元。

**2. 暴雨洪涝**

2012年，全区各地遭受暴雨洪涝灾害23次，共造成32.5万人受灾，11人死亡；农作物受灾面积6.1万公顷；直接经济损失约4亿元。

**3. 局地强对流**

2012年，全区各地因遭受雷雨大风冰雹灾害造成农作物受灾面积3.6万公顷；受灾人口14万人；直接经济损失2亿元。其中，冰雹灾害13次(图4.30.3)，大风灾害9次，雷电灾害2次。

图 4.30.3　2012 年 6 月 23 日固原市西吉县受冰雹侵袭的农作物(西吉县气象局提供)
Fig. 4.30.3　Crops hit by hail in Xiji County, Guyuan City on June 23,2012
(By Xiji Meteorological Service)

#### 4. 低温冻害

2012 年,全区因低温冻害共造成 5.7 万人受灾,农作物受灾面积 6 万公顷,直接经济损失 2000 万元。

### 4.30.3　气象减灾服务简介

2012 年宁夏气象局把气象防灾减灾和"两个体系"建设及服务"三农"作为重要工作来抓,与农业、防汛、民政等部门密切合作,取得了显著成效。针对暴雨洪涝、冰雹等气象灾害频发的特点,气象部门积极主动做好监测、预测、预警、评估及人工影响天气服务。2012 年自治区领导 11 次对服务材料作重要批示,自治区人大、政协、农牧厅、民政厅等部门对决策气象服务给予书面表扬或感谢。全区粮食产量实现 9 连增,气象服务取得了显著的社会经济效益。宁夏气象台荣获 2012 年全区春运工作先进集体、2012 年黄河防汛抢险先进集体、全区气象为农服务先进单位,年内自治区政府对在"6·27"全区性大到暴雨天气预报预警服务及应急处置工作中表现突出的宁夏气象局等部门予以通报表扬。

## 4.31　新疆维吾尔自治区主要气象灾害概述

### 4.31.1　主要气候特点及重大气候事件

2012 年,新疆区域年平均气温 7.5℃,较常年偏低 0.3℃(图 4.31.1),其中北疆、天山山区、南疆分别偏低 0.3℃、0.1℃、0.3℃;年降水量 187.5 毫米,较常年略偏少(图 4.31.2),其中北疆和天山山区偏少 1 成,南疆偏多 2 成。开春期北疆大部偏早,南疆大部偏晚;终霜期和入冬期全疆大部偏早;初霜期北疆大部偏晚,南疆大部偏早。

年内出现的主要气象灾害有干旱、暴雨洪涝、局地强对流、低温冻害和雪灾、大雾等。各类气象灾害造成的直接经济损失 56.4 亿元,在近 30 年内属中度偏重年份,其中暴雨洪涝及其衍生灾害接近 36%,风灾约占 21%;2012 年因灾死亡 57 人。2012 年,全疆农牧业气象年景为平偏丰年景。

### 4.31.2　主要气象灾害及影响

#### 1. 干旱

2012 年,受春夏季降水连续偏少的影响,北疆各地出现了不同程度的干旱,影响了春耕生产的正常进行,导致主要草场牧草产量减产近 1 成,生态质量明显偏差。2012 年全疆因干旱造成直接经济损失达 8.5 亿元。

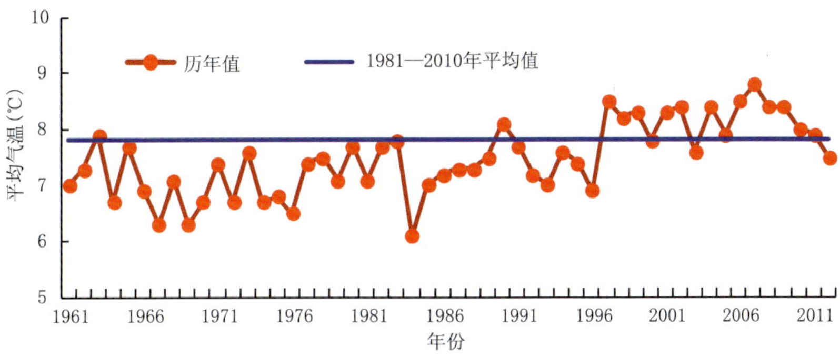


图 4.31.1 1961—2012 年新疆年平均气温历年变化图(℃)

Fig. 4.31.1 Annual mean temperature in Xinjiang during 1961—2012(unit:℃)

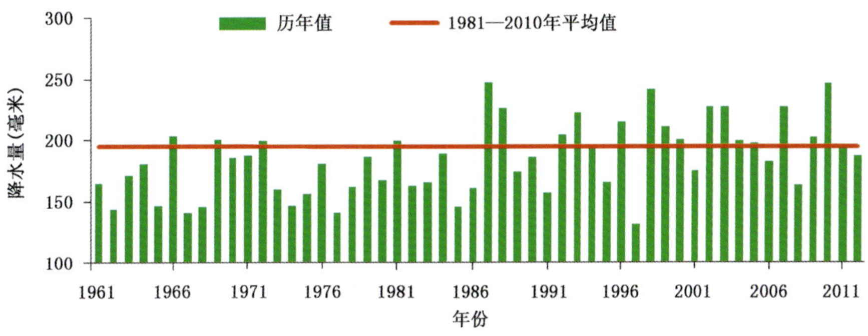


图 4.31.2 1961—2012 年新疆年降水量历年变化图(毫米)

Fig. 4.31.2 Annual precipitation in Xinjiang during 1961—2012(unit:mm)

## 2. 暴雨洪涝

2012 年,全区共计 98 县次出现局地暴雨山洪及地质灾害,直接经济损失 13.0 亿元,死亡 43 人,近 30 年以来属中度偏重发生。其中,7 月 28 日和静山区暴雨引发的洪水导致 218 国道多处被冲断,车辆无法通行,转移安置上千人,并对农业造成较大损失(图 4.31.3)。

图 4.31.3 2012 年 7 月 28 日,新疆和静县暴雨引发洪水冲毁道路(和静县气象局提供)

Fig. 4.31.3 Road damaged by rainstorm induced flood in Hejing County of Xinjiang on July 28, 2012 (By Hejing Meteorological Service)

**3. 局地强对流**

2012年全区冰雹灾害共出现67县次，造成农作物受灾面积超过10万公顷，直接经济损失近13亿元。其中5月23日、6月16日、7月13日的冰雹天气，单次灾害均造成农作物及林果受灾面积达数千公顷，经济损失近亿元。

2012年全区共遭受大风、沙尘暴灾害63县次，直接经济损失约7.2亿元，因灾死亡7人。灾害集中出现在春季，3月30日乌鲁木齐大风造成3人死亡，73人受伤，市政设施损毁，交通受阻；4月21—23日出现全疆性的强风、沙尘天气，影响范围广、灾情重，近7.2万公顷农作物受灾，3354座大棚受损。

2012年全区发生雷电灾害17起，造成人畜伤亡，通讯设施等受损。其中人员伤亡事故8起，共造成7人死亡。

**4. 低温冻害和雪灾**

2012年全区出现暴雪、雪灾、雪崩共计42县次，造成的直接经济损失接近7000万元。其中，11月29日至12月4日，伊犁河谷尼勒克等地出现暴雪，造成4600多人受灾，牧业、设施农业和基础设施直接经济损失1300多万元。年初及年底气温异常偏低，持续低温使南疆、东疆的葡萄、红枣等遭受严重的越冬冻害。

**5. 大雾**

2012年大雾主要集中在1月、11月和12月，乌鲁木齐地窝堡国际机场因大雾造成航班延误、备降或取消，对乌鲁木齐市及周边高速公路的影响也较严重。其中，1月13—15日乌鲁木齐市出现连续浓雾天气，地窝堡国际机场120架航班延误、备降或取消，2700多名旅客滞留机场，乌鲁木齐周边多条高速公路封闭。

### 4.31.3 气象减灾服务简介

2012年新疆气象局组织召开了7次自治区级气象灾害防御多部门联合会商会，尤其是5月22日和12月7日，自治区人民政府在自治区气象局召开2012年自治区洪旱形势分析会和冬季防灾救灾工作部署会议。年内区、地、县三级召开了223次气象灾害防御多部门联合会商会。为加强气象与各行各业的交流沟通，召开了气象灾害预警响应厅局级联络员座谈会，了解各厅局对气象灾害预警服务的需求，制订了“气象灾害预警响应联络员会议制度”，组建了自治区厅局级气象灾害应急联络员队伍，遇有重大天气或灾害预警信息时，及时通知各部门以利做好气象灾害的防范和应对工作，科学、高效开展气象灾害防御工作。

# 第 5 章　全球重大气象灾害概述

## 5.1　基本概况

年初，严重的寒流袭击亚欧大陆，造成重大人员伤亡和经济损失。入春后，中国西南及东亚北部地区遭遇持续的旱灾，入夏后美国更是经历了 1956 年以来最严重的干旱天气，严重的高温干旱给美国的农业生产和经济增长带来影响。年内，全球多地水害频发，以非洲、拉美及南亚东南亚地区最频繁。各大洋热带气旋活动频繁，使得沿岸国家损失严重，10 月飓风“桑迪”袭击加勒比海和墨西哥湾地区，给美国等地区带来巨大影响，12 月菲律宾更是遭遇 20 年一遇最强台风“宝霞”重创（图 5.1.1）。

## 5.2　全球重大气象灾害分述

### 5.2.1　寒流和暴雪

1 月 15—20 日，阿富汗东北部遭受暴雪袭击，引发雪崩，造成至少 29 人死亡，40 人受伤。

1 月下旬，日本遭遇寒流袭击，103 人死亡。

1—2 月，欧洲中部和东部出现罕见寒流暴雪天气，部分地区出现百年来最低温度，导致交通中断，大量航班延误。此次暴雪天气共造成东欧逾 650 人死亡，其中乌克兰和俄罗斯两国死亡总数超过 300 人，波兰死亡 107 人。

10 月，欧洲多国遭大雪袭击，5 人死亡。

12 月 8—9 日，欧洲遭遇大范围暴风雪天气，造成至少 24 人遇难。其中，捷克有 7 人死于严寒，瑞士雪崩造成 11 人死亡，克罗地亚、塞尔维亚、黑山和波黑等国共有 6 人因恶劣天气而丧生。德国法兰克福机场两天内超过 370 架次的航班被迫取消。

12 月 18—28 日，暴风雪吹袭美国，导致 15 人死亡，同时造成全美近 2000 架航班取消，近 20 万用户断电。

12 月 1—24 日，寒流袭击乌克兰，共造成 83 人死亡，500 余人冻伤，百余村镇断电。

12 月 19—25 日，俄罗斯遭受强寒流袭击，异常寒冷的天气共造成 123 人死亡，1700 多人受灾。

12 月，中国频遭冷空气袭击，多地气温创历史新低。

### 5.2.2　高温干旱

3 月，中国云南北部和东南部、四川西南部气象干旱持续。

至 4 月中旬，英国南部遭遇近 36 年来最严重干旱，3500 万人受到影响。

5—6 月，朝鲜半岛西海岸降雨持续稀少，朝韩两国遭遇 60 年来最严重干旱，数十万人受灾，农业生产损失严重。

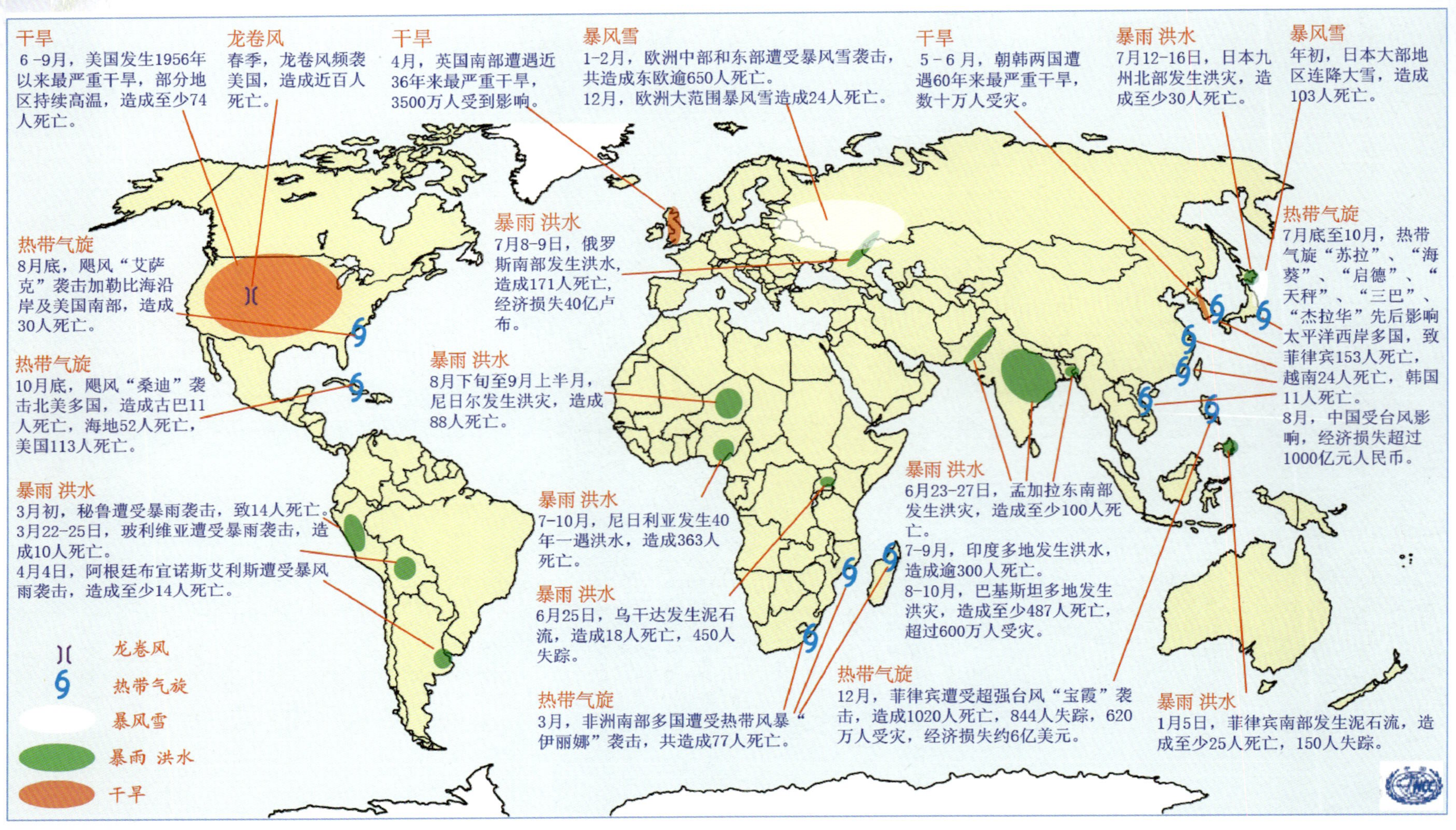


图 5.1.1 2012 年全球重大天气气候事件示意图

Fig. 5.1.1 Global major weather and climate events in 2012

5 月至 6 月下旬，印度多地遭遇高温天气，造成 81 人死亡。

6—9 月，美国本土遭遇 1956 年以来最严重旱灾，约 40 个州遭遇了中度以上干旱，部分地区出现持续高温热浪，造成至少 74 人死亡。严重的高温干旱给美国的农业生产和经济增长带来影响。

入夏至 8 月上旬，持续高温天气导致韩国 14 人、日本 49 人中暑死亡。

### 5.2.3 暴雨洪涝

#### 1. 亚洲

1 月 2 日，泰国南部因暴雨引发洪水，造成 1 人死亡。

1 月 5 日，菲律宾南部发生 3 级地震，受大雨和地震影响，部分地区发生泥石流，造成至少 25 人死亡，150 人失踪。

1 月 26—29 日，印度尼西亚多地因热带气旋遭受暴风雨袭击，造成 14 人死亡，60 人受伤。

1 月 3—11 日，巴西东南部因暴雨引发洪灾，造成至少 33 人死亡。

3 月 7 日，马来西亚首都吉隆坡遭受暴雨袭击，导致交通瘫痪和 3 起土崩，造成 1 人死亡。

3 月 13 日，印度尼西亚暴雨引发洪水和山体滑坡，造成 6 人死亡。

4 月，中国华南、江南多次遭受暴雨、冰雹和雷雨大风袭击，直接经济损失超过 50 亿元人民币。

4 月下旬至 5 月中旬，阿富汗北部发生洪灾，共造成 60 人死亡，7 人受伤，多人失踪。

5 月 9 日，印度尼西亚东部暴雨造成山洪泥石流，5 人死亡，10 人失踪，20 余人受伤。

6 月 11—13 日，菲律宾南部因暴雨引发洪灾，造成 8 人死亡，63 人失踪。

6 月 19—20 日，印度尼西亚因暴雨及其引发的泥石流等次生灾害，造成至少 11 人死亡，1 人失踪。

6 月下旬，孟加拉东南部因暴雨引发洪水和泥石流灾害，造成 5 万人受灾，至少 100 人死亡。

6 月 26 日，印度阿萨姆邦东北部洪水泛滥，造成 50 万人受灾，至少 10 人死亡。

6 月下旬，中国南方多省发生暴雨洪涝灾害，直接经济损失超过 70 亿元人民币。

7—9 月，印度多地频繁遭遇强降水袭击并引发洪水，导致逾 300 人死亡。

7 月 12—16 日，日本九州北部遭到特大暴雨袭击，导致熊本、大分、福冈等县相继发生河流泛滥及山体滑坡，造成至少 30 人死亡。

7 月 21—22 日，中国北京遭遇 61 年来最强降雨袭击，暴雨引发山洪泥石流，导致 78 人死亡。

7 月中下旬，朝鲜遭遇暴雨袭击，88 人死亡，134 人受伤，6.3 万居民无家可归。

8—10 月，巴基斯坦多地遭到暴雨和洪水侵袭，造成至少 487 人死亡，超过 600 万人受灾。

9 月上旬，越南西北部和中部地区暴雨引发洪水和泥石流，造成 29 人死亡，经济损失高达 4130 亿越南盾。

11 月，印度尼西亚多地遭受洪灾，上旬苏拉威西岛洪水造成至少 11 人死亡，7 人失踪；中旬万隆及其周边地区遭受洪水袭击，部分工厂停产，损失达数十亿卢比，雅加达地区有 2700 多个家庭受淹。

11 月中旬，菲律宾南部受热带低压带来大风强降雨诱发洪灾，导致 5 人死亡。

11 月 24 日，马来西亚森美兰地区遭遇 70 年一遇的水灾，500 多户房屋受淹。

12 月 18—24 日，斯里兰卡部分地区连日暴雨，引发洪水和泥石流，造成 42 人死亡，9 人失踪，1 万多间房屋受损，大约 5000 个家庭流离失所。

12 月 24 日，印度尼西亚遭受暴雨袭击并引发洪水，雅加达和爪哇岛的一些城市数千房屋被淹，大量居民逃离家园。

12 月 24—25 日，泰国南部遭遇暴雨洪水袭击，造成数万居民受灾。

12 月 25 日，伊拉克中南部遭遇近 30 年最大降雨，导致多处房屋和路段坍塌，造成至少 4 人死亡。

12 月 25—28 日，马来西亚东海岸发生洪灾，致 6 人死亡，2 万多人受灾。

**2. 欧洲**

1 月 3 日，英国遭受暴风雨袭击，造成 2 人死亡，数万个家庭断电。

2 月 6—8 日，保加利亚因暴雨引发洪涝，造成 8 人死亡。

4 月 3—4 日，土耳其北部遭受暴雨袭击，引发山洪，8 人死亡，21 人受伤。

4 月 8—9 日，俄罗斯南部遭暴雨袭击，暴雨引发洪水，造成 171 人死亡，受灾 3.4 万人，5000 栋房屋毁坏，经济损失 40 亿卢布。

9 月 23 日，英国多地普降暴雨，导致 300 处民房被淹，1 人死亡。

9 月下旬，西班牙多地遭受暴雨袭击，共 7 人遇难，600 余户被撤离。

10 月 10 日，俄罗斯联邦达吉斯坦共和国遭暴雨袭击，大量民房被毁，7 人死亡。

10 月 12 日，英国苏格兰地区遭遇强降雨，强降雨引发的洪水冲毁了一些路段，当地民众被困。

11 月初，斯洛文尼亚东北地区连日暴雨引发洪水，超过 250 处房屋被淹。

11 月上旬，意大利中北部地区连遭暴雨袭击，4 人死亡。

11 月下旬，英国西南部及北部遭遇暴雨，引发洪灾，造成 4 人死亡。

12 月下旬，英国多地遭遇近半个世纪最大的一次洪灾，导致大量民众圣诞节前夕流离失所。

**3. 美洲**

1 月 3—11 日，巴西东南部因暴雨引发洪灾，造成至少 33 人死亡。

1 月 24 日，美国亚拉巴马州中部遭受暴雨袭击，造成至少 2 人死亡，超过 100 人受伤。

2 月 7—9 日，秘鲁遭遇暴雨袭击，14 人死亡，4 万人受灾。

2 月 22—25 日，玻利维亚遭遇暴雨袭击，10 人死亡，9000 余户家庭受灾。

3 月底至 4 月初，海地遭受持续数日的强降雨袭击，造成至少 6 人死亡。

4 月 4 日，阿根廷首都布宜诺斯艾利斯遭到暴风雨袭击，造成至少 14 人死亡，超过 20 人受伤。

4 月 6 日，秘鲁部分地区连降暴雨引发洪水和泥石流，导致至少 2 人死亡，80 人受伤，250 多间房屋倒塌。

5 月 21 日，巴西亚马孙河流域因强降雨遭遇 50 年不遇的洪水，亚马孙河主要支流内格罗河水位接近历史峰值，本次洪水导致 49 个城市约 7.7 万家庭受灾。

9 月 18—19 日，南美洲多国遭遇风暴洪水袭击，玻利维亚 3 人死亡；巴拉圭地区 8 人死亡，81 人受伤，数千人无家可归。

10 月 22 日，阿根廷多省遭暴风雨袭击，造成至少 2 人死亡，近万亩农田被淹。

11 月 19 日，美国华盛顿州西雅图遭 50 年一遇暴雨袭击，造成至少 1 人死亡。

11 月 24—26 日，巴拿马中部地区连降暴雨，引发洪水和泥石流，导致 5 人死亡。

**4. 大洋洲**

2 月 3—7 日，澳大利亚遭遇严重洪涝，1 人死亡，数千家庭转移。

3 月 3—9 日，澳大利亚东南部新南威尔士州因暴雨引发洪水，造成 1.3 万人撤离，经济损失约 10 亿澳元。

3 月底至 4 月初，斐济连降暴雨导致洪水泛滥成灾，造成至少 5 人死亡，8000 多人被迫迁往临时避难所，斐济政府宣布灾区进入紧急状态。

**5. 非洲**

4 月 7 日，尼日利亚中部贝努埃州遭受暴雨和大风袭击，导致一座教堂坍塌，造成 22 人死亡，31

人受伤。

4 月 24 日，肯尼亚受暴雨袭击导致山洪，造成 7 人死亡，冲毁多处桥梁和公路，导致数以千计的居民无家可归。

6 月 25 日，乌干达因暴雨引发泥石流，造成至少 18 人死亡，450 人失踪。

8 月下旬起，持续的特大洪水共造成尼日尔 88 人死亡，50 余万人受灾。

7—10 月，尼日利亚因连降暴雨引发 40 年一遇特大洪水，洪灾已导致 363 人死亡，61 万幢房屋被毁。该国 36 个地区中的 33 个受到洪水影响，饮用水受污严重，给当地居民健康带来威胁。

### 5.2.4 沙尘暴

3 月 15—19 日，沙特阿拉伯遭遇今年以来强度最大、持续时间最长的一次沙尘天气，局部地区能见度不足 100 米。

3 月 19 日，也门 11 个省遭受强沙尘暴袭击，部分地区能见度仅为 200 米，首都机场取消所有航班。

6 月 5 日，巴基斯坦遭遇强沙尘暴，造成 15 人死亡，多人受伤。

### 5.2.5 热带气旋和风暴

#### 1. 太平洋

7 月 15 日前后，热带风暴“卡努”侵袭亚洲多地，造成朝鲜 7 人死亡。

7 月 25 日，台风“韦森特”登陆中国广东，造成广东 5 人死亡，6 人失踪，82.3 万人受灾。

8 月 1 日，强台风“苏拉”登陆菲律宾，造成菲律宾北部地区 12 人死亡，1 人失踪，马尼拉大部地区停电。

8 月初，台风“苏拉”，“达维”和“海葵”先后登陆中国东部沿海地区，造成 11 人死亡，1 人失踪，300 余万人紧急疏散，经济损失 600 亿元人民币。

8 月 14 日，台风“启德”登陆菲律宾，造成 2 人死亡，随后侵袭越南北部地区，造成 27 人死亡，15 人失踪，中国广西地区 3 人死亡。

8 月中下旬，“布拉万”，“天秤”先后袭击韩国，造成 11 人死亡。

9 月中旬，台风“三巴”袭击菲律宾，造成马尼拉部分地区被淹，1 人死亡，菲律宾偏远地区因台风导致山体滑坡，400 余人撤离家园。

9 月 25 日，台风“杰拉华”横扫菲律宾东部海岸，造成 2 人死亡。

30 日，台风“杰拉华”登陆日本，造成 2 人遇难。

10 月 24 日，台风“山神”袭击菲律宾，导致 27 人死亡，19 人受伤，9 人失踪，近 7 万人受灾。

10 月 27 日，台风“山神”吹袭越南，造成 10 人死亡。

12 月 4 日，菲律宾遭遇 20 年一遇最强台风“宝霞”重创，1020 人死亡，849 人失踪，620 万余人受灾，经济损失 6 亿美元。

12 月 26 日，热带风暴“悟空”袭击菲律宾中部，造成至少 6 人死亡，2 人失踪。

#### 2. 大西洋

6 月底至 7 月，美国东部遭受风暴袭击，26 人死亡，300 万人生活受到影响，多州进入紧急状态。

8 月底，飓风“艾萨克”袭击中北美加勒比海沿岸及美国南部，造成 30 人死亡。

10 月底，飓风“桑迪”袭击加勒比海和墨西哥湾地区，至 11 月初飓风一路向北横扫美国东海岸各大城市，其间造成古巴 11 人死亡，海地 52 人死亡，美国 113 人死亡。

#### 3. 印度洋

1 月 19—25 日，莫桑比克南部和中部地区分别遭受热带风暴“Dando”和“Funso”的袭击，造成数十人死亡，数万人无家可归。

2月14—17日，马达加斯加遭遇热带风暴“乔万娜”袭击，16人死亡，65人受伤。

3月，非洲南部多个国家遭受热带风暴“伊丽娜”袭击，共造成77人死亡。

## 5.3 主要气象灾害事件成因分析

### 5.3.1 欧洲中东部、日本的强寒流、雪暴

2012年1月中下旬到2月，欧洲中部和东部遭遇大雪及寒潮，从南部的意大利至东部的土耳其都出现暴雪、严寒和大风天气。同期，日本各地普降大到暴雪，造成103人丧生，多人受伤，部分地区积雪厚度超过2米，甚至导致雪灾。

欧洲强寒潮、日本暴雪和中国低温实际是相同大气环流异常引发的极端气候事件链。北极涛动指数(AO)自2012年1月开始逐渐减弱，1月20日左右转成负值，并且强度迅速增大，北半球高纬地区为深厚的正高度距平控制，这表明北极的冷空气开始向高纬地区迅速扩散。受此影响，500百帕高度距平场发生调整，乌拉尔山阻塞形势建立，促使西伯利亚高压加强；而欧洲和中国大部、韩国、日本至西北太平洋一带上空则分别为强的负高度距平控制。这样的环流形势有利于北方强冷空气南下侵袭欧洲、中国、韩国和日本，使欧洲出现强寒潮，中国、日本和韩国一带气温偏低。同时，在对流层中低层(850百帕)，中国南方至韩国、日本及西北太平洋上空为异常气旋性环流所控制，有利于西太平洋水汽向我国南方、韩国和日本一带输送，与来自北方的强盛冷空气汇合形成日本暴雪。

另外，入冬以来赤道中东太平洋拉尼娜事件持续发展，同时西北太平洋海温持续偏暖，使海陆热力差异加大，东亚冬季风偏强，这也有利于日本和韩国一带气温偏低。

### 5.3.2 美国高温干旱

2012年夏季，美国本土遭遇1956年以来最严重旱灾，约40个州遭遇了中度以上干旱，高温和干旱造成至少74人死亡。

入夏以来，整个北美大陆以及北半球地区气温异常偏暖的状况，离不开全球气候变暖的大背景。根据联合国政府间气候变化专门委员会(IPCC)气候变化评估报告显示，1906年以来的近百年时间里，全球地表平均温度上升了0.74℃，其中有0.65℃是在最近50多年里上升的。20世纪后半叶可能是过去1300年中最暖的50年。从全球变暖的区域分布看，北半球高纬度地区尤其是极区变暖幅度几乎为中低纬度地区的1倍以上。由此产生的高纬度和中低纬度间的热力差异，会导致中纬度地区的经向气压梯度力减小，使得西风基本流减速，环流经向度加大而移速减慢(因大气罗斯贝波移速变慢)，大气环流异常的持续性随之增加，为极端事件的发生提供有利的动力背景。

从2012年入夏以来北半球对流层低层1000百帕的温度特征看，65°N以北的极区范围气温偏高了6～8℃，明显较中纬度地区偏暖的幅度大，反映出全球变暖的背景特征。从北美地区的环流形势看，7月北美地区从对流层低层(1000百帕)到对流中高层(500百帕)基本为一个深厚的暖性高压系统所控制。该系统的经向跨度达30个纬度，基本覆盖整个北美大陆地区，并且自初夏以来该高压系统一直稳定维持在北美大陆，使得几乎整个北美大陆地区大范围遭受严重的高温干旱影响。

### 5.3.3 5—6月朝鲜半岛发生严重干旱

5—6月，朝鲜半岛西海岸降雨持续稀少，朝韩两国遭遇60年来最严重干旱，数十万人受灾，农业生产损失严重。

2012年5—6月，朝鲜半岛的平均气温达17.0℃，较常年(16.4℃)同期偏高0.6℃。同时，半岛

累计降水量约78.9毫米，与常年同期(228.7毫米)相比降水偏少约65.5%，朝鲜和韩国降水量都达1979年以来最少。高温少雨是导致朝鲜半岛出现历史罕见严重旱灾的直接原因。

从异常环流条件看，2012年5—6月，东亚鄂霍茨克海附近，频繁出现极端偏强的阻塞环流形势，使得东亚地区中高纬度呈现“Ω”型环流分布。我国东北—朝鲜半岛地区主要受高空槽后偏北、偏干气流控制，同时也处于槽后下沉运动控制下，不利于降水生成偏多。此外，在对流层高层，由于高空急流轴始终位于35°－40°N一带，朝鲜半岛恰好处于高空急流入口区北侧。这一区域在动力上，往往会诱导出高空辐合、低层辐散的强烈下沉运动，更加不利于降水发生。此外，在对流层低层850百帕上向朝鲜半岛附近区域输送的水汽亦处于异常偏少的条件下。

上述对流层高低层环流的配置以及水汽输送条件的共同影响，导致了朝鲜半岛地区5—6月降水异常偏少和干旱发生。

### 5.3.4 6月下旬中国南方发生暴雨洪涝

6月下旬，中国南方多省发生暴雨洪涝灾害，直接经济损失超过70亿元人民币。

在对流层中高层，亚洲中高纬地区几乎都为高度正距平区，而亚洲中低纬都被异常低槽区。这种“北正南负”的异常高度场分布是非常有利于堆积在中高纬的冷空气南下爆发影响亚洲中低纬地区的。受此影响，中国南方大部中高层为低槽控制，低层维持一异常气旋性环流，有利于水汽上升产生降水。

在水汽条件上，一方面由于西太平洋副热带高压偏强，其西侧的西南和偏南水汽输送异常强盛，为中国南方地区的暴雨洪涝提供了很好的水汽条件；另一方面，由于索马里越赤道气流明显偏强，导致亚洲低纬西风急流也偏强，有利于暖湿水汽向中国南方输送。

在冷暖气流的配合之下，中国南方上空维持一水汽汇区，从而引发强烈的暴雨洪涝。

### 5.3.5 飓风“桑迪”横扫美国东海岸

2012年10月底，飓风“桑迪”袭击加勒比海和墨西哥湾地区，至11月初飓风一路向北横扫美国东海岸各大城市，其间造成古巴11人死亡，海地52人死亡，美国113人死亡。

“桑迪”具有生成晚、强度强、影响大、损失重的特点，其生成的可能成因如下：2012年10月以来，大西洋暖池中心区海温超过30℃，较常年同期偏高1℃左右，这样季节的高海温，非常有利于强台风的形成和发展，为“桑迪”生成晚、强度偏强提供了背景条件。

风速垂直切变是热带气旋能否发展的一个重要动力学参数，较小的风速垂直切变有利于台风生成时暖心结构的维持，使台风容易进一步发展为强台风。从2012年强台风“桑迪”生成期间高低空纬向风切变异常的分布特征看，在热带大西洋地区与常年同期相比，高低空纬向风切变明显偏弱，这样的切变动力条件更加有利于台风暖心结构的维持和发展，进而导致“桑迪”的异常偏强。

同时，台风“桑迪”生成期间，大西洋中纬度地区处于高空槽的控制下，有利于冷空气南下至热带大西洋地区，为“桑迪”偏强提供了有利的环流背景。此外，热带大西洋地区对流十分活跃，低空辐合条件也有利于“桑迪”发展成强台风。在以上因素共同作用下，导致“桑迪”强度强、影响大、损失重。

# 第 6 章 防灾减灾重大气象服务事件

2012 年，我国南方地区强降雨天气过程多，北方局部洪涝和山地灾害严重；登陆台风集中，强度强，影响范围广；风雹等强对流天气多，灾害损失较重；区域性及阶段性的气象干旱和低温阴雨天气特征明显；11 月，华北、东北等地出现极端降雪天气，部分地区出雪灾；受多次强冷空气影响，11 月下旬至 12 月，我国北方及中东部大部地区遭受持续严寒天气，全国平均气温为近 28 年同期最低。面对复杂的天气气候形式，各级气象部门积极应对，主动服务，为防灾减灾工作做出了有力贡献；与此同时，为保障“天宫一号与神舟九号载人交会对接”以及“两会”等重大活动顺利进行提供了良好的气象服务。

2012 年中国气象局上报的重大防灾减灾决策气象服务材料得到了党中央和国务院领导人批阅 20 多次。回良玉副总理对 2012 年和近几年气象工作给予了高度肯定，指出气象部门为党中央、国务院提供的服务越来越及时，特别是针对重大活动、重大灾情、重要农时提供的气象服务得到了各部门的好评。

## 6.1 “7・21”京津冀区域性强降雨天气过程气象服务

7 月 21 日至 22 日晨，北京、天津及河北出现区域性大暴雨到特大暴雨天气过程。其中北京暴雨为近 61 年来最强，天津为近 34 年来最强。由于雨势强、雨量大，北京、天津等城市出现严重城市内涝，城市交通等受到严重影响，部分中小河流和水库出现汛情，部分地区出现人员伤亡，首都机场数百架次航班被取消。本次强降水过程历史少见，但由于气象预报较为准确、预警及时、服务主动，部门联动、处置高效，将灾害损失控制在了最低程度。

### 6.1.1 及时预警、全程跟踪

针对本次华北强降水，中央气象台提前五天就密切关注，并多次邀请华北区域中心气象台以及其他有关省（市）气象台加强专题天气会商；各相关省（市）气象台在中央气象台的指导下，提前 3 天做出较准确预报。同时，各级气象部门高度重视，中国气象局、相关各省（市）气象局提前 1 到 3 天向政府和有关部门提供了决策服务材料。各级气象台站加强了值班值守，对天气系统进行了 24 小时不间断全程跟踪，并及时发布预警。超前服务、及时预警，使各级政府有充分的时间从容应对，为暴雨灾害防御赢得了主动。

### 6.1.2 决策服务主动、材料报送及时

针对本次强降雨过程，中国气象局超前开展了决策气象服务，早在 7 月 18 日中国气象局决策气象服务中心就制作了题为“21 至 24 日雨带将北抬到四川盆地至黄淮华北和东北地区，需加强防范山洪地质灾害和城乡内涝”的《重大气象信息专报》；过程期间，共制作《重大气象信息专报》1 期，《气象灾害预警服务快报》2 期，《两办刊物信息》4 期，为本次华北北部的极端强降雨的防御提供了坚实的决策支撑。北京市、天津市及河北省气象局均及时将最新雨情和预报信息报送相关部门，为其安

排防灾减灾部署工作提供了气象服务信息参考。

#### 6.1.3 部门联动、处置高效

在本次强降雨过程预报服务中，各级政府和相关部门根据气象部门提供监测预报信息及时启动了应急响应。在政府主导下，各有关部门相互配合，提前做好各项准备，减少了灾害造成的损失，体现了气象部门近年来推动“政府主导、部门联动、社会参与”的气象灾害防御机制的成效。

#### 6.1.4 服务的针对性和信息发布能力有待提高

总体而言，“7·21”华北特大暴雨过程做到了服务主动、及时，对城乡内涝、中小河流洪水和山洪地质灾害防御高度关注，但对交通和公众出行气象服务关注不够。北京市气象局充分利用手机短信、微博、电台、声讯电话等手段及时发布了预警信息，其中通过手机短信方式发布预警信息140多万人次，但相对于北京地区手机用户而言覆盖率偏低。未来的工作中需进一步深入开展气象灾害成因机理研究，加强重点行业气象灾害敏感性调查与分析评估，着力增强服务的针对性。同时，要完善气象灾害预警信息发布机制，并进一步推进基层防灾减灾队伍建设。

### 6.2 台风“苏拉”、“达维”、“海葵”气象服务

2012年8月2—8日，三个台风“达维”、“苏拉”和“海葵”先后集中正面袭击我国，频次之高历史罕见，其风大雨强，风暴增水高，影响时间长，影响范围广，导致部分地区重复受灾。由于预报准确，预警及时，政府高度重视，应对有力，与历史相似台风相比，三个台风造成的损失相对偏轻，人员伤亡明显减少。

#### 6.2.1 组织指挥得力、应急有条不紊

7月30日、8月6日，中国气象局两次召开视频会议学习传达温家宝总理、李克强副总理、回良玉副总理关于防御台风的重要批示精神，进一步细化防台减灾气象服务工作的安排部署。三个台风影响期间，中国气象局及相关省(区、市)气象局及时启动应急响应，其中，针对台风“海葵”，中国气象局于8月7日启动了五年来首次Ⅰ级应急响应，并先后三次派出工作组紧急奔赴山东、上海、浙江督导防台风气象服务工作。在整个台风防御期间，气象部门实行24小时值班值守，主要领导一线坐镇指挥，加强上下联动和应急会商，形成了台风监测预警服务的合力。

#### 6.2.2 海陆空加密监测、频会商及时预警

针对三个台风接踵而至，中国气象局启动了卫星、雷达和探空加密观测，风云2F气象卫星每6分钟提供1次监测图像，启动7省(市)所属20个探空站加密观测126次。中央气象台联合福建、浙江、江苏、山东等省气象部门开展数十次的加密预报会商，中央气象台两次发布台风红色预警，为防灾减灾工作提供了有力的保障。

#### 6.2.3 滚动提供决策服务，领导指挥有据可依

台风影响期间，中国气象局共向党中央、国务院和民政、国土资源、交通运输、水利、旅游、海洋等部门报送决策材料近40期。福建、江苏、浙江、安徽、山东、辽宁等地各级气象部门向当地政府和有关部门报送决策气象服务材料400余期，为各级政府领导及应急责任人等人员发送预警信息225万人次，并积极参与各项防台工作的决策部署。

#### 6.2.4 多渠道宣传预警信息，扩大公众获知面

三台风影响期间，气象部门通过多种途径向社会公众及时发布台风预警信息，并通过中央电视台、中央人民广播电台、中国国际广播电台、新华网、新浪等主流媒体联合制作防台减灾气象服务节

目 16 次。中央气象台通过新浪和腾讯微博平台发布台风预警和防台措施等微博信息 380 余条。

## 6.3 甘肃岷县特大冰雹山洪泥石流气象服务

2012 年 5 月 10 日傍晚，甘肃岷县出现短时强降水、冰雹等强对流天气，发生冰雹、山洪、泥石流等灾害，17 个乡镇受灾，6 个乡镇停电，部分乡镇通信、交通中断，并造成了重大人员伤亡和财产损失。

在岷县特大冰雹山洪泥石流灾害的防灾减灾中，甘肃省省市县三级气象部门整体联动，"早组织、早预报、早服务"，为灾害损失特别是人员伤亡的减少发挥了重要作用，气象服务效益显著。据灾后当地气象部门估计，由于气象部门预警信息发布及时，信息员及时采取措施，至少数千人幸免于灾难。

### 6.3.1 超前开展国家级决策气象服务

5 月 9 日上午，中国气象局决策气象服务中心制作的第 29 期《重大气象信息专报》中明确指出"10 日至 13 日北方地区将有一次较明显降雨过程 对降低火险抑制沙尘有利 但应防范局地山洪地质灾害"。10 日 17 时在下发的《明日决策气象服务重点提示》中第 2 条明确提出，"北方地区大范围降水天气过程，关注局地强降雨、雷电、大风、冰雹等可能出现的灾害…"。中央气象台自 5 月 8 日下午起，连续以《每日天气提示》、新闻通稿、预警短信、微博等方式，提示甘肃等地注意防范强降雨天气可能引发的各种灾害。

### 6.3.2 各级气象部门预警准确，应急响应及时

5 月 9 日甘肃省局向省委、省政府呈送了题为"10～12 日我省陇东南局地有大到暴雨 注意防范中小河流洪水和山洪地质灾害"的《重大气象信息专报》，准确预报了这次强降水过程，同时通过手机短信发送平台向防汛、国土、水利、民政、安监等 26 个部门联络员发布《重要天气提示》进行提醒。岷县气象局于 10 日 15 时也及时电话向县委、县政府、防汛办报告灾害天气预警信息。准确的预报、及时的服务，为各级政府部署防灾救灾工作争取了时间、赢得了主动。

### 6.3.3 多手段第一时间向公众发布预警信息

通过手机短信、气象微博、电子显示屏、网络等多种手段第一时间发布天气预警信号。同时，预警信号在中国气象频道、甘肃气象频道及地方卫视频道中以字幕形式滚动播出。10 日 00 时至 11 日 14 时，甘肃省气象部门发布天气预警信息 30 条、向决策用户、应急部门联络员、气象协理员、信息员发送短信近 3 万人次，向社会公众发送 270.35 万人次。宕昌县委、县政府收到气象局发布的雷电黄色预警信号后，及时组织山洪地质灾害易发区的新城子、沙湾一带的 6 个乡镇政府做了安排，要求沿途河道上的作业人员、船只以及沿河村庄的人员做了撤离安排。由于转移撤离及时，有效避免了人员伤亡，也使气象灾害预警信息在综合防灾减灾中的作用更加显现。

### 6.3.4 基层气象防灾减灾队伍建设凸显重要

本次气象灾害防御事件中，气象协理员、气象信息员发挥了重要作用。茶埠镇是这次受灾最严重的地方之一，茶埠村气象信息员、村主任宋文玉收到气象预警信息后，立即用大喇叭喊话通知，随后组织其他 3 名预警信息员挨家挨户通知群众，及时将村民转移到地势较高的地方。晚 6 时 30 分，倾泻而下的洪水涌向茶埠镇，并引发严重的山洪地质灾害，造成约 1186 人受灾，但由于撤离及时，村民无一伤亡。禾驮乡哈地哈村气象信息员、村主任后福平在收到气象信息后，带领村干部冒雨分头进村，利用敲锣、手摇报警器向村民发出警报信息，逐户找人、组织撤离，全村 936 人无一伤亡。

#### 6.3.5 政府主导、部门联动、社会参与

9日甘肃省政府收到《重大气象信息服务专报》后，立即要求相关市政府和国土、交通、水利、农业及林业等部门做好相关监测预警和防范工作。接到指示后，甘肃省防汛抗旱指挥部向各地州市发出紧急通知。10日上午，定西市防汛抗旱指挥部办公室向各县区发出预警通知。10日16时38分，岷县县政府工作人员给各乡镇负责人逐个电话通知并向群众发送短信。气象协理员、信息员收到预警后，通过广播、电话、入户、敲锣和喇叭灯发誓将信息传播给当地居民。

### 6.4 东北和内蒙古东部暴雪天气过程气象服务

11月9日夜间至14日，东北大部、内蒙古东部出现强降雪和大风降温天气，其雨雪影响范围广、部分地区降水量大积雪深，黑龙江鹤岗、内蒙古通辽等地出现有气象记录以来同期最强降雪，给当地交通运输、电力通信、设施农业和畜牧业、生产生活等多方面产生严重影响。鹤岗一度停电停水停热，移动基站多处断电；科尔沁左翼中旗出现大面积停水停电；辽宁朝阳市多个基站停止工作，14个乡镇部分停电。针对此次强降雪天气过程，中国气象局高度重视，启动了重大气象灾害Ⅳ级应急响应，组织加密观测和预报会商。内蒙古、辽宁、吉林、黑龙江等地气象部门也相继启动了暴雪应急响应。

#### 6.4.1 专题天气会商、加密雪情监测

11月9日开始，中央气象台增加了和华北、东北地区各级气象部门的专题会商，对降雪出现时间、量级及灾害影响做了深入分析；及时启动了风云2F气象卫星加密观测，为提高暴雪预报能力提供资料保障。

#### 6.4.2 滚动决策气象服务，为科学防御提供参考

针对此次暴雪过程的预报，中国气象局于11月8日及时向党中央、国务院和有关部门报送《重大气象信息专报》，以后每天均报送《气象灾害预警快报》，及时将最新雪情监测分析结果、预报预警信息提供给相关领导和部门，并提出有针对性的防范措施和建议。内蒙古、河北、辽宁、吉林、黑龙江等地各级气象部门也在第一时间向当地政府和有关部门报送决策气象服务材料，并指出降雪可能造成的影响，为科学防御提供了参考。

#### 6.4.3 强化预警信息发布，提高公众服务覆盖面

11月8日至14日，中央气象台共发布暴雪、寒潮预警20期，河北、内蒙古、辽宁、吉林、黑龙江等地根据本地的监测预报情况，发布暴雪和道路结冰预警信号百余期。中国气象局通过电视、网络、报纸等媒体，实时提供最新暴雪、寒潮预报预警信息和防范知识，各有关省（区）气象部门加强与交通、广电、农业等部门的信息发布与应急联动，最大程度地做好了公众气象服务。

### 6.5 “天宫一号”与“神舟九号”载人交会对接任务气象保障服务

2012年6月29日上午10时03分，“神舟九号”飞船返回舱顺利降落在内蒙古中部主着陆场预定区域，“天宫一号”与“神舟九号”载人交会对接任务顺利完成。此次载人航天发射任务首次在夏季多雷雨活动季节进行，期间天气复杂，强对流天气频发，加之正值太阳活动上升阶段，对气象保障服务工作提出了更高要求。

#### 6.5.1 立体式监测、精细化预报

国家级业务单位和甘肃省、内蒙古自治区气象局密切配合，上下互动，充分发挥整体优势，针对

"神舟九号"飞船的发射、返回,"神舟九号"与"天宫一号"交会对接,以及组合体在轨运行,提供了全程跟踪、精细化预报服务,圆满完成了各个环节气象保障服务任务。此次气象保障服务从6月8日开始,29日结束,历时22天。"天宫一号"与"神舟九号"载人交会对接任务气象保障服务中,采用立体式监测,为飞船发射和返回及空间交会对接提供精细化地面和空间天气实况信息。同时,精细化预报为飞船成功发射、在轨运行和安全着落提供了有力保障。

### 6.5.2 融入式服务、专线信息沟通

气象服务人员全方位直接参与前线气象保障服务,这种融入式现场服务保障了各个环节气象服务的及时性和针对性。期间,共制作《天宫一号与神舟九号载人交会对接气象服务专报》20期,及时报送中共中央办公厅、国务院办公厅、中央军委办公厅及有关部门和单位。内蒙古自治区气象局、国家空间天气监测预警中心还首次开辟了与有关部门的通信专线,实时传送了大量加密观测信息和预报服务产品,提高了服务时效。全方位、多层次、精细化的气象服务得到有关部门和领导充分肯定与好评,社会媒体也对气象预报服务予以了广泛关注和宣传。

## 6.6 2012年"两会"气象服务

2012年3月3—13日"十一届全国人大五次会议"和"全国政协十一届五次会议"(简称"2012年全国两会")在北京顺利召开,气象保障服务工作在此期间也发挥其特有的作用。

### 6.6.1 提前了解需求、明确服务内容

为做好2012年全国"两会"气象保障服务工作,中国气象局提前通过电话、走访等形式,先后征求全国政协、人大对今年"两会"气象服务的意见,了解"两会"对气象服务的需求,进一步明确"两会"气象服务的任务,为提高"两会"气象服务的针对性打下了良好基础。

### 6.6.2 彰显人文关怀、提供贴心提示

3月1日中国气象局正式启动"2012年两会"专项气象服务保障工作,至3月14日,每日定时制作报送《全国政协十一届五次会议气象服务专报》(共14期)、《十一届全国人大五次会议气象服务专报》(共13期)。主要内容包括全国灾害天气实况、预报,北京地区天气及生活指数预报,全国省会以上城市预报,并及时围绕春季农业生产、黄河凌汛、美国强风暴、太阳耀斑等提供相关信息。与此同时,北京市气象局加强与"两会"会务机构的密切联系,根据服务需求,及时制作和报送"两会"期间北京地区的预报服务产品,每日7时与17时为"两会"会务机构提供未来36小时内北京地区天气预报,包括空气质量和穿衣、晨练、感冒、风寒气象指数;并根据"两会"会务机构的要求增加预报服务产品报送内容和频次。"2012年两会"专项气象服务保障工作充分考虑需求,内容和形式均体现人文关怀,为代表委员提供了及时、准确、全面、有针对性的贴心服务。

# 附　录

## 附录 1　气象灾情统计年表

附表 1.1　2012 年气象灾害总受灾情况统计表

Table A 1.1　Summary of total meteorological disasters over China in 2012

| 地区 | 农作物受灾情况(万公顷) | | 人口受灾情况 | | | 直接经济损失(亿元) |
|---|---|---|---|---|---|---|
| | 受灾面积 | 绝收面积 | 受灾人口(万人) | 死亡人口(人) | 失踪人口(人) | |
| 北京 | 7.1 | 0.6 | 95.2 | 79 | 0 | 171.1 |
| 天津 | 13.4 | 1.4 | 88.4 | 3 | 0 | 32.5 |
| 河北 | 132.8 | 12.3 | 1922.7 | 58 | 15 | 394.6 |
| 山西 | 93.0 | 7.0 | 542.2 | 38 | 4 | 63.3 |
| 内蒙古 | 206.2 | 37.9 | 534.4 | 61 | 1 | 144.7 |
| 辽宁 | 35.5 | 2.7 | 458.4 | 12 | 9 | 193.9 |
| 吉林 | 63.3 | 1.6 | 498.4 | 5 | 0 | 36.4 |
| 黑龙江 | 243.0 | 13.4 | 707.8 | 0 | 0 | 64.3 |
| 上海 | 1.5 | 0.2 | 42.0 | 6 | 0 | 5.2 |
| 江苏 | 70.0 | 4.3 | 867.0 | 52 | 2 | 91.0 |
| 浙江 | 55.4 | 4.2 | 1126.7 | 20 | 0 | 309.9 |
| 安徽 | 115.2 | 6.0 | 2164.1 | 64 | 0 | 85.7 |
| 福建 | 15.9 | 1.2 | 222.6 | 11 | 0 | 47.4 |
| 江西 | 67.4 | 4.7 | 775.9 | 44 | 0 | 113.3 |
| 山东 | 182.2 | 9.0 | 1939.1 | 45 | 1 | 244.5 |
| 河南 | 138.9 | 2.3 | 1149.3 | 44 | 1 | 25.1 |
| 湖北 | 171.8 | 11.2 | 1714.6 | 69 | 7 | 131.7 |
| 湖南 | 123.4 | 6.5 | 1622.4 | 61 | 10 | 149.2 |
| 广东 | 41.5 | 2.1 | 499.5 | 53 | 5 | 76.0 |
| 广西 | 57.6 | 2.3 | 861.1 | 47 | 1 | 45.7 |
| 海南 | 6.3 | 1.3 | 200.5 | 4 | 6 | 15.5 |
| 重庆 | 40.6 | 4.5 | 795.4 | 33 | 3 | 56.0 |
| 四川 | 94.3 | 4.8 | 3644.3 | 167 | 59 | 398.2 |
| 贵州 | 54.2 | 4.3 | 1143.6 | 61 | 1 | 59.6 |
| 云南 | 157.7 | 14.2 | 1641.8 | 162 | 14 | 113.0 |
| 西藏 | 1.5 | 0.2 | 48.1 | 23 | 0 | 2.5 |
| 陕西 | 50.9 | 4.1 | 730.3 | 42 | 16 | 86.0 |
| 甘肃 | 101.6 | 7.0 | 930.1 | 101 | 25 | 123.8 |
| 青海 | 15.4 | 0.8 | 157.4 | 11 | 2 | 14.5 |
| 宁夏 | 26.1 | 1.0 | 138.0 | 12 | 0 | 7.9 |
| 新疆(包含兵团) | 112.6 | 9.7 | 167.0 | 57 | 10 | 56.4 |
| 合计 | 2496.3 | 182.8 | 27428.3 | 1445 | 192 | 3358.9 |

附表 1.2 2012 年暴雨洪涝(滑坡、泥石流)灾害情况统计表

Table A. 1. 2 Summary of rainstorm induced flood (landside and mud-rock flow) disasters over China in 2012

| 地区 | 农作物受灾情况(万公顷) | | 人口受灾情况 | | 倒塌房屋(万间) | 损坏房屋(万间) | 直接经济损失(亿元) |
|---|---|---|---|---|---|---|---|
| | 受灾面积 | 绝收面积 | 受灾人口(万人) | 死亡人口(人) | | | |
| 北京 | 5.8 | 0.5 | 75.4 | 78 | 0.8 | 16.4 | 162.2 |
| 天津 | 11.8 | 1.4 | 62.9 | 0 | 0.1 | 3.1 | 29.7 |
| 河北 | 35.8 | 4.9 | 498.9 | 48 | 2.2 | 10.7 | 171.4 |
| 山西 | 26.1 | 4.8 | 252.0 | 31 | 2.1 | 8.8 | 41.7 |
| 内蒙古 | 96.6 | 28.4 | 222.4 | 46 | 1.7 | 10.2 | 117.3 |
| 辽宁 | 1.8 | 0.1 | 25.6 | 0 | 0 | 0.5 | 4.1 |
| 吉林 | 7.0 | 0.3 | 34.9 | 0 | 0 | 0.5 | 7.6 |
| 黑龙江 | 35.0 | 3.3 | 176.5 | 0 | 0.2 | 3.0 | 30.2 |
| 上海 | 0 | 0 | 0 | 0 | 0 | 0 | 0 |
| 江苏 | 15.7 | 2.8 | 133.8 | 2 | 0.2 | 1.4 | 27.5 |
| 浙江 | 14.5 | 0.9 | 205.4 | 3 | 0.2 | 1.0 | 31.1 |
| 安徽 | 29.0 | 1.7 | 356.0 | 3 | 0.3 | 0.8 | 12.4 |
| 福建 | 8.2 | 0.8 | 71.4 | 3 | 0.2 | 0.8 | 19.5 |
| 江西 | 34.3 | 3.3 | 505.8 | 5 | 1.8 | 3.1 | 59.9 |
| 山东 | 34.2 | 0 | 587.4 | 8 | 3.5 | 10.0 | 64.5 |
| 河南 | 35.9 | 1.9 | 499.5 | 5 | 0.9 | 1.9 | 13.9 |
| 湖北 | 63.1 | 6.3 | 727.6 | 21 | 1.5 | 4.1 | 45.7 |
| 湖南 | 75.6 | 5.5 | 767.6 | 30 | 2.9 | 9.4 | 86.5 |
| 广东 | 7.3 | 0.3 | 128.4 | 22 | 0.7 | 0.4 | 22.4 |
| 广西 | 15.0 | 1.6 | 334.5 | 33 | 1.8 | 1.7 | 15.7 |
| 海南 | 0.1 | 0 | 6.4 | 0 | 0 | 0 | 0.2 |
| 重庆 | 32.9 | 4.3 | 655.3 | 30 | 1.8 | 6.3 | 53.5 |
| 四川 | 64.4 | 2.5 | 2955.4 | 156 | 24.5 | 56.5 | 360.3 |
| 贵州 | 30.1 | 3.1 | 759.0 | 43 | 1.4 | 9.7 | 43.3 |
| 云南 | 37.4 | 2.3 | 594.7 | 132 | 1.7 | 8.0 | 60.8 |
| 西藏 | 0.7 | 0.1 | 9.1 | 6 | 0 | 0.1 | 0.5 |
| 陕西 | 20.9 | 2.8 | 355.9 | 32 | 5.9 | 18.6 | 65.0 |
| 甘肃 | 19.5 | 3.4 | 273.3 | 87 | 3.4 | 15.0 | 92.1 |
| 青海 | 3.6 | 0.2 | 49.7 | 9 | 0.4 | 0.7 | 5.2 |
| 宁夏 | 6.1 | 0.5 | 32.5 | 11 | 0.2 | 2.3 | 4.0 |
| 新疆(包含兵团) | 4.5 | 0.9 | 35.1 | 43 | 0.6 | 4.4 | 13.0 |
| 合计 | 772.9 | 88.9 | 11392.4 | 887 | 61.0 | 209.4 | 1661.2 |

附表 1.3　2012 年干旱灾害情况统计表

Table A 1.3　Summary of drought disasters over China in 2012

| 地区 | 农作物受灾情况(万公顷) | | 人口受灾情况(万人) | | 直接经济损失(亿元) |
|---|---|---|---|---|---|
| | 受灾面积 | 绝收面积 | 受灾人口 | 饮水困难人口 | |
| 北京 | 0 | 0 | 0 | 0 | 0 |
| 天津 | 0 | 0 | 0 | 0 | 0 |
| 河北 | 43.0 | 2.5 | 299.5 | 35.5 | 16.0 |
| 山西 | 40.4 | 0.5 | 87.8 | 4.4 | 3.5 |
| 内蒙古 | 45.4 | 1.1 | 146.6 | 43.1 | 5.3 |
| 辽宁 | 0 | 0 | 0 | 0 | 0 |
| 吉林 | 30.4 | 0.9 | 62.6 | 0.2 | 5.0 |
| 黑龙江 | 120.0 | 6.3 | 166.6 | 20.6 | 12.3 |
| 上海 | 0 | 0 | 0 | 0 | 0 |
| 江苏 | 36.7 | 0.9 | 310.2 | 0 | 6.3 |
| 浙江 | 0 | 0 | 0 | 0 | 0 |
| 安徽 | 61.6 | 2.2 | 1414.2 | 35.1 | 27.9 |
| 福建 | 0 | 0 | 0 | 0 | 0 |
| 江西 | 0 | 0 | 0 | 0 | 0 |
| 山东 | 67.3 | 0.7 | 558.6 | 44.4 | 13.3 |
| 河南 | 100.2 | 0.3 | 603.5 | 8.4 | 9.4 |
| 湖北 | 93.9 | 4.0 | 791.2 | 240.0 | 42.5 |
| 湖南 | 0 | 0 | 1.0 | 0.1 | 0 |
| 广东 | 0 | 0 | 0 | 0 | 0 |
| 广西 | 7.7 | 0.3 | 77.2 | 18.4 | 1.7 |
| 海南 | 0.3 | 0.1 | 23.9 | 0 | 0.8 |
| 重庆 | 6.2 | 0.1 | 110.7 | 34.5 | 1.7 |
| 四川 | 22.2 | 1.7 | 545.1 | 209.6 | 28.5 |
| 贵州 | 13.3 | 0.2 | 195.9 | 24.6 | 5.0 |
| 云南 | 107.3 | 10.7 | 923.9 | 518.0 | 43.9 |
| 西藏 | 0 | 0 | 9.8 | 0.5 | 0.2 |
| 陕西 | 22.8 | 0.7 | 217.9 | 2.2 | 4.9 |
| 甘肃 | 49.8 | 1.6 | 402.9 | 61.3 | 5.2 |
| 青海 | 3.3 | 0.1 | 15.0 | 0.4 | 0.7 |
| 宁夏 | 10.4 | 0 | 85.8 | 48.7 | 1.7 |
| 新疆(包含兵团) | 52.2 | 2.8 | 34.4 | 6.3 | 8.5 |
| 合计 | 934.4 | 37.7 | 7084.3 | 1356.3 | 244.3 |

附表 1.4　2012 年大风、冰雹及雷电灾害情况统计表

Table A 1.4　Summary of gale, hail and lightning disasters over China in 2012

| 地区 | 农作物受灾情况(万公顷) | | 人口受灾情况 | | 倒塌房屋(万间) | 损坏房屋(万间) | 直接经济损失(亿元) |
|---|---|---|---|---|---|---|---|
| | 受灾面积 | 绝收面积 | 受灾人口(万人) | 死亡人口(人) | | | |
| 北京 | 1.3 | 0.1 | 14.6 | 1 | 0 | 0.3 | 2.5 |
| 天津 | 1.6 | 0 | 25.5 | 0 | 0 | 0.1 | 2.8 |
| 河北 | 26.9 | 1.2 | 538.9 | 6 | 0.4 | 2.3 | 46.5 |
| 山西 | 12.3 | 1.2 | 133.7 | 7 | 0.1 | 0.6 | 13.7 |
| 内蒙古 | 24.4 | 2.1 | 63.3 | 15 | 0 | 0.4 | 11.3 |
| 辽宁 | 3.2 | 0 | 21.0 | 1 | 0 | 0.1 | 1.4 |
| 吉林 | 5.2 | 0.4 | 58.7 | 5 | 0 | 0.8 | 6.6 |
| 黑龙江 | 18.7 | 3.8 | 50.0 | 0 | 0 | 0.7 | 9.7 |
| 上海 | 0 | 0 | 0 | 3 | 0 | 0 | 0 |
| 江苏 | 3.6 | 0 | 243.0 | 16 | 0.2 | 2.1 | 22.7 |
| 浙江 | 0.1 | 0 | 7.1 | 16 | 0 | 0.4 | 0.7 |
| 安徽 | 2.2 | 0.1 | 60.9 | 21 | 0 | 0.3 | 1.7 |
| 福建 | 1.7 | 0 | 29.9 | 8 | 0.1 | 2.6 | 10.7 |
| 江西 | 8.4 | 0.2 | 116.8 | 39 | 1.1 | 4.4 | 17.7 |
| 山东 | 21.5 | 0.7 | 231.7 | 3 | 0 | 0.2 | 18.3 |
| 河南 | 2.0 | 0.1 | 35.5 | 8 | 0.1 | 0.2 | 1.2 |
| 湖北 | 3.8 | 0.5 | 63.9 | 12 | 0.1 | 0.6 | 2.3 |
| 湖南 | 33.6 | 0.9 | 817.0 | 29 | 2.8 | 14.6 | 61.8 |
| 广东 | 2.9 | 0 | 59.4 | 20 | 0.1 | 4.3 | 9.2 |
| 广西 | 0.7 | 0.1 | 30.9 | 10 | 0.1 | 1.4 | 0.9 |
| 海南 | 1.3 | 0 | 19.5 | 3 | 0 | 0.1 | 1.9 |
| 重庆 | 1.5 | 0.1 | 29.4 | 3 | 0 | 0.5 | 0.8 |
| 四川 | 4.7 | 0.6 | 126.2 | 10 | 0.2 | 3.6 | 8.4 |
| 贵州 | 8.8 | 1.0 | 181.6 | 9 | 0.1 | 13.6 | 11.2 |
| 云南 | 7.3 | 0.8 | 99.9 | 14 | 0.1 | 2.8 | 6.3 |
| 西藏 | 0.7 | 0.1 | 9.7 | 12 | 0 | 0.2 | 0.6 |
| 陕西 | 6.3 | 0.5 | 144.7 | 10 | 0.2 | 0.7 | 15.4 |
| 甘肃 | 22.0 | 1.7 | 195.7 | 4 | 0.2 | 1.1 | 22.5 |
| 青海 | 4.9 | 0.5 | 40.4 | 2 | 0 | 0 | 2.0 |
| 宁夏 | 3.6 | 0.5 | 14.0 | 1 | 0 | 0.5 | 2.0 |
| 新疆(包含兵团) | 43.2 | 4.2 | 83.7 | 14 | 0.3 | 1.6 | 31.3 |
| 合计 | 278.4 | 21.4 | 3546.6 | 302 | 6.2 | 61.1 | 344.1 |

附表 1.5　2012 年热带气旋灾害情况统计表

Table A 1.5　Summary of tropical cyclone disasters over China in 2012

| 地区 | 农作物受灾情况(万公顷) | | 人口受灾情况 | | | 倒塌房屋(万间) | 直接经济损失(亿元) |
|---|---|---|---|---|---|---|---|
| | 受灾面积 | 绝收面积 | 受灾人口(万人) | 死亡人口(人) | 紧急转移安置人口(万人) | | |
| 北京 | | | | | | | |
| 天津 | | | | | | | |
| 河北 | 1.7 | 0 | 453.9 | 3 | 24.3 | 2.4 | 143.8 |
| 山西 | | | | | | | |
| 内蒙古 | | | | | | | |
| 辽宁 | 30.5 | 2.6 | 411.8 | 10 | 41.3 | 1.7 | 188.4 |
| 吉林 | 20.0 | 0 | 338.5 | 0 | 0.9 | 0.1 | 16.9 |
| 黑龙江 | 69.3 | 0 | 298.0 | 0 | 0.5 | 0.1 | 11.3 |
| 上海 | 1.5 | 0.2 | 42.0 | 2 | 35 | 0 | 5.2 |
| 江苏 | 14.0 | 0.6 | 180.0 | 1 | 26.5 | 0.2 | 34.5 |
| 浙江 | 37.8 | 3.2 | 891.2 | 0 | 200.9 | 0.5 | 275.5 |
| 安徽 | 22.3 | 2.0 | 284.9 | 3 | 23.1 | 1.1 | 43.4 |
| 福建 | 5.9 | 0.4 | 120.1 | 0 | 41.6 | 0.1 | 17.1 |
| 江西 | 10.6 | 0.4 | 153.3 | 0 | 27.6 | 0.3 | 35.7 |
| 山东 | 59.2 | 7.6 | 561.4 | 7 | 34.6 | 3.4 | 148.4 |
| 河南 | 0.8 | 0 | 10.8 | 0 | 0.1 | 0.1 | 0.6 |
| 湖北 | 3.6 | 0 | 131.7 | 30 | 14.3 | 1.5 | 41.1 |
| 湖南 | 0.2 | 0 | 5.2 | 0 | 0.1 | 0 | 0.3 |
| 广东 | 31.3 | 1.8 | 310.3 | 11 | 51.2 | 0.4 | 44.3 |
| 广西 | 34.1 | 0.3 | 398.3 | 4 | 22.5 | 1 | 27.3 |
| 海南 | 4.6 | 1.2 | 150.7 | 1 | 25.1 | 0.1 | 12.6 |
| 重庆 | | | | | | | |
| 四川 | | | | | | | |
| 贵州 | | | | | | | |
| 云南 | 1.7 | 0.3 | 21.6 | 2 | 0 | 0 | 1.9 |
| 西藏 | | | | | | | |
| 陕西 | | | | | | | |
| 甘肃 | | | | | | | |
| 青海 | | | | | | | |
| 宁夏 | | | | | | | |
| 新疆(包含兵团) | | | | | | | |
| 合计 | 349.1 | 20.6 | 4763.7 | 74 | 569.6 | 13.0 | 1048.3 |

附表 1.6　2012 年雪灾和低温冷冻灾害情况统计表

Table A 1.6　Summary of snow, low-temperature and frost disasters over China in 2012

| 地区 | 农作物受灾情况(万公顷) | | 人口受灾情况 | | 倒塌房屋(万间) | 损坏房屋(万间) | 直接经济损失(亿元) |
|---|---|---|---|---|---|---|---|
| | 受灾面积 | 绝收面积 | 受灾人口(万人) | 死亡人口(人) | | | |
| 北京 | 0 | 0 | 5.2 | 0 | 0 | 0 | 6.4 |
| 天津 | 0 | 0 | 0 | 0 | 0 | 0 | 0 |
| 河北 | 25.4 | 3.7 | 131.5 | 0 | 0 | 0 | 16.9 |
| 山西 | 14.2 | 0.5 | 68.7 | 0 | 0 | 0 | 4.4 |
| 内蒙古 | 39.8 | 6.3 | 102.1 | 0 | 0 | 2.5 | 10.8 |
| 辽宁 | 0 | 0 | 0 | 0 | 0 | 0 | 0 |
| 吉林 | 0.7 | 0 | 3.7 | 0 | 0 | 0 | 0.3 |
| 黑龙江 | 0 | 0 | 16.7 | 0 | 0 | 0.6 | 0.8 |
| 上海 | 0 | 0 | 0 | 0 | 0 | 0 | 0 |
| 江苏 | 0 | 0 | 0 | 0 | 0 | 0 | 0 |
| 浙江 | 3.0 | 0.1 | 23.0 | 0 | 0 | 0.3 | 2.6 |
| 安徽 | 0.1 | 0 | 48.1 | 0 | 0 | 0 | 0.3 |
| 福建 | 0.1 | 0 | 1.2 | 0 | 0 | 0 | 0.1 |
| 江西 | 14.1 | 0.8 | 0 | 0 | 0 | 0 | 0 |
| 山东 | 0 | 0 | 0 | 0 | 0 | 0 | 0 |
| 河南 | 0 | 0 | 0 | 0 | 0 | 0 | 0 |
| 湖北 | 7.4 | 0.4 | 0.2 | 0 | 0 | 0.1 | 0.1 |
| 湖南 | 14.0 | 0.1 | 31.6 | 0 | 0 | 0 | 0.6 |
| 广东 | 0 | 0 | 1.4 | 0 | 0 | 0 | 0.1 |
| 广西 | 0.1 | 0 | 20.2 | 0 | 0 | 0 | 0.1 |
| 海南 | 0 | 0 | 0 | 0 | 0 | 0 | 0 |
| 重庆 | 0 | 0 | 0 | 0 | 0 | 0 | 0 |
| 四川 | 3.0 | 0 | 17.6 | 0 | 0 | 0 | 1.0 |
| 贵州 | 2.0 | 0 | 7.1 | 0 | 0 | 0 | 0.1 |
| 云南 | 4.0 | 0.1 | 1.7 | 0 | 0 | 0 | 0.1 |
| 西藏 | 0.1 | 0 | 19.5 | 5 | 0 | 0.2 | 1.2 |
| 陕西 | 0.9 | 0.1 | 11.8 | 0 | 0 | 0 | 0.7 |
| 甘肃 | 10.3 | 0.3 | 58.2 | 10 | 0 | 0 | 4.0 |
| 青海 | 3.6 | 0 | 52.2 | 0 | 0 | 0 | 6.6 |
| 宁夏 | 6.0 | 0 | 5.7 | 0 | 0 | 0 | 0.2 |
| 新疆(包含兵团) | 12.7 | 1.8 | 13.8 | 0 | 0 | 0.2 | 3.6 |
| 合计 | 161.5 | 14.2 | 641.2 | 15 | 0 | 3.9 | 61.0 |

## 附录 2　主要气象灾害分布示意图

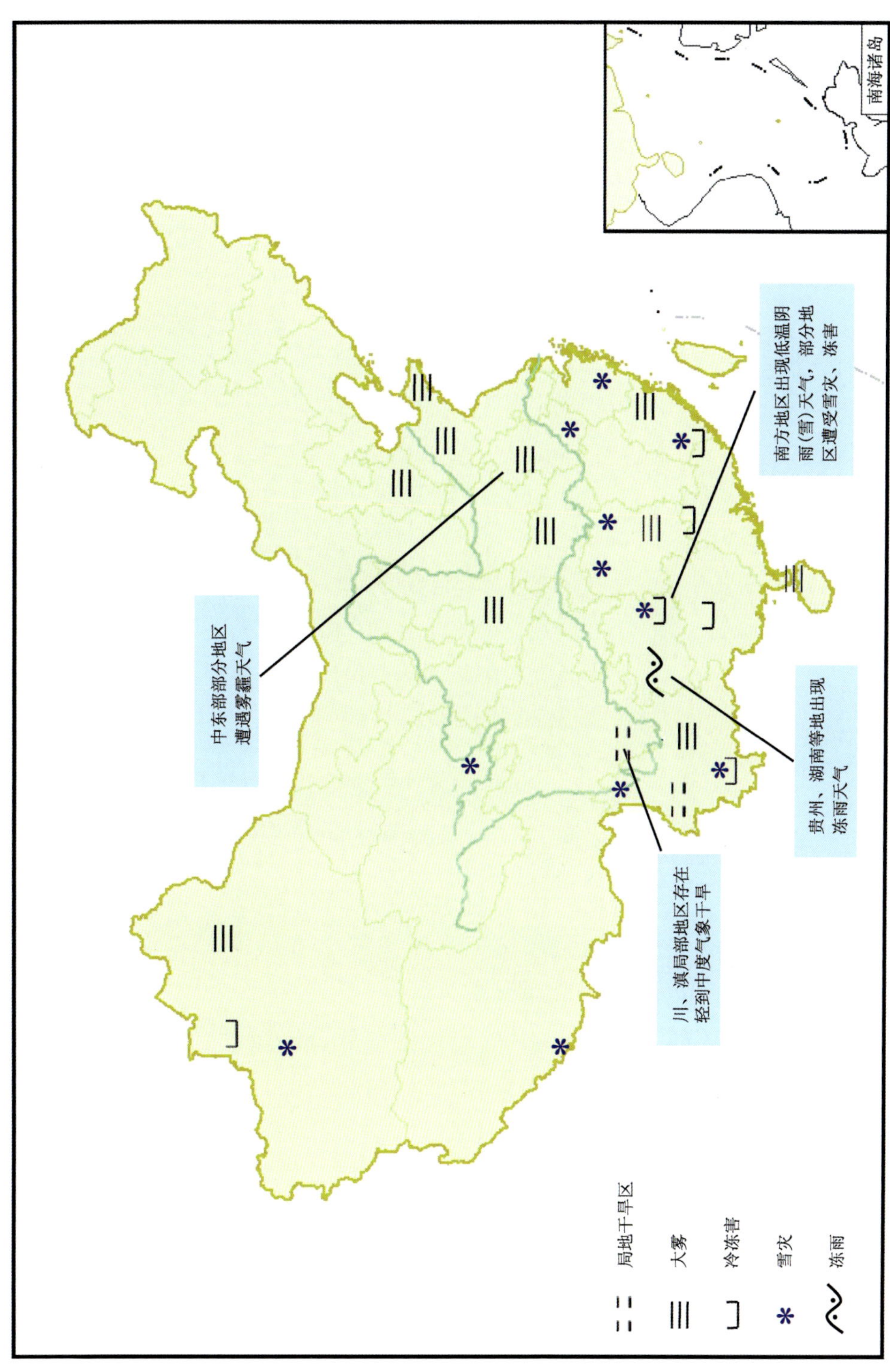


附图 2.1　2012 年 1 月全国主要和极端天气气候事件分布图

Fig. A 2.1　Main and extreme weather and climate events over China in January 2012

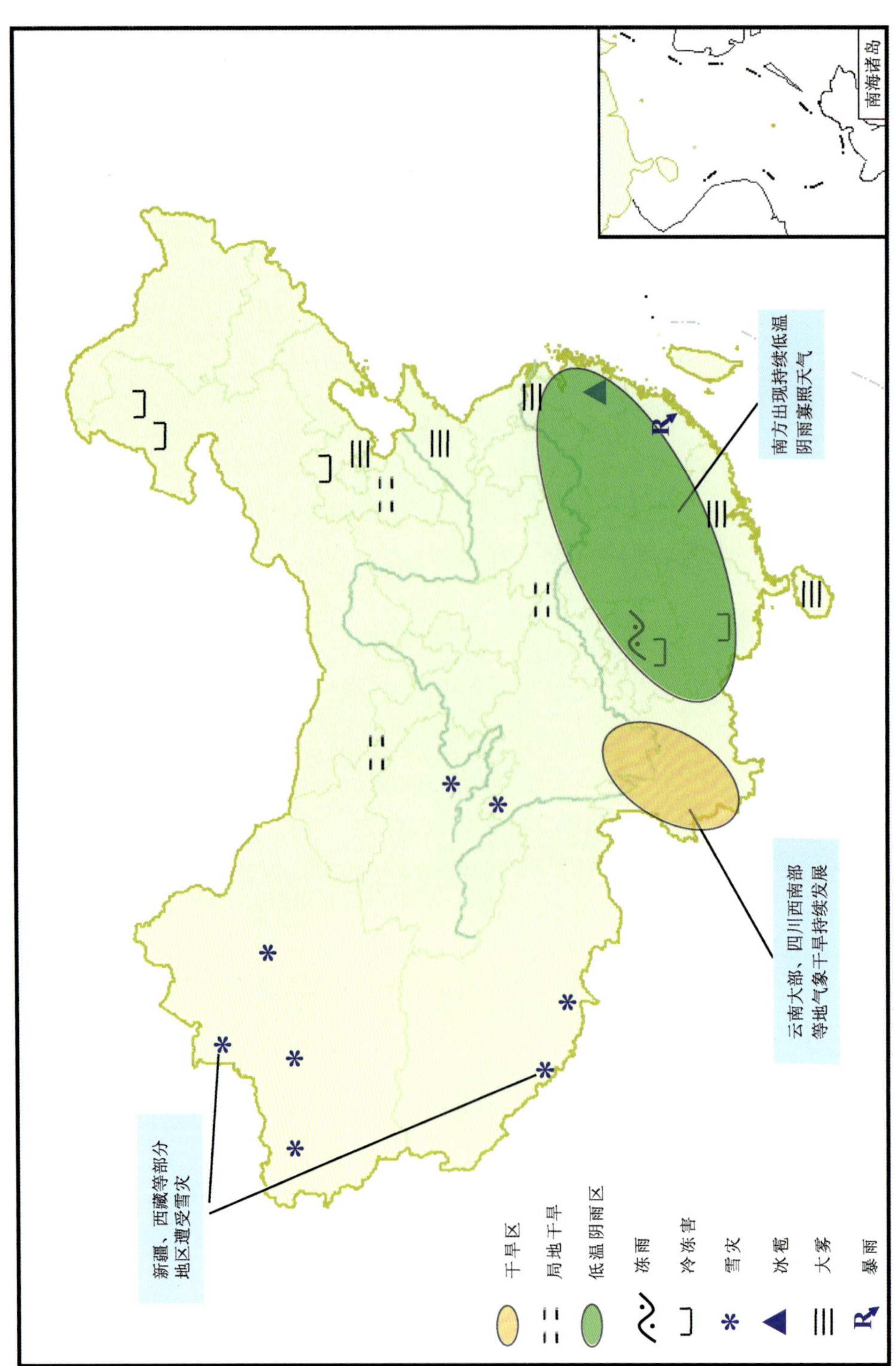


附图 2.2 2012 年 2 月全国主要和极端天气气候事件分布图

Fig. A 2.2 Main and extreme weather and climate events over China in February 2012

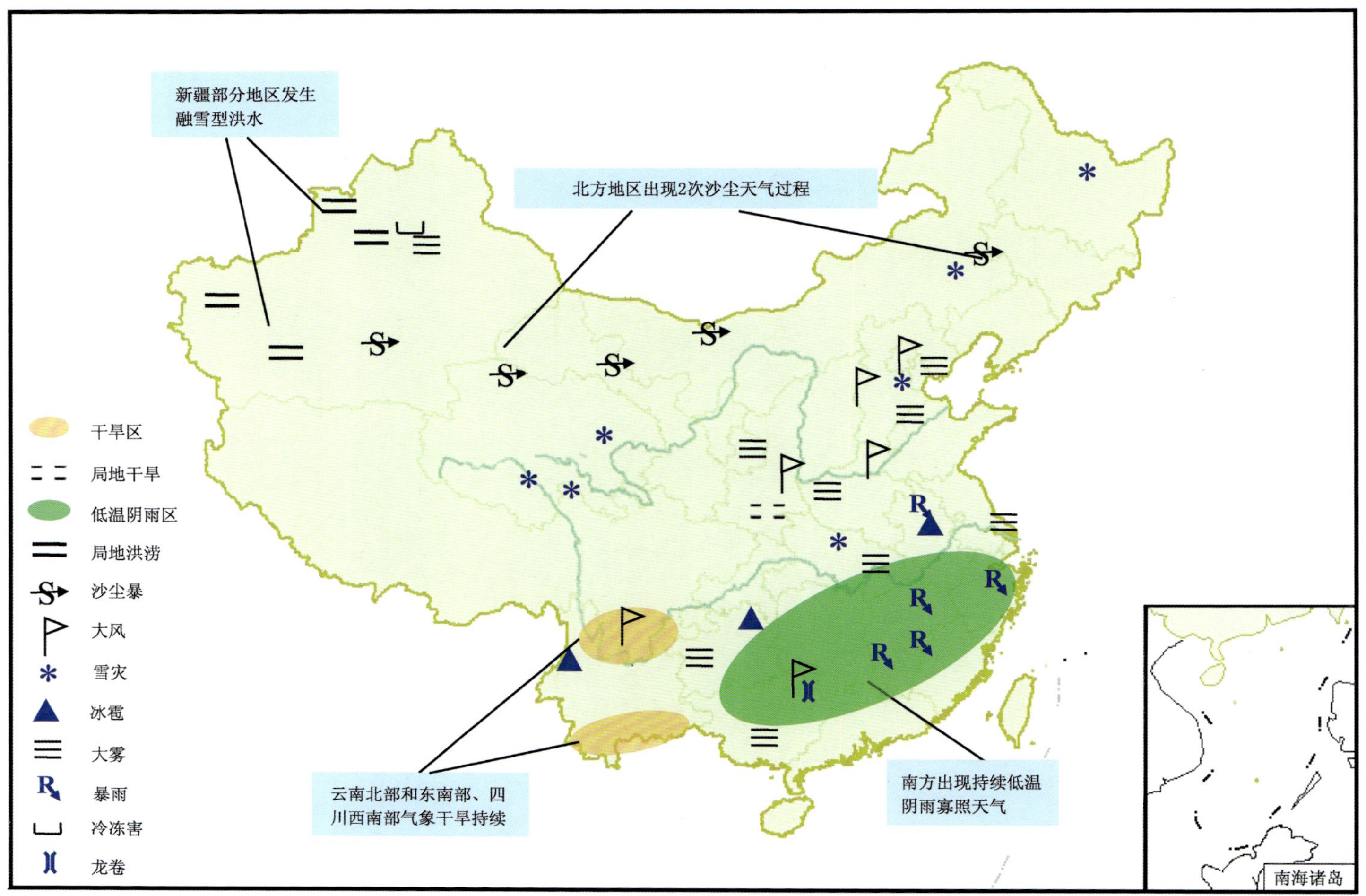


附图 2.3 2012 年 3 月全国主要和极端天气气候事件分布图

Fig. A 2.3 Main and extreme weather and climate events over China in March 2012

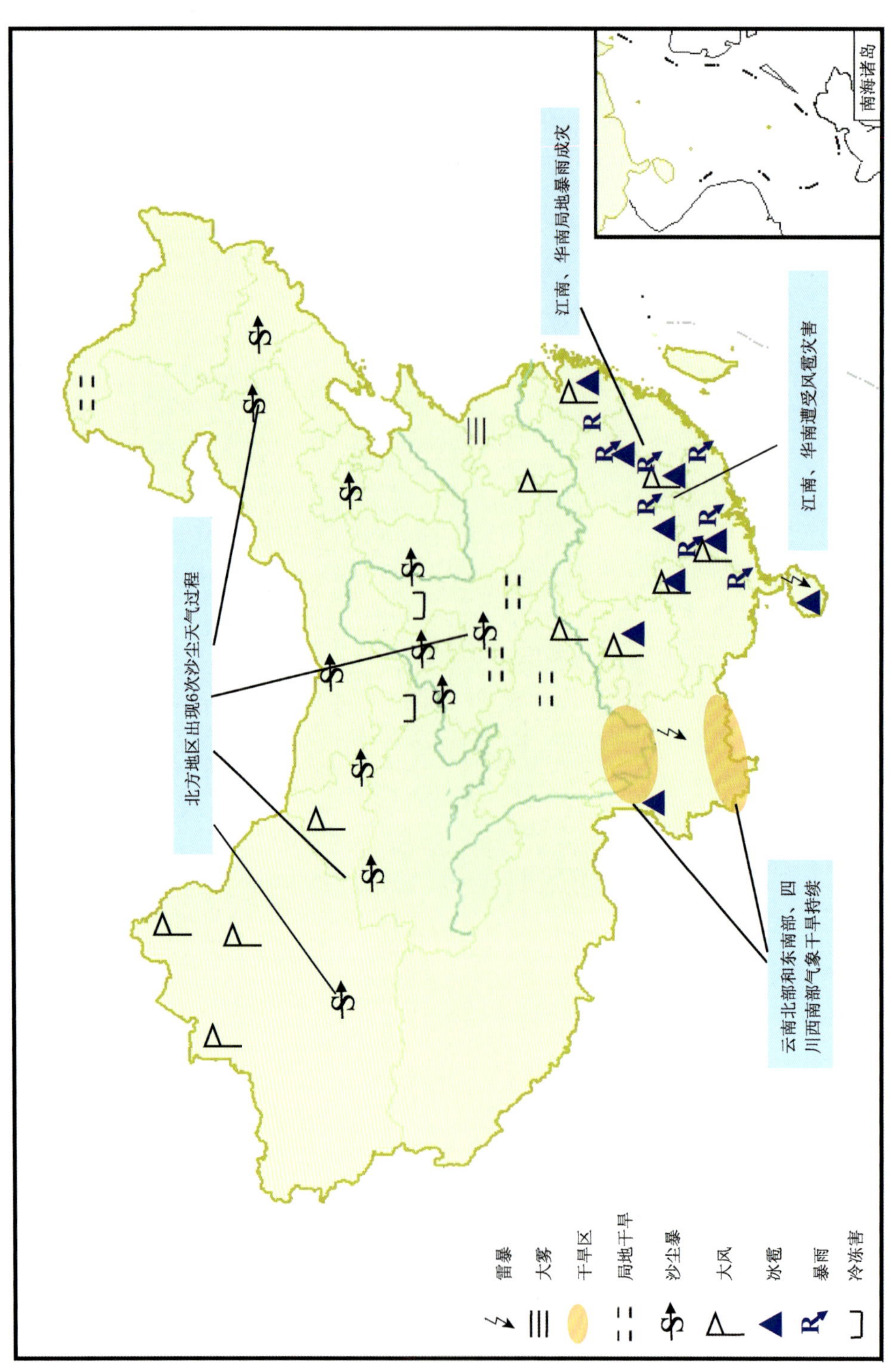


附图 2.4　2012 年 4 月全国主要和极端天气气候事件分布图

Fig. A 2.4　Main and extreme weather and climate events over China in April 2012

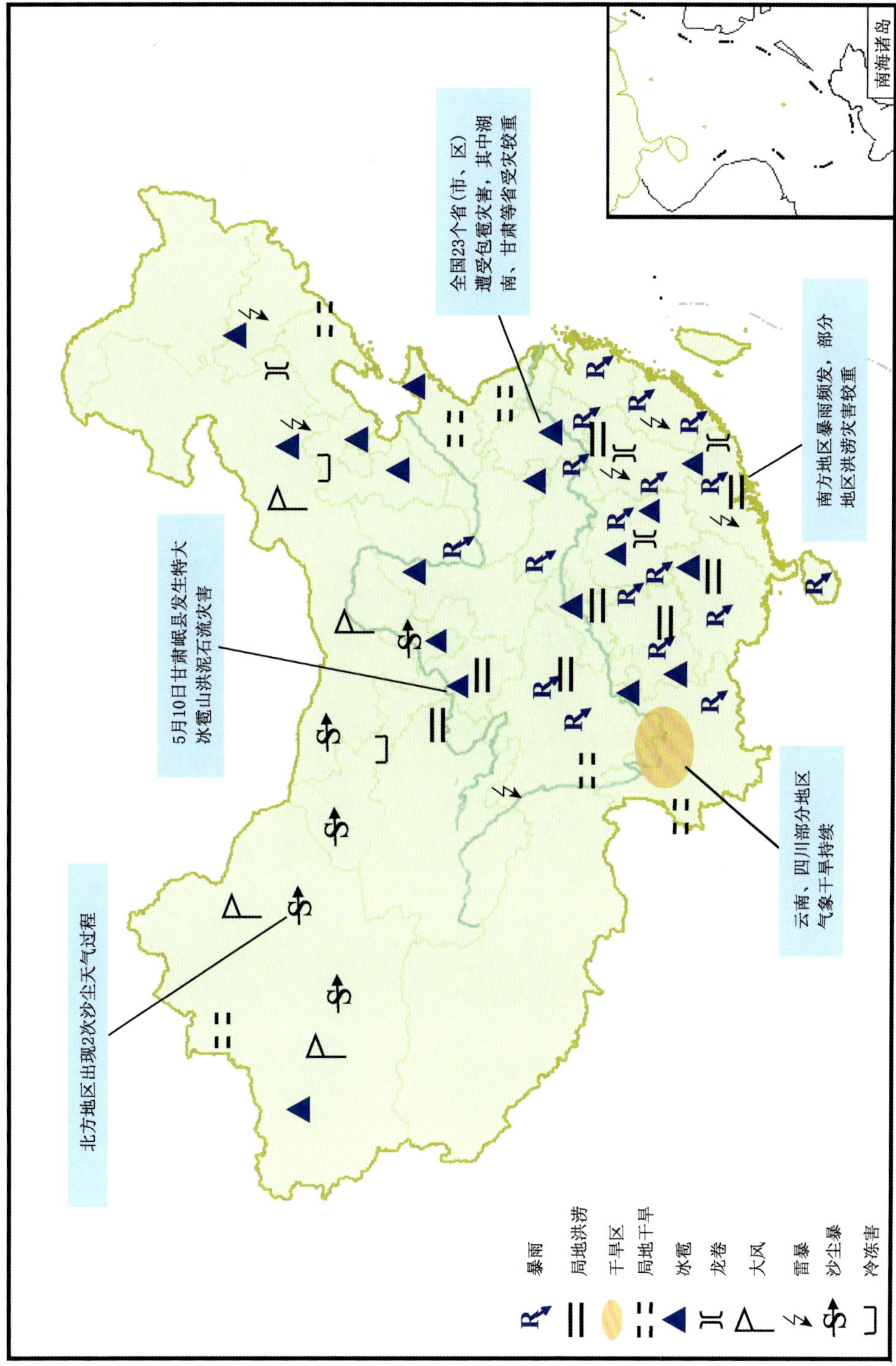


附图 2.5 2012年5月全国主要和极端天气气候事件分布图

Fig. A 2.5 Main and extreme weather and climate events over China in May 2012

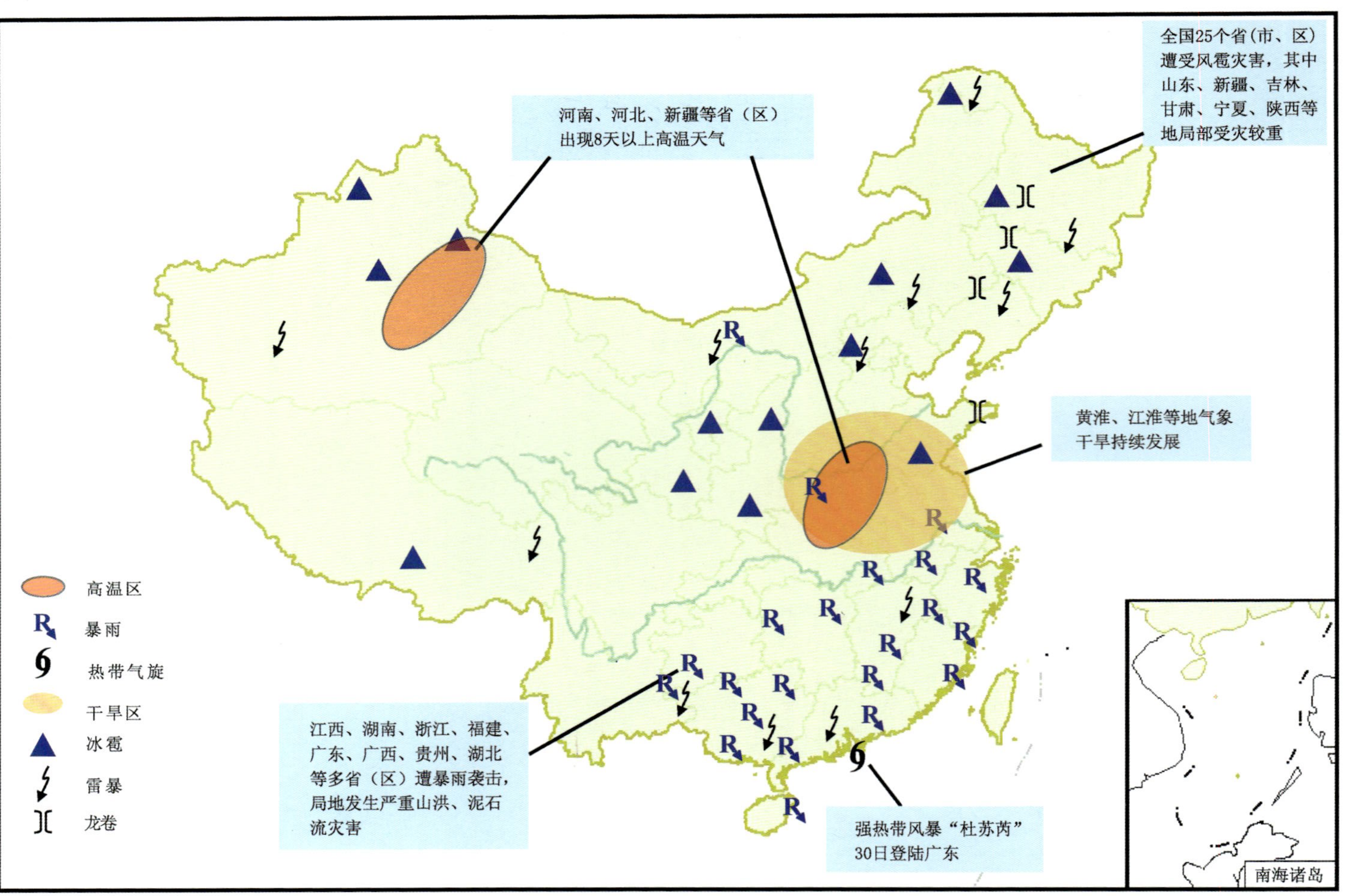


附图 2.6　2012 年 6 月全国主要和极端天气气候事件分布图

Fig. A 2.6　Main and extreme weather and climate events over China in June 2012

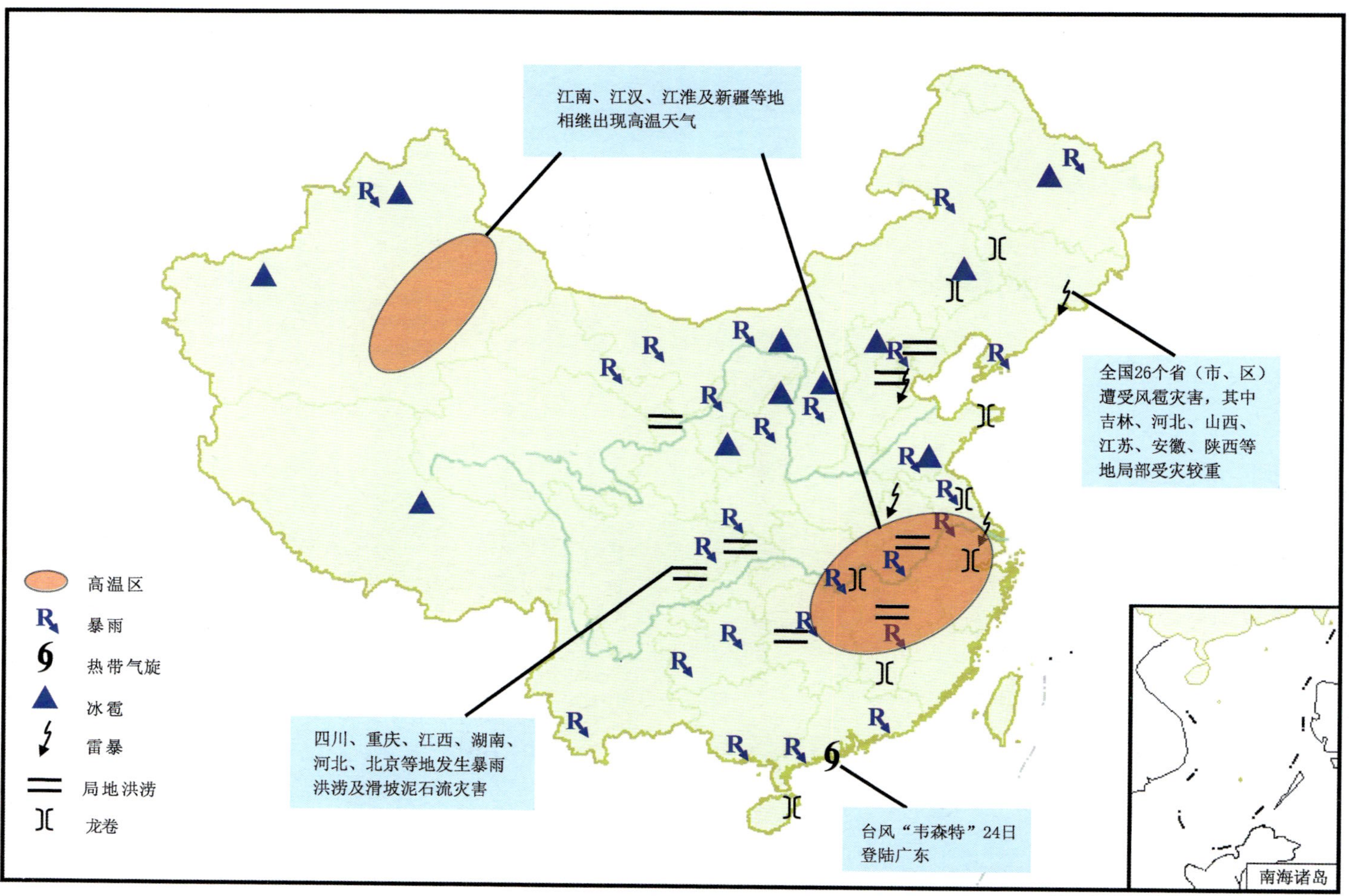


附图 2.7　2012 年 7 月全国主要和极端天气气候事件分布图

Fig. A 2.7　Main and extreme weather and climate events over China in July 2012

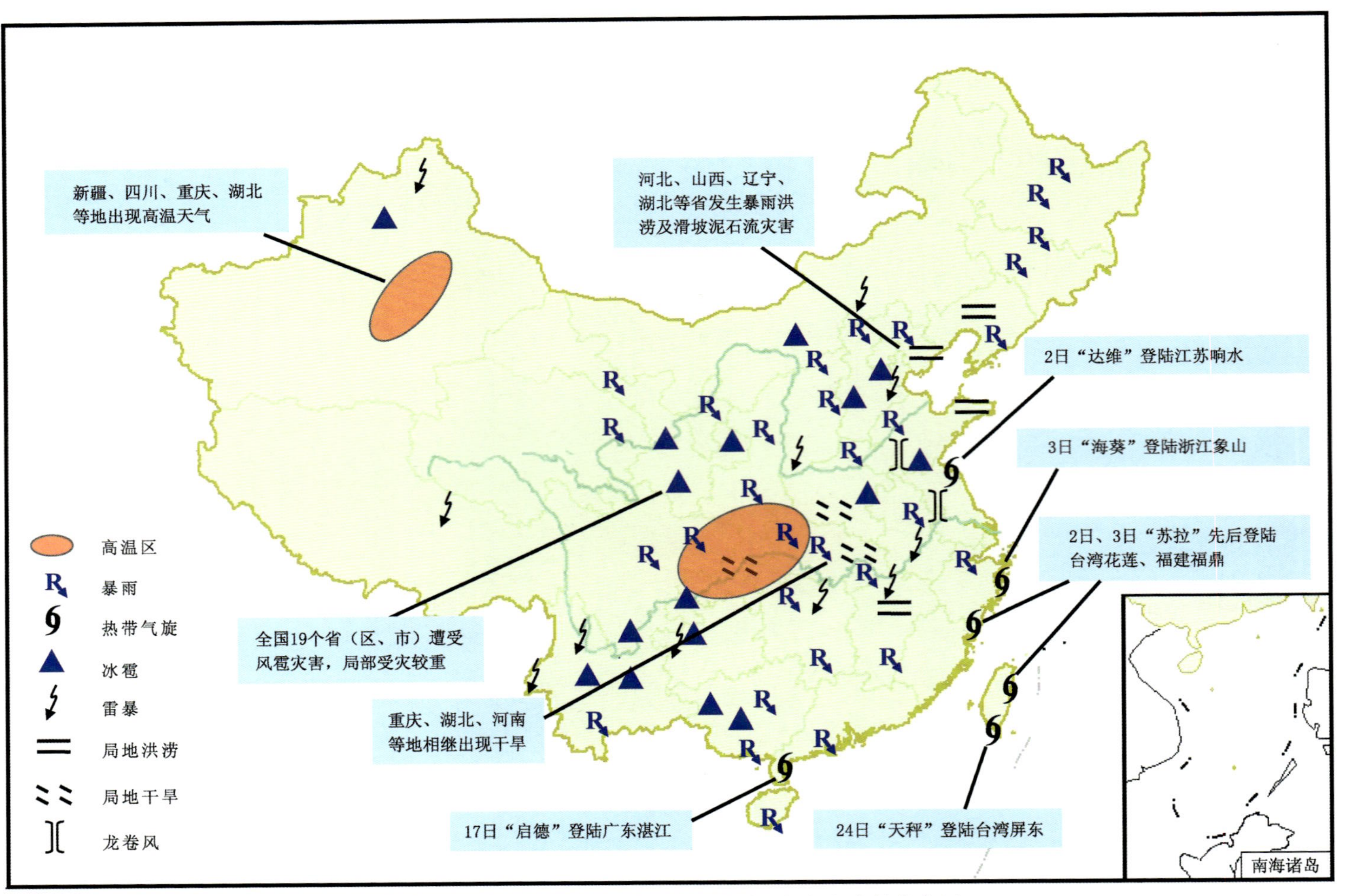


附图 2.8　2012 年 8 月全国主要和极端天气气候事件分布图

Fig. A 2.8　Main and extreme weather and climate events over China in August 2012

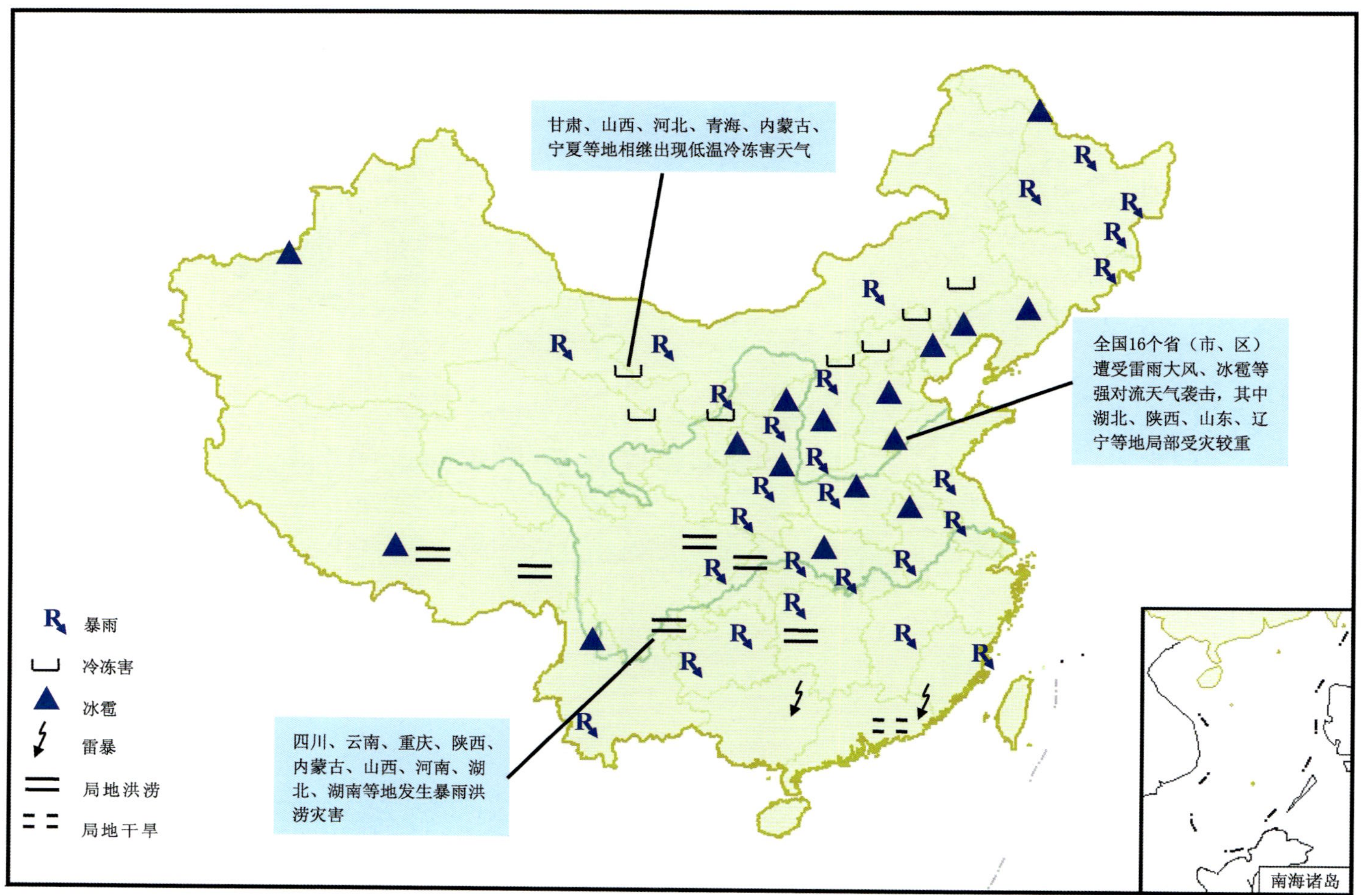


附图 2.9　2012 年 9 月全国主要和极端天气气候事件分布图

Fig. A 2.9　Main and extreme weather and climate events over China in September 2012

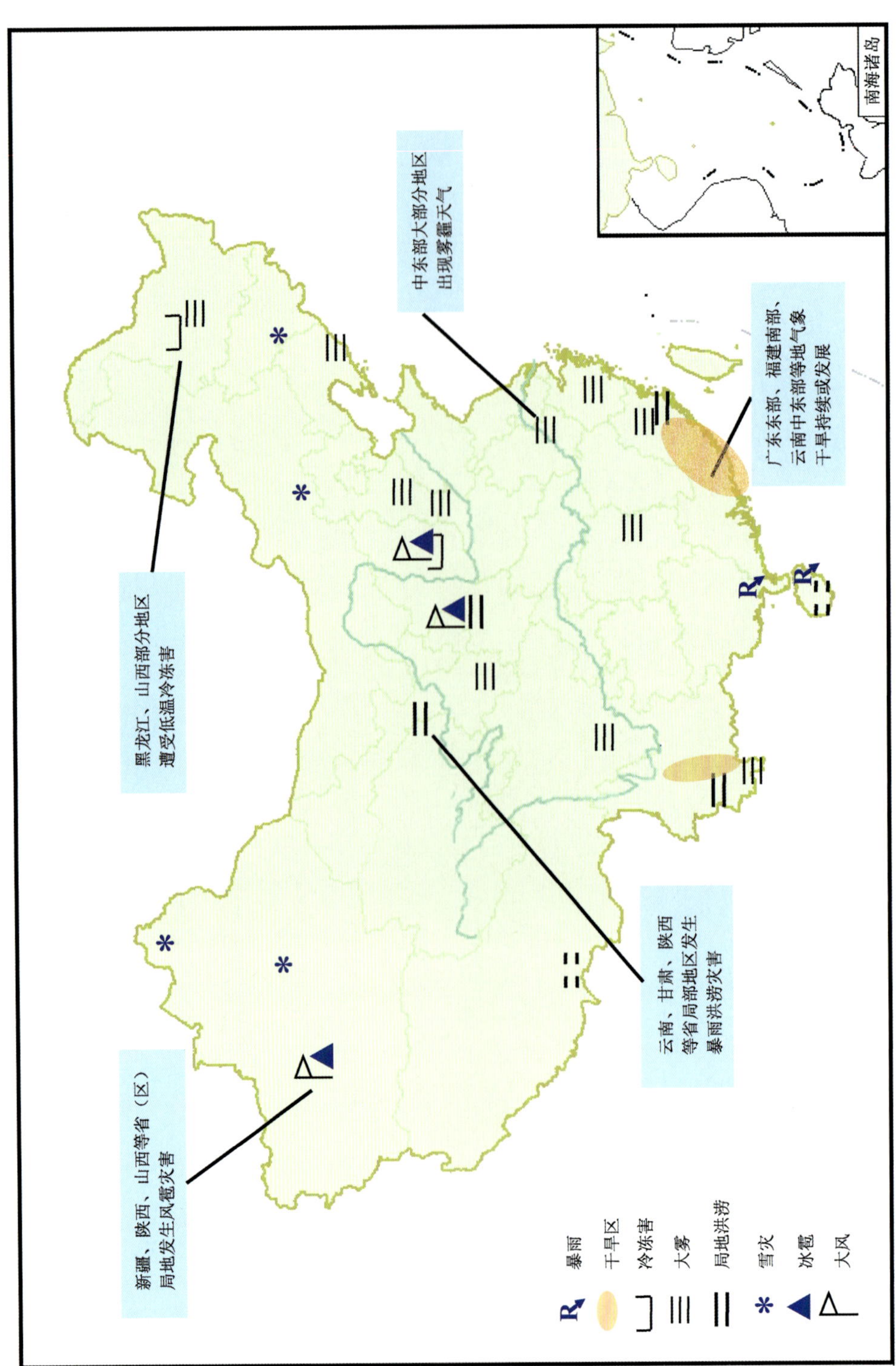


附图 2.10　2012 年 10 月全国主要和极端天气气候事件分布图

Fig. A 2.10　Main and extreme weather and climate events over China in October 2012

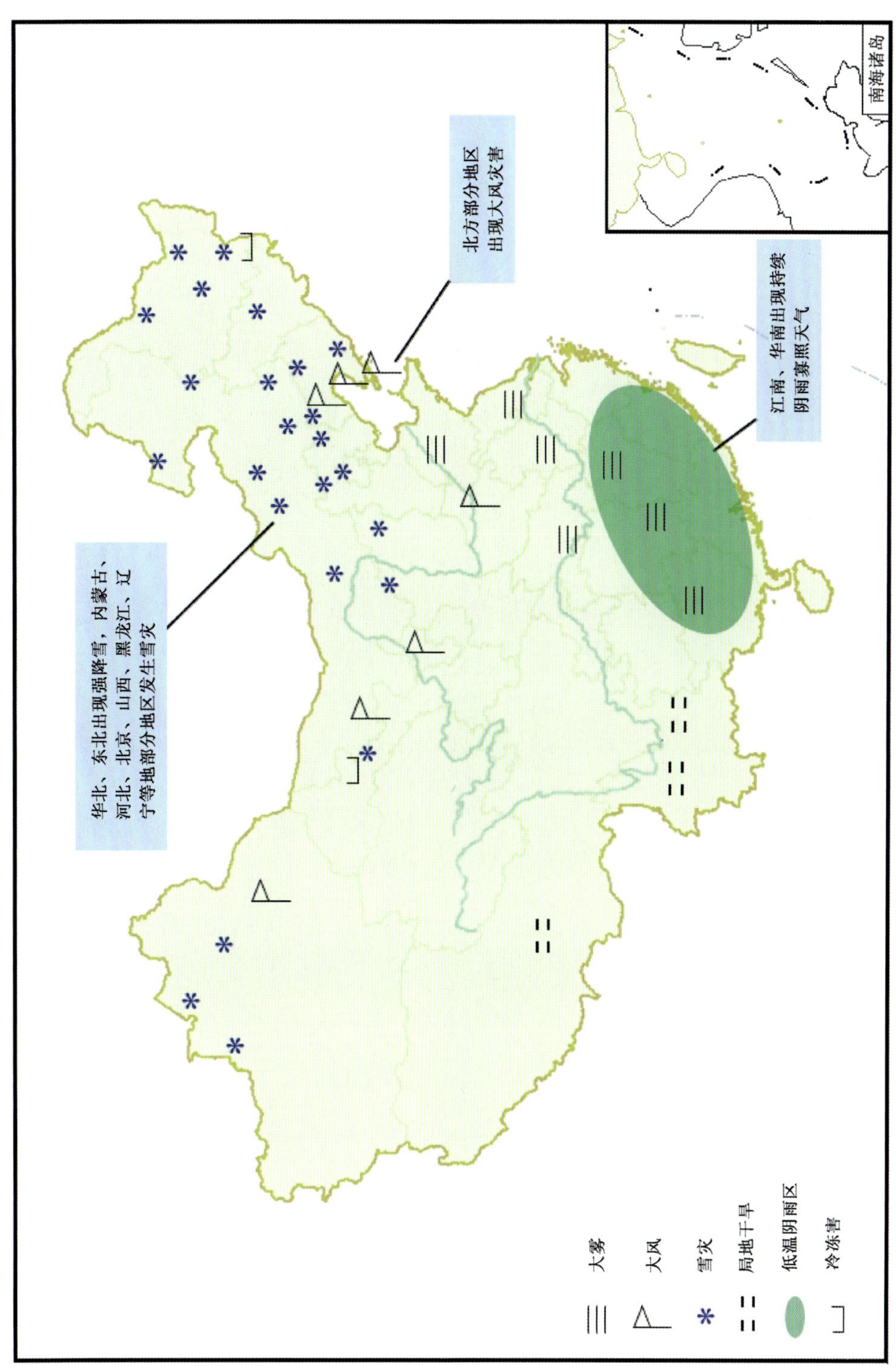


附图 2.11　2012 年 11 月全国主要和极端天气气候事件分布图

Fig. A 2.11　Main and extreme weather and climate events over China in November 2012

附图 2.12　2012 年 12 月全国主要和极端天气气候事件分布图

Fig. A 2.12　Main and extreme weather and climate events over China in December 2012

附图 2.13　2012 年全国主要和极端天气气候事件分布图

Fig. A 2.13　Main and extreme weather and climate events over China in 2012

## 附录 3　气温特征分布图

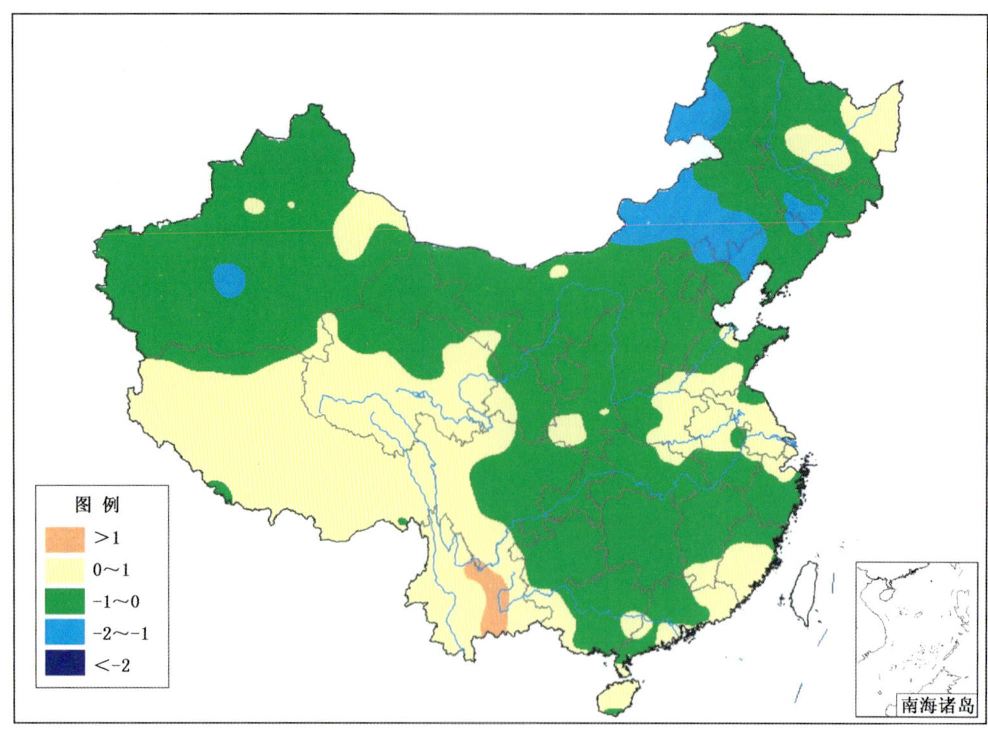


附图 3.1　2012 年全国年平均气温距平分布图(℃)

Fig. A 3.1　Distribution of annual mean temperature anomalies over China in 2012 (unit:℃)

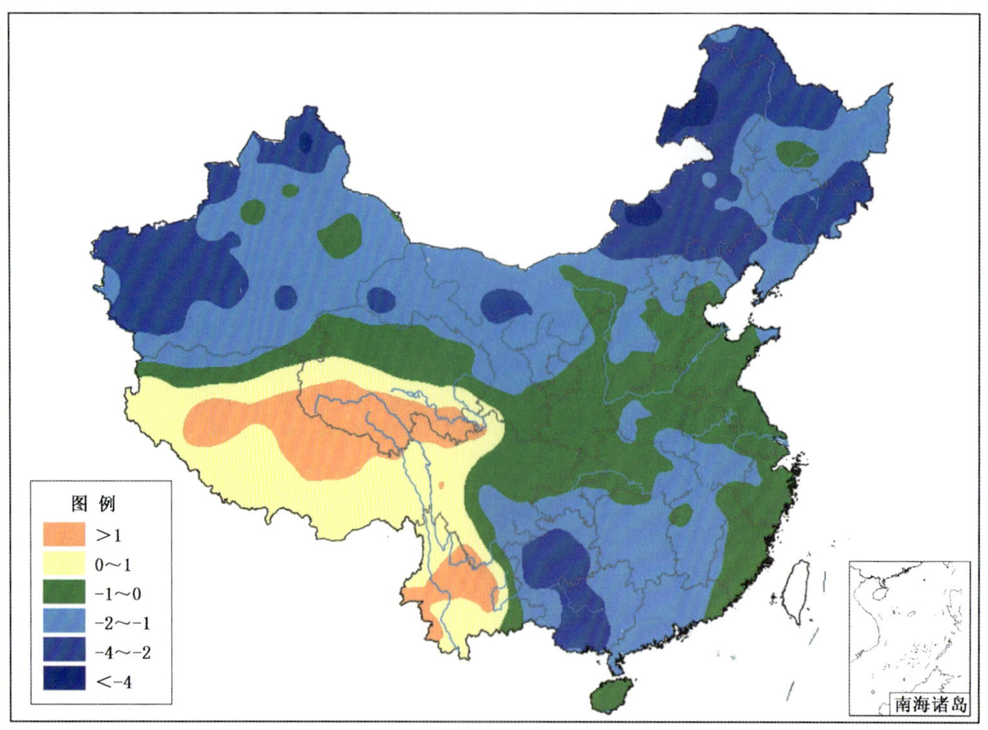


附图 3.2　2012 年全国冬季平均气温距平分布图(℃)

Fig. A 3.2　Distribution of mean temperature anomalies over China in winter of 2012 (unit:℃)

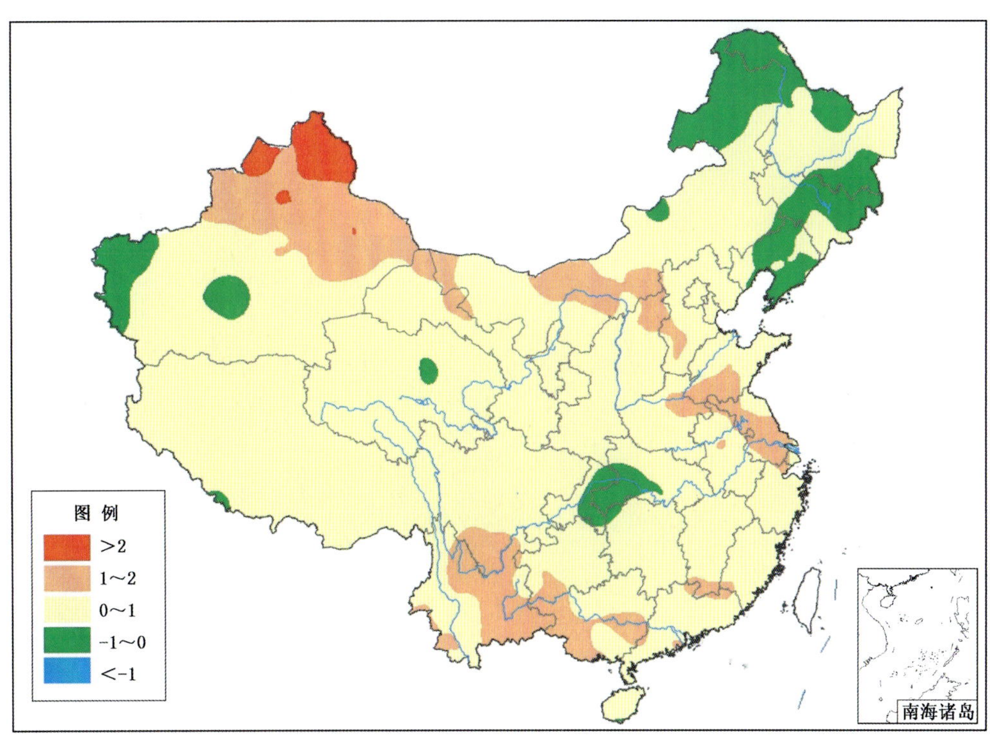


附图 3.3　2012 年全国春季平均气温距平分布图(℃)

Fig. A 3.3　Distribution of mean temperature anomalies over China in spring of 2012 (unit: ℃)

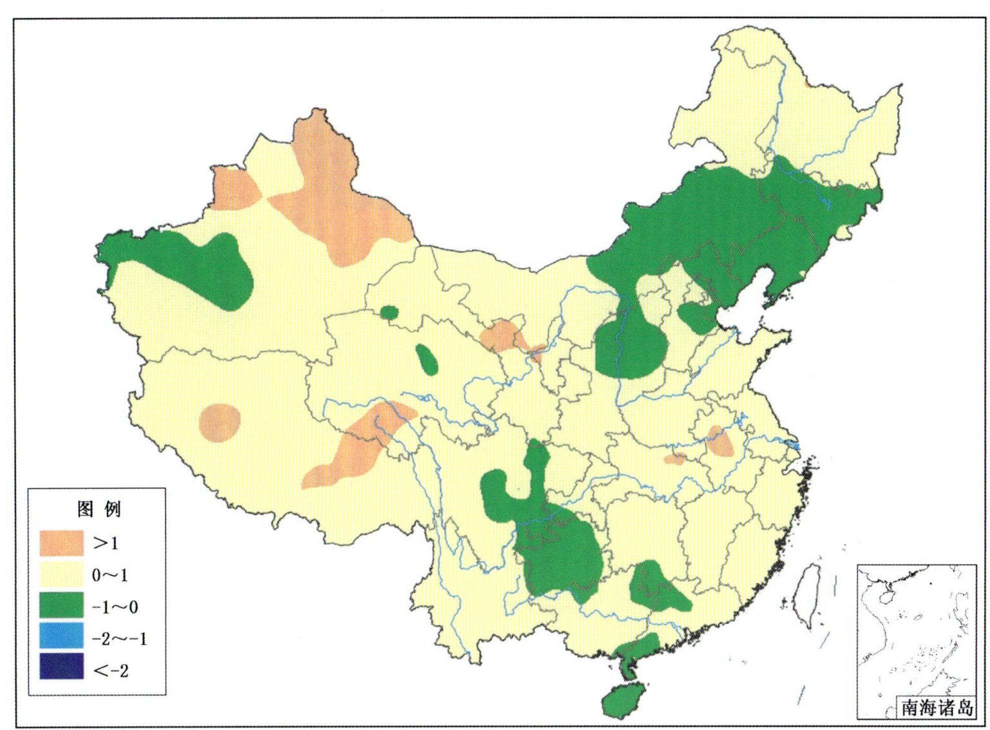


附图 3.4　2012 年全国夏季平均气温距平分布图(℃)

Fig. A 3.4　Distribution of mean temperature anomalies over China in summer of 2012 (unit: ℃)

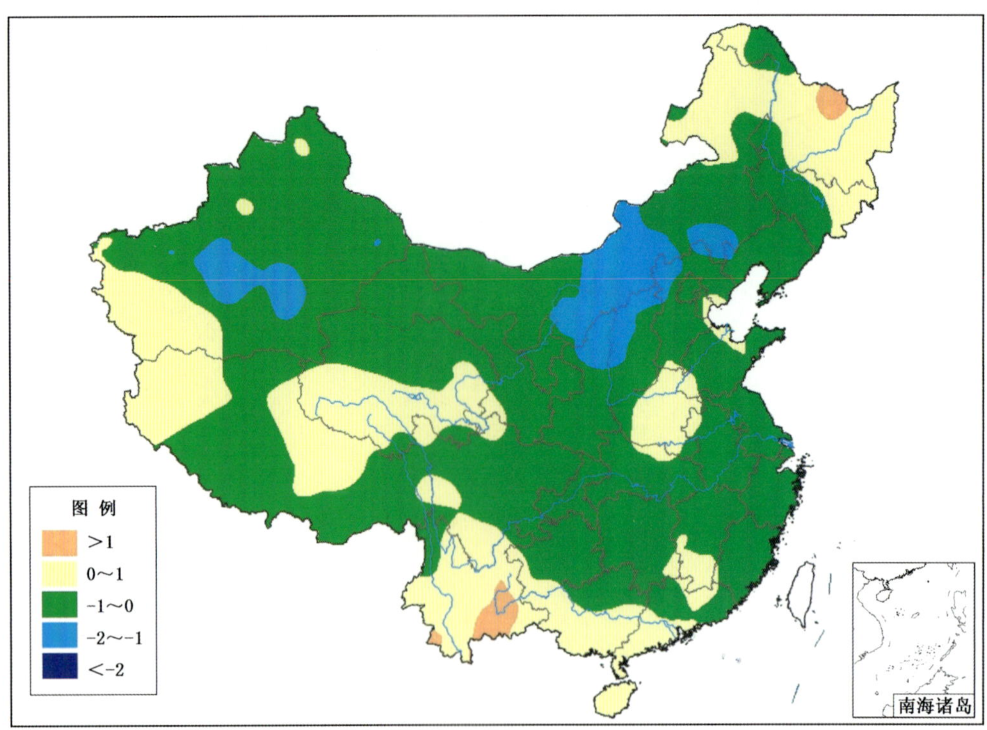


附图 3.5 2012 年全国秋季平均气温距平分布图(℃)

Fig. A 3.5 Distribution of mean temperature anomalies over China in autumn of 2012 (unit: ℃)

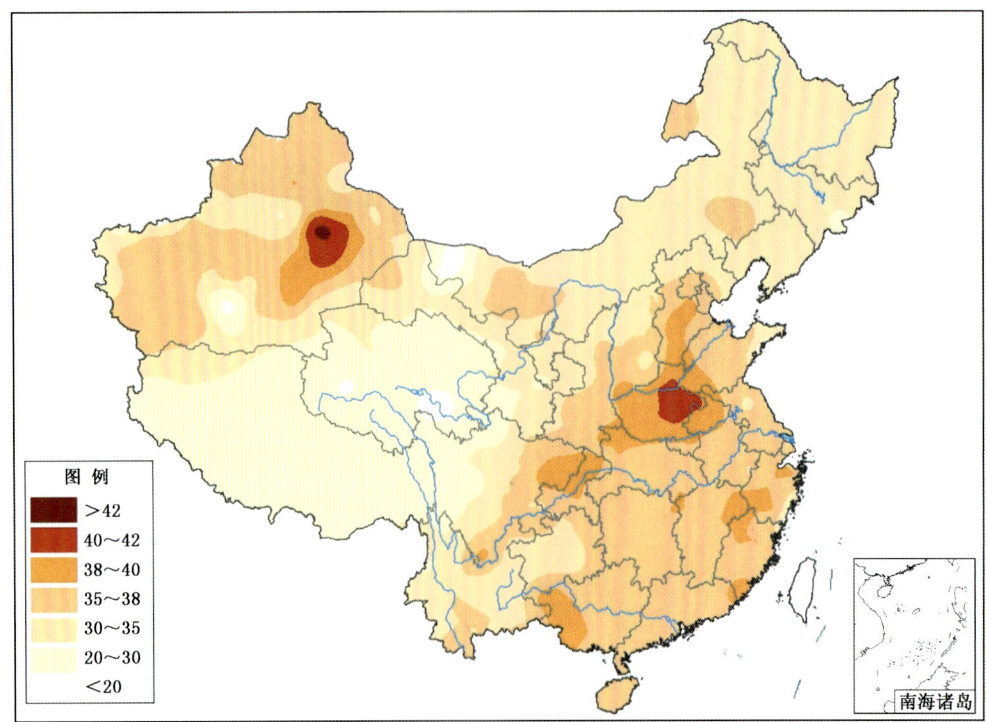


附图 3.6 2012 年全国极端最高气温分布图(℃)

Fig. A 3.6 Distribution of annual extreme maximum temperature over China in 2012 (unit: ℃)

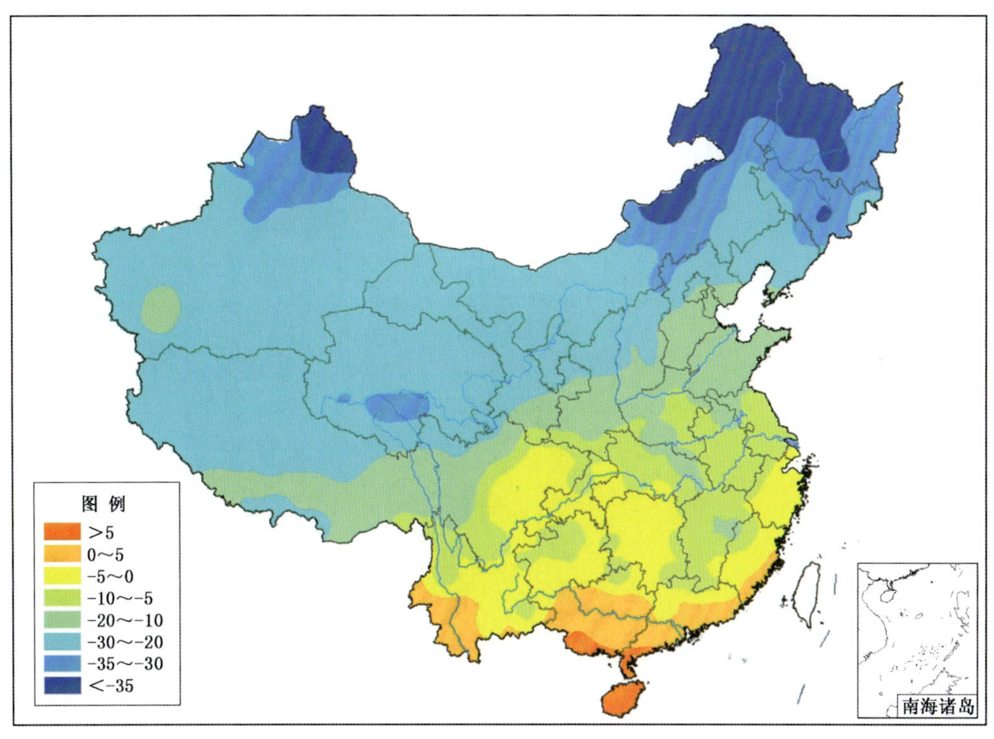


附图 3.7 2012 年全国极端最低气温分布图(℃)

Fig. A 3.7 Distribution of annual extreme minimum temperature over China in 2012 (unit: ℃)

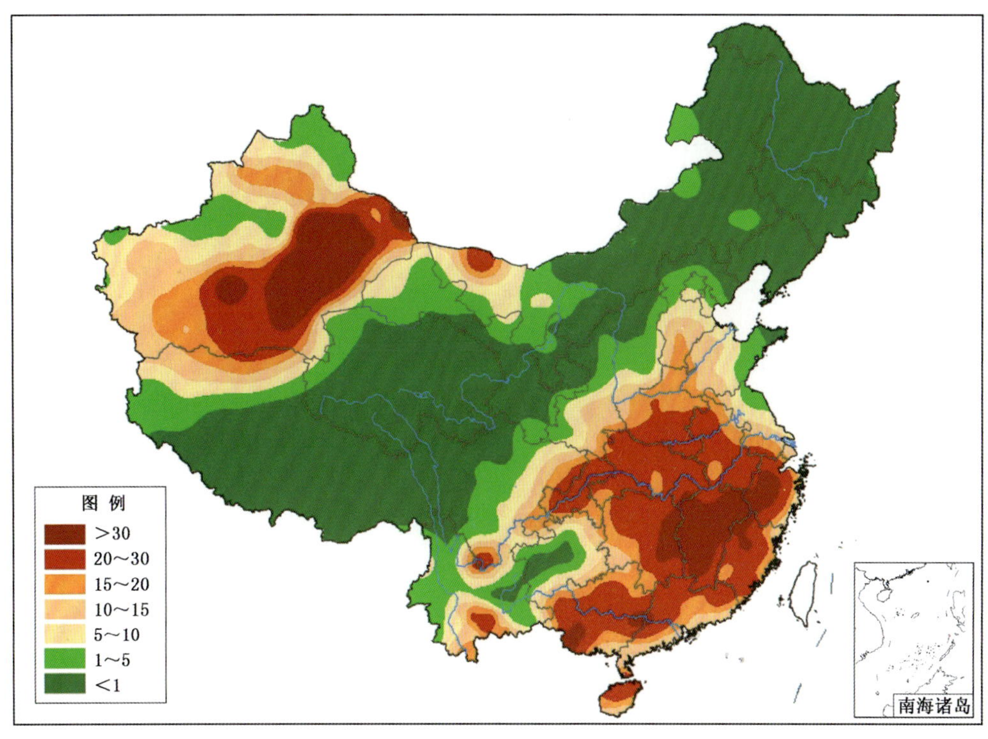


附图 3.8 2012 年全国高温(日最高气温≥35℃)日数分布图(天)

Fig. A 3.8 Distribution of hot days (daily maximum temperature ≥35℃) over China in 2012 (unit: d)

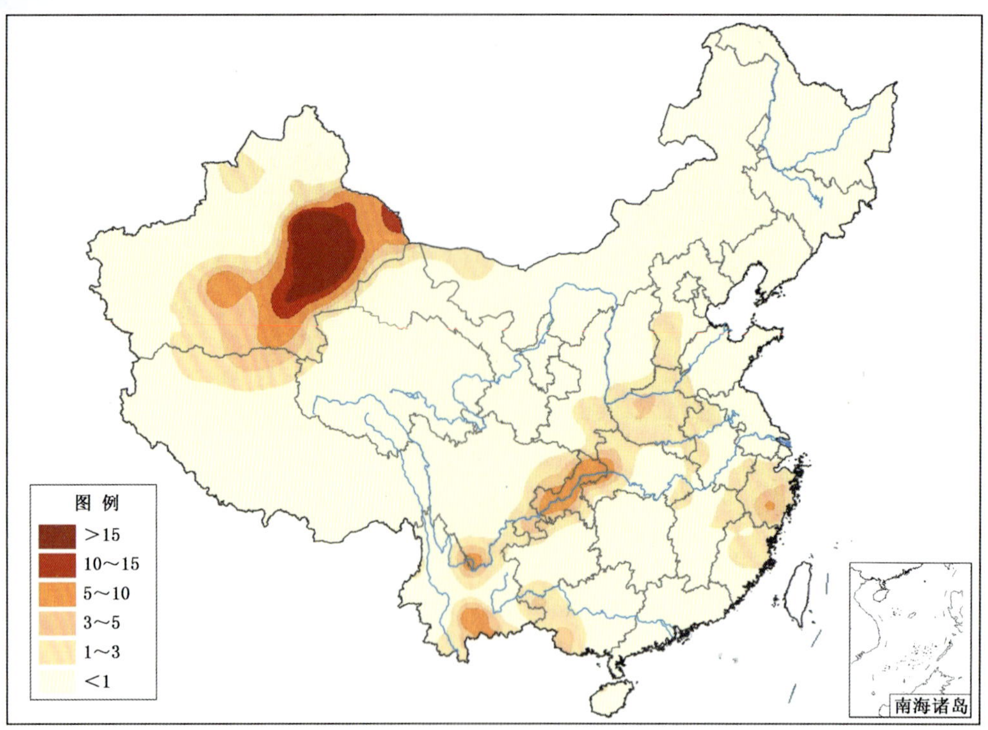


附图 3.9　2012 年全国高温(日最高气温≥38℃)日数分布图(天)

Fig. A 3.9　Distribution of hot days (daily maximum temperature ≥38℃) over China in 2012 (unit:d)

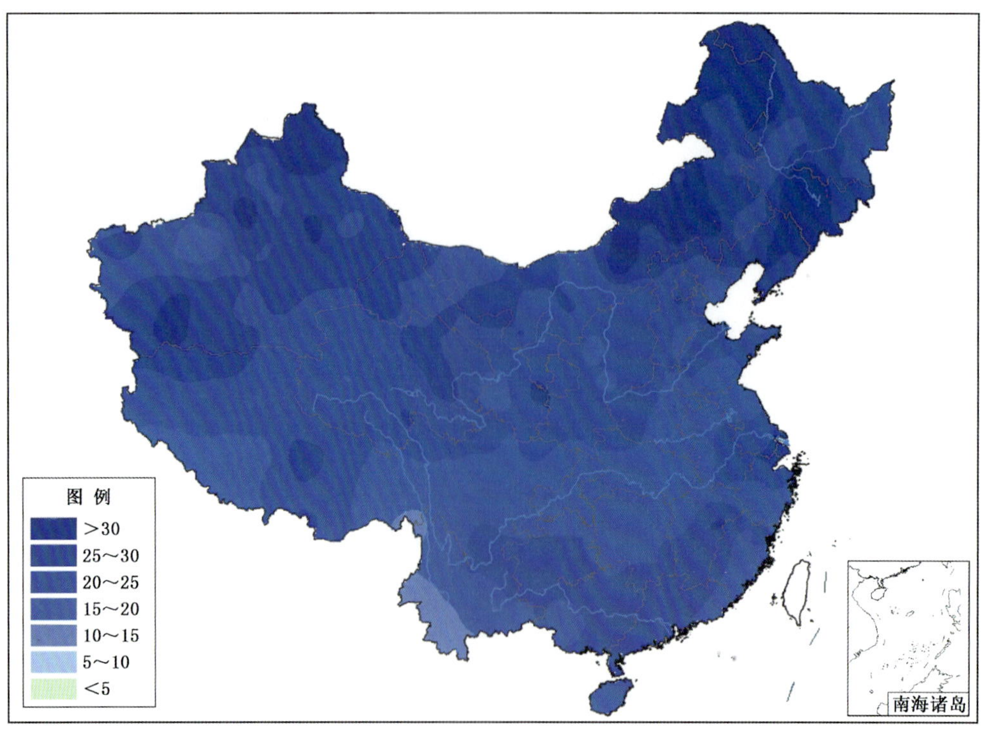


附图 3.10　2012 年全国最大过程降温幅度分布图(℃)

Fig. A 3.10　Distribution of the maximum amplitude of temperature dropping over China in 2012 (unit:℃)

# 附录 4 降水特征分布图

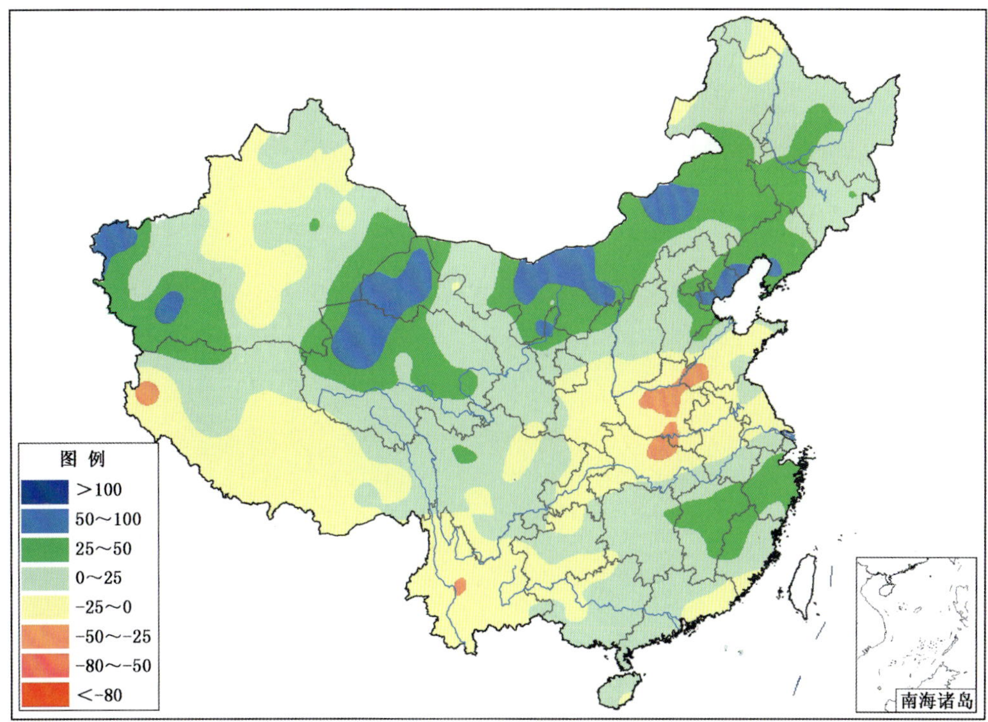


附图 4.1 2012 年全国降水量距平百分率分布图(%)

Fig. A 4.1 Distribution of annual precipitation anomalies over China in 2012 (unit: %)

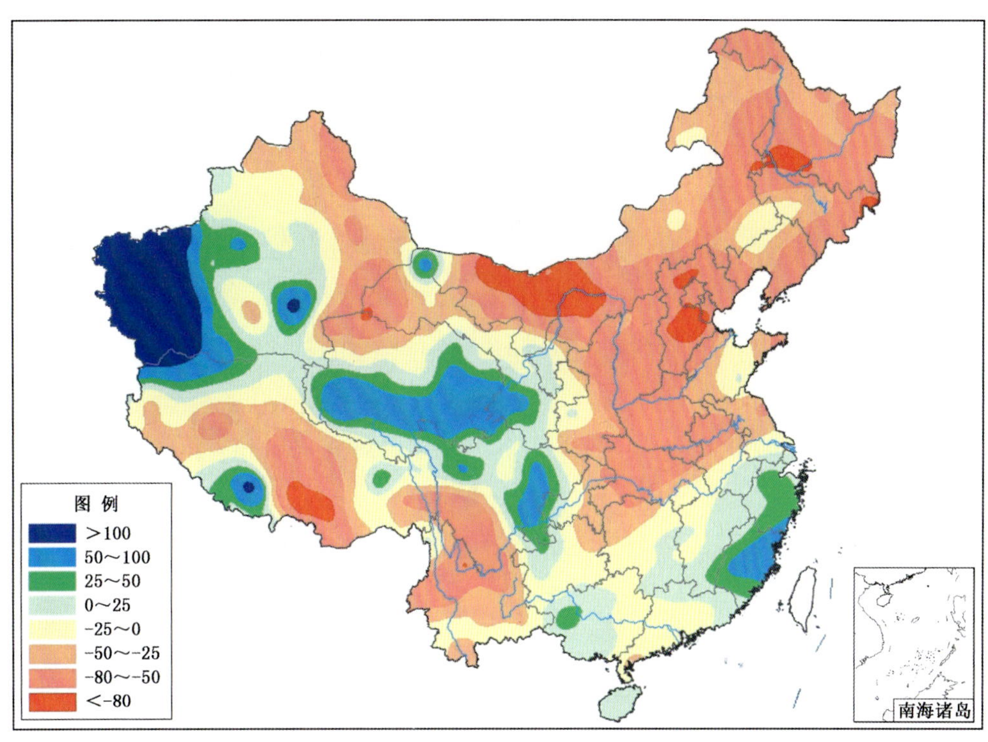


附图 4.2 2012 年全国冬季降水量距平百分率分布图(%)

Fig. A 4.2 Distribution of precipitation anomalies over China in winter of 2012 (unit: %)

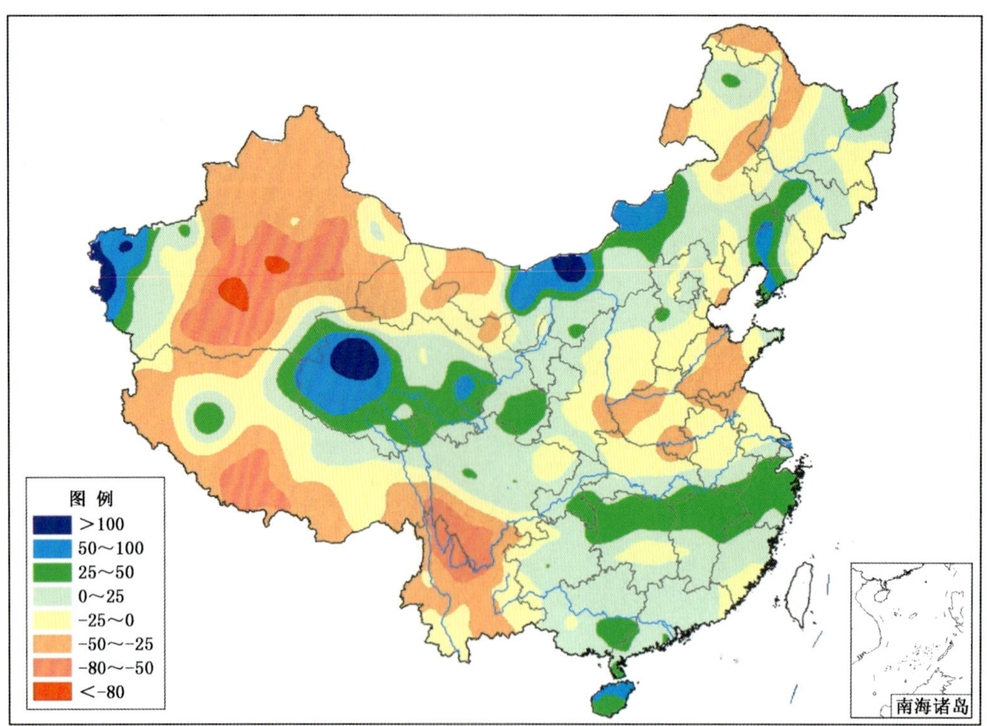


附图 4.3　2012 年全国春季降水量距平百分率分布图(%)

Fig. A 4.3　Distribution of precipitation anomalies over China in spring of 2012 (unit: %)

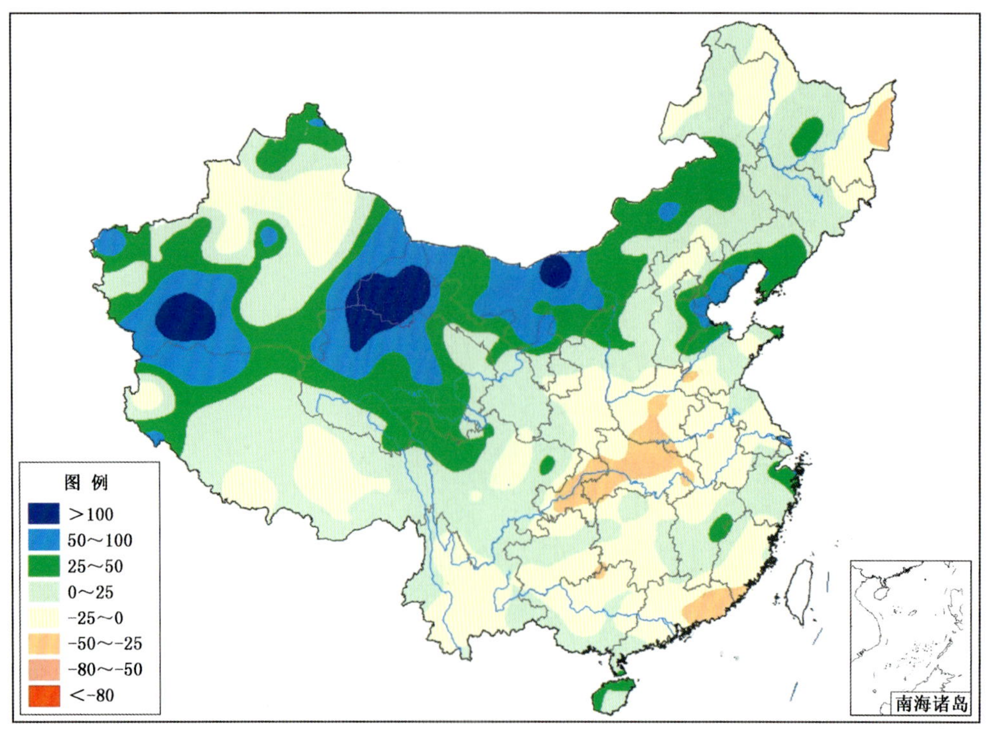


附图 4.4　2012 年全国夏季降水量距平百分率分布图(%)

Fig. A 4.4　Distribution of precipitation anomalies over China in summer of 2012 (unit: %)

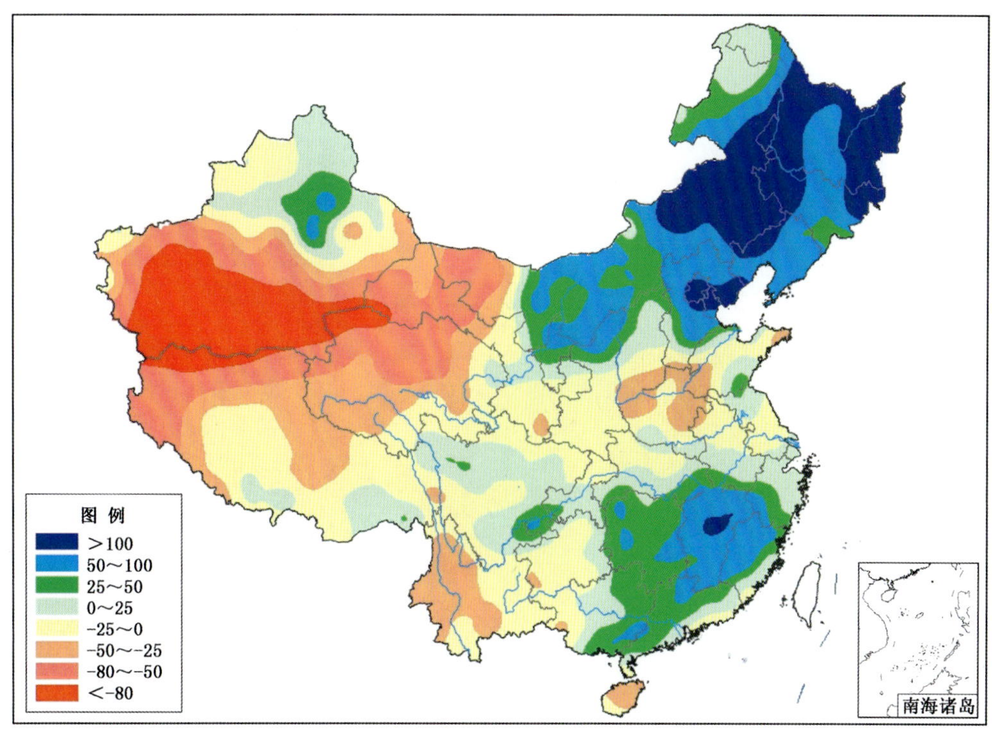


附图 4.5 2012 年全国秋季降水量距平百分率分布图(%)

Fig. A 4.5 Distribution of precipitation anomalies over China in autumn of 2012 (unit: %)

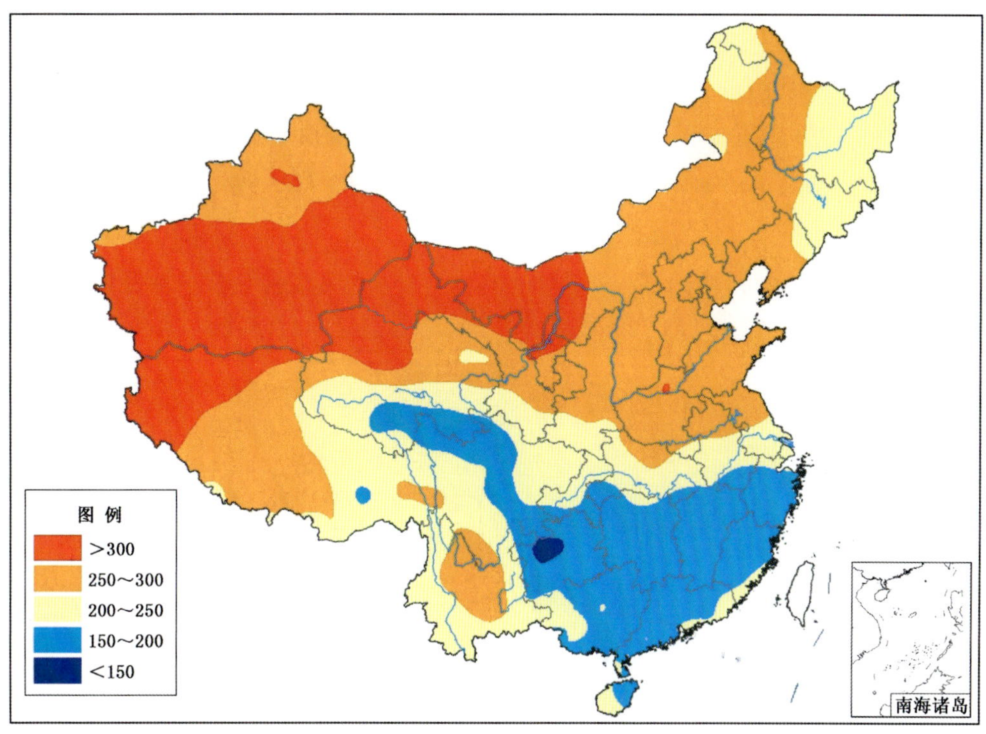


附图 4.6 2012 年全国无降水日数分布图(天)

Fig. A 4.6 Distribution of non-precipitation days over China in 2012 (unit: d)

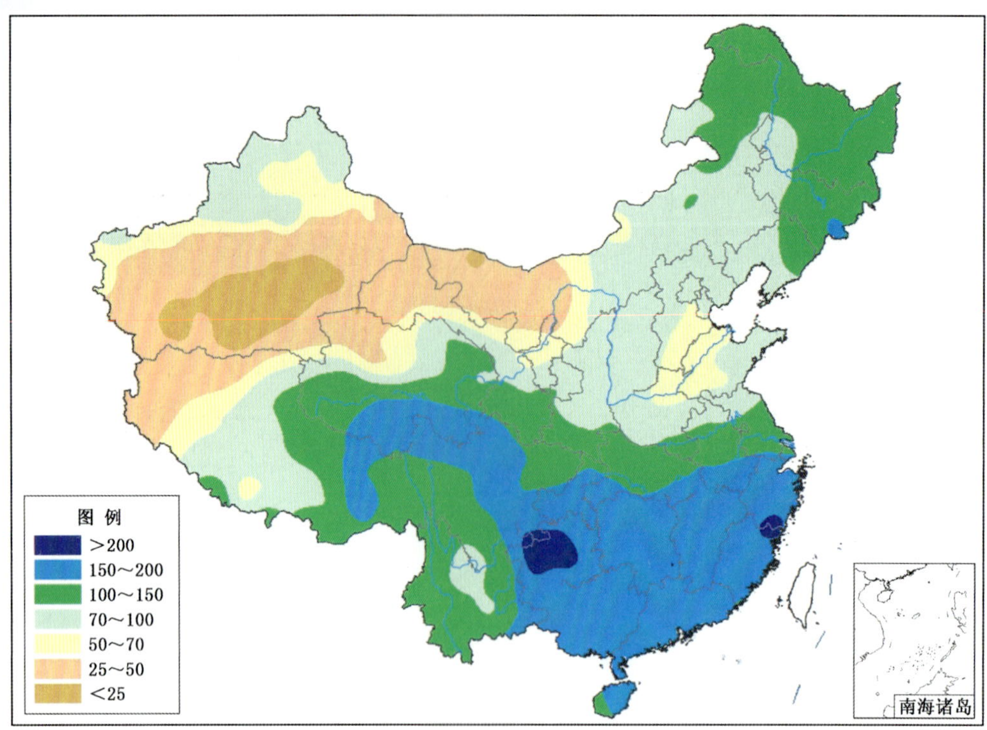


附图 4.7 2012 年全国降水(日降水量≥0.1 毫米)日数分布图(天)

Fig. A 4.7 Distribution of the number of days with daily precipitation ≥0.1mm over China in 2012 (unit:d)

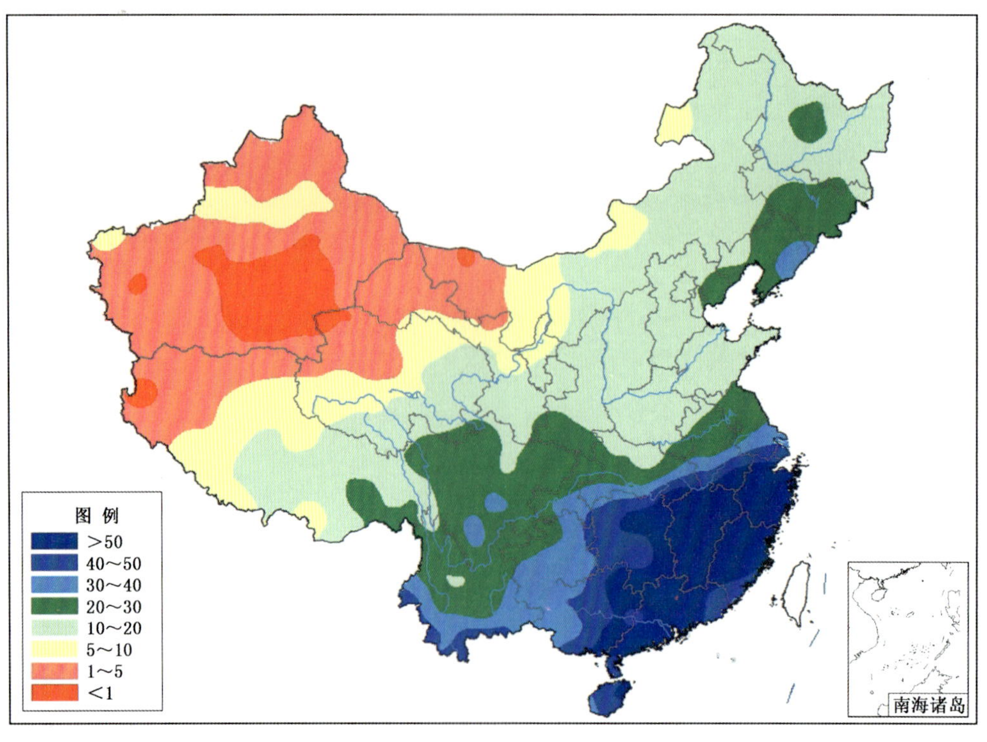


附图 4.8 2012 年全国中雨以上(日降水量≥10.0 毫米)日数分布图(天)

Fig. A 4.8 Distribution of the number of days with daily precipitation ≥10.0mm over China in 2012 (unit:d)

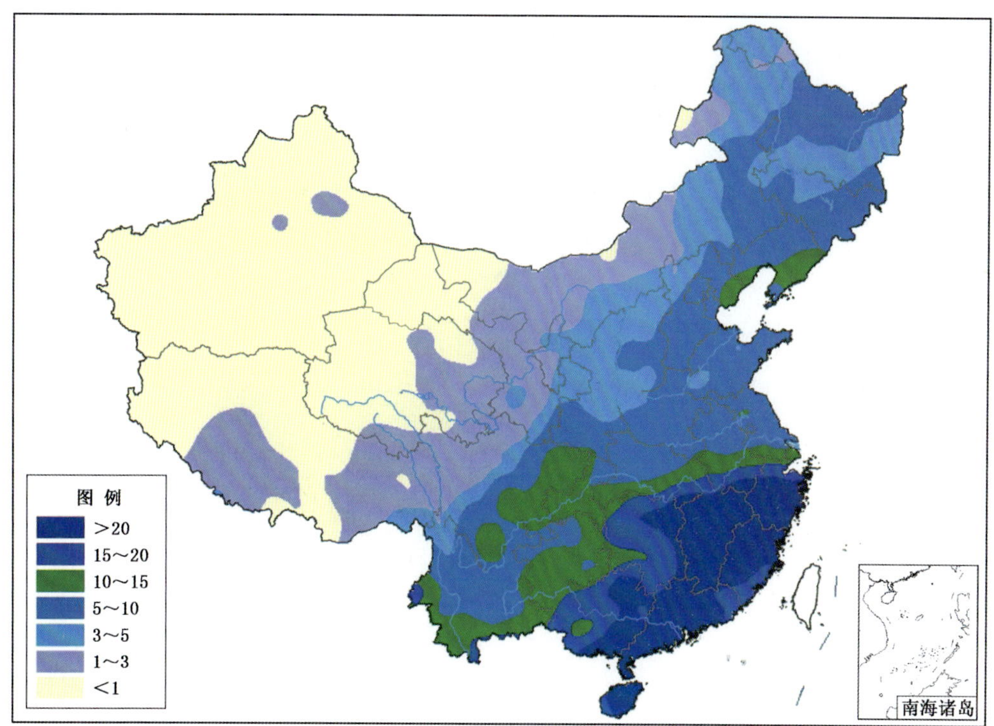


附图 4.9　2012 年全国大雨以上(日降水量≥25.0 毫米)日数分布图(天)

Fig. A 4.9　Distribution of the number of days with daily precipitation ≥25.0mm over China in 2012 (unit:d)

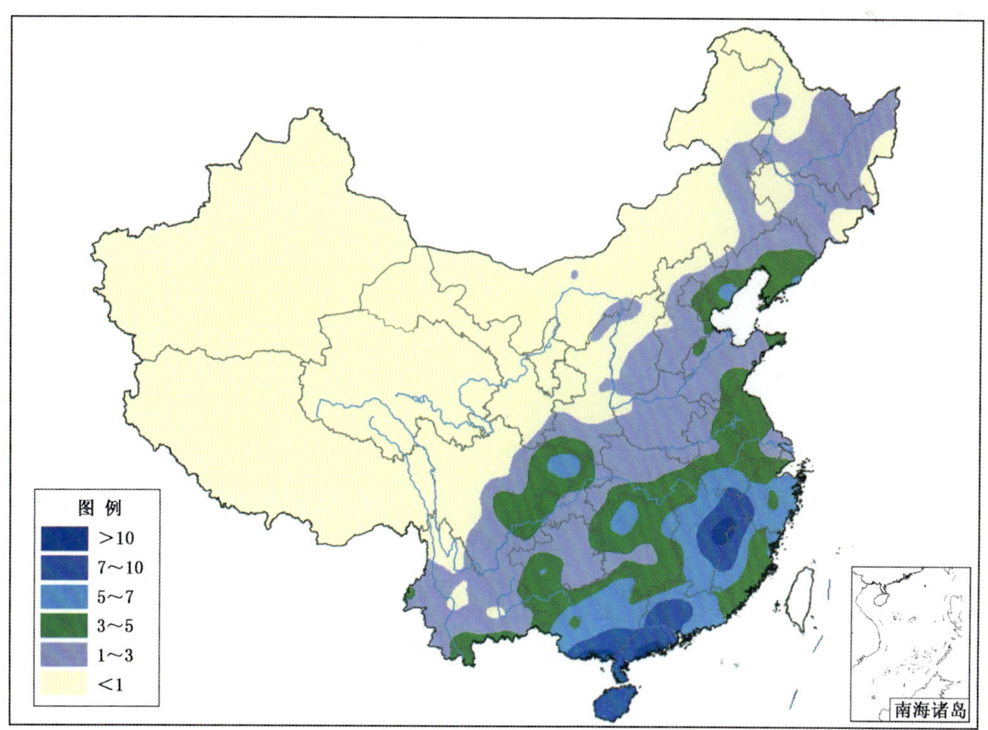


附图 4.10　2012 年全国暴雨以上(日降水量≥50.0 毫米)日数分布图(天)

Fig. A 4.10　Distribution of the number of days with daily precipitation ≥50.0mm over China in 2012 (unit:d)

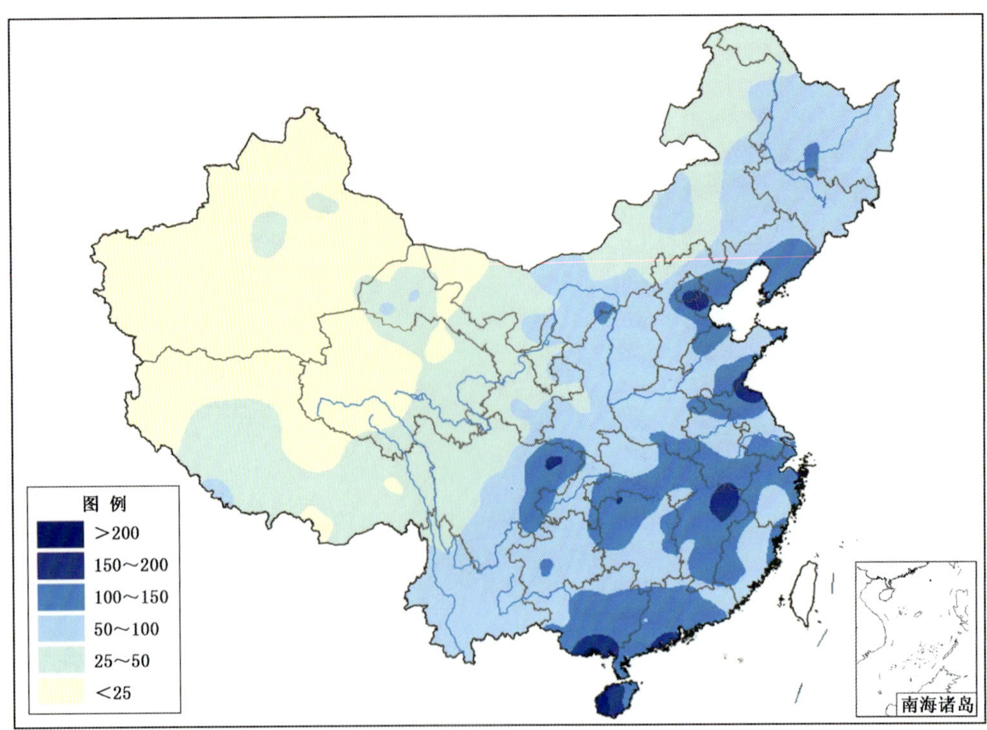


附图 4.11 2012 年全国日最大降水量分布图(毫米)

Fig. A 4.11 Distribution of maximum daily precipitation amount over China in 2012 (unit:mm)

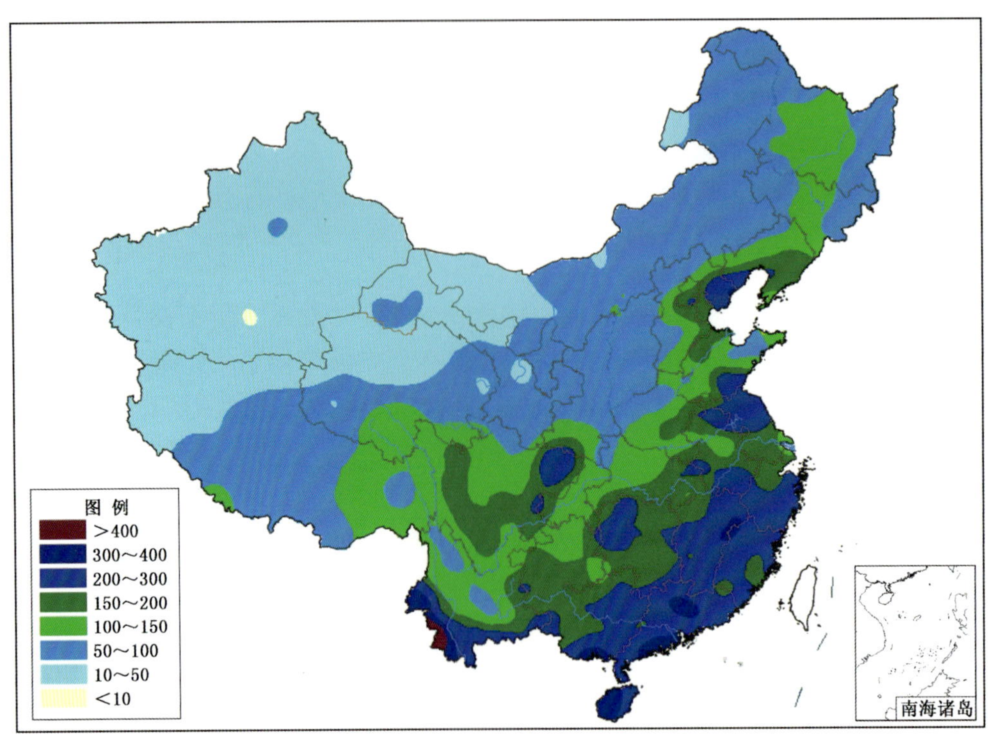


附图 4.12 2012 年全国最大连续降水量分布图(毫米)

Fig. A 4.12 Distribution of maximum consecutive precipitation amount over China in 2012 (unit:mm)

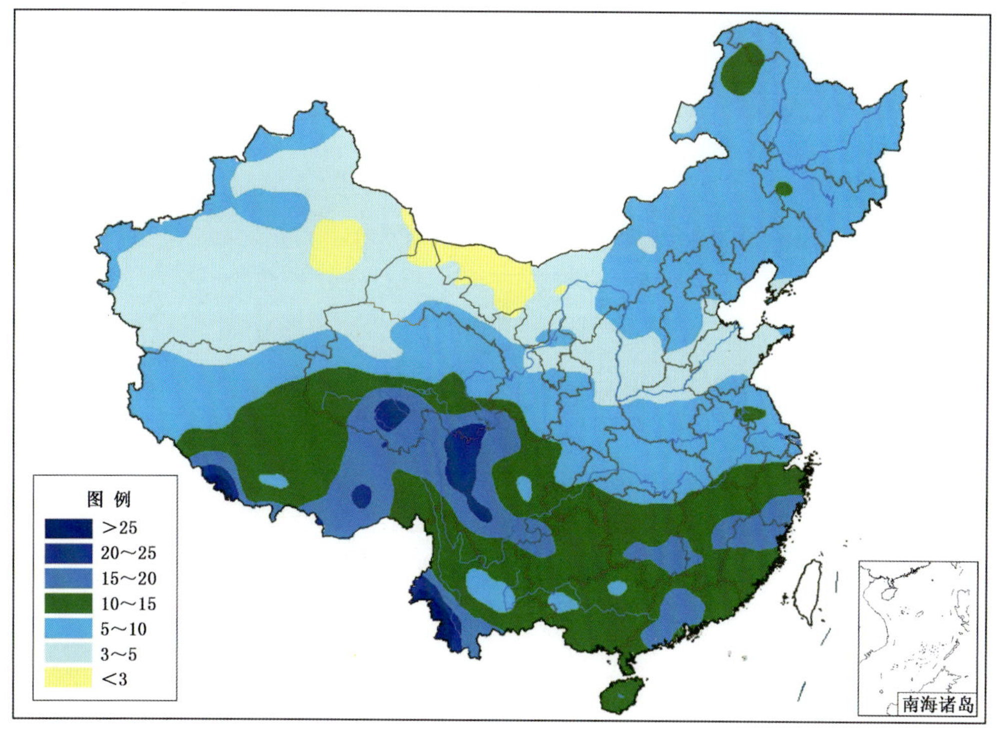


附图 4.13 2012 年全国最长连续降水日数分布图(天)

Fig. A 4.13 Distribution of the maximum consecutive precipitation days over China in 2012 (unit:d)

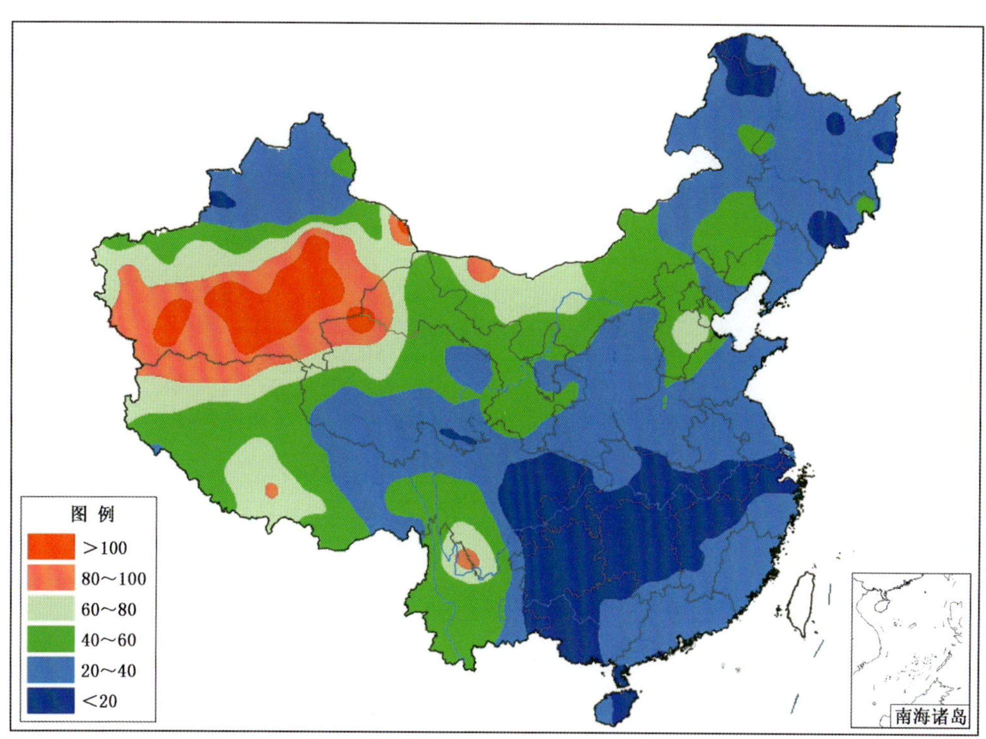


附图 4.14 2012 年全国最长连续无降水日数分布图(天)

Fig. A 4.14 Distribution of the maximum consecutive non-precipitation days over China in 2012(unit:d)

## 附录 5　天气现象特征分布图

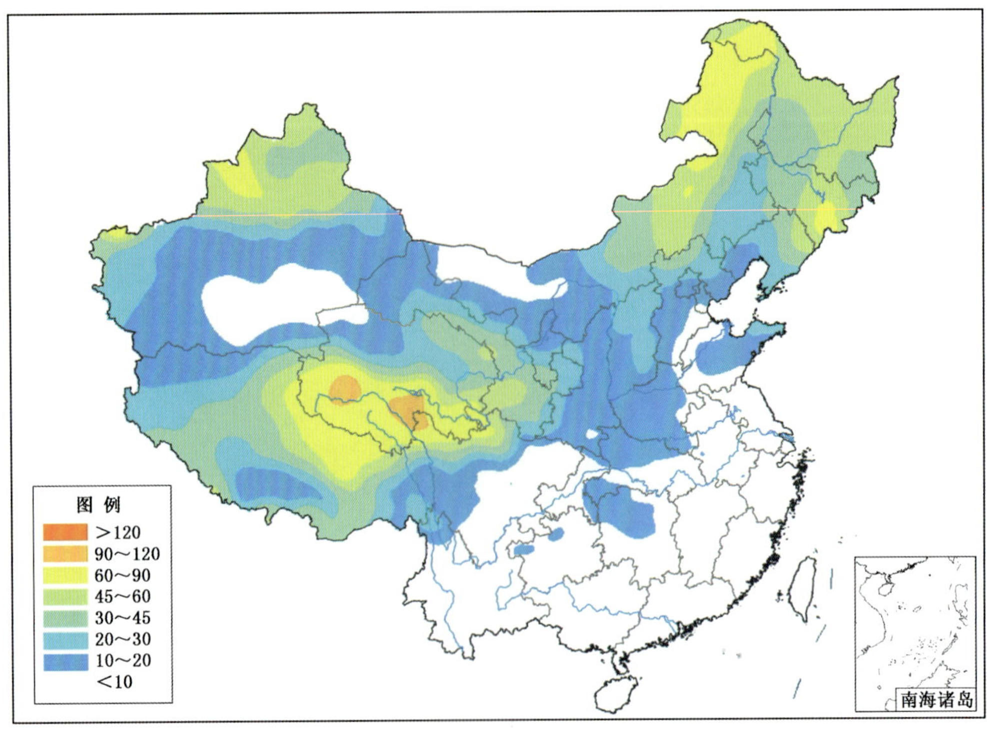


附图 5.1　2012 年全国降雪日数分布图(天)

Fig. A 5.1　Distribution of snow days over China in 2012 (unit:d)

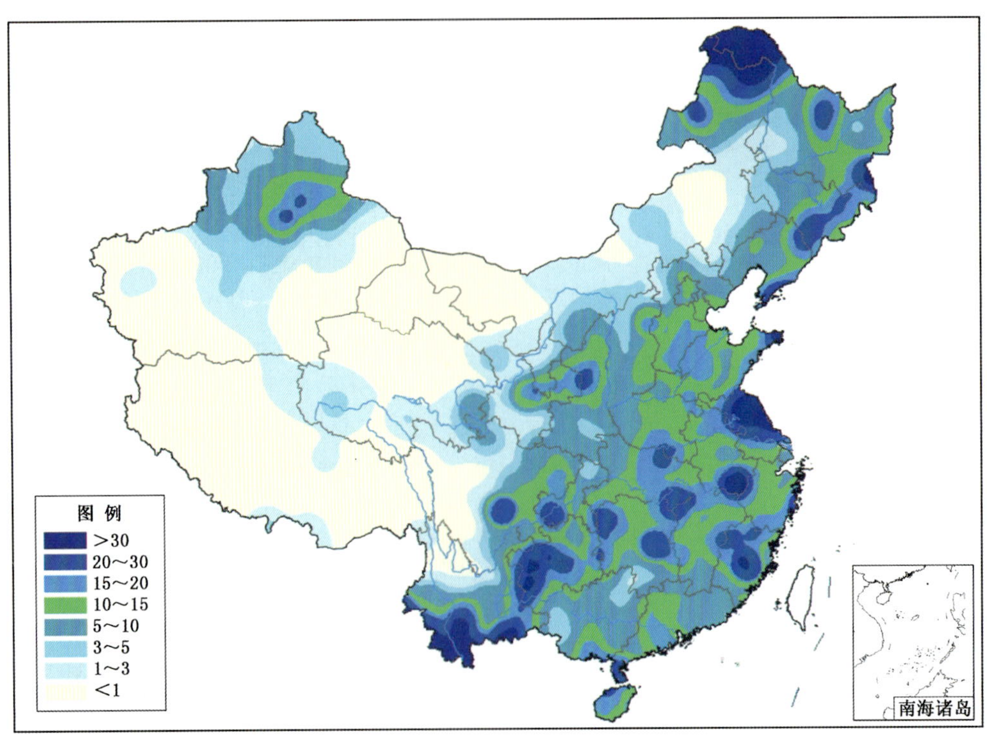


附图 5.2　2012 年全国雾日数分布图(天)

Fig. A 5.2　Distribution of fog days over China in 2012 (unit:d)

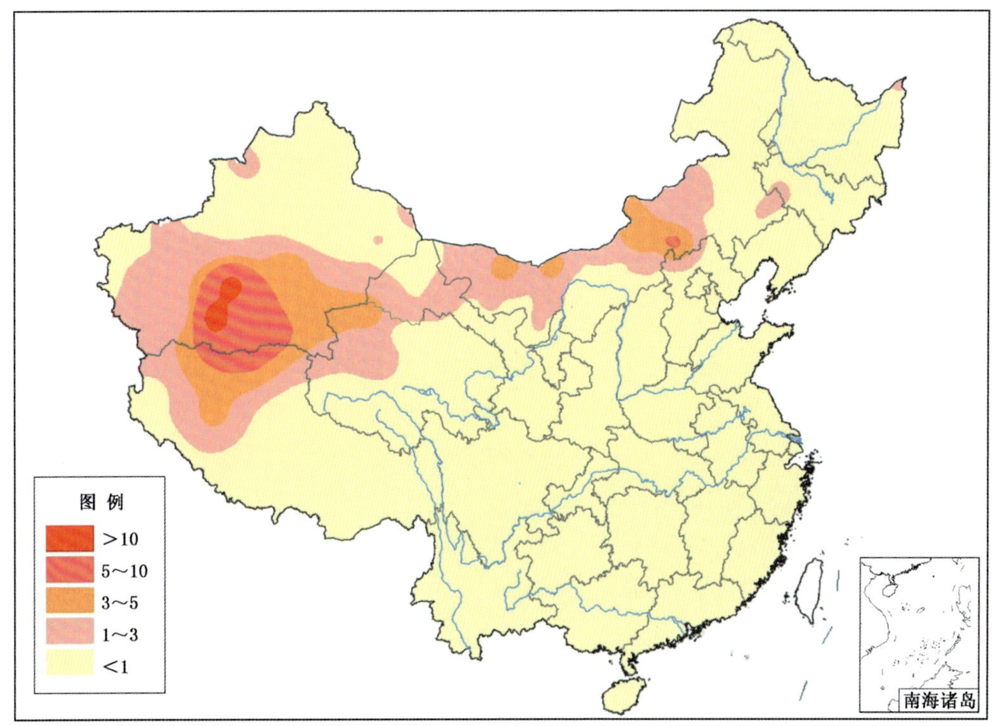


附图 5.3　2012 年全国沙尘暴日数分布图(天)

Fig. A 5.3　Distribution of sand and dust storm days over China in 2012 (unit:d)

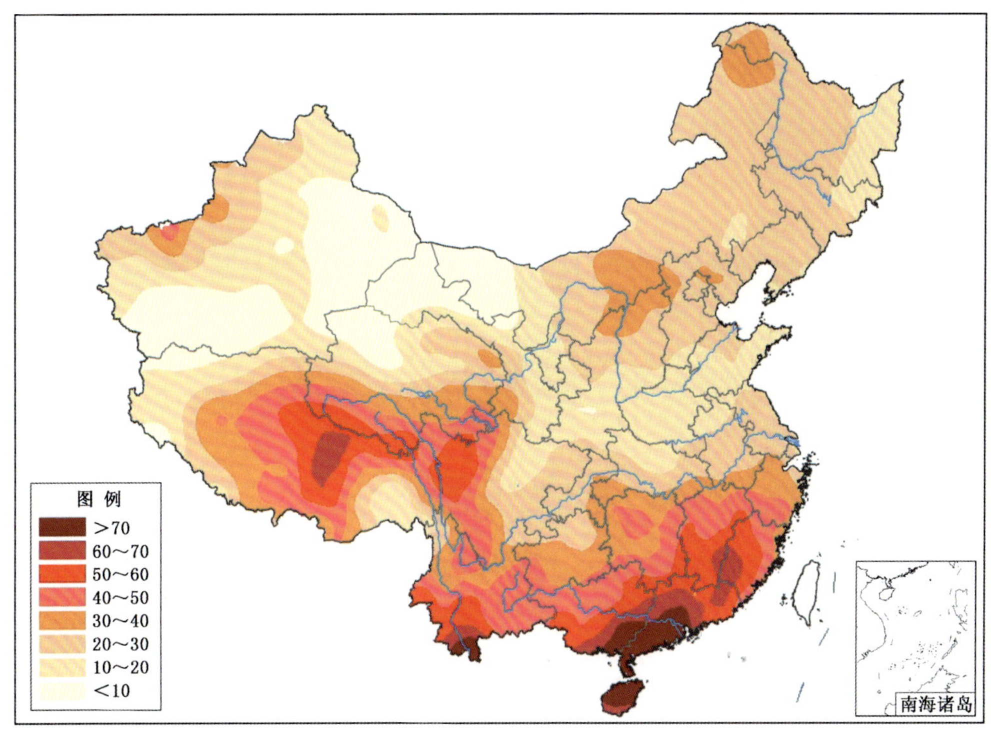


附图 5.4　2012 年全国雷暴日数分布图(天)

Fig. A 5.4　Distribution of thunderstorm days over China in 2012 (unit:d)

## 附录 6 香港、澳门、台湾部分气象灾害选编

### 香港

● 5 月 20 日，香港遭受狂风暴雨袭击，阵风达 8 级以上，新界北部部分地区 1 小时雨量超过 70 毫米。多处低洼地区发生水浸，居民出入受阻，局地出现山洪，有村民及行山人士被洪水围困。一艘载有 7 人出海垂钓的机动舢板，在海面遇狂风巨浪失控触礁翻沉，6 人生还，1 人失踪。

● 7 月 23 日夜，13 年来最强台风"韦森特"袭击香港，多地发生塌树、坠窗等意外，一些商场的棚架被吹得七零八落。发展局收到 1 宗山泥倾泻报告、7 宗水浸报告、580 宗塌树报告。路政署与康乐及文化事务署分别收到 446 宗和 7 宗塌树报告。香港公共交通大受影响，港九小轮所有路线一度停航，尖沙咀中国客运码头、上环港澳客运码头暂时关闭。截至 7 月 24 日 17 时，香港国际机场共有 79 班航机取消，21 班转飞其他机场，325 班延误。包括香港书展在内，多项活动取消或延期。香港特区医院管理局 24 日中午发布的消息称，台风信号发出期间，共有 138 名市民受伤前往公立医院急症室求诊。

● 8 月 16 日晚，受台风"启德"影响，香港一些食肆、商店挂出八号风球，暂停营业，很多活动取消或延期举行。在台风影响期间，香港有一名 56 岁女士受伤，共收到 6 宗有关树木损毁的报告。另外，8 月 16 日晚 10 时 15 分至 17 日早 6 时，共有 20 班抵港航机和 14 班离港航机延误，4 班抵港航机和 2 班离港航机取消。

### 澳门

● 2 月 23 日，澳门被大雾笼罩，有的地方能见度不足百米，致使多个空中和海上航班延误甚至取消。据澳门机场管理局统计，截至 23 日 20 时，澳门国际机场共有 20 多个航班受到大雾的影响，其中延误 1 小时以上的离境航班 10 个，到达航班 8 个，因大雾而被迫取消的入境与到达航班各 2 个。据来自特区政府港务局的消息，在客流量最大的澳门外港码头，有 100 个航班受到影响，平均延误时间为 45 分钟；规模较小的氹仔临时码头情况略好，受影响的航班为 8 个。

● 7 月 23 日傍晚至 24 日凌晨，澳门遭受强台风"韦森特"袭击，澳门特区成立以来首次悬挂九号风球。"韦森特"给澳门市区带来狂风暴雨，大街小巷到处是垃圾杂物，不少被狂风刮断的树木横卧街上；内港码头一带海水倒灌情况严重，水深及膝。受"韦森特"影响，澳门海陆空交通大受影响。海上航班傍晚全面停驶；澳门航空则取消了 14 条航线的 17 个航班；市区公共巴士也一度停驶。受台风影响，中、小、幼及特殊教育的班级全日停课。"韦森特"袭澳期间，民防中心共录得 254 宗事故报告，15 名居民受伤，事故包括 1 宗电力中断、9 宗水浸、10 宗棚架倒塌、4 宗吊塔摇摇欲坠、61 宗树木倒塌等。

### 台湾

● 6 月 10—13 日，台湾出现持续强降雨过程。11 日 0 时至 13 日 15 时，台湾大部地区累计降雨量 200～400 毫米，北部的桃园、苗栗和中部的台中、嘉义及南部的南投、屏东、高雄等县(市)最大雨量达到了 500～1000 毫米，高雄溪南(1120.5 毫米)等地超过 1000 毫米。12 日午前的短短 12 小时内，台北市、新北市及桃园县多地出现"超大豪雨"(24 小时内累积雨量超过 350 毫米)；桃园杨梅出现高达 122.5 毫米的时雨量；新北市三峡单日雨量也超过 400 毫米。

连日豪雨造成台湾近 500 处淹水，部分地区灾情严重。桃园龟山工业区、桃莺路等地一片汪洋，芦竹乡南崁溪堤防溃堤 20 多米。台北市文山区福兴路成了小河，台湾大学附近的基隆路曾水深及膝，辛亥隧道因淹水封闭，个别捷运站也出现积水。屏东县台 24 线塌方中断，432 人受困无法

下山。南投县仁爱乡梅溪及信义乡和社溪，因土石崩落各形成一个大堰塞湖。高雄市茂林区唯一联外道路被冲毁，900名民众受困。新竹县湖口乡六股溪暴涨溃堤，一公墓14副棺木被冲到1千米之外，有些棺木支离破碎，遗骸散落无踪。新北市土城区金城路与和平路附近有民宅进水，消防部门紧急出动消防车和橡皮艇，将居民撤离；和平路一带积水最深处达到85厘米，道路一度封闭。6月12日，新北、台北、桃园、台南、屏东、南投、高雄、嘉义、台中等县(市)全部或部分停班、停课。暴雨还对台湾交通系统的运行造成了一定影响，因部分路段轨道边坡流失或落石不断，使台铁西部干线南下列车出现延误。台北果菜批发市场菜价平均涨了一成。据台湾“农委会”统计，农、渔、林、畜业损失金额达5.0亿元新台币，其中农作物受灾面积1.3万公顷，农产损失3.1亿元。此外，全台因灾死亡7人，失踪2人，伤4人。

● 6月17日，热带风暴“泰利”在南海北部生成，其后由西南往东北沿台湾海峡北上，21日进入东海并减弱为热带低压，这种移动路径历史上罕见。受“泰利”影响，6月19—20日，累计降水量超过400毫米的有高雄市桃源区御油山(673.5毫米)、屏东县春日乡大汉山(599.0毫米)、屏东县三地门乡尾寮山(546.0毫米)、高雄市六龟区新发(535.5毫米)、屏东县玛家乡玛家(531.5毫米)、屏东县三地门乡上德文(492.0毫米)、高雄市桃源区溪南(478.0毫米)、高雄市桃源区高中(466.0毫米)、高雄市甲仙区甲仙(462.0毫米)、屏东县雾台乡阿礼(443.0毫米)等地，澎湖、东吉岛、兰屿等地最大阵风达12级。

受“泰利”影响，6月19—20日，台东、台中、嘉义、台南等地共撤离1540多人；新竹、台中、南投、嘉义、高雄、台东、花莲等部分地区停班、停课。暴雨造成台湾部分地区停电，据台湾电力公司统计，截至6月20日12时，全台有1.15万户出现停电。铁路交通方面，高雄与台东之间的南回线列车在20日12时后全线停驶；西部干线南北对开列车在当天下午全部停驶。航空方面，20日台湾各航空公司陆续发布停飞信息，其中立荣航空停飞所有岛内航班，复兴航空取消了除台北往返花莲和两岸航线、国际航线外的岛内全部航线，远东航空取消台北—金门、台北—马公、高雄—金门、高雄—马公等4条航线班机。另外，持续暴雨还导致台湾地区蔬菜价格明显上涨，6月19日蔬菜批发交易价格比17日平均每千克涨了9元新台币。

● 7月10—11日，台湾出现罕见高温。10日台北最高气温达38.3℃，万华区有3名老人因天热中暑致死；11日基隆创下2012年最高气温35.4℃，导致1老妇整理菜园时被“热死”。

● 8月2日，强台风“苏拉”在台湾省花莲市登陆，登陆时中心附近最大风力达14级(风速42米/秒)，7月31日至8月2日13时，累计雨量达500～1000毫米的有花莲和中(921毫米)，新北市四堵(841毫米)，桃园县高义(818毫米)，苗栗县泰安、台北市鞍部(680毫米)，云林县草岭(655毫米)，嘉义县丰山(642毫米)，南投县凤凰(593毫米)等地超过1000毫米的有宜兰县太平山(1774毫米)，台中市武陵(1158毫米)，新竹县西丘斯山(1039毫米)等地。

强降雨重创农产区，许多农作物泡在水里，农民损失严重。在彰化等地，许多小黄瓜、苦瓜等爬藤类蔬菜棚架都被台风吹倒，菜花、生菜田也泡在水中，因此导致岛内蔬果交易量下降，价格全线上扬。豪雨也引发地质灾情。花莲县遭遇泥石流，20多户民宅被埋。苏花公路全线多达100处受灾，公路落石、塌方严重，且破坏程度更甚以往。其中，武塔到花莲崇德段沿路则处处坍方，野溪上游土石随洪流滚下，巨石砸坏了路面，路基跟着流失；观音海岸游客熟悉的“观音石”掉落，被埋了一半。受台风“苏拉”影响，8月2日，除台东外台湾本岛各县市和外岛的澎湖均停班、停课，股市、汇市也休市一天。

“苏拉”给台湾农业生产造成严重损失，据台“农委会”统计，截至8月7日上午10时全台农业损失10.2亿元新台币。其中，农作物被害面积1.4万公顷，损害程度19%，损失6.5亿元；畜禽损失432万元；渔产损失5712万元；林产损失1229万元；农田及农业设施损失2.9亿元；畜禽设施损失

272 万元。另外，“苏拉”造成全台至少 5 人死亡，2 人失踪，16 人受伤。

● 8 月 24 日晨，强台风“天秤”中心从台湾屏东县牡丹乡登陆，横穿恒春半岛，由枋山出海。台东大武、兰屿一度出现 17 级阵风，恒春半岛几个乡镇也出现 13 级阵风。受台风影响，24 日凌晨 0 时至下午 3 时，恒春(578 毫米)、车城(592.5 毫米)、垦丁(546 毫米)降雨量都打破百年来纪录。其中，恒春在上午 7 时到 8 时之间的时雨量为 167.5 毫米，也突破该站百年纪录。受暴雨影响，通往著名风景区垦丁的台 20 线 10 千米处满是泥流与土石，造成交通中断，车辆被迫停驶改道。屏东积水严重的地区在恒南路和恒西路，几乎家家户户都进水，一度积水及腰。台风过处，台东街头许多行道树被连根拔起，招牌掉落一地；台东县绿岛家家户户遭水淹，许多经受多年风雨的铁皮屋倒塌、掀顶；在屏东车城一个停车场，两辆游览车被吹侧翻。台东大武许多民房屋顶被掀。台东地区一度停班、停课，有 2.5 万多户家庭停电，台东往返兰屿、绿岛的空中和海上交通全部暂停。

8 月 28 日，台东县兰屿岛遭到天秤“回马枪”袭击，17 级强风和 5 米高巨浪使全岛满目疮痍，灾情严重。受创最惨的是椰油村，大浪打进开元港，港内数十艘机动船和停放在岸边的拼板舟全遭大浪吞噬；位于开元港附近的岛上唯一加油站变得面目全非，加油机被吹倒，加油枪不知飞向何处，收费站也被砸毁；岛上唯一的农会超市，被巨浪摧毁，变成一堆瓦砾；兰屿机场遭强风巨浪侵袭跑道受损，致使岛上居民与台湾本岛隔绝；“天秤”还造成兰屿全岛大面积停电，固定电话和手机全部停摆，岛上的灾害应变中心只能靠无线电指挥救灾。

据台湾应变中心统计，全台湾农林渔牧业共计损失 2.3 亿新台币；27 日中午至 28 日下午 3 时 30 分高雄市等 9 县市共撤离 3918 人，安置 2225 人。

## 附录 7 2012 年国内及国外十大天气气候事件

### 国内十大天气气候事件

1. 7 月 21 日特大暴雨袭华北，给京津冀造成重大影响
2. 2012 年云南仍然少雨，造成连续 4 年受干旱困扰
3. 6 个台风一个月内连登我国，创历史同期之最
4. 2012 年北上台风之多罕见，长江以北首次出现强台风登陆
5. 11 月初寒潮暴雪光临华北，北京河北内蒙古拉响红色警报
6. 11 月上中旬暴雪横扫东北，鹤岗市全市学生停课
7. 5 月 10 日强对流天气引发甘肃岷县特大冰雹山洪泥石流
8. 夏季南方多地高温突破历史极值，酷暑难耐
9. 汛期长江流域强降水过程不断，三峡水库出现建库以来最大洪峰
10. 4 月 6 次大暴雨袭华南江南，多地重复遭受洪涝灾害

### 国外十大天气气候事件

1. 10 月底最晚飓风“桑迪”登陆，美国遭重创 113 人死亡
2. 年初百年罕见寒流暴雪横扫欧亚，600 多人失去生命
3. 全球二氧化碳浓度创新高，气候变暖加剧，北极海冰面积创新低
4. 7 月俄罗斯南部遭强暴雨袭击，171 人丧生洪涝灾害
5. 夏季美国经受了近半个世纪以来最严重高温干旱煎熬
6. 3 月多次太阳风暴袭击地球，通讯和卫星信号接收受影响
7. 2012 年暴雨暴雪轮番袭击日本，灾害损失惨重
8. 强降雨让尼日利亚遭遇 40 年来最大洪灾
9. 5 月下旬强降雨使亚马逊河流域遭遇 50 年一遇洪水
10. 12 月超强台风“宝霞”横扫菲律宾，造成重大人员伤亡

# Summary

In 2012, the annual mean temperature over China is 9.4℃, which is 0.2℃ colder than the climatic normal, and 0.3℃ lower than the 2011 (Fig. 1). The spring and summer temperature are higher than the normal, while the winter and autumn temperature are lower than the normal. In which, the winter temperature is the coldest in the historical record since 1986. The annual precipitation over China is 669.3mm, 6.3% more than the normal and 20.4% more than the year 2011 (Fig. 2). Winter precipitation is lesser, but spring, summer and autumn precipitation exceed the climatic normal.

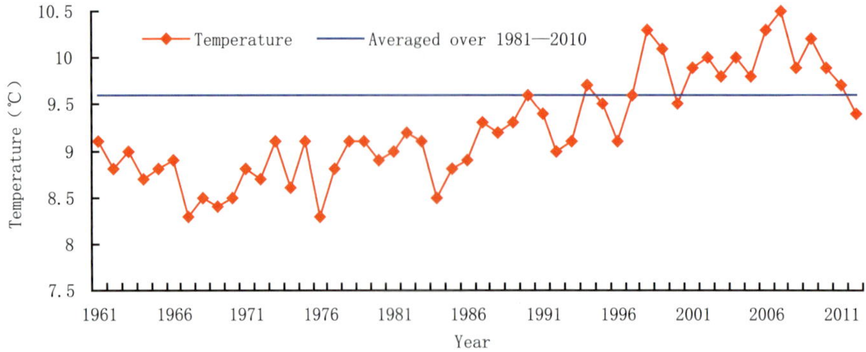


Fig. 1 Annual mean temperature over China during 1961—2012 (unit: ℃)

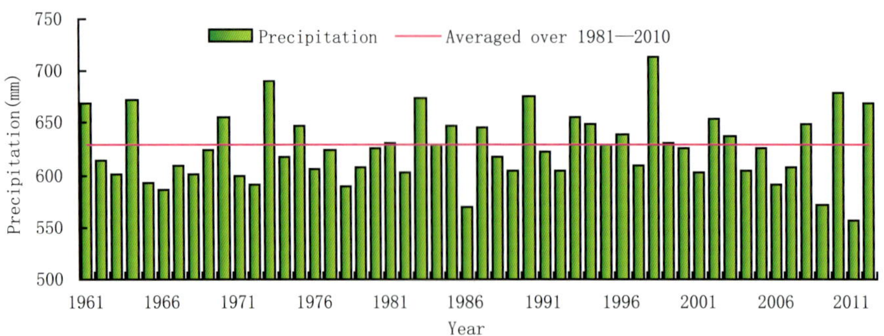


Fig. 2 Annual precipitation over China during 1961—2012 (unit: mm)

Different kinds of meteorological disasters happened in 2012 and bring serious losses locally. The rainstorm, local floods and flash floods induced geological disasters are serious in Yangtze River, Yellow River and Haihe River Basin etc. Typhoon landed in a concentration way with strong intensity and wide affecting areas and caused heavy losses. There are periodic meteorological droughts, but their influences are comparatively slight. Regional and periodic cold-rainy weather happened frequently. Three large-scale snowstorm weathers appear in November and December, caused snow disasters in some regions.

The statistics indicated that meteorological disasters and the related disasters in 2012 affected about 0. 27 billion person-times and caused 1445 death. Disasters also strike $2.49 \times 10^7$ $hm^2$ crop lands, with $1.83 \times 10^6$ $hm^2$ farmlands without harvest. And the direct economic loss (DEL) reached 335. 9 billion RMB (Fig. 3). In general, the DEL caused by meteorological disasters in 2012 exceeds the average level of the 1990—2011. Meantime, both the number of death and disaster stricken area in 2012 are obviously less than the average level of 1990—2011. The meteorological disaster in 2012 belongs to normal.

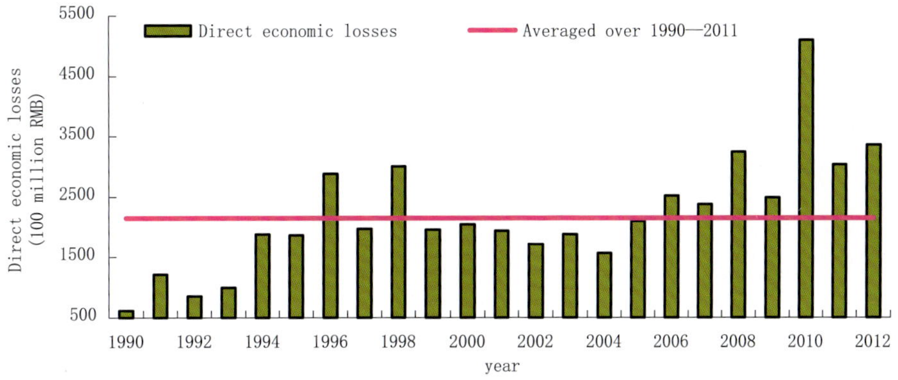


Fig. 3 Direct economic losses (DEL) caused by meteorological disasters over China during 1990—2012

Fig. 4 exhibits the relative proportions of loss indices for five major meteorological disasters over China in 2012. Flood disaster had the highest percentage in "affected population", "death toll", "crop areas without harvest" "collapsed houses" and "direct economic losses", accounts for 41. 5%, 61. 4%, 48. 6%, 76. 0% and 49. 5% of the total, respectively. Drought disaster had the highest percentage in terms of affected area, accounts for 37. 4% of total.

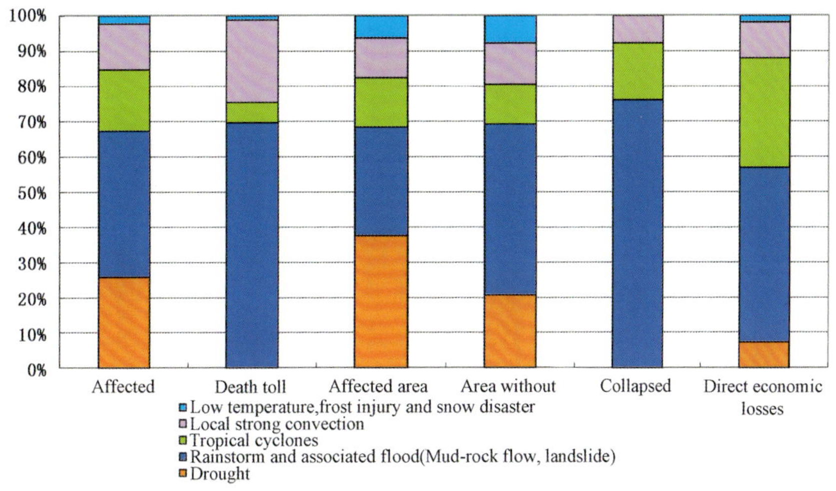


Fig. 4 Relative proportions of loss indices for five major meteorological disasters over China in 2012

Overall, affected population, affected area and affected crop areas without harvest by meteorological disasters in 2012 were less than those in 2011, but death toll and direct economic losses were more. In 2012, rainstorm and floods (including mud-rock flow, landslide) and tropical cyclone caused obvious larger direct economic losses than those in 2011, whereas drought and low temperature did less than those in 2011. Local strong convection caused losses were very close to those in 2011(Fig. 5a). Rainstorm and floods (including mud-rock flow, landslide), tropical cyclone caused more death tolls ,while, local strong convection, low temperature and snow disaster induced fewer death tolls in 2012 than those in 2011(Fig. 5b).

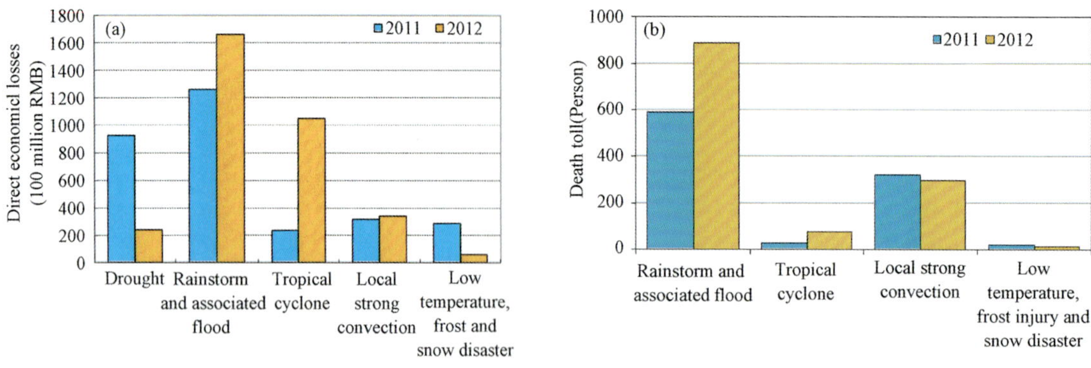


Fig. 5 Direct economic losses (a) and death toll (b) caused by main meteorological hazards over China in 2011 and 2012

**General Review of Main Meteorological Disasters in 2012**

**Droughts** In 2012, Droughts affect areas of about 9. 34 million hectares, which was less than the 1990—2011 averaged level and was the least since 1990, belongs to a relatively light year in terms of meteorological drought disaster. (Fig. 6). However, the regional and periodic drought disasters are frequent in 2012, which including the winter-spring consecutive droughts in Southwest China, early summer droughts in the Huanghuai and Jianghuai Regions, and summer droughts in the Hubei, Chongqing and Henan Provinces (Municipalities), etc.

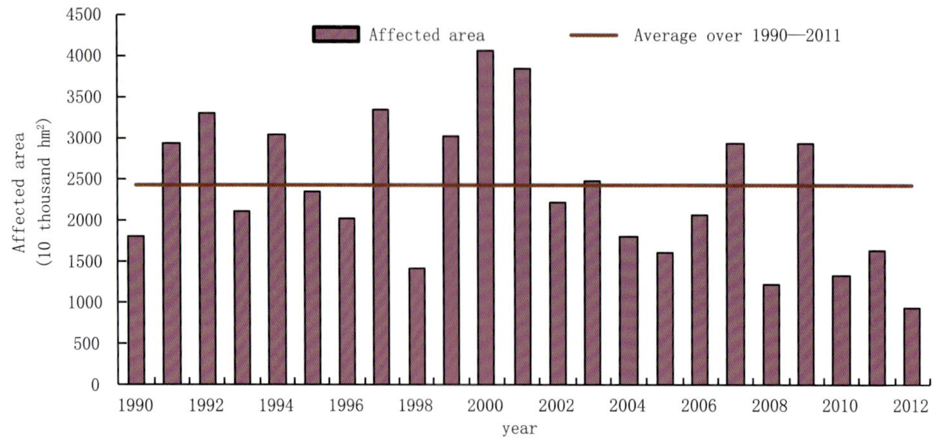


Fig. 6 Histogram of drought-affected areas over China during 1990—2012

**Rainstorm and Associated Flood, Mud-rock Flow and Landslide** In 2012, No large-scale basin wide floods occurred in China. But severe rainstorms and flood frequently happened locally. Rainstorms and flood occurred in some parts of South China in spring, occurred in the middle and upper reaches of Yangtze River in the mid-late July. Strong rainstorms strike Beijing, Tianjin and Hebei province in late July, and the Haihe River basin hit by local floods as a result. Flash flood and geological disasters are severe in West China and the some part of North China during flood season. Rainstorm and floods affect about 7. 73 million hectares and caused death toll of about 887 persons, direct economic losses of about 166. 1 billion Yuan. The affected areas (Fig. 7) and death toll in year 2012 are obviously less than those of averaged level in 1990—2011. However, economic losses were relatively severer than normal. In general, 2012 belongs to a relatively light year in terms of rainstorm and related disaster.

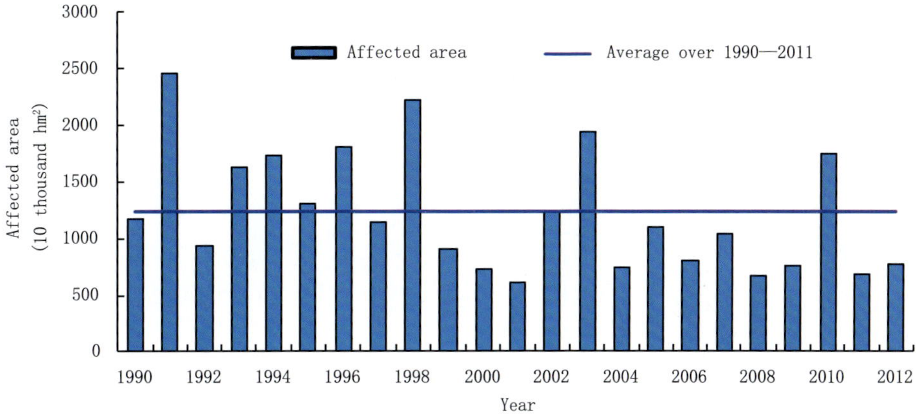


Fig. 7 Histogram of rainstorm and floods affected area over China during 1990—2012

**Tropical cyclones (typhoon)** In 2012, there are 25 tropical cyclones formed in the northwest Pacific and the South China sea, which is close to the climatic normal of 25. 5. Seven of them landed in the mainland, which is close to the climatic normal of 6. 9. The landing time of the first tropical cyclone is close to normal, while that of the last one is earlier than the normal. Intensities of 6 cyclones reach at the level of typhoon and violent typhoon among those 7 landed in the mainland. It is rare that 6 typhoons landed in China within one month during July $24^{th}$—August $24^{th}$. It is also rare that 5 typhoons move northward and affect the Northeast China in 2012. The landing places of typhoon range from Southern China coastal area to the northern coastal area. These tropical cyclones caused 74 deaths and direct economic losses of 104. 8 billion RMB. The death toll is obviously less than the average level of 1990—2011, but the direct economic loss ranks top position since 1990. As a whole, the year 2012 is the relatively sever year in terms of tropical cyclone disaster (Fig. 8).

**Local strong convection(gale, hail, tornado, lightning stroke, etc)** In 2012, the area averaged strong convection day in China is 43. 4 days, which is less than the previous years and ranks the third least year since 1961. Gale and hail disasters affect crop areas of 2. 78 million hectares and caused 302 deaths, and also cause a direct economic loss of 34. 41 billion RMB. Comparing with the average value of 1990—2011, both the affected crop areas and death toll decreased obviously in 2012. However, the direct economic loss is higher than normal.

**Low Temperature, Frost Injury and Snow Disaster** In 2012, the low temperature, frost injury and snow disaster, which hit a total affected crop area of 1. 62 million hectares and caused a direct economic loss of about 6. 1 billion RMB, induced lesser damages than the average level of 1990—2011. The year 2012 is the relatively slight year in terms of low temperature, frost and snow disaster. The local and periodic low temperatures and frost injures frequently happened and affect some-

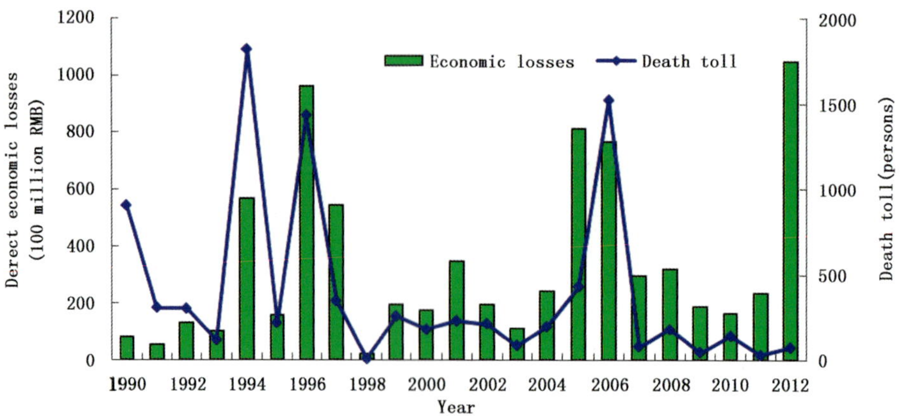


Fig. 8 Histogram of direct economic losses and death toll caused by tropical cyclones over China during 1990—2012

how agricultural production in 2012. The southern part of Tibet is strickened by severe snow disaster in early February. There are 3 large-scale snow weather processes in North China in November and December, which caused Northeast, North China and North Xinjiang suffered snow disaster.

**Sand Storm** In the spring of 2012, there are 10 dust weather processes, less 2.7 than the average level in 2001—2010 (12.7). Six of them belong to the dust storm and strong dust storm processes, less 2 than the 2001—2010 averaged value. The number of average sand storm day is 1.3 days in the northern part of China, being 2.7 days less than the climatic normal, belongs to the least in the history since 1961. The first dust storm process happened on 20th of March in 2012, which was more than one month later than the average value in 2001—2011 and is the latest one since 2001. The year 2012 is the relatively slight year in terms of sand storm disaster.